サンプルダウンロード

本書の解説内で使用しているサンプルファイルは、以下のURLのサポートページからダウンロードできます。ダウンロードしたときは圧縮ファイルの状態なので、展開してからご利用ください。

https://gihyo.jp/book/2021/978-4-297-12088-7/support

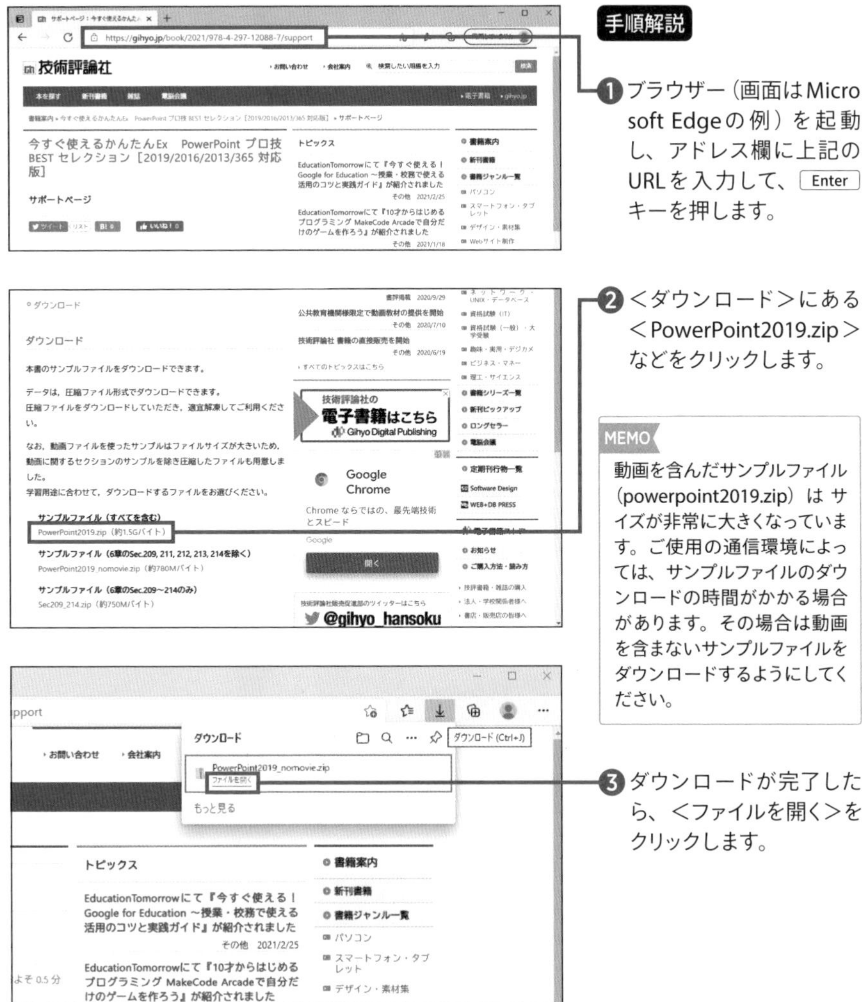

手順解説

❶ ブラウザー（画面はMicrosoft Edgeの例）を起動し、アドレス欄に上記のURLを入力して、Enterキーを押します。

❷ <ダウンロード>にある<PowerPoint2019.zip>などをクリックします。

❸ ダウンロードが完了したら、<ファイルを開く>をクリックします。

MEMO

動画を含んだサンプルファイル（powerpoint2019.zip）はサイズが非常に大きくなっています。ご使用の通信環境によっては、サンプルファイルのダウンロードの時間がかかる場合があります。その場合は動画を含まないサンプルファイルをダウンロードするようにしてください。

今すぐ使える かんたんEx

PowerPoint パワーポイント

2019/2016/2013/365 対応版

技術評論社編集部＋稲村暢子 著

技術評論社

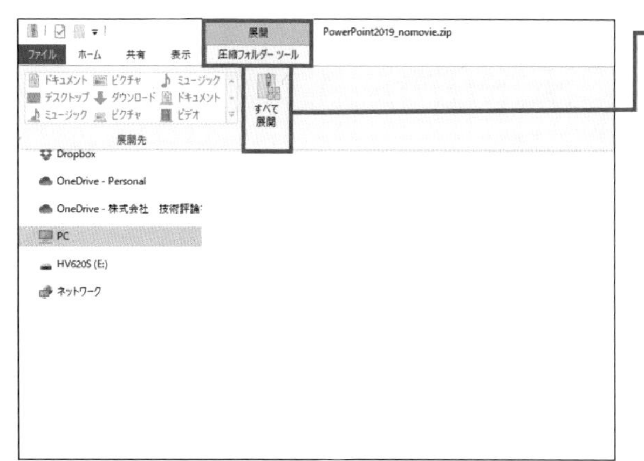

❹エクスプローラが表示されますので、＜展開＞タブの＜圧縮フォルダツール＞をクリックし、＜すべて展開＞をクリックします。

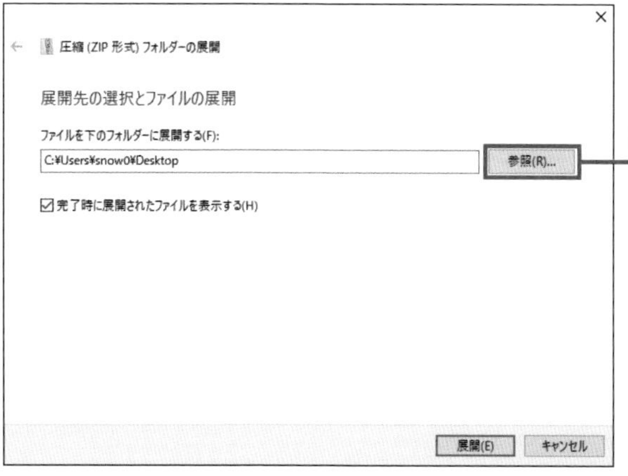

❺＜参照＞をクリックしてファイルの展開先を指定します（ここではパソコンのデスクトップ）。

❻＜フォルダの選択＞をクリックすると、ファイルの解凍が開始し、指定した場所（ここではパソコンのデスクトップ）に展開されます。

目次

第0章 まずはココから！ スライド作成前の準備のテクニック

第1章 これだけは知っておきたい！ スライド作成とPowerPointの基本

第2章 テキストが肝心！ 文字入力と書式設定のテクニック

第4章 情報を視覚で伝える！ 画像と図形のテクニック

第5章 データは一目瞭然に！ 表とグラフ作成のテクニック

第6章 動きで魅せる！ アニメーションのテクニック

第7章 本番もスマートに！ プレゼンテーションのテクニック

第8章 見やすく・コンパクトに！ 印刷と配布のテクニック

第9章 キチンと管理！ 共有と保存のテクニック

ご注意：ご購入・ご利用の前に必ずお読みください

- 本書に記載された内容は、情報の提供のみを目的としています。したがって、本書を用いた運用は、必ずお客様自身の責任と判断によって行ってください。これらの情報の運用の結果について、技術評論社および著者はいかなる責任も負いません。
- ソフトウェアに関する記述は、特に断りのない限り、2021年4月現在での最新バージョンをもとにしています。ソフトウェアはバージョンアップされる場合があり、本書での説明とは機能内容や画面図などが異なってしまうこともあり得ます。あらかじめご了承ください。
- 本書は、Windows 10およびPowerPoint 2019（一部Microsoft 365）の画面で解説を行っています。これ以外のバージョンでは、画面や操作手順が異なる場合があります。
- インターネットの情報については、URLや画面などが変更されている可能性があります。ご注意ください。

以上の注意事項をご承諾いただいた上で、本書をご利用願います。これらの注意事項をお読みいただかずに、お問い合わせいただいても、技術評論社は対応しかねます。あらかじめご承知おきください。

本書の読み方

セクションごとに機能を順番に解説しています。

セクション名は具体的な作業を示しています。

セクションの解説内容のまとめを表しています。

操作内容の見出しです。

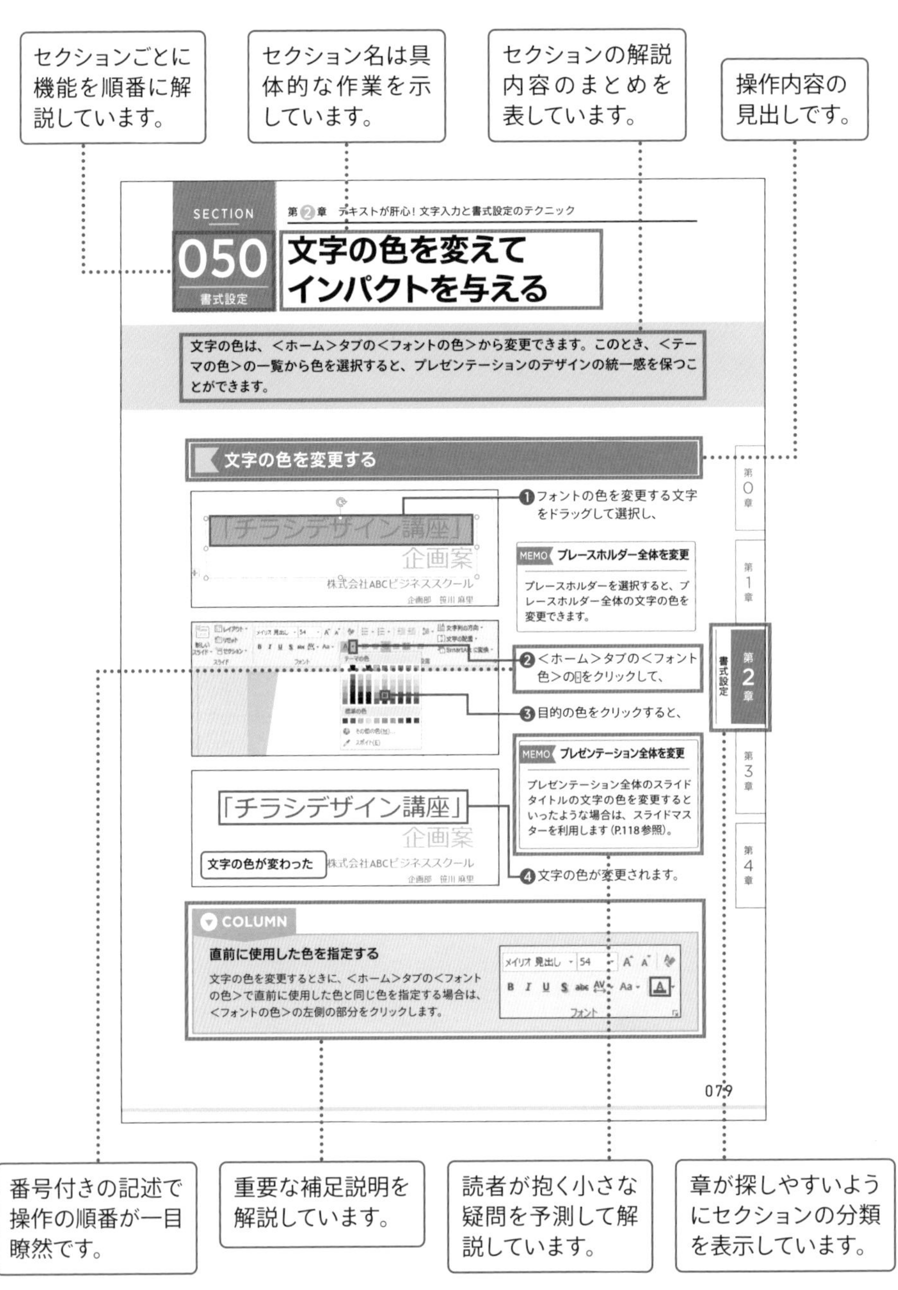

番号付きの記述で操作の順番が一目瞭然です。

重要な補足説明を解説しています。

読者が抱く小さな疑問を予測して解説しています。

章が探しやすいようにセクションの分類を表示しています。

第0章

まずはココから！
スライド作成前の準備のテクニック

SECTION 001 準備

プレゼンとは

プレゼン（プレゼンテーション、Presentation）は、「提案」という意味です。しかし、ビジネスにおいて、提案するだけでは意味がありません。相手に提案し、内容を理解してもらう。その上で、提案に沿った「行動」をとってもらうことが最大の目的です。

プレゼンの目的は「行動」をとってもらうこと

たとえ提案する商品やサービスがどんなにすぐれていても、その魅力をプレゼンテーションで余すところなく伝えられたとしても、最終的に決裁や契約につながらなければ、意味がありません。
プレゼンでもっとも重要な目的は、相手に、提案内容に沿った「行動」をとってもらうことです。プレゼンの構成を考えたり、資料を作成したりする前に、相手にどんな行動をとってほしいのか、「社内の新サービス提案で決裁をもらう」「商品の提案で購入してもらう」といったゴールを設定しましょう。

プレゼン本番までの流れ

プレゼンの目的がはっきりしたら、内容を決め、資料（スライド）を作成します。
第0章では、スライド作成の前に必要な、プレゼンのストーリーの構成や、見やすいスライドを作成する上でのポイントなどを解説します。

プレゼンの内容を考える

- ストーリー構成
- データや画像などの素材収集

スライドを作成する

- ストーリー構成に沿ったスライド
- 書式設定
- アニメーションの設定

リハーサルを行う

プレゼン本番

誰に何を伝えるかを考える

プレゼンテーションを行うことが決まったら、聞き手に関する情報を集めます。プレゼンの目的である「行動」をとるのは聞き手であり、そのためには、聞き手が理解し、納得することが必要だからです。

プレゼンの聞き手は誰か

プレゼンテーションの聞き手に関する情報は、なるべく多く集めておきましょう。特に最終意思決定者の情報は重要です。

- 肩書き・立場
- 年齢
- 性格
- 専門用語・知識の認識レベル
- 興味・関心のあること　など

たとえば、同じ食品の新商品でも、味、価格、デザイン、斬新さ、健康効果、材料など、人によって視点が異なるからです。
また、聞き手の年齢によっては資料の文字を大きめにする、せっかちな人なら手短にプレゼンする、聞き手の関心のあるエピソードから導入につなげるといった配慮もできます。

プレゼンは聞き手の立場になって

プレゼンは、発表者が言いたいことを伝える場ではありません。聞き手に、目的である「行動」をとってもらうため、聞き手が必要とする次のような情報を伝えましょう。

- 提案内容に関する聞き手のメリット
- 根拠となるデータ
- コストパフォーマンス
- スケジュール

プレゼンテーションのストーリー構成を考える

プレゼンテーションの目的を設定して、聞き手の情報収集を終えたら、肝心のプレゼンテーションのストーリー構成を考えます。いきなりPowerPointを開いてスライドを作成するのではなく、手書きでもいいので、全体の構成を練りましょう。

6W2Hを書き出してみる

目的の設定と聞き手の分析が終わったら、提案内容を6W2Hで書き出し、整理してみましょう。

① When（いつ）：スケジュール
② Where（どこで）：地域や場所
③ Who（誰が）：担当者
④ Whom（誰に）：ターゲット
⑤ Why（なぜ）：現状
⑥ What（何を）：実施内容
⑦ How（どのように）：具体的な方法
⑧ How much（いくら）：予算

基本的なストーリー構成

いよいよプレゼンテーションの流れを考えます。この段階では、まだスライドは作成しません。手書きでもかまいませんし、Wordのアウトライン機能を使うのもおすすめです。
プレゼンテーションのストーリー構成は、基本的には下記の流れで作成します。

① 概要
人の集中力は長くは続かず、時間の経過にしたがってどんどん落ちていきます。最初にプレゼンテーションの結論を短く伝えます。

② 現状分析
現状どうなっているのかを伝えます。うまくいっていないことだけでなく、うまくいっていることにも目を向けます。

③ 課題
現状分析から導き出される課題を提示します。

④ 原因
課題の原因を探ります。

⑤ 解決策
原因の解決策を提案します。

⑥ メリット
提案した解決策の相手側のメリットを提示します。

⑦ 根拠
メリットの根拠を示します。

⑧ スケジュール
実施項目と日程、必要な人員などを記載します。

⑨ 予算
予算の概算を記載します。

1スライド1メッセージを基本に考える

ストーリーが完成したら、いよいよスライドに落とし込んでいきます。1枚のスライドに複数のメッセージ（伝えたいこと）を入れると、聞き手が理解するのに時間がかかってしまいます。余計なものは可能な限り削り、スライドを複数枚に分割して、基本的には1スライド1メッセージに絞り込みます。

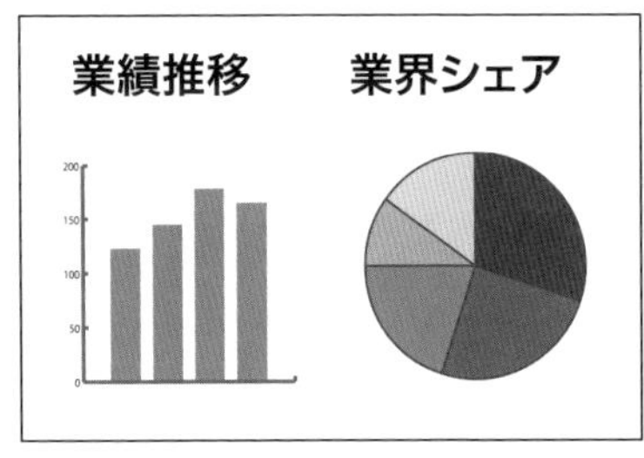

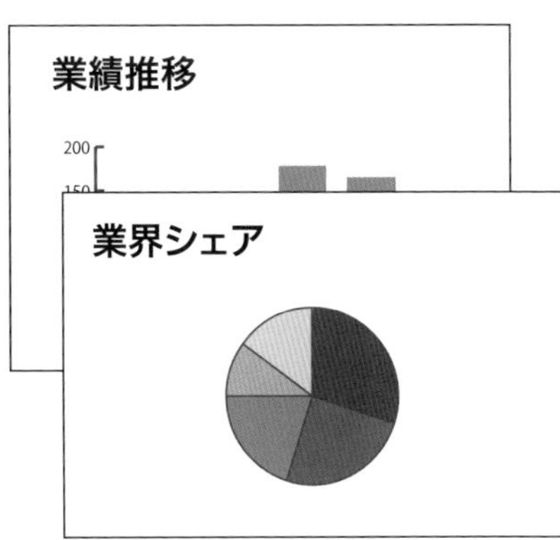

情報を収集する

ストーリー構成が固まったら（P.22参照）、プレゼン資料に必要な、市場規模や競合状況、シェア、実績などのデータを収集します。データの目的は根拠・証拠を示すことです。データを提示することによって、説得力が増し、聞き手の信頼が高まります。

データは説得力を増す

プレゼンでは、裏付けとなるデータが必要不可欠です。

たとえば、「ここ数年、訪日外国人の数は増え続けている」と伝えるよりも、「2012年には836万人だった訪日外国人の数は、2019年には3,188万人に増えた」と具体的な数値やグラフを提示した方が、情報が正確に伝わります。

情報収集の際は、自社で使用した過去のプレゼン資料も参考にしましょう。そのまま流用できるデータがあるかもしれませんし、過去のデータに新しいデータを追加して利用できるかもしれません。データを収集する時間の短縮にもつながります。

データは一次資料にあたる

データを収集する際、多くの人がインターネットや書籍を利用すると思います。

この場合、あるWebサイトで引用されていたグラフの画像をコピーしてスライドに貼り付ける…といったことは絶対にやめましょう。著作権の問題もありますが、そのデータが正確とは限りません。出典を確認し、元のデータ（一次資料）にあたってください。

COLUMN

総務省統計局のWebサイト

総務省統計局のWebサイトでは、人口推計や家計調査、消費者物価指数をはじめとする多様なデータを閲覧することができます。

http://www.stat.go.jp/

SECTION 005 準備

情報を整理する

情報収集が終わったら（P.24参照）、情報の整理を行い、プレゼンに必要なデータだけを資料に利用します。表やグラフはコピーした画像やスキャンデータを貼り付けるのではなく、新しく作成し直します。

必要なデータだけを取り出す

収集したデータをそのまますべて資料に貼り付けても、データのどこがポイントなのか、聞き手にはひと目でわかりません。
たとえば、20～30代の女性をターゲットとしたサービスを提案する際に、人口のデータを提示したいのならば、すべての年齢層、男性の人口のデータは不要なので、20～30代女性のデータだけを取り出します。
表やグラフを利用する際は、元の表・グラフのコピー画像やスキャンデータを貼り付けると、文字が小さかったり、不鮮明だったり、「表2-3」といった図表番号が入っていたりするので、新規に作成します。
また、データの出典は、必ず明記しておきましょう。

市場規模

（単位　千人）

0～4歳	2,398	2,279
5～9歳	2,572	2,455
10～14歳	2,736	2,604
15～19歳	2,913	2,775
20～24歳	3,289	3,081
25～29歳	3,241	3,036
30～34歳	3,371	3,225
35～39歳	3,756	3,655
40～44歳	4,261	4,157

参考　総務省統計局人口推計（令和3年2月報）

市場規模

（単位　千人）

20～24歳	3,081
25～29歳	3,036
30～34歳	3,225
35～39歳	3,655
合計	12,997

参考　総務省統計局人口推計（令和3年2月報）

- 文字が小さい
- ポイントがわかりづらい

- 文字が大きい
- 必要なデータだけがある

SECTION 006 準備

わかりやすいスライドとは

わかりやすいスライドとは、どのようなスライドでしょうか。それは、「内容を短時間で理解できる」スライドです。どうしたらわかりやすくなるのか、スライドの内容と見た目、2つの視点から考えます。

テキストは少なく

内容のわかりやすいスライドをつくるには、意味がスムーズに通じる日本語であることが真っ先にあげられます。普及していないカタカナのビジネス用語や専門用語の使用は控えましょう。

また、スライド1枚あたりの文章が多いと、読むのに時間がかかってしまいます。文章はなるべく減らし、言い回しを変えるなどして、1文も短くするように工夫します。また、グラフや図、画像、動画を利用して、視覚に訴えるのも効果的です（P.34参照）。

新デジカメの特長

液晶モニターが開いて回転し、シャッターボタンが前面に配置されているので、自分を見ながら撮影できます。
片手でもブレない、高機能の手ブレ補正機能を搭載しています。
専用アプリをインストールすれば、スマートフォンやタブレットに写真が転送されるので、簡単にSNSで共有できます。

1文が長く、文字数も多く、理解に時間がかかる

新デジカメの特長

自撮り対応
・液晶モニターが回転
・前面シャッターボタン
・片手でOKの手ブレ補正機能

スマホと連携
・専用アプリで写真を転送
・すぐにSNSで共有

1文を短くし、文字数を減らすと、わかりやすい

スライドは見やすく

わかりやすいスライドをつくるためには、外見の見やすさも重要になります。フォントのサイズや種類、文字量（P.32参照）、行間、配色（P.30参照）、整列（P.29参照）、余白（P.28参照）などがポイントになります。

視線の法則とは

人の視線は、一般的に「Z」の形に流れます。視線の流れに逆らって要素を配置すると、聞き手は混乱し、理解に時間がかかってしまいます。スムーズに読んでもらうためには、視線の流れに沿って要素を配置します。

視線は左上から右下へ

人の視線は、「Z」を描くように、左から右へ、上から下へと動きます。スライドを作成するときに、テキストや図などの要素を、この視線の流れに沿って、見てほしい順に配置すると、視線をスムーズに誘導できます。
また、もっとも訴えたいメッセージを左上に配置すれば、真っ先に目に入ります。

重要度高

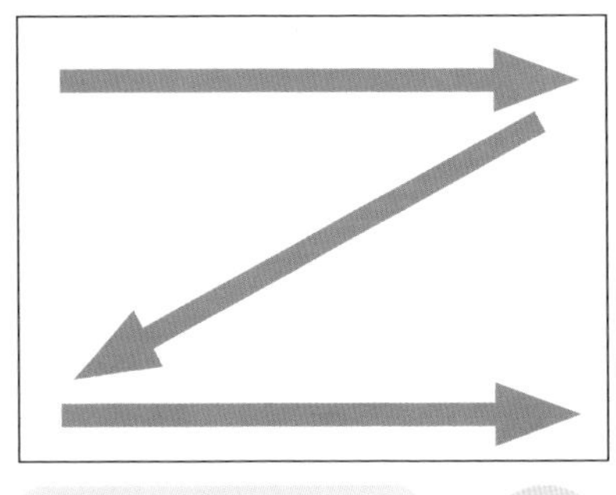

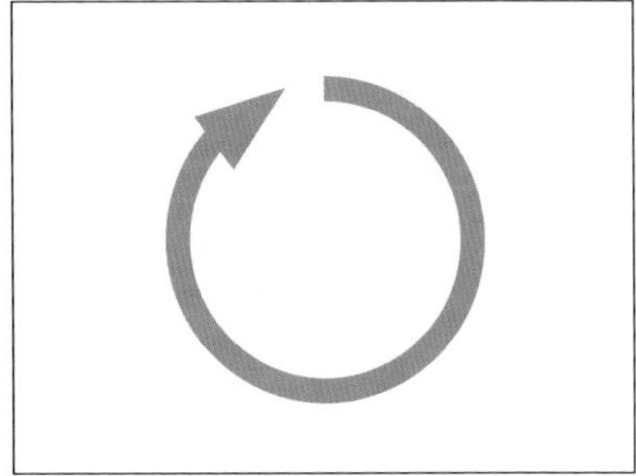

視線はZ字型に流れる。

重要度低

循環図の場合、視線は時計回りに流れる。

循環図や円グラフは時計回りに

循環図や円グラフなど円形の場合、視線の流れは上から時計回りになるので、循環図は上から見てほしい順に時計回りに配置します。円グラフの場合は、比率の高い順に配置されるので、もっとも比率の高い項目以外に注目してほしい場合は、その要素を切り離したり（P.211参照）、色やフォントサイズを変えたりして目立たせます。

見やすいレイアウトとは

「レイアウト」とは配置、配列のことです。見やすいスライドを作成するためには、基本的なレイアウトの知識も必要になります。このセクションでは、余白、整列、グループについて説明します。

余白を入れる

スライドに可能な限り情報を詰め込むと、余白がなくなり、窮屈な印象を与えるだけでなく、見づらくなります。
周囲の余白だけでなく、オブジェクト間の余白、枠線とテキストの余白、テキストどうしの間隔などにも配慮が必要です。

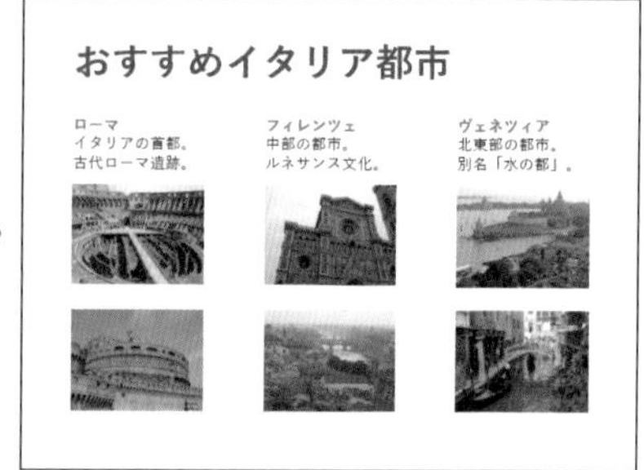

文字や画像のサイズを小さくして、周囲の余白やオブジェクトの間隔を広くしています。

新デジカメの特長
自撮り対応
・液晶モニターが回転
・前面シャッターボタン
・片手でOKの手ブレ補正機能
スマホと連携
・専用アプリで写真を転送
・すぐにSNSで共有

新デジカメの特長

自撮り対応
・液晶モニターが回転
・前面シャッターボタン
・片手でOKの手ブレ補正機能

スマホと連携
・専用アプリで写真を転送
・すぐにSNSで共有

タイトルの枠とテキストの間隔や、行間、グループの間隔を調整しています。

オブジェクトを整列させる

スライドは内容はもちろんのこと、見た目も非常に大切です。複数の画像の大きさが違っていたり、揃える位置や間隔が不揃いだと、見映えがよくありません。
オブジェクトは、＜配列＞で端を揃えたり（P.165参照）、等間隔にしたりすることができます（P.166参照）。

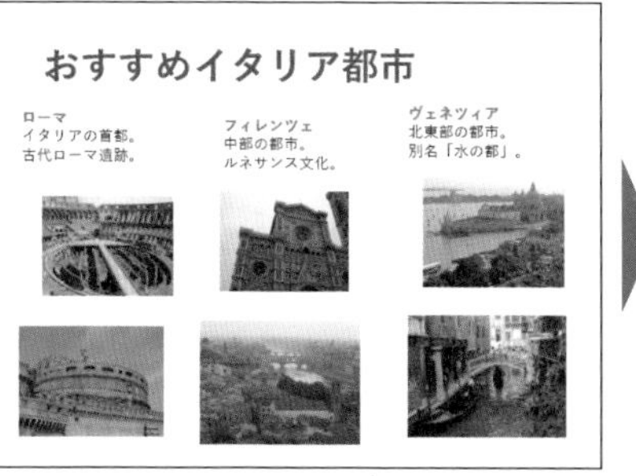

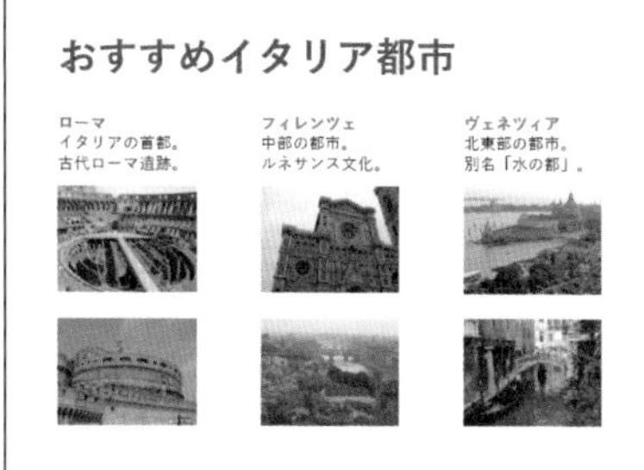

左は画像の大きさがバラバラで、オブジェクトの端や間隔も揃っていません。

グループでまとめる

タイトルと説明文、画像とテキストなど、間隔があきすぎると、どれとどれがグループなのかがわからなくなります。同じグループのものは間隔を狭くし、他のグループとは間隔を広げると、わかりやすくなります。

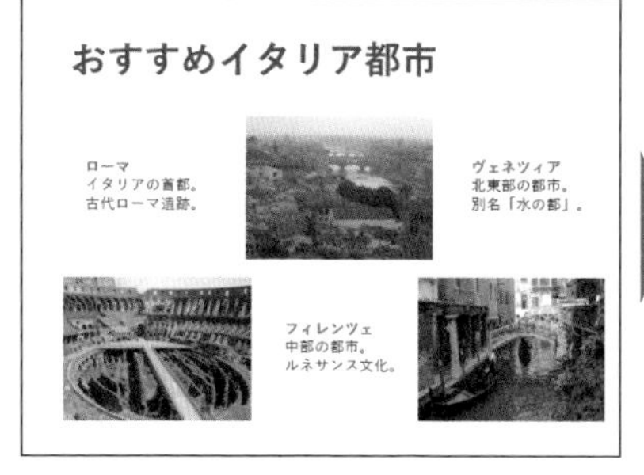

左は画像とテキストの間隔が広すぎて、どの画像の解説文かがわかりづらくなっています。

SECTION 009 準備

聞き手に見やすい配色とは

色の組み合わせによっては、文字が読めなかったり、目がチカチカしたりと、見づらくなってしまいます。ここでは、見やすい配色のポイントを解説します。また、デザインの知識がなくても、配色パターンの参考になるWebサイトも紹介します。

カラーホイール

配色を考える上でポイントになるのが、色の相関関係を表したカラーホイールです。PowerPointでも似たような＜色の設定＞ダイアログボックス（P.98参照）が用意されています。

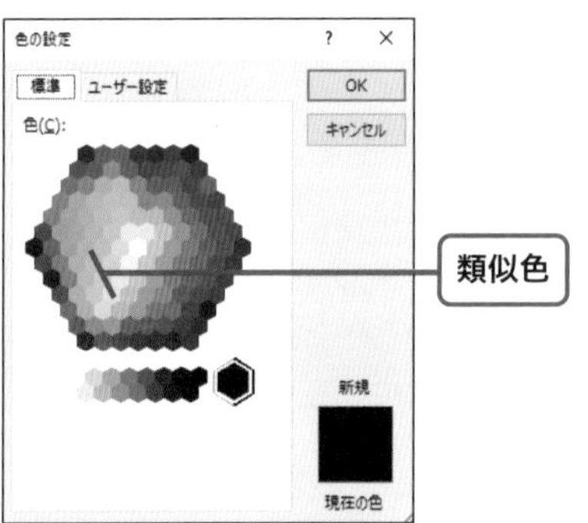

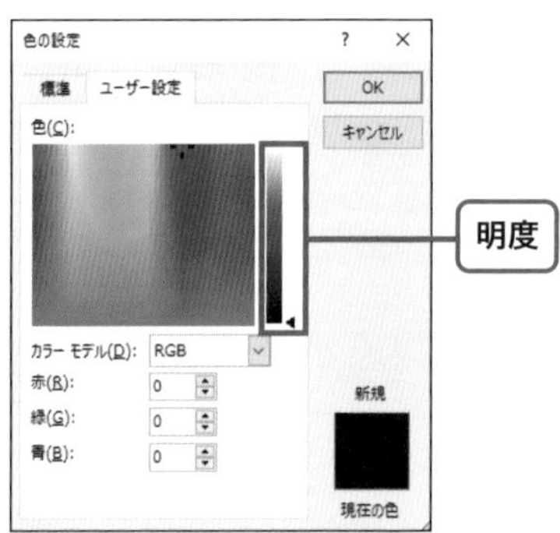

背景と文字の配色

はじめに背景と文字の配色について考えてみましょう。ポイントは、次の2点です。

- **類似色は避ける**
- **明度を変える**

上図の＜色の設定＞ダイアログボックスでいうと、類似色は近い場所にある色になります。明度は色の明るさで、中心からの距離、または右上図のスライダーに該当します。

色数は少なく

色数が多いと、ゴチャゴチャしたり、目がチカチカしたりするので、使用する色は2、3色にします。最初にメインカラーを選びます。コーポレートカラー、ブランドカラーを使うのもいいでしょう。メインカラーと組み合わせる色を選ぶときに、知っておきたいのが、補色（2色）とトライアド（3色）で、バランスのいい配色とされています。<色の設定>ダイアログボックスの<標準>パネルでは、対角線上にあるのが補色、3等分した位置にあるのがトライアドになります。

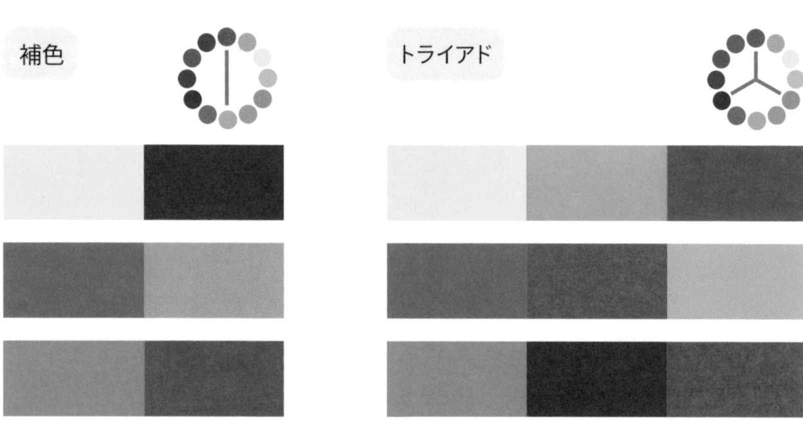

配色の参考になるWebサイト

配色の見本帳｜キーカラーで選ぶ配色パターン

http://ironodata.info/

キーカラーを選択すると、それに合った配色パターンが表示されます。

Adobe Color CC

https://color.adobe.com/ja/

色を指定して配色パターンを表示したり、ユーザーが作成した配色パターンを表示したり、画像から配色パターンを作成したりできます。

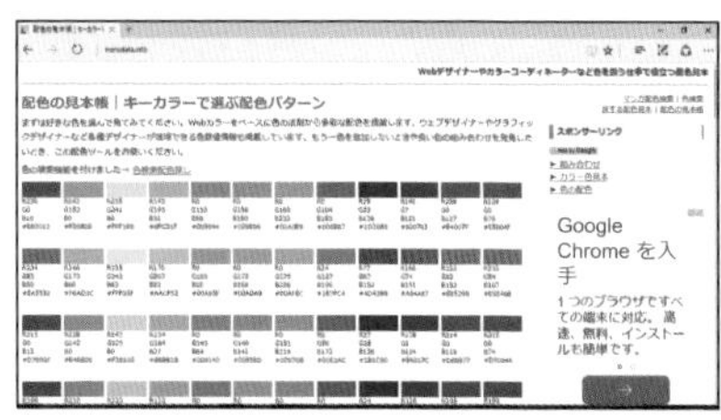

準備

第0章

第1章

第2章

第3章

第4章

見やすいテキストとは

スライドのテキストでもっとも重要なことは、「読んでもらうこと」です。文字が小さくて読めないのは論外です。ここでは、フォントサイズや文字量など、見やすいテキストにするためのポイントを解説します。

見やすいフォントサイズ

フォントサイズを決める上でのポイントは、読めることです。会場の広さやスクリーンの大きさによっても変わるため、残念ながら一概に「○pt以上」とは言えません。
可能であれば、事前に下記のようなスライドを作成して、実際にスクリーンに映してみるのが確実です。事前に確認できない場合は、「24pt」以上であれば、ほとんどの場合問題ないでしょう。
また、1枚のスライドに何種類ものサイズのフォントが使用されていると、見づらくなります。スライドタイトル、見出し、本文の3種類程度に決めておきます。サイズが2pt程度の差だと、違いがわかりづらいので、4pt以上差を付けるのがおすすめです。

実験文字サイズ　20pt
実験文字サイズ　24pt
実験文字サイズ　32pt
実験文字サイズ　40pt
実験文字サイズ　54pt
実験文字サイズ　60pt

文はなるべく1行で

特にワイド画面（16:9）サイズのスライドは、横長のため、1行あたりの文字数が多いと、目で追うのが大変になります。数行にわたる文は、行がずれないようにさらに神経を使うことになります。
1文はなるべく1行、多くても2行にまとめ、できるだけ短くするように心がけましょう。

見やすいフォント

フォントも1枚のスライドに何種類も混在していると、散漫な印象を与えます。1種類、またはスライドタイトルと本文の2種類にとどめておきましょう。
フォントを選ぶポイントは、次の4点です。

- 読みやすいか
- プロジェクター利用の場合はゴシック系
- 汎用性があるか(特殊なフォントの場合、他のPCでプレゼンテーションを行うと、フォントが変わる可能性があります)
- 太字を設定したときにはっきり変化するか

また、英数字には英数字フォントを使用したほうが美しくなります。このとき、同じフォントサイズでも違って見えるフォントがあるので、注意が必要です。フォントの組み合わせは、登録することができます(P.105参照)。

MS Pゴシックのみ

PowerPoint 2019の使い方

MS Pゴシック＋Arial

PowerPoint 2019の使い方

MS Pゴシック：標準(上)/太字(下)

プレゼンテーション

プレゼンテーション

メイリオ：標準(上)/太字(下)

プレゼンテーション

プレゼンテーション

MS Pゴシックは太字に設定したときの変化が小さく、メイリオは太字との違いがよくわかります。

メイリオ＋Calibri

PowerPoint 2019の使い方

メイリオ＋Segoe UI

PowerPoint 2019の使い方

同じフォントサイズにもかかわらず、Calibriだとメイリオよりも小さく、文字が下がっています。

SECTION 011 準備

図やグラフの効果を知る

文字の情報は、理解するのに時間がかかります。スケジュールや関係性、概念など、文字だけでは複雑でうまく伝わらないものは図で説明すると、ひと目でわかります。また、数値データはグラフにすると、数値の違いや推移が明確になります。

図解でわかりやすく

複雑な情報は、図で整理します。PowerPointには、簡単に図表を作成できる「Smart Art」という機能が用意されています（P.170参照）。

ご注文からお届けまで

1. Webサイトから、商品をご注文ください。
2. 入稿データをアップロードしてください。
3. 弊社が校正データをお送りします。
4. 校正データをご確認後、ご連絡をください。
5. 弊社が印刷後、商品を発送します。
6. 受取後、1週間以内にお支払いください。

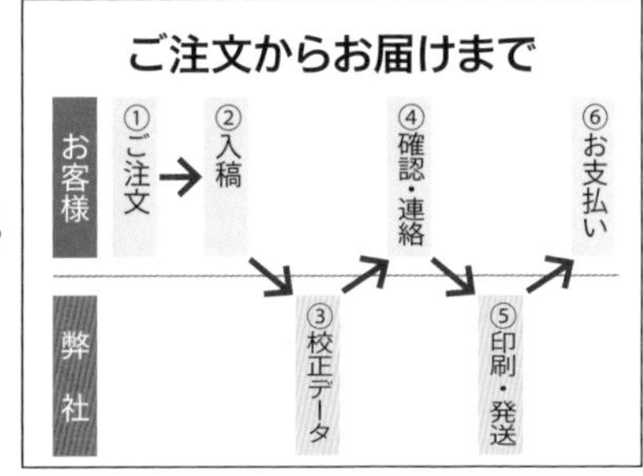

数値データはグラフに

数値データは、グラフにします。PowerPointでは、簡単にグラフを作成できます（P.200参照）。

お客様満足度

・満足 67%
・普通 20%
・不満 13%

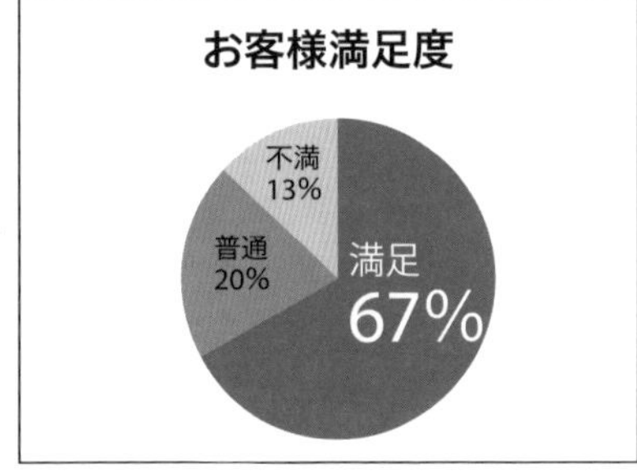

第1章

これだけは知っておきたい！スライド作成とPowerPointの基本

PowerPointの画面構成

PowerPointでは、各ページを「スライド」と呼び、スライドの集まった1つのファイルを「プレゼンテーション」と呼びます。画面上部には、コマンドが機能ごとにまとめられており、それらを利用してスライドを編集します。

PowerPointの画面構成を確認する

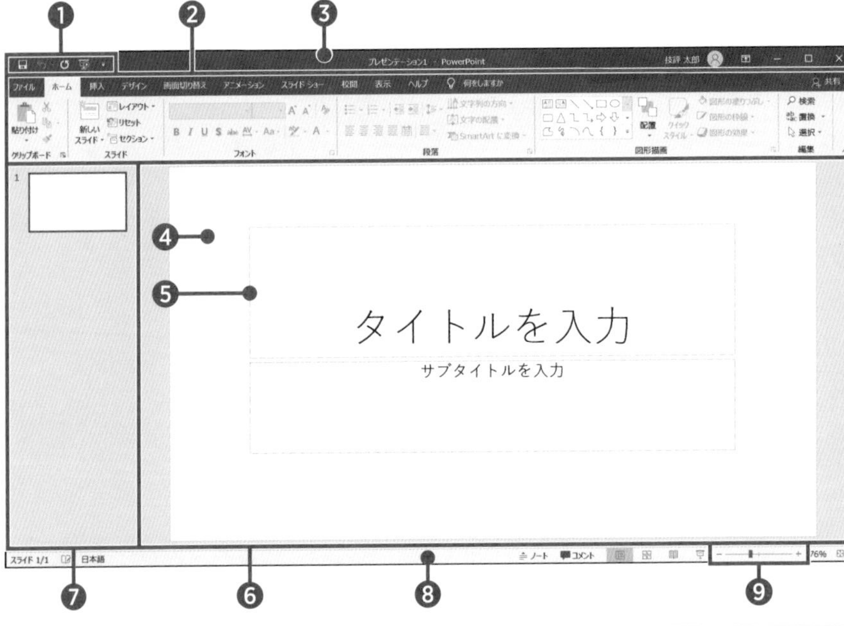

	名称	機能
❶	クイックアクセスツールバー	よく使うコマンドをまとめた領域です。
❷	リボン	PowerPoint 2003以前のメニューとツールバーのかわりになる機能です。コマンドがタブによって分類されています。
❸	タイトルバー	作業中のプレゼンテーションのファイル名が表示される領域です。
❹	スライド	プレゼンテーションのそれぞれのページです。
❺	プレースホルダー	スライド上に配置されている、テキストやグラフなどを挿入するためのものです。
❻	スライドウィンドウ	スライドを編集するための領域です。
❼	サムネイルウィンドウ	すべてのスライドの縮小版（サムネイル）が表示される領域です。
❽	ステータスバー	作業中のスライド番号や言語が表示されます。
❾	ズームスライダー	画面の表示倍率を変更できます。

スライドの構成

タイトルスライド

MEMO タイトルスライド

プレゼンテーションのタイトルとサブタイトルを入力するプレースホルダーが配置されています。

コンテンツのスライド

MEMO コンテンツのスライド

各スライドのタイトルを入力するプレースホルダーと、テキスト、グラフ、画像などのコンテンツを挿入するためのプレースホルダーが配置されています。スライドのレイアウトは、他にもさまざまな種類が用意されています。

サムネイルの表示倍率を変更する

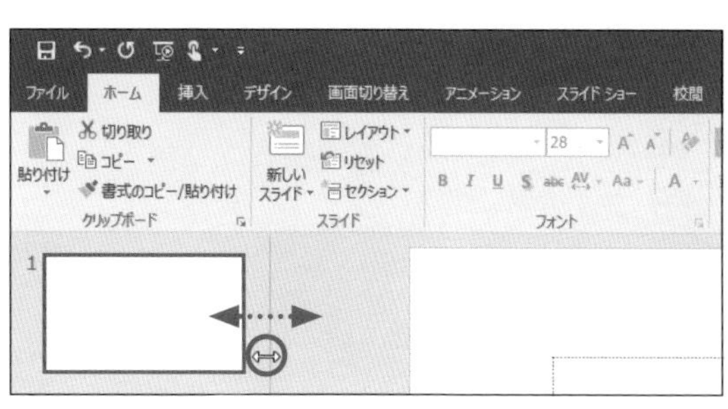

MEMO サムネイルのサイズ変更

サムネイルウィンドウの境界線にマウスポインターを合わせてドラッグすると、境界線が移動し、サムネイルの表示倍率が変更されます。

SECTION 013 スライド作成

新しいプレゼンテーションを作成する

PowerPointでは、ファイルを「プレゼンテーション」と呼びます。PowerPointを起動した直後に表示される画面で、デザインを決める「テーマ」を選択して、プレゼンテーションを作成します。

起動時に新規プレゼンテーションを作成する

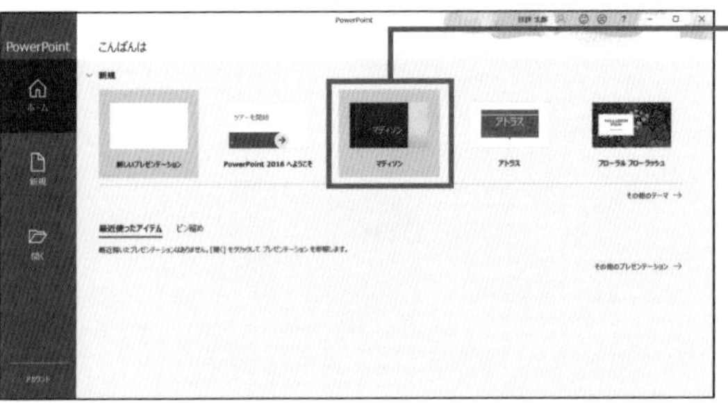

❶ PowerPointを起動し、目的のテーマ（ここでは<マディソン>）をクリックして、

MEMO テーマ

「テーマ」は、スライドのデザインをかんたんに整えることのできる機能です。テーマはあとから変更することができます（P.101～102参照）。

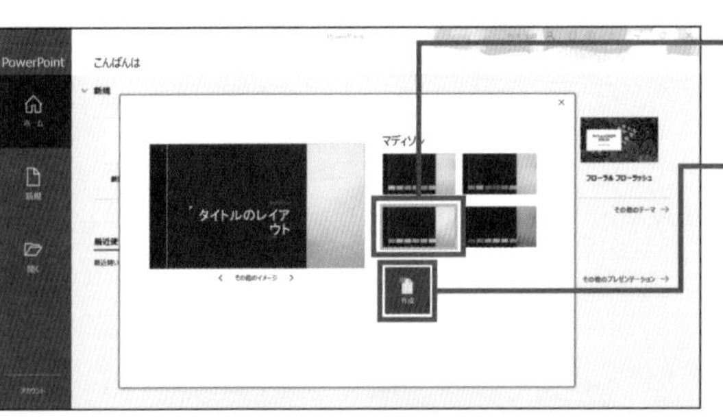

❷ 目的のバリエーションをクリックし、

❸ <作成>をクリックすると、

新規プレゼンテーションが作成された

❹ 新規プレゼンテーションが作成されます。

MEMO 起動後に作成する

PowerPoint起動後に新規プレゼンテーションを作成するには、<ファイル>タブをクリックして、<新規>をクリックし、目的のテーマをクリックします。

表紙になるスライドを作成する

新しいプレゼンテーションを作成すると、表紙になる「タイトルスライド」が1枚だけ表示されます。タイトルスライドのプレースホルダーに、プレゼンテーションのタイトルやサブタイトルを入力します。

プレゼンテーションのタイトルを入力する

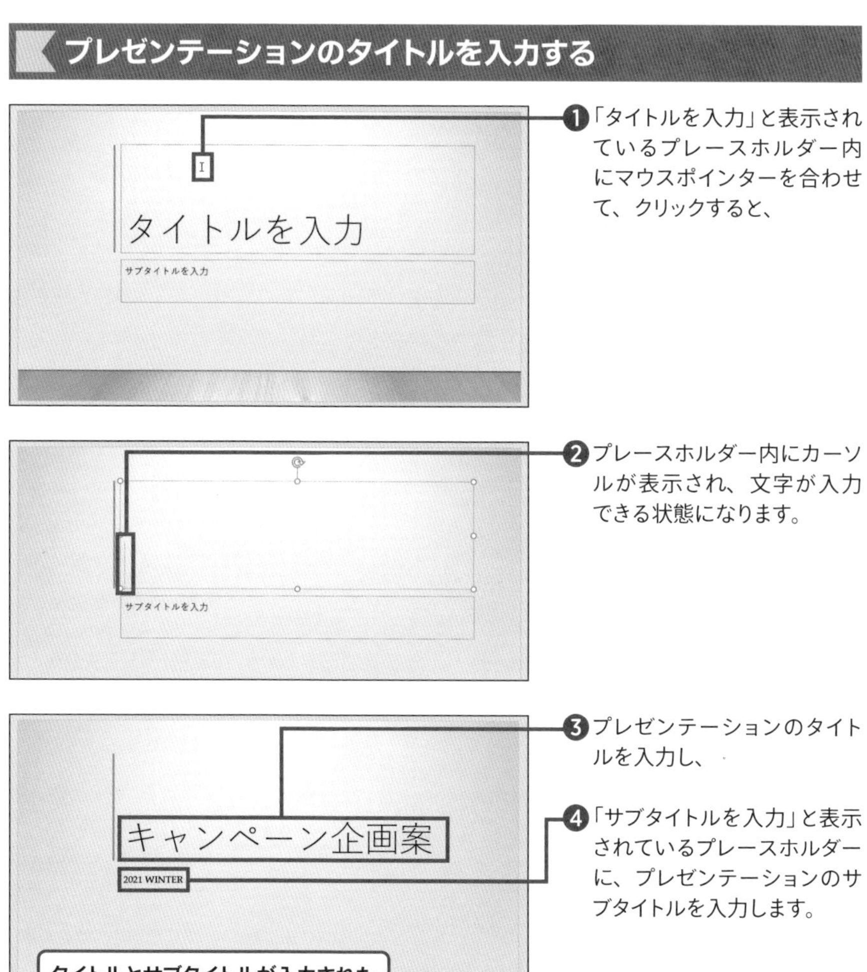

❶「タイトルを入力」と表示されているプレースホルダー内にマウスポインターを合わせて、クリックすると、

❷プレースホルダー内にカーソルが表示され、文字が入力できる状態になります。

❸プレゼンテーションのタイトルを入力し、

❹「サブタイトルを入力」と表示されているプレースホルダーに、プレゼンテーションのサブタイトルを入力します。

新しいスライドを作成する

新規プレゼンテーションを作成すると、プレゼンテーションのタイトルを入力するタイトルスライドだけが表示されます。スライドを追加するには、<ホーム>タブまたは<挿入>タブから目的のレイアウトを指定します。

新しいスライドを挿入する

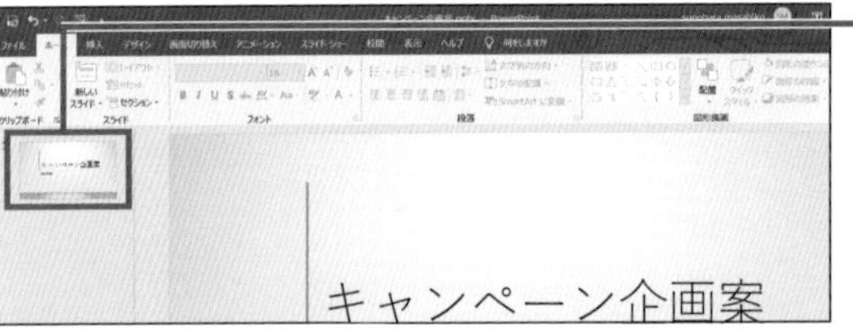

❶スライドを追加したい場所の前にあるスライドのサムネイルをクリックして選択し、

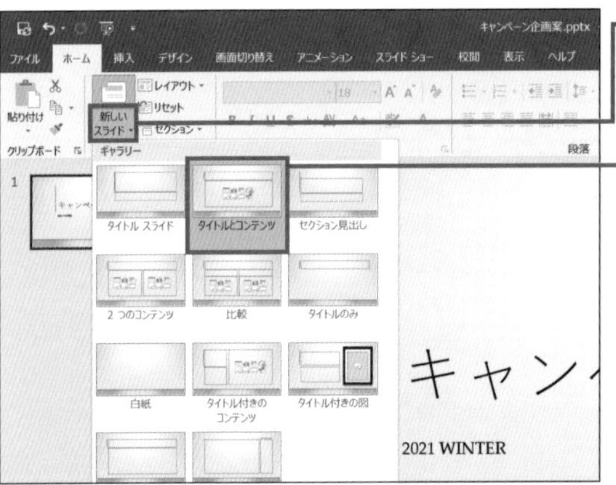

❷<ホーム>タブの<新しいスライド>のここをクリックして、

❸目的のレイアウト(ここでは<タイトルとコンテンツ>)をクリックすると、

MEMO <挿入>タブの利用

<挿入>タブの<新しいスライド>からも、同じ方法でスライドを挿入することができます。

❹新しいスライドが挿入されます。

MEMO レイアウトの種類

手順❷の画面で表示されるレイアウトの種類の一覧は、設定しているテーマによって異なります。

スライドの内容を入力する

プレゼンテーションにコンテンツのスライドを追加したら、各スライドのタイトルとコンテンツ（内容）を入力します。コンテンツは、箇条書きにしてまとめると、簡潔で伝わりやすくなります。

スライドタイトルと箇条書きを入力する

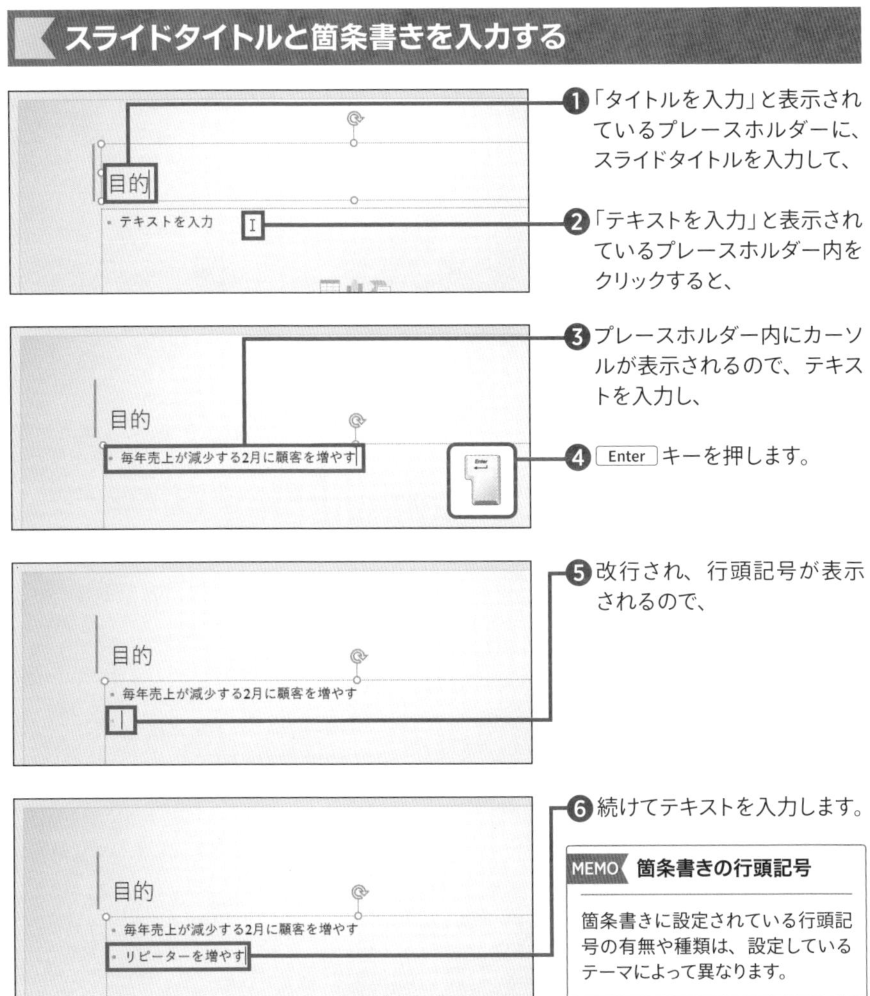

❶「タイトルを入力」と表示されているプレースホルダーに、スライドタイトルを入力して、

❷「テキストを入力」と表示されているプレースホルダー内をクリックすると、

❸プレースホルダー内にカーソルが表示されるので、テキストを入力し、

❹ Enter キーを押します。

❺改行され、行頭記号が表示されるので、

❻続けてテキストを入力します。

MEMO 箇条書きの行頭記号

箇条書きに設定されている行頭記号の有無や種類は、設定しているテーマによって異なります。

スライドの順番を入れ替える

スライドの順序を入れ替えるには、サムネイルウィンドウでスライドを目的の位置までドラッグします。プレゼンテーション全体を見ながら順序を入れ替えたい場合は、スライド一覧表示モードを利用します(P.53参照)。

スライドの順序を変更する

❶移動したいスライドのサムネイルにマウスポインターを合わせ、

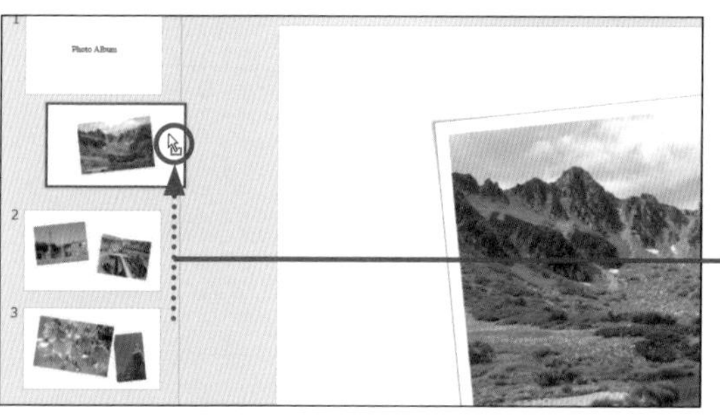

❷サムネイルウィンドウで目的の位置までドラッグすると、

❸スライドが移動します。

MEMO 全体を見て入れ替える

スライド一覧表示モードに切り替えると、プレゼンテーション全体を見ながらスライドの順序を入れ替えることができます。

プレゼンテーションを保存する

プレゼンテーションを作成したら、ファイルに名前を付けて保存します。保存後にプレゼンテーションを編集した場合は、上書き保存します。ファイル名は、内容がイメージしやすいものを付けましょう。

名前を付けて保存する

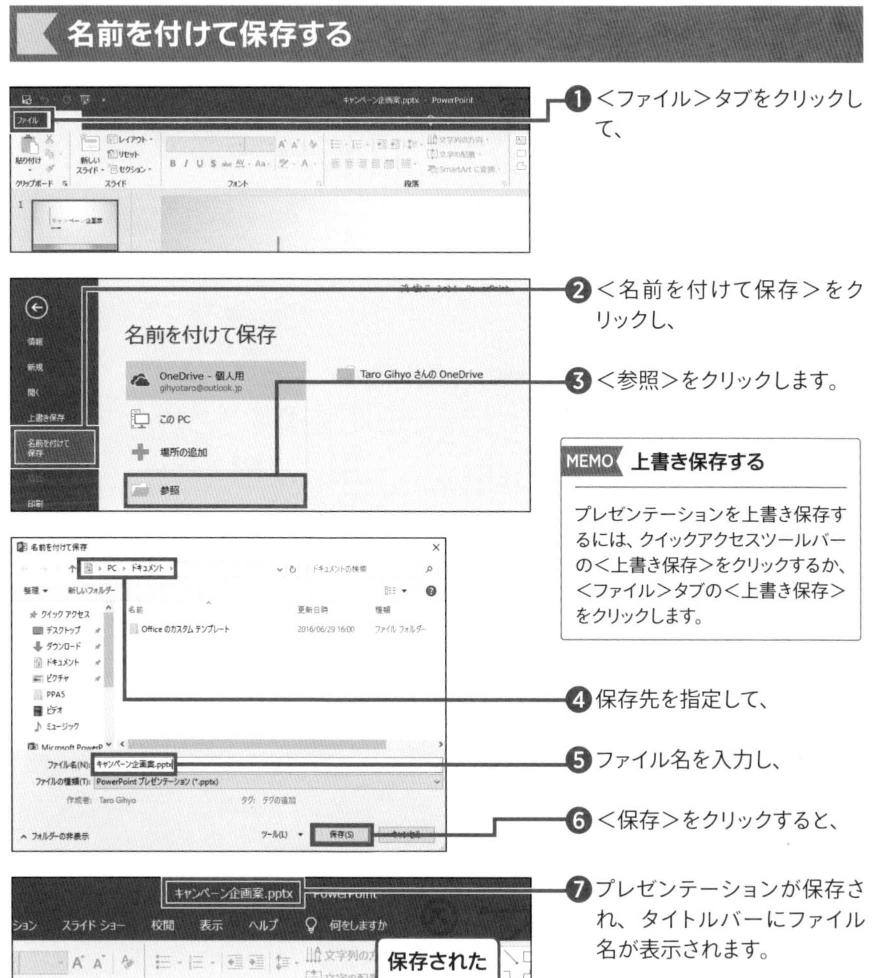

❶ <ファイル>タブをクリックして、

❷ <名前を付けて保存>をクリックし、

❸ <参照>をクリックします。

❹ 保存先を指定して、

❺ ファイル名を入力し、

❻ <保存>をクリックすると、

❼ プレゼンテーションが保存され、タイトルバーにファイル名が表示されます。

MEMO 上書き保存する

プレゼンテーションを上書き保存するには、クイックアクセスツールバーの<上書き保存>をクリックするか、<ファイル>タブの<上書き保存>をクリックします。

SECTION 019 スライド作成

複数のプレゼンテーションを並べて表示する

他のプレゼンテーションを見ながらスライドを編集したり、複数のプレゼンテーションを比較したりしたい場合は、ウィンドウを並べて表示させると、ウィンドウの表示を切り替える手間が省けます。

開いているプレゼンテーションを並べて表示する

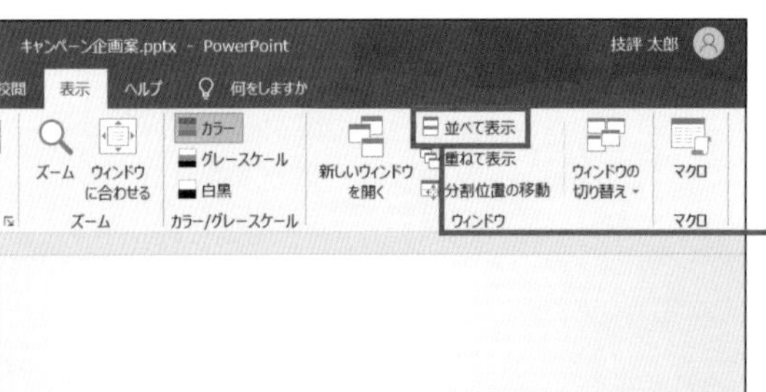

並べて表示させるプレゼンテーションをすべて開いておきます。

❶ ＜表示＞タブの＜並べて表示＞をクリックすると、

MEMO 複数のウィンドウで開く

＜表示＞タブの＜新しいウィンドウを開く＞をクリックすると、同じプレゼンテーションがもう1つのウィンドウで表示されます。その後ウィンドウを並べて表示すると、同じプレゼンテーションの別のスライドを見ながら編集したりすることができます。

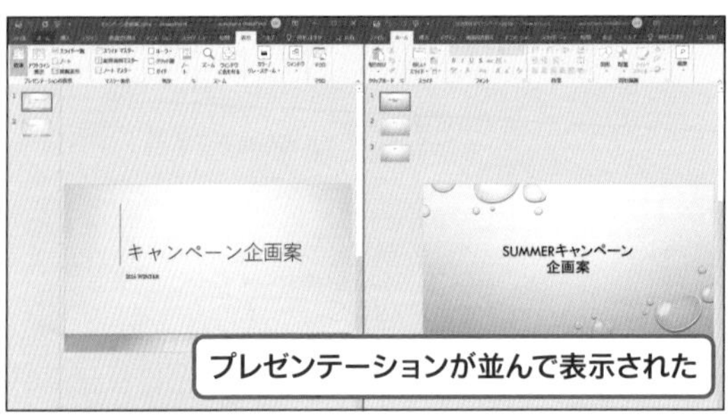

❷ 開いているプレゼンテーションのウィンドウが並んで表示されます。

COLUMN

ウィンドウを重ねて表示する

＜表示＞タブの＜重ねて表示＞をクリックすると、開いている複数のプレゼンテーションのウィンドウを重ねて表示することができます。

テンプレートを使う

プレゼンテーションの構成に悩んだときは、インターネット上のテンプレートを利用するのも1つの方法です。あらかじめスライドのタイトルやテキストが入力されているので、必要に応じて編集します。

オンラインテンプレートを利用する

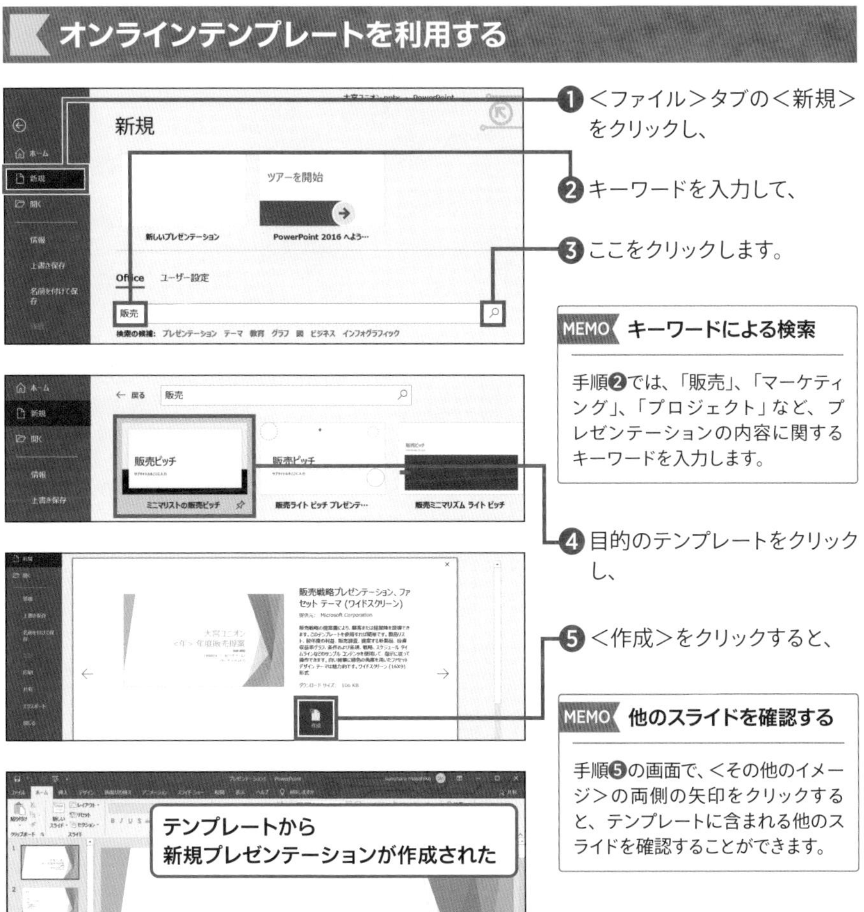

❶ ＜ファイル＞タブの＜新規＞をクリックし、

❷ キーワードを入力して、

❸ ここをクリックします。

> **MEMO キーワードによる検索**
>
> 手順❷では、「販売」、「マーケティング」、「プロジェクト」など、プレゼンテーションの内容に関するキーワードを入力します。

❹ 目的のテンプレートをクリックし、

❺ ＜作成＞をクリックすると、

> **MEMO 他のスライドを確認する**
>
> 手順❺の画面で、＜その他のイメージ＞の両側の矢印をクリックすると、テンプレートに含まれる他のスライドを確認することができます。

❻ テンプレートがダウンロードされ、新規プレゼンテーションが作成されます。

よく使う機能だけを常に表示する

画面左上に常に表示されている「クイックアクセスツールバー」には、コマンドを追加したり削除したりすることができます。よく使う機能を登録しておくと、その都度タブを切り替える手間を省くことができて便利です。

クイックアクセスツールバーにコマンドを追加する

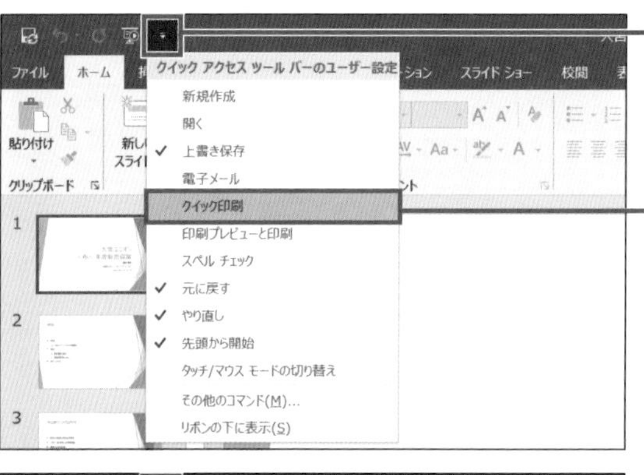

❶ クイックアクセスツールバーの<クイックアクセスツールバーのユーザー設定>をクリックし、

❷ 表示された一覧から、登録したい機能（ここでは<クイック印刷>）をクリックしてチェックを付けると、

❸ クイックアクセスツールバーにコマンドが追加されます。

MEMO コマンドを削除する

クイックアクセスツールバーからコマンドを削除するには、手順❷で目的の機能のチェックを外します。

COLUMN

一覧にないコマンドを登録する

手順❷の画面で、クイックアクセスツールバーに登録したいコマンドが一覧にない場合は、<その他のコマンド>をクリックします。右図が表示されるので、左側の一覧から目的のコマンドをクリックし、<追加>をクリックして、<OK>をクリックします。

クイックアクセスツールバーをリボンの下に移動する

クイックアクセスツールバーは、リボンの下に移動させることができます。カスタマイズしたクイックツールバーをリボンの下に表示しておけば、マウスの移動距離が短くなり、作業効率がアップします。

クイックアクセスツールバーをリボンの下に移動する

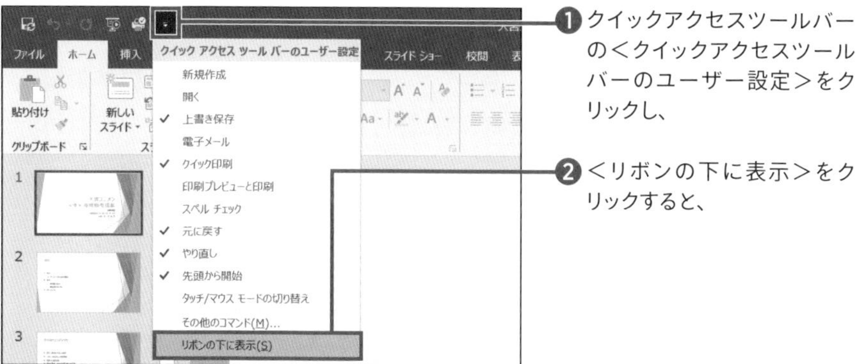

❶ クイックアクセスツールバーの＜クイックアクセスツールバーのユーザー設定＞をクリックし、

❷ ＜リボンの下に表示＞をクリックすると、

❸ クイックアクセスツールバーがリボンの下に移動します。

COLUMN

クイックアクセスツールバーを元に戻す

リボンの下に表示したクイックアクセスツールバーを、リボンの上に戻すには、クイックアクセスツールバーの＜クイックアクセスツールバーのユーザー設定＞をクリックして、＜リボンの上に表示＞をクリックします。

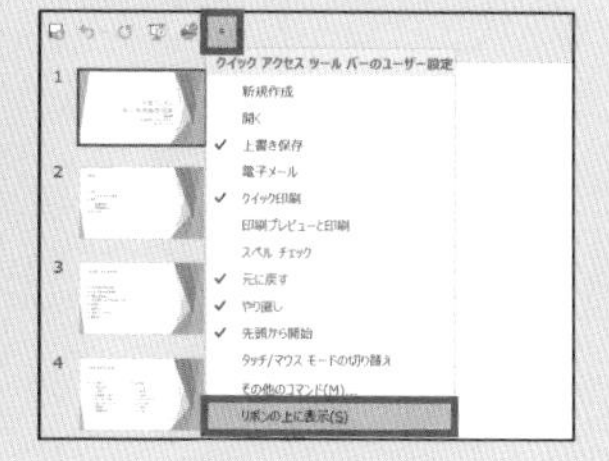

SECTION 023 表示

タッチ操作しやすいように コマンドの間隔をあける

タッチ操作でPowerPointを利用する場合は、「タッチモード」に切り替えると、コマンドの間隔が広くなり、タッチ操作を行いやすくなります。なお、タッチ操作を行うには、タッチ操作対応のパソコンが必要です。

タッチモードに切り替える

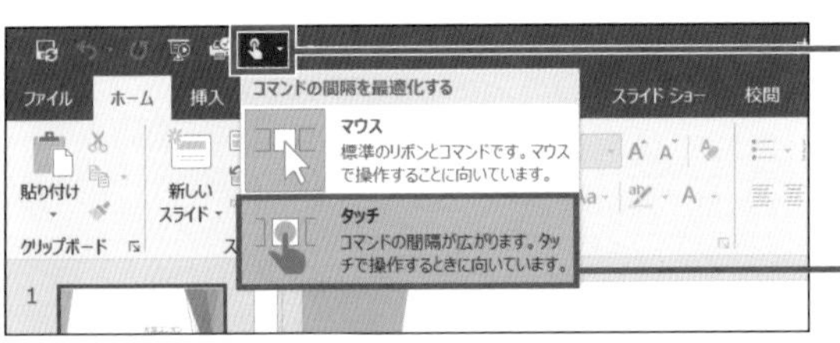

❶画面左上のクイックアクセスツールバーの<タッチ/マウスモードの切り替え>をクリックし、

❷<タッチ>をクリックすると、

タッチモードに切り替わった

❸タッチモードに切り替わり、コマンドの間隔が広がります。

MEMO 本書での表示

本書では、マウスモードを基準に解説します。

COLUMN

コマンドがない？

クイックアクセスツールバーに<タッチ/マウスモードの切り替え>が表示されていない場合は、クイックアクセスツールバーの<クイックアクセスツールバーのユーザー設定>をクリックして、<タッチ/マウスモードの切り替え>をクリックすると表示されます。

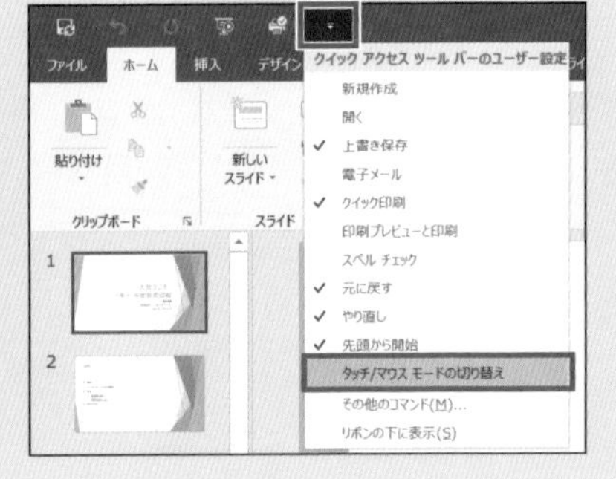

リボンを非表示にして画面を広く使う

スライドの編集画面をなるべく広く使いたい場合は、リボンを非表示にして全画面表示にします。リボンをすべて非表示にすることも、コマンドの部分を非表示にしてタブの名前の部分だけを表示しておくことも可能です。

リボンを非表示にする

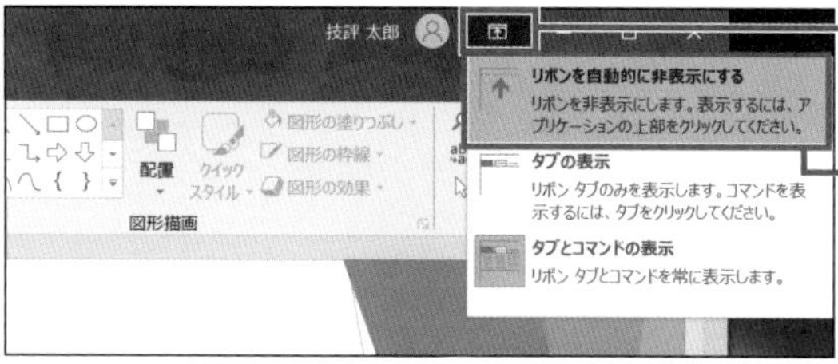

1 画面右上の<リボンの表示オプション>をクリックし、

2 <リボンを自動的に非表示にする>をクリックします。

MEMO タブの表示

<タブの表示>への切り替えは、タブをダブルクリックしても行えます。タブの名前だけが表示されます。

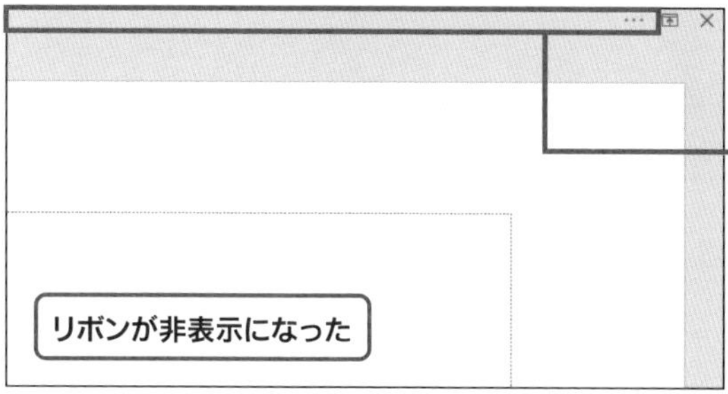

リボンが非表示になった

3 リボンが非表示になり、全画面表示になります。画面の上端をクリックするとリボンが一時的に表示されます。

MEMO 画面を元に戻す

画面を元に戻すには、手順2で<タブとコマンドの表示>をクリックします。

COLUMN

リボンの表示方法

リボンの表示方法は、次の3種類から選択できます。

① **<リボンを自動的に非表示にする>**
リボンが非表示になり、画面の上端をクリックすると一時的に表示されます。

② **<タブの表示>**
タブの名前だけが表示されます。

③ **<タブとコマンドの表示>**
タブの名前とコマンドが表示されます。

ワンクリックで操作を繰り返す

同じ操作を何度も行うときは、クイックアクセスツールバーの<繰り返し>をクリックすると、簡単に繰り返すことができます。なお、操作内容によっては、繰り返すことができない場合もあります。

同じ操作を繰り返す

P.79の方法で文字の色をオレンジに変更した操作を繰り返します。

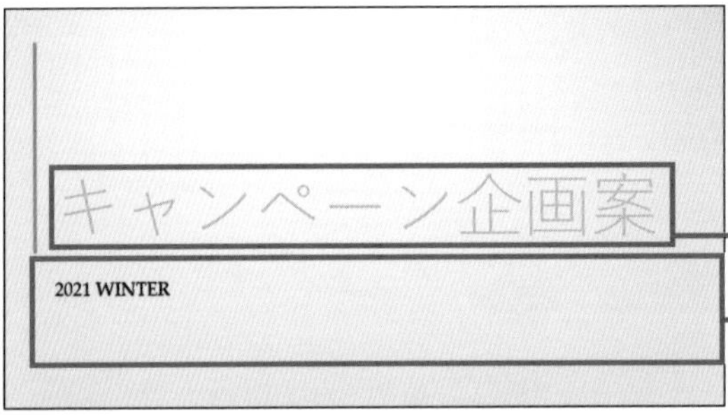

1 文字の色をオレンジに変更し、

2 同じ操作を行うプレースホルダーの枠線をクリックしてプレースホルダーを選択し、

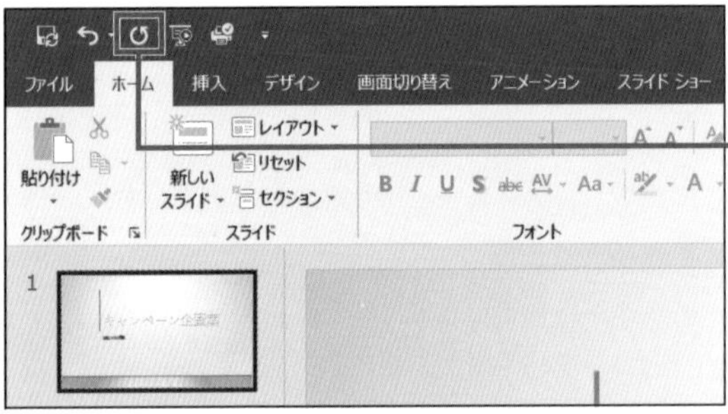

3 クイックアクセスツールバーの<繰り返し>をクリックすると、

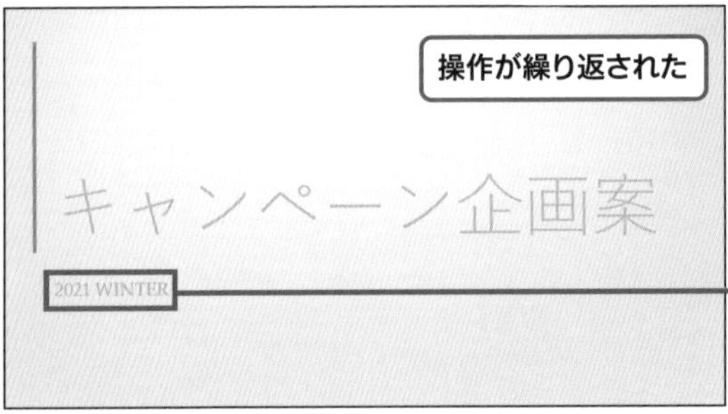

4 直前に行った操作が繰り返されます。ここでは文字の色がオレンジに変更されました。

MEMO ショートカットキーの利用

Ctrl + Y キーを押しても、直前の操作を繰り返すことができます。

スライドを拡大して作業しやすくする

オブジェクトが小さくて見づらい場合は、スライドを拡大して表示すると、作業がしやすくなります。スライドの表示倍率は、＜ズーム＞ダイアログボックスやズームスライダー、マウスのホイールボタンで変更できます。

スライドの表示倍率を変更する

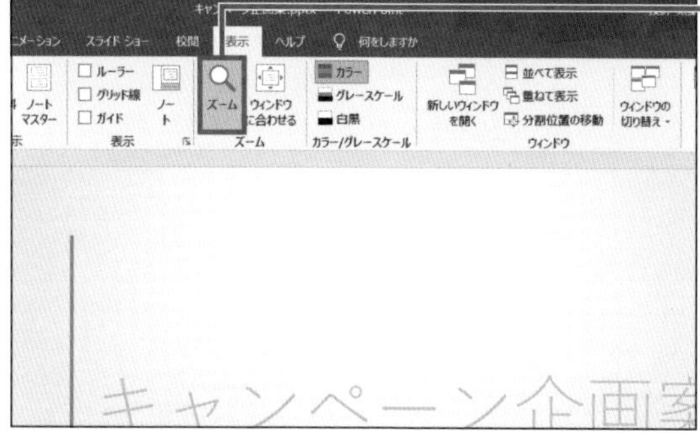

❶＜表示＞タブの＜ズーム＞をクリックし、

MEMO ズームスライダーの利用

画面右下のズームスライダーの▮をドラッグしても、スライドの表示倍率を変更できます。また、＋や－をクリックすると、10%単位で拡大／縮小できます。

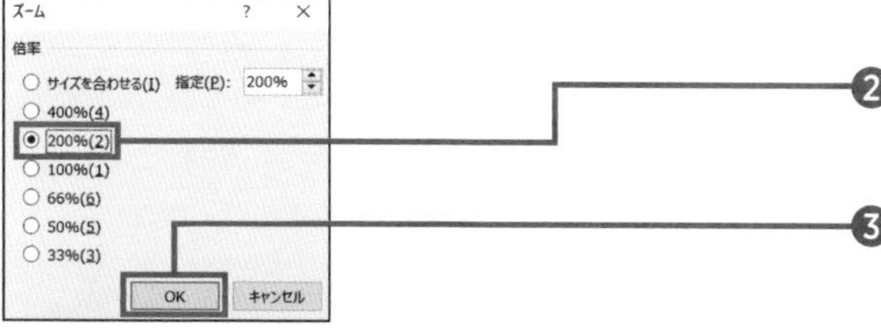

❷目的の表示倍率をクリックして、

❸＜OK＞をクリックすると、

拡大表示された

❹スライドが拡大表示されます。

MEMO マウスを利用する

Ctrlキーを押しながら、マウスのホイールボタンを奥へ回転させても、スライドを拡大表示することができます。また、Ctrlキーを押しながら、マウスのホイールボタンを手前へ回転させると、スライドが縮小表示されます。

SECTION 027 表示

やりたいことに合わせて切り替える表示モード

PowerPointには、さまざまな表示モードが用意されており、＜表示＞タブの＜プレゼンテーションの表示＞グループやステータスバーで切り替えることができます。作業内容に応じて、使いやすい表示モードに切り替えましょう。

表示モードを切り替える

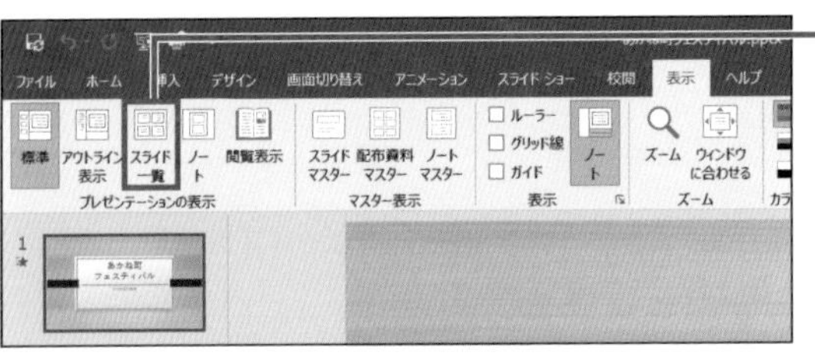

❶＜表示＞タブの＜プレゼンテーションの表示＞グループで、目的の表示モード（ここでは＜スライド一覧＞）をクリックすると、

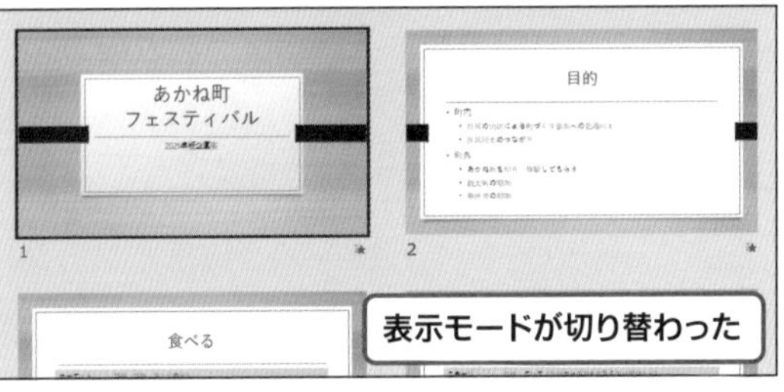

❷表示モードが切り替わります。

MEMO ステータスバーの利用

標準、スライド一覧、閲覧表示へは、ステータスバーの右側のボタンをクリックしても切り替えることができます。

表示モードの種類

標準

MEMO ＜標準＞

画面左側にスライドのサムネイルが表示されます。各スライドを編集するときに利用する表示モードです。また、スライドの下に、発表者用のメモである「ノート」を表示させることもできます（P.277参照）。

アウトライン表示

MEMO **<アウトライン表示>**

画面左側に各スライドのタイトルとテキストが表示されます。プレゼンテーション全体の構成を考えるときに利用します。

スライド一覧

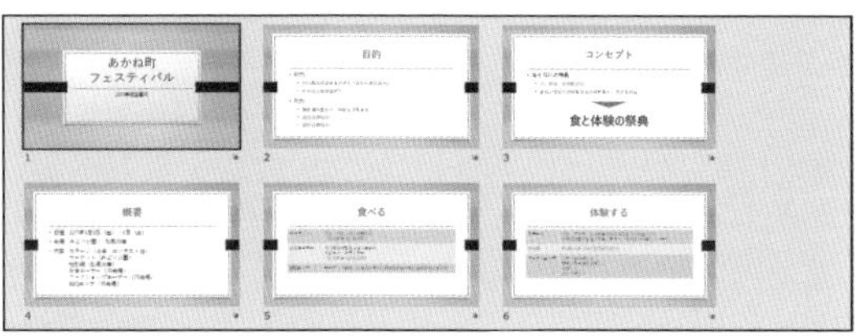

MEMO **<スライド一覧>**

すべてのスライドのサムネイルが表示されます。スライドの移動が簡単にできます。また、次のスライドへ自動的に切り替わる時間（P.223参照）も確認できます。

ノート

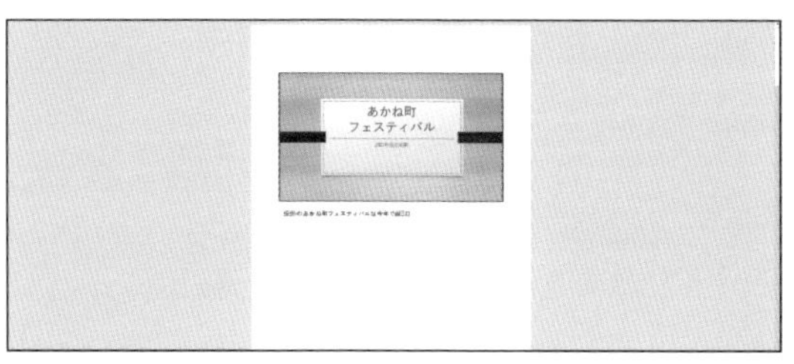

MEMO **<ノート>**

スライドと発表者用のメモである「ノート」（P.277参照）が表示されます。ノートを印刷したとき（P.292のMEMO参照）のイメージを確認したり、ノートを編集したりすることができます。

閲覧表示

MEMO **<閲覧表示>**

ウィンドウでスライドショー（P.274参照）が再生されます。スライドショーのウィンドウサイズを変更することができます。他の表示モードに切り替えるには、ステータスバーを利用します。

最近開いたプレゼンテーションを開く

＜ファイル＞タブの＜開く＞には、＜最近使ったアイテム＞という項目があり、使用したプレゼンテーションの履歴が表示されるので、以前使ったプレゼンテーションを素早く開くことができます。

履歴から以前開いたプレゼンテーションを開く

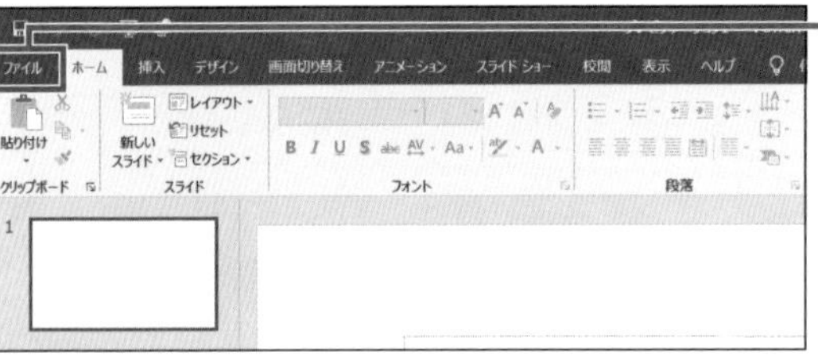

❶＜ファイル＞タブをクリックし、

MEMO 起動時に履歴から開く

PowerPointを起動した直後に表示される画面の左側にも、＜最近使ったファイル＞の一覧が表示されるので、目的のプレゼンテーションをクリックします。

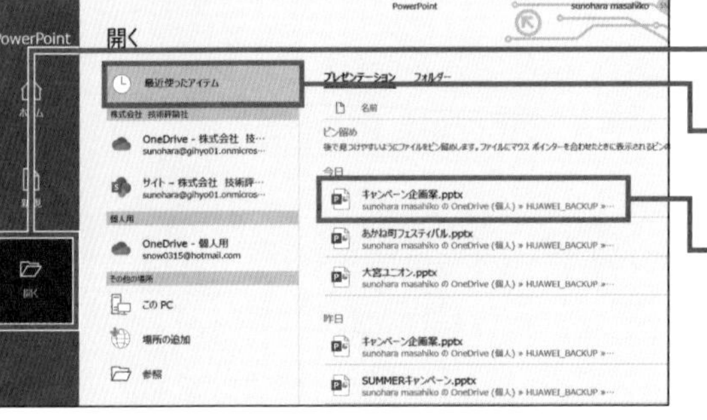

❷＜開く＞をクリックし、

❸＜最近使ったアイテム＞をクリックして、

❹目的のプレゼンテーションをクリックすると、

MEMO ファイルの数の変更

＜最近使ったアイテム＞に表示されるプレゼンテーションの数は、変更することができます(P.316参照)。

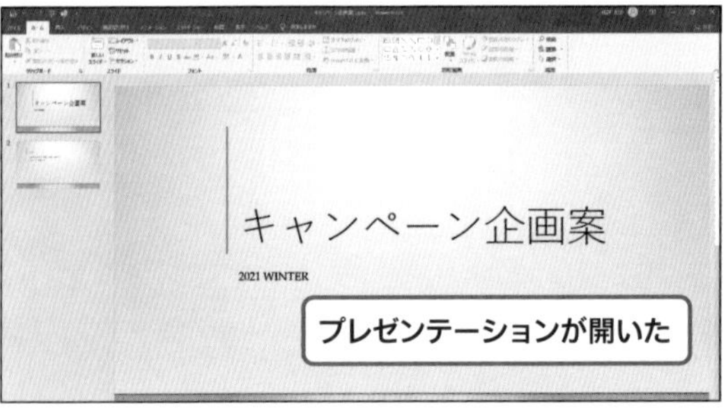

❺プレゼンテーションが開きます。

タスクバーから素早くPowerPointを起動する

PowerPointを頻繁に利用する場合は、アプリをタスクバーにピン留めしておくと、アプリの一覧を表示せずに、タスクバーのアイコンをクリックするだけで素早く起動できます。

アプリをタスクバーにピン留めする

❶ PowerPointを起動して、タスクバーのPowerPointのアイコンを右クリックし、

❷ <タスクバーにピン留め>をクリックします。

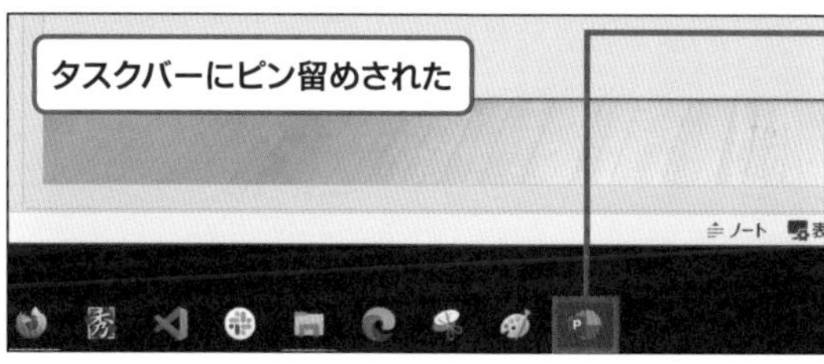

❸ タスクバーにピン留めされ、PowerPointを終了しても、タスクバーにアイコンが表示されます。クリックすると起動できます。

COLUMN

起動していない場合

PowerPointを起動していない場合、Windows 10では、<すべてのアプリ>の一覧で<PowerPoint 2019>を右クリックし、<その他>をポイントして、<タスクバーにピン留めする>をクリックします。

不要なプレースホルダーは削除する

不要なプレースホルダーは、削除することができます。たとえば、タイトルスライドにあるサブタイトルを入力するプレースホルダーなど、必要ない場合は削除してしまいましょう。削除するには、プレースホルダーを選択して、Delete キーを押します。

プレースホルダーを削除する

Photo Album
サブタイトルを入力

❶プレースホルダーの枠線にマウスポインターを合わせてクリックすると、

Photo Album
サブタイトルを入力
Delete

❷プレースホルダーが選択されます。

❸ Delete キーを押すと、

MEMO 文字が入力されている場合

プレースホルダーに文字が入力されている場合は、Delete キーを押すとすべての文字が削除され、プレースホルダーは残ります。再度プレースホルダーを選択して、Delete キーを押すと、プレースホルダーが削除されます。

プレースホルダーが削除された

Photo Album

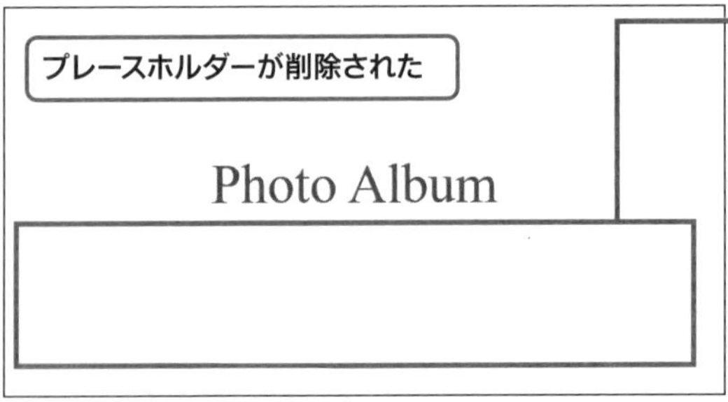

❹選択したプレースホルダーが削除されます。

MEMO プレースホルダーを元に戻す

削除したプレースホルダーを元に戻すには、スライドのレイアウトを変更する方法で（P.58参照）、レイアウトを設定し直します。プレースホルダーが再度表示されます。

不要になったスライドは削除する

不要になったスライドは、削除することができます。スライドの削除は、サムネイルウィンドウで行います。1枚ずつ削除することも、複数のスライドを選択してまとめて削除することも可能です。

スライドを削除する

❶削除するスライドのサムネイルをクリックして選択し、

❷ Delete キーを押すと、

❸選択したスライドが削除されます。

COLUMN ショートカットメニューの利用

スライドのサムネイルを右クリックし、<スライドの削除>をクリックしても、スライドを削除することができます。

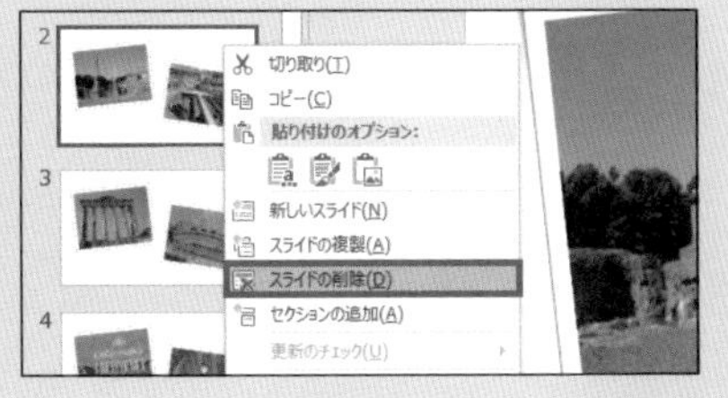

SECTION 032 スライド操作

スライドのレイアウトを変更する

アウトライン表示モードでスライドを作成すると（P.94参照）、2枚目以降のスライドには自動的に＜タイトルとコンテンツ＞のレイアウトが設定されます。スライドのレイアウトは、後から変更することができます。

レイアウトを変更する

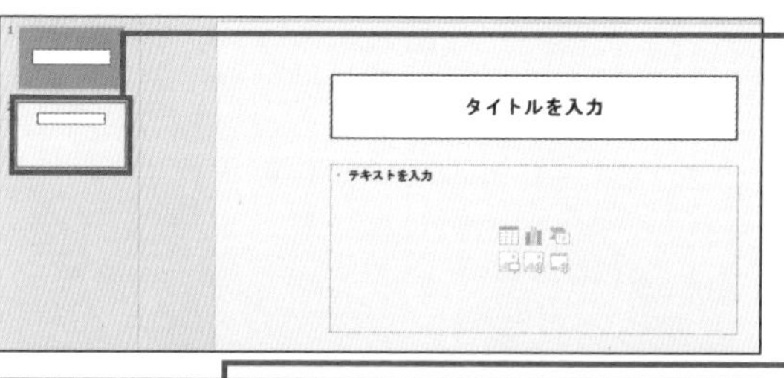

❶目的のスライドをクリックして選択し、

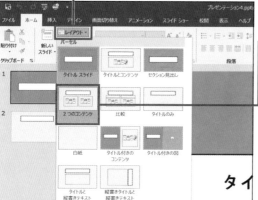

❷＜ホーム＞タブの＜レイアウト＞をクリックして、

❸目的のレイアウト（ここでは＜2つのコンテンツ＞）をクリックすると、

MEMO コンテンツとは

コンテンツは、箇条書きのテキストや表、グラフ、SmartArt、画像、ビデオといったオブジェクトの総称です。コンテンツの含まれるスライドレイアウトを適用すると、プレースホルダーにさまざまなオブジェクトを挿入することができます。

レイアウトが変更された

❹スライドのレイアウトが変更されます。

MEMO テーマによって異なる

手順❷の画面で表示されるレイアウトの種類の一覧は、設定しているテーマによって異なります。

プレゼンテーション全体を見ながらスライドの順序を入れ替える

スライドの順序は、後から変更することができます。スライド一覧表示モード（P.53参照）に切り替えると、プレゼンテーション全体のスライドの縮小版（サムネイル）が表示されるため、操作や確認がしやすくなります。

スライドを移動する

スライド一覧表示モードに切り替えます（P.52参照）。

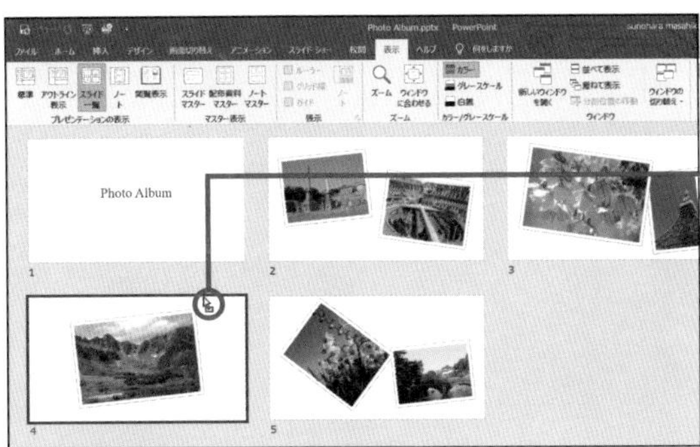

❶ 移動したいスライドにマウスポインターを合わせ、

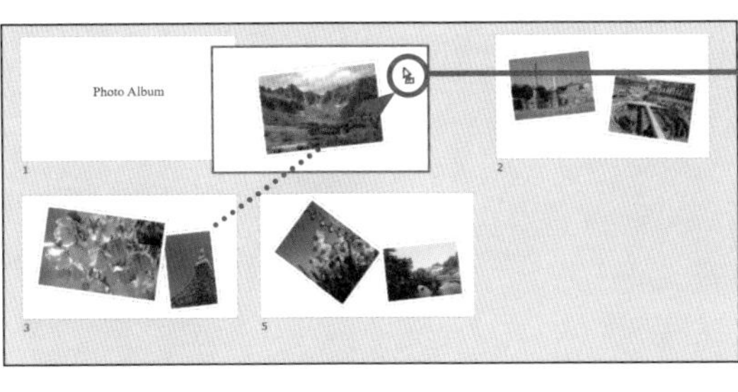

❷ 目的の位置までドラッグすると、

❸ スライドが移動します。

MEMO 標準表示モードで移動

標準表示モードで、スライドを移動することもできます（P.42参照）。

スライドをリセットしてやり直す

プレースホルダーの削除や移動、書式の変更などを行った後、スライドを元に戻したい場合は、スライドをリセットします。入力された文字はそのままで、書式やプレースホルダーが、デザインテーマを設定した直後の状態に戻ります。

スライドをリセットする

❶タイトルの書式を変更して、サブタイトルのプレースホルダーを削除しています。

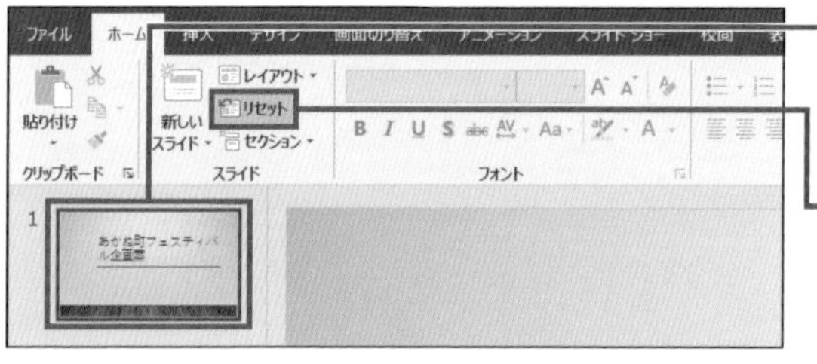

❷リセットしたいスライドのサムネイルをクリックして選択し、

❸<ホーム>タブの<リセット>をクリックすると、

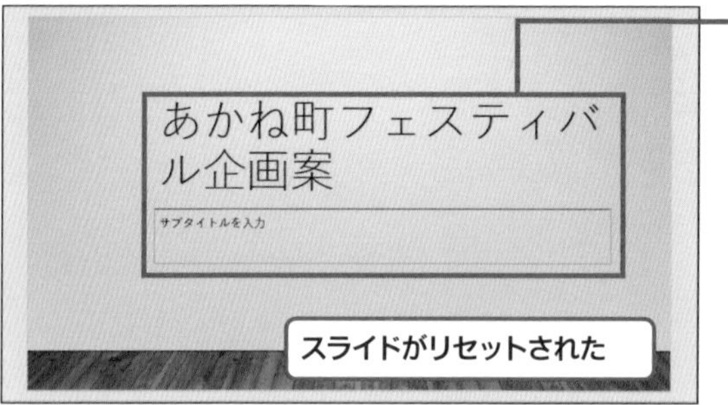

❹入力された文字はそのままで、変更した書式や削除したプレースホルダーが元に戻ります。

SECTION 035 スライド操作

似た内容のスライドは複製して効率化を図る

スライドを作成するときに、同じプレゼンテーション内に似た内容のスライドがある場合は、スライドを複製してから編集すると、作業時間を短縮することができます。スライドの複製は、＜ホーム＞タブの＜コピー＞から行います。

スライドを複製する

❶ 複製したいスライドのサムネイルをクリックして選択し、

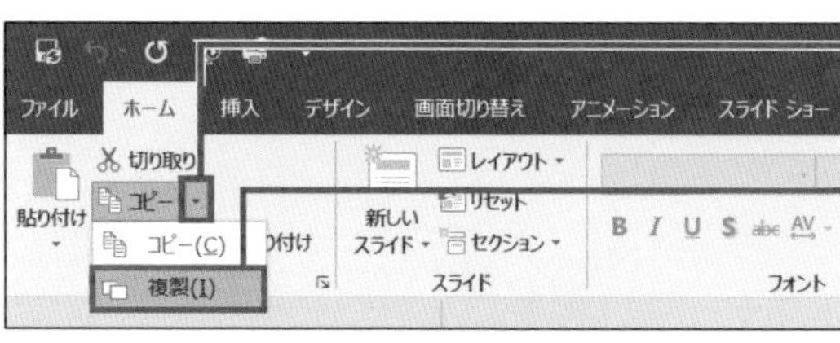

❷ ＜ホーム＞タブの＜コピー＞の▼をクリックして、

❸ ＜複製＞をクリックすると、

❹ スライドが複製されます。

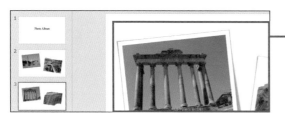

❺ スライドを編集します。

> **MEMO ＜新しいスライド＞の利用**
>
> ＜ホーム＞タブの＜新しいスライド＞の下の部分をクリックして、＜選択したスライドの複製＞をクリックしても、スライドを複製できます。

SECTION 036 スライド操作

他のプレゼンテーションのスライドを再利用する

同じ内容のスライドが、既に作成してある他のプレゼンテーションにある場合は、そのスライドをコピーすると、効率的に作業できます。「スライドの再利用」を利用すると、元のプレゼンテーションを開かなくてもコピーできます。

スライドを再利用する

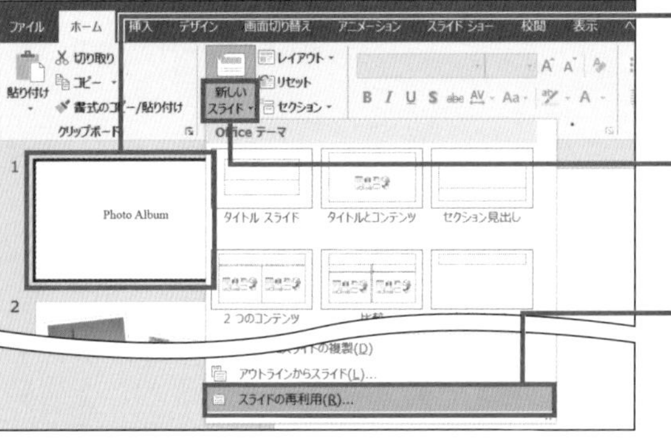

1 スライドを追加したい場所の前にあるスライドのサムネイルをクリックして選択し、

2 <ホーム>タブの<新しいスライド>のここをクリックして、

3 <スライドの再利用>をクリックし、

4 <PowerPointファイルを開く>をクリックします。

COLUMN

コピー・貼り付けでスライドをコピーする

コピーするプレゼンテーションを開いて、目的のスライドを選択し、Ctrl+Cキーを押します。貼り付け先のプレゼンテーションで、目的の場所をサムネイルでクリックし、Ctrl+Vキーを押しても、スライドをコピーできます。

第0章 第1章 スライド操作 第2章 第3章 第4章

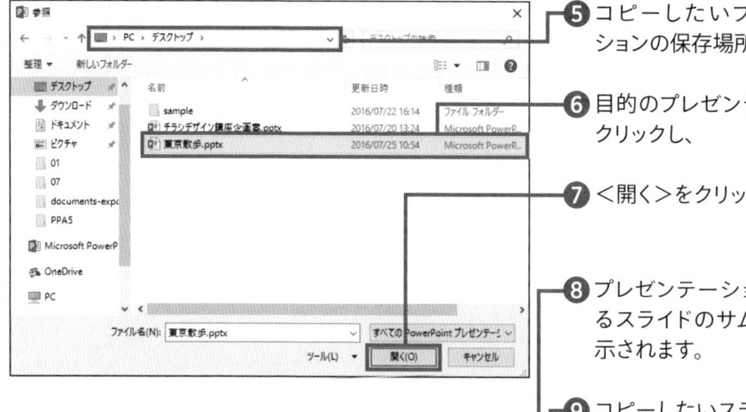

❺コピーしたいプレゼンテーションの保存場所を指定して、

❻目的のプレゼンテーションをクリックし、

❼<開く>をクリックすると、

❽プレゼンテーションに含まれるスライドのサムネイルが表示されます。

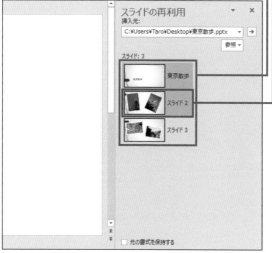

❾コピーしたいスライドをクリックすると、

MEMO すべてのスライドをコピー

コピー元のプレゼンテーションに含まれるすべてのスライドを貼り付けたい場合は、手順❽の画面でいずれかのスライドのサムネイルを右クリックし、<すべてのスライドを挿入>をクリックします。

MEMO 別のプレゼンテーションを開く

別のプレゼンテーションを開きたい場合は、手順❽の画面で<参照>をクリックし、<ファイルの参照>をクリックします。手順❺の画面が表示されるので、プレゼンテーションを指定します。

❿スライドが挿入されます。

MEMO コピー元のテーマを適用

左の手順では、貼り付け先のテーマが適用されます。コピー元のテーマを保持して貼り付けたい場合は、手順❽の画面で<元の書式を保持する>にチェックを付け、スライドのサムネイルをクリックします。

COLUMN

ファイルの拡張子を表示する

ファイル名の末尾には、「.（ピリオド）」の後にファイルの種類を識別するための「拡張子」が付いています。

たとえば、PowerPoint 2007以降で作成したプレゼンテーションファイルは「.pptx」、PowerPoint 2003以前で作成したプレゼンテーションファイルは「.ppt」、テキストファイルは「.txt」という拡張子になります。

Windows 10の初期設定では、ファイルの拡張子は非表示になっていますが、ファイルの種類がひと目でわかるように、拡張子は表示させておくことをおすすめします。

Windows 10でファイルの拡張子を表示するには、エクスプローラーのウィンドウで、＜表示＞タブの＜ファイル名拡張子＞のチェックを付けます。

Windows 10

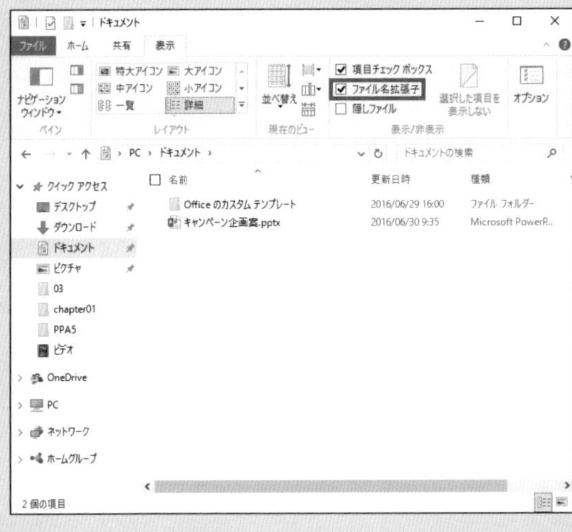

エクスプローラーの＜表示＞タブの＜ファイル名拡張子＞のチェックを付けます。

第 2 章

テキストが肝心！
文字入力と書式設定の
テクニック

SECTION 037 入力

改行したときに箇条書きにならないようにする

箇条書きに行頭記号が設定されているテーマの場合、テキストを入力して、Enterキーを押して改行すると、自動的に行頭記号が付きます。行頭記号を付けずに改行したい場合は、Shift＋Enterキーを押します。

行頭記号を付けずに改行する

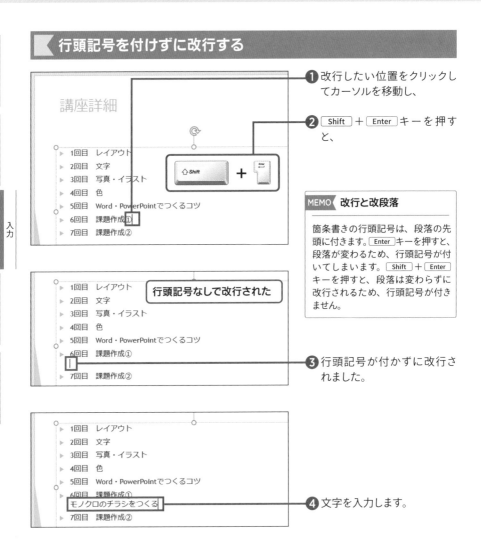

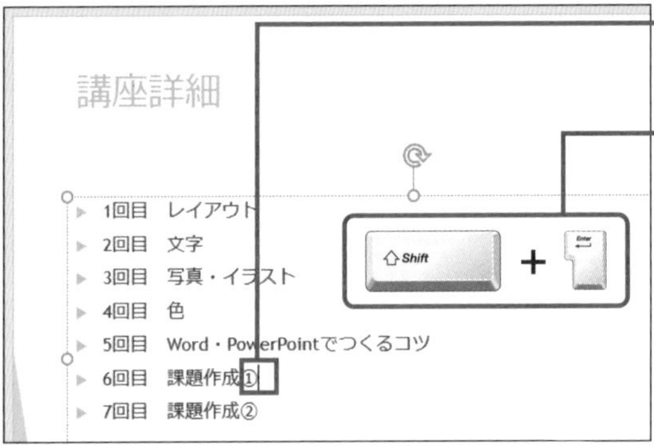
講座詳細
1回目　レイアウト
2回目　文字
3回目　写真・イラスト
4回目　色
5回目　Word・PowerPointでつくるコツ
6回目　課題作成①
7回目　課題作成②
Shift
Enter

❶改行したい位置をクリックしてカーソルを移動し、

❷Shift＋Enterキーを押すと、

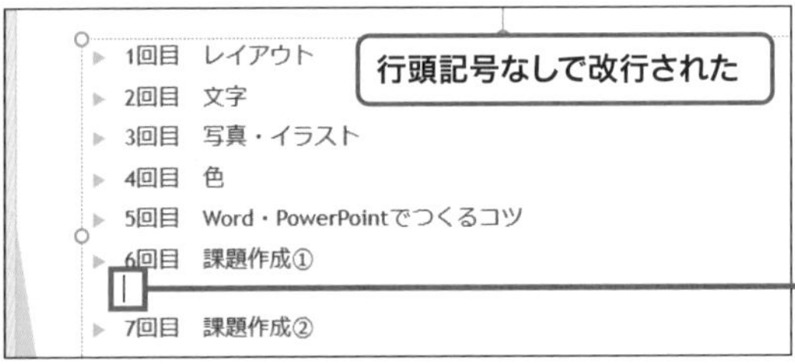
1回目　レイアウト
2回目　文字
3回目　写真・イラスト
4回目　色
5回目　Word・PowerPointでつくるコツ
6回目　課題作成①
7回目　課題作成②
行頭記号なしで改行された

❸行頭記号が付かずに改行されました。

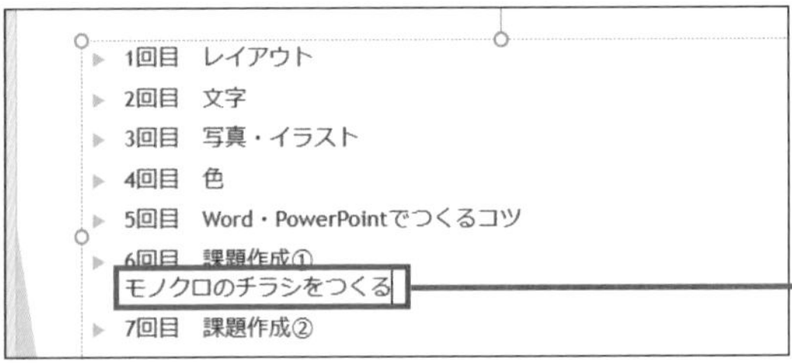
1回目　レイアウト
2回目　文字
3回目　写真・イラスト
4回目　色
5回目　Word・PowerPointでつくるコツ
6回目　課題作成①
モノクロのチラシをつくる
7回目　課題作成②

❹文字を入力します。

MEMO 改行と改段落

箇条書きの行頭記号は、段落の先頭に付きます。Enterキーを押すと、段落が変わるため、行頭記号が付いてしまいます。Shift＋Enterキーを押すと、段落は変わらずに改行されるため、行頭記号が付きません。

先頭のアルファベットが自動で大文字に変換されないようにする

文の先頭にアルファベットを入力すると、自動的に大文字に修正されることがあります。これは、「オートコレクト」というPowerPointの自動修正機能によるものです。変換された大文字は、小文字に戻すことができます。

自動的に変換された大文字を小文字に戻す

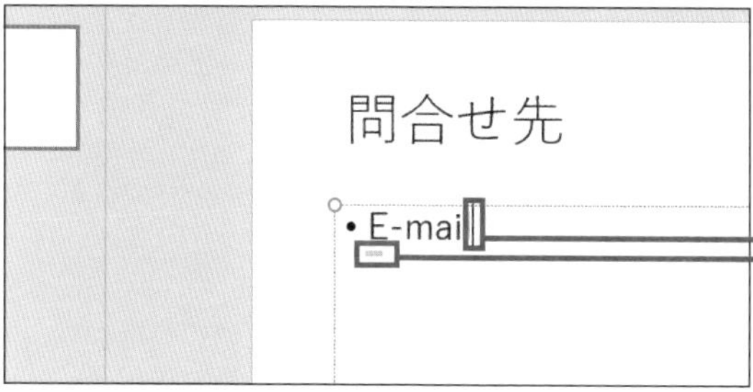

問合せ先
• E-mail

❶「e-mail」とアルファベットを入力すると、自動的に「E-mail」と、先頭の文字が大文字になります。

❷自動的に大文字に変換された単語をクリックしてカーソルを移動すると、

❸単語の下にオレンジ色の四角が表示されるので、マウスポインターを合わせます。

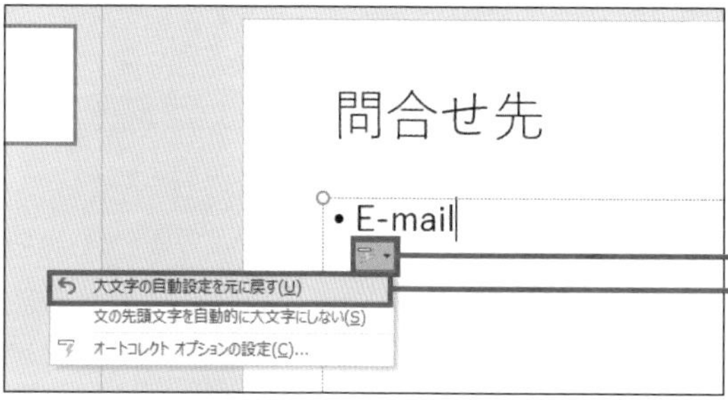

問合せ先
• E-mail
大文字の自動設定を元に戻す(U)
文の先頭文字を自動的に大文字にしない(S)
オートコレクト オプションの設定(C)...

❹<オートコレクトのオプション>が表示されるので、クリックし、

❺<大文字の自動設定を元に戻す>をクリックすると、

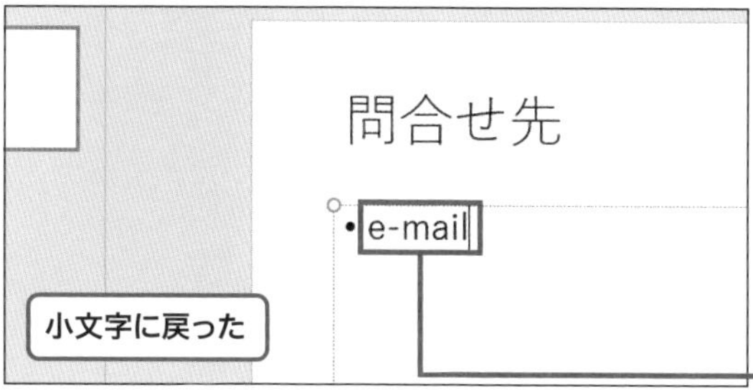

問合せ先
• e-mail
小文字に戻った

❻小文字に戻ります。

MEMO 設定を解除する

先頭のアルファベットが自動的に大文字に変換される設定を解除するには、手順❺で<文の先頭文字を自動的に大文字にしない>をクリックします。

自動で文字サイズが小さくならないようにする

文字数の多いテキストを入力すると、プレースホルダーに収まるように、自動的に文字サイズが小さくなります。サイズを小さくしたくない場合は、スライドを2枚に分割したり、テキストを2段組みにしたりすることができます。

文字が小さくなったスライドを分割する

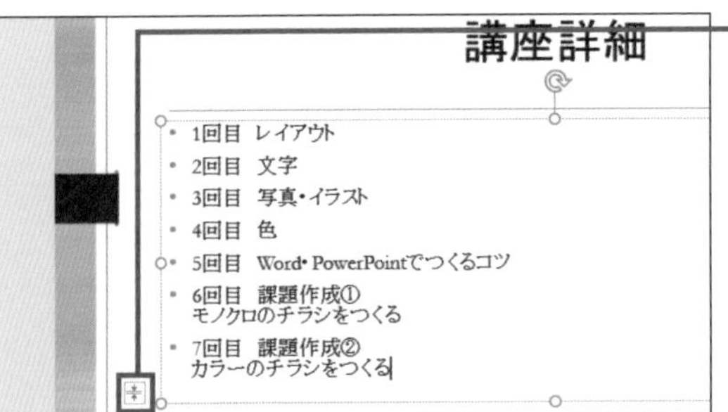

❶ 自動的に文字サイズが小さくなったプレースホルダーをクリックすると、左下に<自動調整オプション>が表示されるので、クリックして、

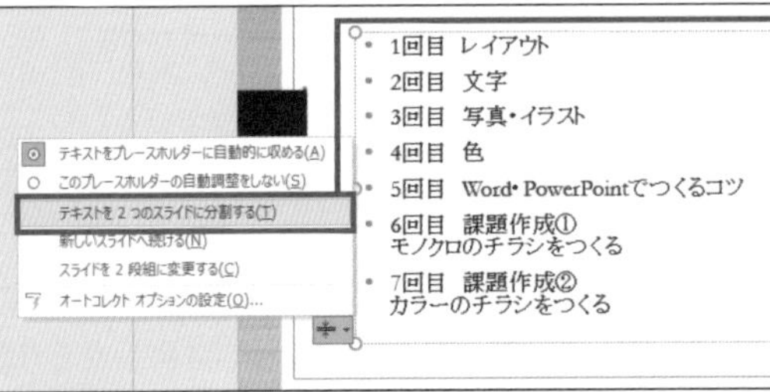

❷ <テキストを2つのスライドに分割する>をクリックすると、

講座詳細
4回目 色
5回目 Word・PowerPointでつくるコツ
6回目 課題作成①
モノクロのチラシをつくる
7回目 課題作成②
カラーのチラシをつくる

2枚のスライドに分割された

❸ 同じタイトルのスライドがもう1枚作成され、テキストが分割されます。

MEMO 2段組みにする

手順❷で<スライドを2段組に変更する>をクリックすると、テキストが2段組みになります。
また、<新しいスライドへ続ける>をクリックすると、同じタイトルのスライドがもう1枚作成され、テキストはすべて1枚目のスライドに表示されたままになります。

離れた文字を同時に選択する

離れた文字に同じ書式を設定するときは、まとめて文字を選択してから書式を設定すると、効率的に編集できます。離れた文字を同時に選択するには、Ctrl キーを押しながらドラッグします。

離れた文字をまとめて選択する

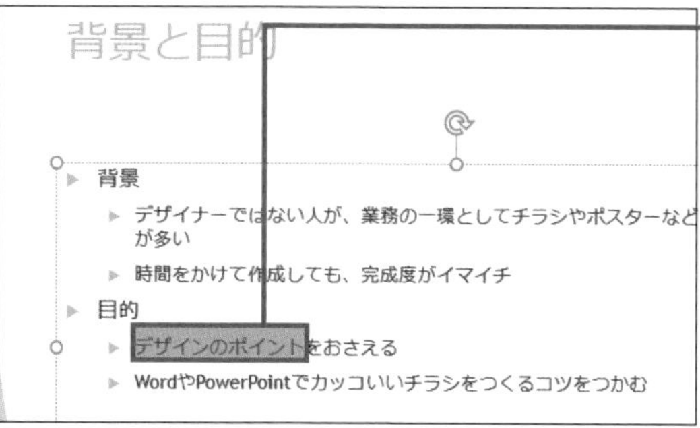
背景と目的
背景
デザイナーではない人が、業務の一環としてチラシやポスターなど
が多い
時間をかけて作成しても、完成度がイマイチ
目的
デザインのポイントをおさえる
WordやPowerPointでカッコいいチラシをつくるコツをつかむ

❶目的の文字をドラッグして選択し、

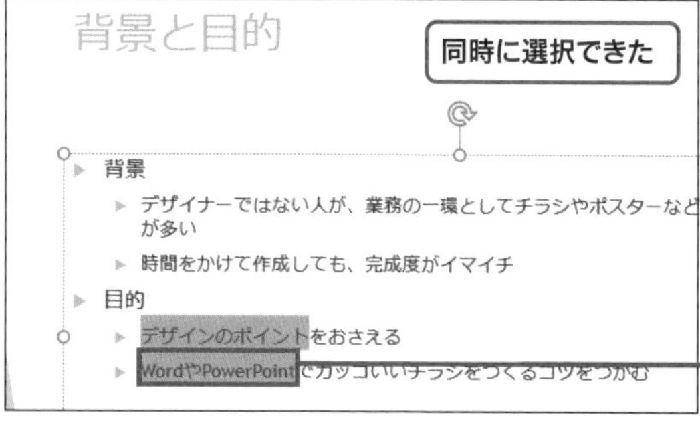
背景と目的
同時に選択できた
背景
デザイナーではない人が、業務の一環としてチラシやポスターなど
が多い
時間をかけて作成しても、完成度がイマイチ
目的
デザインのポイントをおさえる
WordやPowerPointでカッコいいチラシをつくるコツをつかむ

❷2箇所目の文字を Ctrl キーを押しながらドラッグすると、同時に選択できます。

COLUMN ワンクリックで段落を選択する

箇条書きの行頭記号にマウスポインターを合わせ、形が変わったところでクリックすると、段落全体を選択することができます。

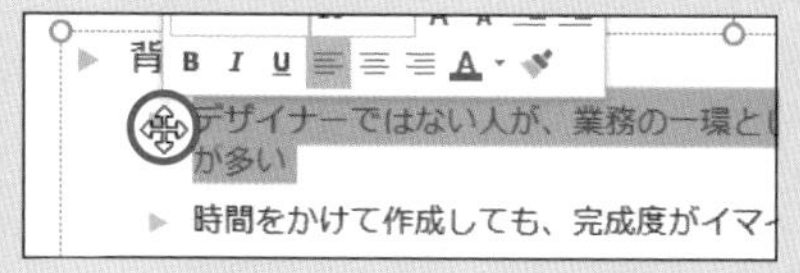
デザイナーではない人が、業務の一環とし
が多い
時間をかけて作成しても、完成度がイマ

第0章 第1章 第2章 編集 第3章 第4章

少し前にコピーしたデータを再利用する

コピーや切り取ったデータは、「クリップボード」に保存されます。Officeのクリップボードは、24個まで保存できるので、少し前にコピーしたデータも貼り付けることができます。Officeのクリップボードのデータは、すべてのOfficeソフトを終了するまで、保存されます。

以前コピーしたデータを貼り付ける

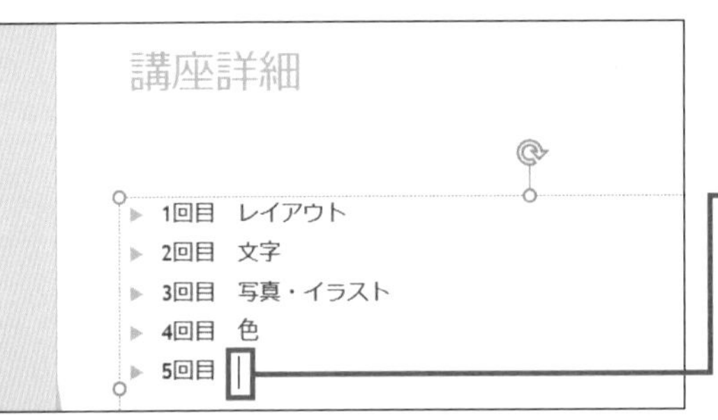
講座詳細
1回目 レイアウト
2回目 文字
3回目 写真・イラスト
4回目 色
5回目

あらかじめ文字をコピーしておきます。

❶文字を貼り付ける位置をクリックしてカーソルを移動し、

❷＜ホーム＞タブの＜クリップボード＞グループのここをクリックすると、

❸＜クリップボード＞ウィンドウが表示され、最近コピーしたデータが表示されるので、

❹貼り付けるデータをクリックすると、

❺文字が貼り付けられます。

MEMO 他のアプリのデータも保存

Officeのクリップボードには、他のOfficeソフトだけでなく、ブラウザーなどの他のアプリでコピーしたデータも保存されます。

文字の書式は貼り付けないようにする

文字をコピーして貼り付けると、貼り付け先のテーマに合わせて書式が変更されますが、コピー元の書式を自分で変更した場合は、その書式が残ってしまいます。テキストだけを貼り付けるには、＜貼り付けのオプション＞を利用します。

テキストだけを貼り付ける

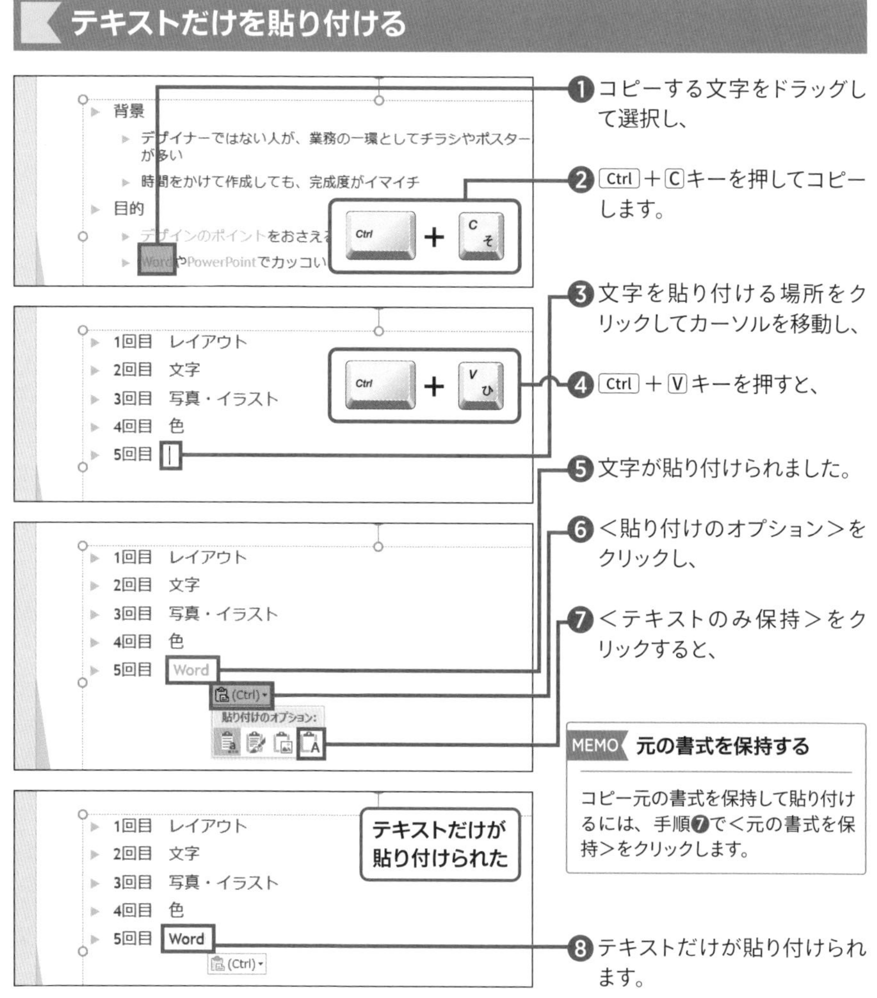
背景
デザイナーではない人が、業務の一環としてチラシやポスターが多い
時間をかけて作成しても、完成度がイマイチ
目的
デザインのポイントをおさえる
WordやPowerPointでカッコい
Ctrl
C
そ
1回目　レイアウト
2回目　文字
3回目　写真・イラスト
4回目　色
5回目
V
ひ
Word
(Ctrl)
貼り付けのオプション:
テキストだけが貼り付けられた

❶コピーする文字をドラッグして選択し、

❷Ctrl＋Cキーを押してコピーします。

❸文字を貼り付ける場所をクリックしてカーソルを移動し、

❹Ctrl＋Vキーを押すと、

❺文字が貼り付けられました。

❻＜貼り付けのオプション＞をクリックし、

❼＜テキストのみ保持＞をクリックすると、

❽テキストだけが貼り付けられます。

MEMO 元の書式を保持する

コピー元の書式を保持して貼り付けるには、手順❼で＜元の書式を保持＞をクリックします。

SECTION 043 編集

特定の文字列を他の文字列にまとめて置き換える

たとえば会社名や商品名などの変更で、特定の文字列を他の文字列に置き換えたいときは、<置換>ダイアログボックスを利用すると、まとめて変換することができます。該当箇所をひとつずつ確認しながら置換することも可能です。

文字列を置換する

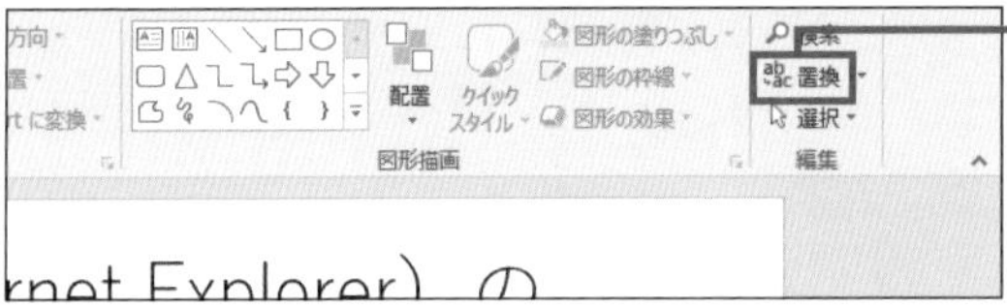

❶ <ホーム>タブの<置換>をクリックして、

MEMO ショートカットキーの利用

Ctrl＋Hキーを押しても、<置換>ダイアログボックスを表示できます。

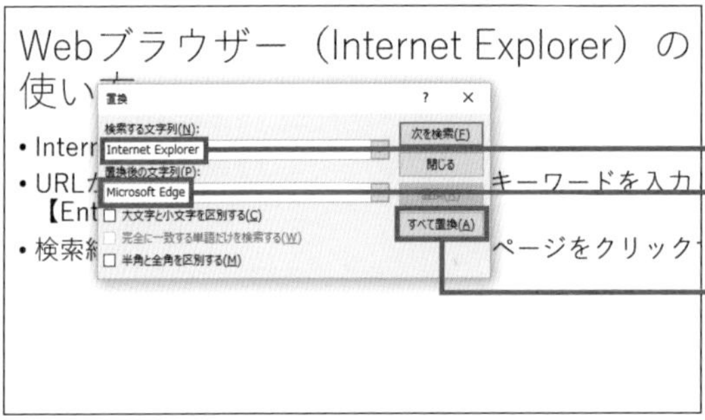

❷ <検索する文字列>に置き換える前の文字列を入力し、

❸ <置換後の文字列>に置き換えた後の文字列を入力して、

❹ <すべて置換>をクリックすると、

MEMO 確認してから置換する

確認してから文字列を置換する場合は、手順❹で<次を検索>をクリックします。該当する文字列が選択されるので、<置換>をクリックすると、文字列が置き換わります。

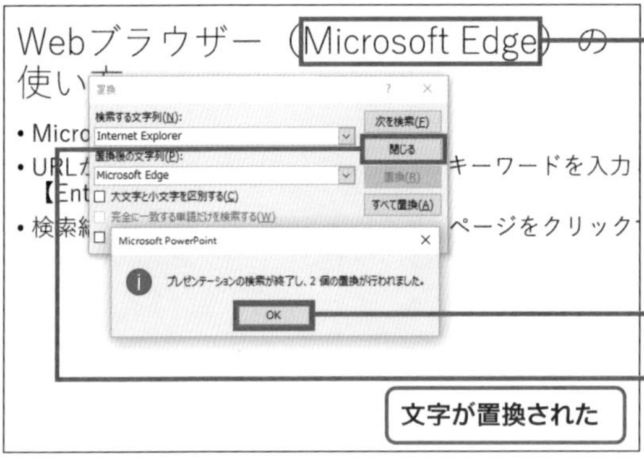

❺ 該当する文字列がまとめて置き換えられます。

❻ <OK>をクリックして、

❼ <閉じる>をクリックします。

文字が置換された

SECTION 044 編集

アルファベットの大文字をまとめて小文字に変換する

大文字で入力したアルファベットを小文字に変更したい場合は、入力し直す必要はありません。＜ホーム＞タブの＜文字種の変換＞を利用すると、選択した部分の大文字をまとめて小文字に変換することができます。

大文字を小文字に変換する

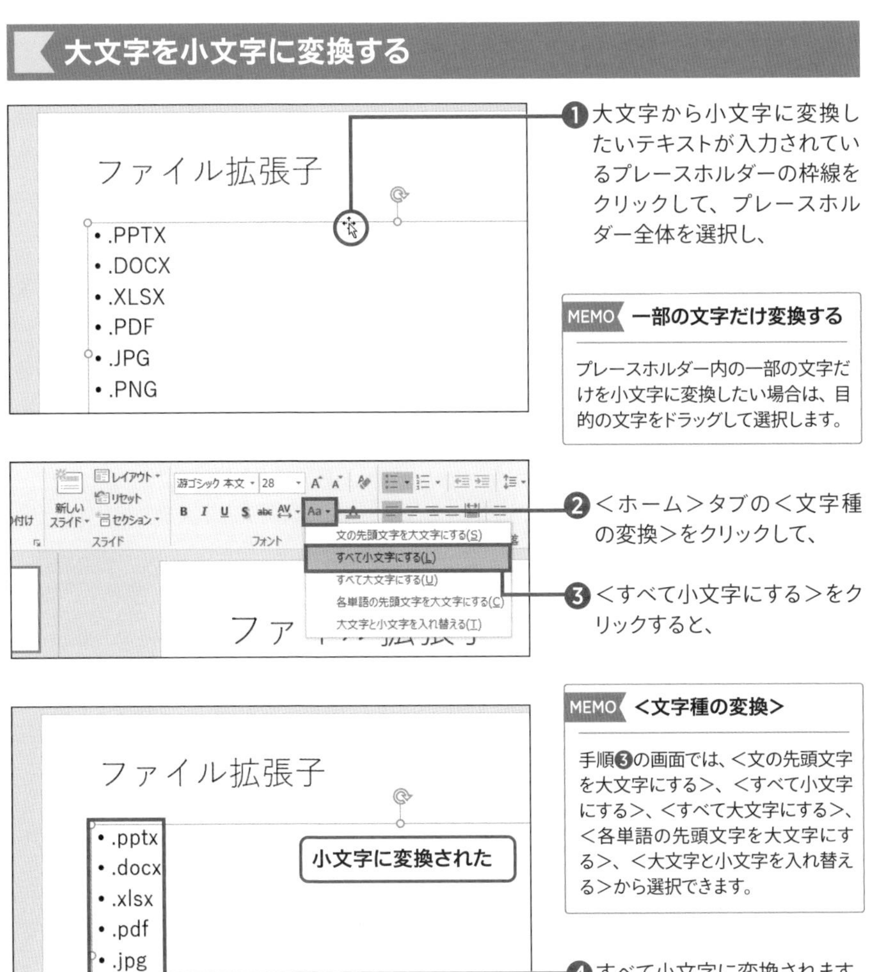

❶ 大文字から小文字に変換したいテキストが入力されているプレースホルダーの枠線をクリックして、プレースホルダー全体を選択し、

MEMO 一部の文字だけ変換する

プレースホルダー内の一部の文字だけを小文字に変換したい場合は、目的の文字をドラッグして選択します。

❷ ＜ホーム＞タブの＜文字種の変換＞をクリックして、

❸ ＜すべて小文字にする＞をクリックすると、

MEMO ＜文字種の変換＞

手順❸の画面では、＜文の先頭文字を大文字にする＞、＜すべて小文字にする＞、＜すべて大文字にする＞、＜各単語の先頭文字を大文字にする＞、＜大文字と小文字を入れ替える＞から選択できます。

❹ すべて小文字に変換されます。

第0章 第1章 第2章 編集 第3章 第4章

テキストの赤い波線の表示を消す

テキストを入力しているときに、文字に赤い波線が表示されることがあります。これは、PowerPointで自動的に誤字やスペルのチェックが行われ、誤りと判断されたときに表示されます。誤りでない場合は、赤い波線を非表示にできます。

赤い波線を非表示にする

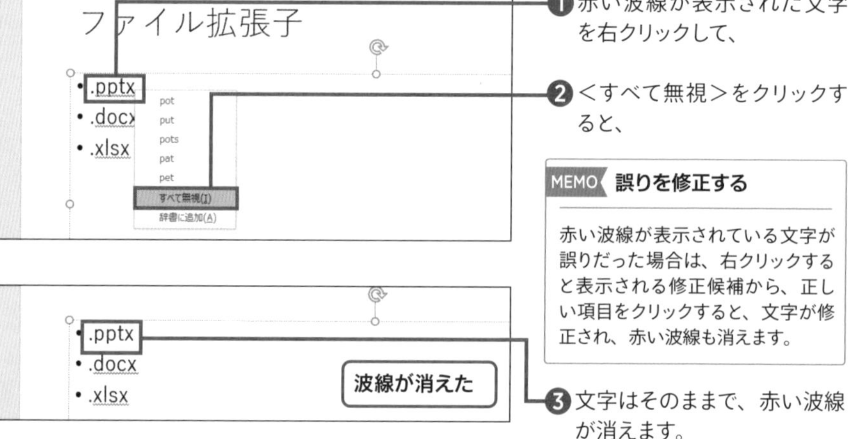

❶赤い波線が表示された文字を右クリックして、

❷<すべて無視>をクリックすると、

❸文字はそのままで、赤い波線が消えます。

MEMO 誤りを修正する

赤い波線が表示されている文字が誤りだった場合は、右クリックすると表示される修正候補から、正しい項目をクリックすると、文字が修正され、赤い波線も消えます。

COLUMN 赤い波線が表示されないようにする

赤い波線が表示されないように設定を変更するには、P.76の方法で<PowerPointのオプション>を表示します。<文章校正>で<入力時にスペルチェックを行う>のチェックを外します。

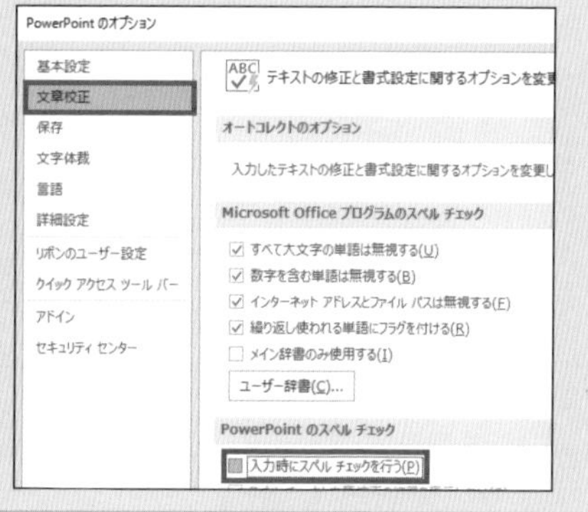

リンクを解除する

URLやメールアドレスを入力すると、自動的にリンクが設定され、クリックするとWebページが表示されたり、新規メッセージの作成画面が表示されたりします。リンクを設定したくない場合は、リンクを解除できます。

自動的に設定されたリンクを解除する

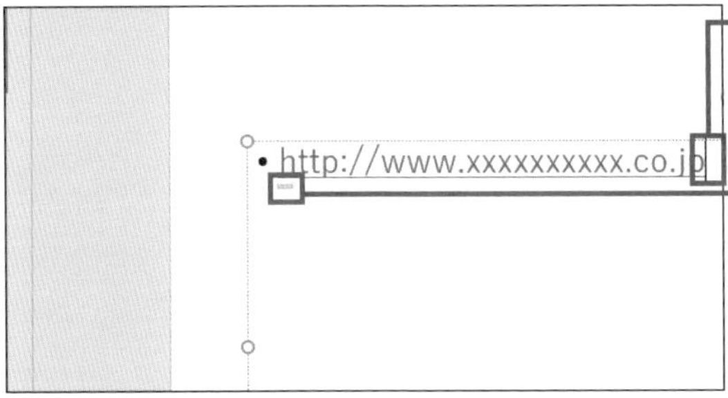

http://www.xxxxxxxxxx.co.jp

❶ 自動的にリンクが設定されたURLをクリックしてカーソルを移動すると、

❷ URLの下にオレンジ色の四角が表示されるので、マウスポインターを合わせます。

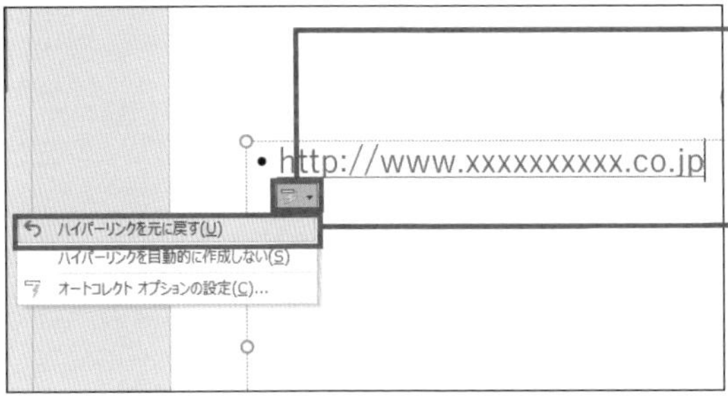

http://www.xxxxxxxxxx.co.jp
ハイパーリンクを元に戻す(U)
ハイパーリンクを自動的に作成しない(S)
オートコレクト オプションの設定(C)...

❸ <オートコレクトのオプション>が表示されるので、クリックし、

❹ <ハイパーリンクを元に戻す>をクリックすると、

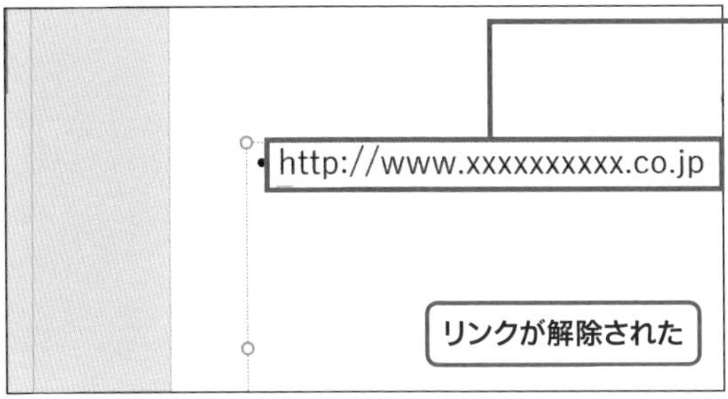

http://www.xxxxxxxxxx.co.jp
リンクが解除された

❺ リンクが解除されます。

MEMO **オプションが表示されない**

本書のサンプルファイルを利用すると、URLをクリックしても<オートコレクトのオプション>は表示されないので、あらかじめURLを入力し直す必要があります。

SECTION 047 編集

すべてのURLにリンクが設定されないようにする

URLに自動的にリンクが設定されるのは、PowerPointの「入力オートフォーマット」という機能によるものです。自動的にリンクが設定されないようにするには、<オートコレクト>ダイアログボックスで設定を変更します。

第0章
第1章
第2章 編集
第3章
第4章

リンクが作成されないように設定を変更する

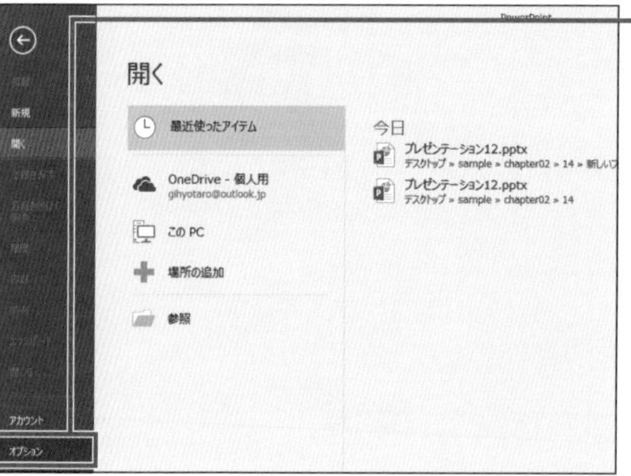

❶ <ファイル>タブの<オプション>をクリックして、

MEMO リンクが設定されたときに変更

URLに自動的にリンクが設定されたときに、P.75の手順❹で、<ハイパーリンクを自動的に作成しない>をクリックしても、自動的にリンクが作成されないように設定を変更することができます。

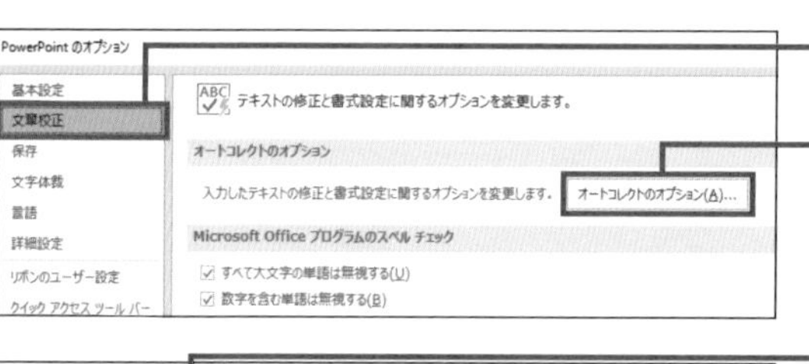

❷ <文章校正>をクリックし、

❸ <オートコレクトのオプション>をクリックします。

オートコレクト
オートコレクト　入力オートフォーマット　操作　数式オートコレクト
入力中に自動で変更する項目
☑ 左右の区別がない引用符を、区別がある引用符に変更する
☑ 分数 (1/2、1/4、3/4) を分数文字 (組み文字) に変更する
☑ 序数 (1st, 2nd, 3rd,...) を上付き文字に変更する
☑ ハイフンをダッシュに変更する
☑ :-) や ==> を特殊な記号に変更する
☐ インターネットとネットワークのアドレスをハイパーリンクに変更する
入力中に自動で書式設定する項目
☑ 箇条書きと段落番号
☑ テキストをタイトルのプレースホルダーに自動的に収める
☑ テキストを本文のプレースホルダーに自動的に収める

設定が変更された

❹ <入力オートフォーマット>をクリックし、

❺ <インターネットとネットワークのアドレスをハイパーリンクに変更する>のチェックを外し、

❻ <OK>をクリックすると、設定が変更されます。

フォントの種類をまとめて一気に置き換える

特定のフォントの種類を、他のフォントにまとめて置き換えることができます。なお、すべてのスライドタイトルのフォントを変更したいといった場合は、テーマのフォント（P.103参照）やスライドマスター（P.118参照）を利用します。

特定のフォントを置き換える

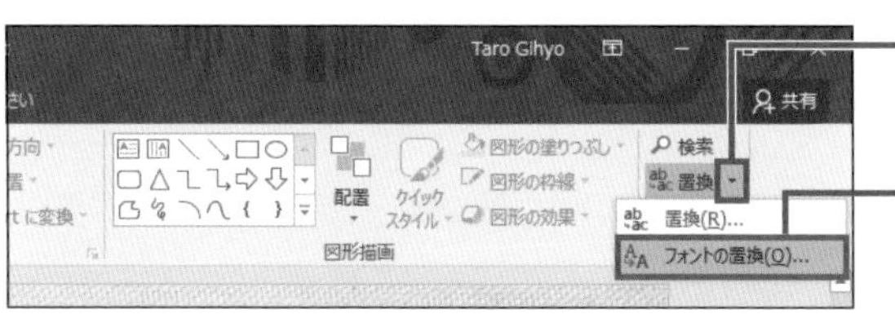

❶＜ホーム＞タブの＜置換＞の▾をクリックして、

❷＜フォントの置換＞をクリックします。

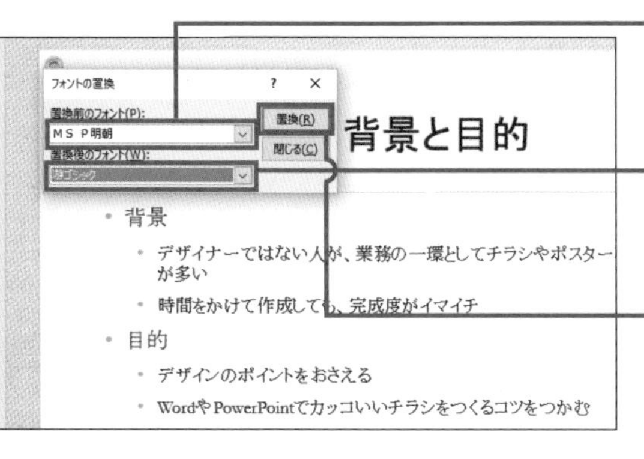

❸＜置換前のフォント＞で変更前のフォントの種類（ここでは＜MS P明朝＞）を選択し、

❹＜置換後のフォント＞で変更後のフォントの種類（ここでは＜游ゴシック＞）を選択して、

❺＜置換＞をクリックすると、

フォントが置換された

❻フォントがまとめて置き換わります。

❼＜閉じる＞をクリックします。

> **MEMO フォントだけが変更される**
>
> 文字の色を変更したり、太字などの文字飾りを設定したりしている場合は、それらの書式はそのままで、フォントの種類だけが変わります。

SECTION 049 書式設定

文字を大きくして目立たせる

文字を目立たせる方法の1つに、文字のサイズを大きくする方法があります。文字のサイズは、＜ホーム＞タブの＜フォントサイズ＞ボックスで変更することができます。＜フォントサイズ＞ボックスに数値を入力して、フォントサイズを指定することも可能です。

フォントサイズを変更する

「チラシデザイン講座」
企画案
株式会社ABCビジネススクール
企画部　笹川 麻里

❶フォントサイズを変更する文字をドラッグして選択し、

MEMO プレースホルダー全体を変更

プレースホルダーを選択すると、プレースホルダー全体のフォントサイズを変更できます。

❷＜ホーム＞タブの＜フォントサイズ＞の▾をクリックして、

❸目的のフォントサイズ（ここでは＜24＞）をクリックすると、

MEMO 数値を入力する

＜フォントサイズ＞ボックスに直接数値を入力し、Enterキーを押しても、フォントサイズを変更できます。

❹フォントサイズが変更されます。

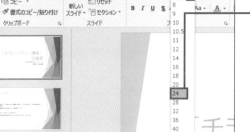

フォントサイズが変わった

MEMO プレゼンテーション全体を変更

プレゼンテーション全体のスライドタイトルのフォントサイズを変更するといったような場合は、スライドマスターを利用します（P.118参照）。

SECTION 050 書式設定

文字の色を変えてインパクトを与える

文字の色は、＜ホーム＞タブの＜フォントの色＞から変更できます。このとき、＜テーマの色＞の一覧から色を選択すると、プレゼンテーションのデザインの統一感を保つことができます。

文字の色を変更する

「チラシデザイン講座」
企画案
株式会社ABCビジネススクール
企画部　笹川 麻里

❶フォントの色を変更する文字をドラッグして選択し、

MEMO プレースホルダー全体を変更

プレースホルダーを選択すると、プレースホルダー全体の文字の色を変更できます。

❷＜ホーム＞タブの＜フォント色＞の▾をクリックして、

❸目的の色をクリックすると、

MEMO プレゼンテーション全体を変更

プレゼンテーション全体のスライドタイトルの文字の色を変更するといったような場合は、スライドマスターを利用します（P.118参照）。

文字の色が変わった

❹文字の色が変更されます。

COLUMN 直前に使用した色を指定する

文字の色を変更するときに、＜ホーム＞タブの＜フォントの色＞で直前に使用した色と同じ色を指定する場合は、＜フォントの色＞の左側の部分をクリックします。

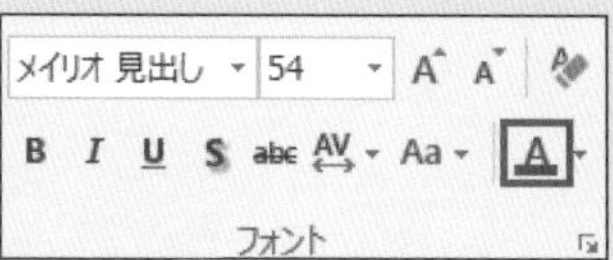
メイリオ 見出し
54
フォント

SECTION 051 書式設定

文字の色を画像に使われている色と揃えて統一感を出す

「スポイト」機能を利用すると、文字の色を、他の画像や図形、テキストなどのオブジェクトの色と簡単に揃えることができます。画像の中の色と文字の色を揃えると、スライドの色使いに統一感が出ます。

スポイト機能を利用して文字の色を変更する

❶フォントの色を変更するプレースホルダーの枠線をクリックして、プレースホルダー全体を選択し、

❷＜ホーム＞タブの＜フォント色＞の▾をクリックして、

❸＜スポイト＞をクリックします。

❹マウスポインターの形がスポイトに変わるので、画像の目的の色の部分をクリックすると、

❺文字の色が変更されます。

強調したい文字を太くして目立たせる

文字には、太字や斜体、下線を設定することができます。強調したい部分にこれらを設定すると、目立たせることができます。太字・斜体・下線・影は、＜ホーム＞タブの各コマンドをクリックして、設定と解除を切り替えます。

太字に設定する

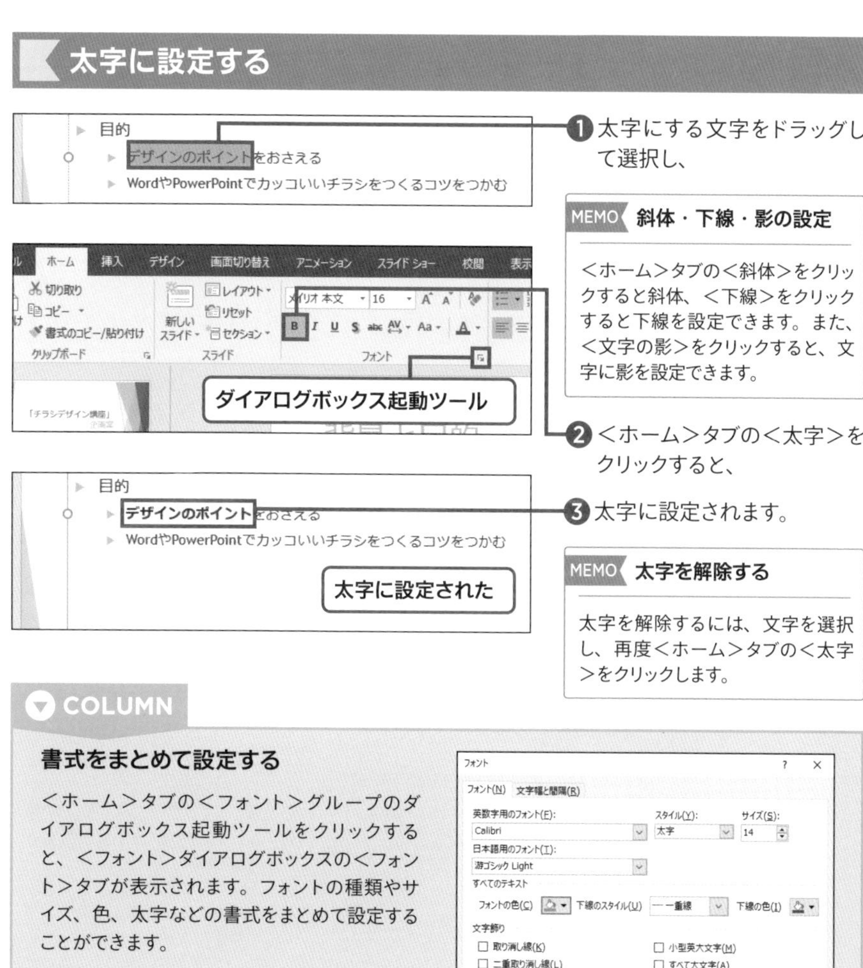

1 太字にする文字をドラッグして選択し、

2 ＜ホーム＞タブの＜太字＞をクリックすると、

3 太字に設定されます。

MEMO 斜体・下線・影の設定

＜ホーム＞タブの＜斜体＞をクリックすると斜体、＜下線＞をクリックすると下線を設定できます。また、＜文字の影＞をクリックすると、文字に影を設定できます。

MEMO 太字を解除する

太字を解除するには、文字を選択し、再度＜ホーム＞タブの＜太字＞をクリックします。

COLUMN

書式をまとめて設定する

＜ホーム＞タブの＜フォント＞グループのダイアログボックス起動ツールをクリックすると、＜フォント＞ダイアログボックスの＜フォント＞タブが表示されます。フォントの種類やサイズ、色、太字などの書式をまとめて設定することができます。

箇条書きの記号を変更する

箇条書きの行頭記号は、変更することができます。行頭記号のインパクトが強くて、肝心のテキストが目立たない場合は、目立たないものに変更しましょう。テキストに行頭記号の設定されていないテーマの場合も、同じ方法で記号を表示させることができます。

行頭記号の種類を変更する

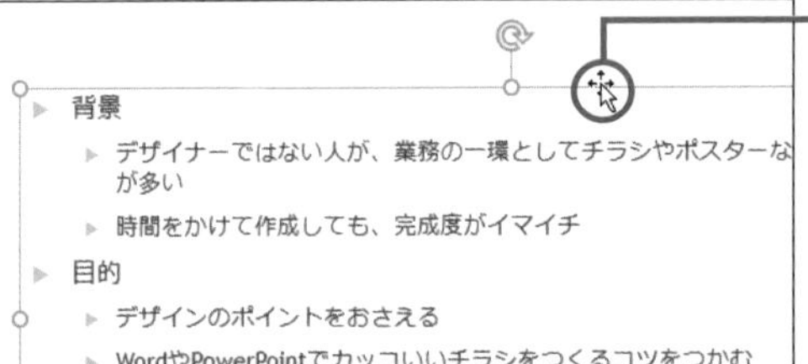
背景
デザイナーではない人が、業務の一環としてチラシやポスターなが多い
時間をかけて作成しても、完成度がイマイチ
目的
デザインのポイントをおさえる
WordやPowerPointでカッコいいチラシをつくるコツをつかむ

❶記号の種類を変更するプレースホルダーの枠線をクリックして、プレースホルダー全体を選択し、

MEMO 特定の段落を変更する

特定の段落の箇条書きの記号を変更する場合は、目的の段落を選択します。

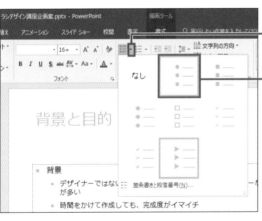

❷<ホーム>タブの<箇条書き>の▼をクリックして、

❸目的の記号（ここでは<塗りつぶし丸の行頭文字>）をクリックすると、

MEMO 箇条書きの記号を削除

箇条書きの記号を削除するには、手順❸で<なし>をクリックします。

MEMO 記号のサイズや色を変更

箇条書きの記号のサイズや色を変更するには、手順❸で<箇条書きと段落番号>をクリックします。<箇条書きと段落番号>ダイアログボックスが表示されるので、サイズや色を設定します。

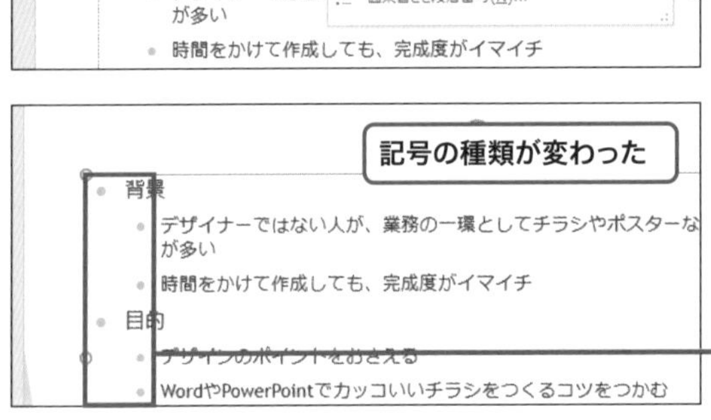
記号の種類が変わった
背景
デザイナーではない人が、業務の一環としてチラシやポスターなが多い
時間をかけて作成しても、完成度がイマイチ
目的
デザインのポイントをおさえる
WordやPowerPointでカッコいいチラシをつくるコツをつかむ

❹箇条書きの行頭記号の種類が変更されます。

番号付きの箇条書きにして流れを出す

箇条書きに行頭記号ではなく、連続した番号を付けたい場合は、「段落番号」を設定します。段落番号の形式は、「1.　2.　3.」「Ⅰ.　Ⅱ.　Ⅲ.」「A.　B.　C.」などから選択することができます。

段落番号を設定する

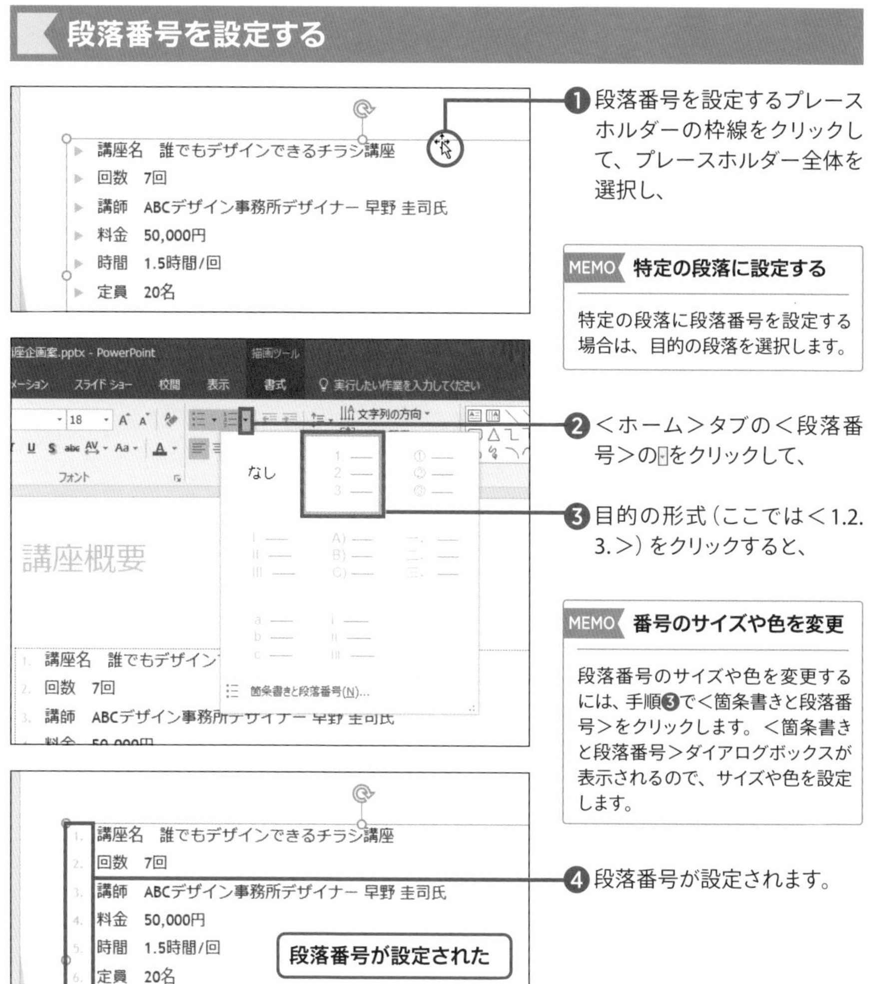

❶段落番号を設定するプレースホルダーの枠線をクリックして、プレースホルダー全体を選択し、

MEMO 特定の段落に設定する

特定の段落に段落番号を設定する場合は、目的の段落を選択します。

❷<ホーム>タブの<段落番号>の▾をクリックして、

❸目的の形式（ここでは<1.2.3.>）をクリックすると、

MEMO 番号のサイズや色を変更

段落番号のサイズや色を変更するには、手順❸で<箇条書きと段落番号>をクリックします。<箇条書きと段落番号>ダイアログボックスが表示されるので、サイズや色を設定します。

❹段落番号が設定されます。

文字列を左右中央に配置してバランスをよくする

タイトルの文字数が少ない場合、左揃えになっていると、余白が大きくなります。このようなときは、左右中央に配置すると、バランスがよくなります。文字の左右の配置は、<ホーム>タブの<段落>グループで変更できます。

段落を中央揃えに設定する

❶段落の配置を変更するプレースホルダーの枠線をクリックして、プレースホルダー全体を選択し、

MEMO 特定の段落を変更する

特定の段落の配置を変更する場合は、目的の段落を選択します。

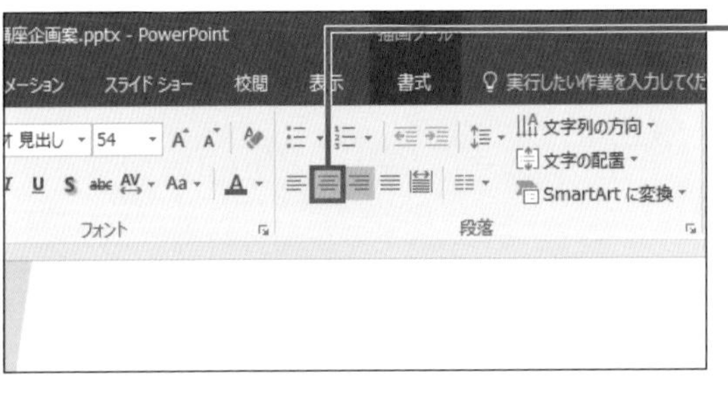

❷<ホーム>タブの<中央揃え>をクリックすると、

MEMO 右揃えや左揃えに設定

段落を右端で揃えるには<ホーム>タブの<右揃え>、左端で揃えるには<左揃え>をクリックします。

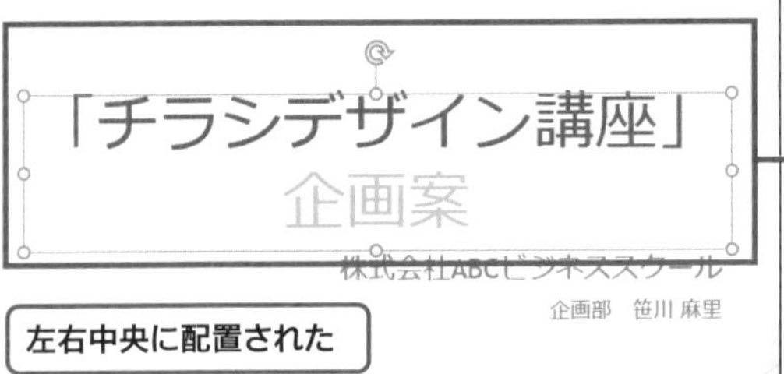

❸左右中央に配置されます。

文字を上下中央に配置してバランスをよくする

プレースホルダー内の文字の上下の配置は、<ホーム>タブの<文字の配置>で変更することができます。テキストの行数が少ないときは、上下中央に配置すると、バランスよく見えます。

文字を上下中央揃えに設定する

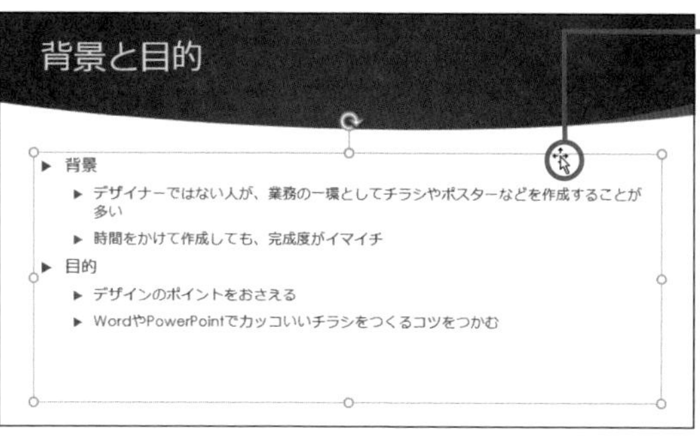
背景と目的
背景
デザイナーではない人が、業務の一環としてチラシやポスターなどを作成することが多い
時間をかけて作成しても、完成度がイマイチ
目的
デザインのポイントをおさえる
WordやPowerPointでカッコいいチラシをつくるコツをつかむ

❶上下の配置を変更するプレースホルダーの枠線をクリックして、プレースホルダー全体を選択し、

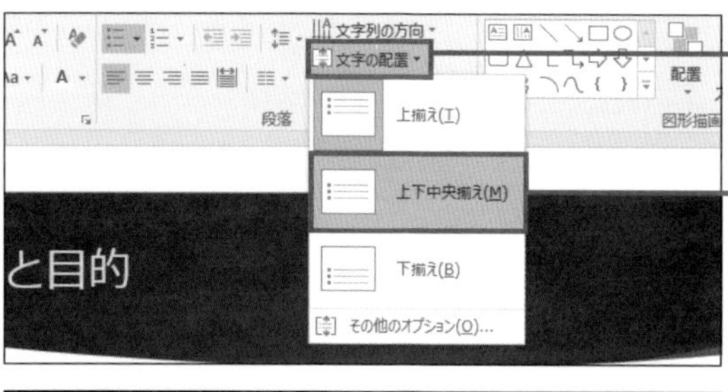
文字列の方向
文字の配置
上揃え(T)
上下中央揃え(M)
下揃え(B)
その他のオプション(O)...
段落
配置
図形描画
と目的

❷<ホーム>タブの<文字の配置>をクリックして、

❸<上下中央揃え>をクリックすると、

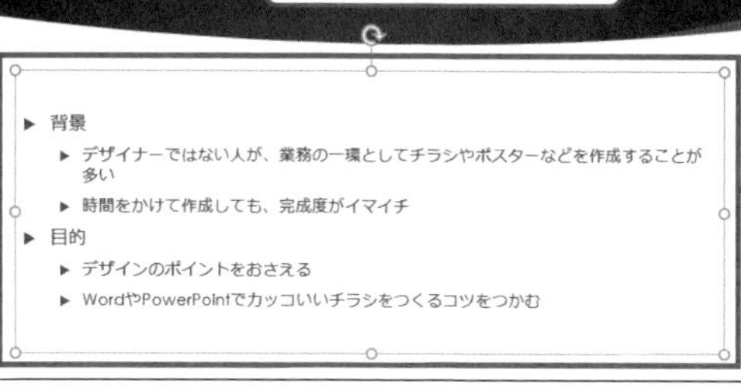
背景と目的
上下中央に配置された
背景
デザイナーではない人が、業務の一環としてチラシやポスターなどを作成することが多い
時間をかけて作成しても、完成度がイマイチ
目的
デザインのポイントをおさえる
WordやPowerPointでカッコいいチラシをつくるコツをつかむ

❹上下中央に配置されます。

MEMO 上揃えや下揃えの設定

文字を上端に配置する場合は手順❸で<上揃え>を、下端に配置する場合は<下揃え>をクリックします。

行の間隔を変えて読みやすくする

行間が狭くて読みづらいときは、行間を広げると読みやすくなります。また、テキストの行数が少ないときは、行間を広げると、余白が少なくなり、バランスがよくなります。行間の設定は、<ホーム>タブの<行間>から変更できます。

行間を変更する

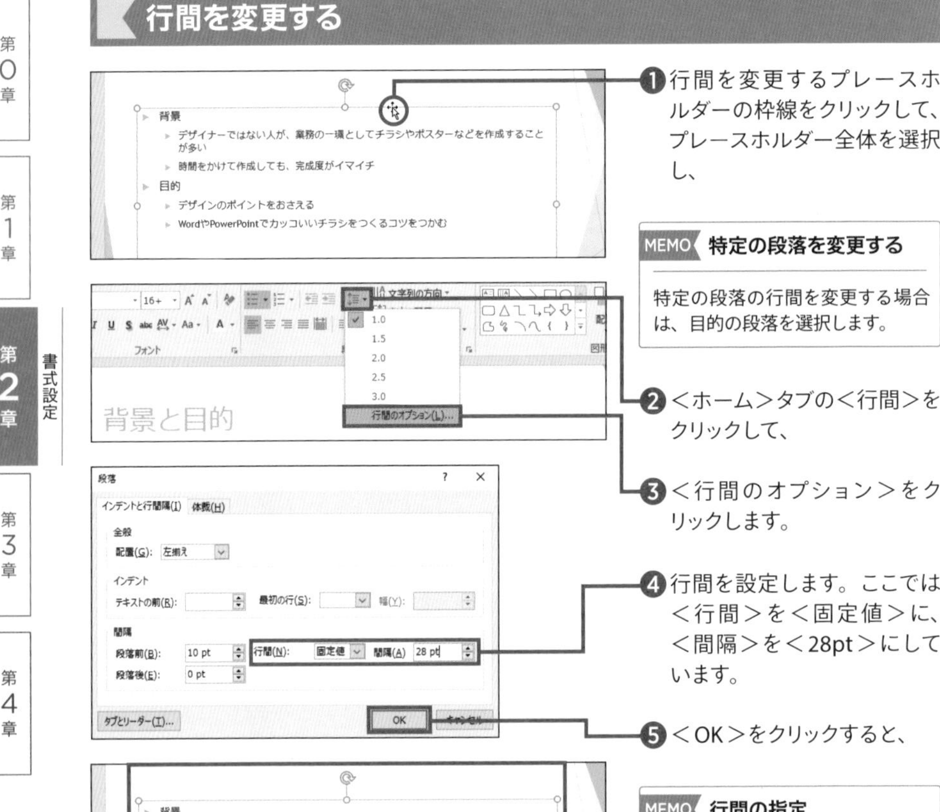

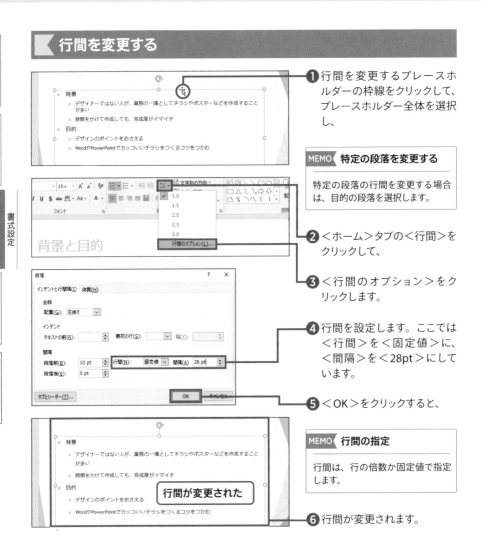

❶行間を変更するプレースホルダーの枠線をクリックして、プレースホルダー全体を選択し、

❷<ホーム>タブの<行間>をクリックして、

❸<行間のオプション>をクリックします。

❹行間を設定します。ここでは<行間>を<固定値>に、<間隔>を<28pt>にしています。

❺<OK>をクリックすると、

❻行間が変更されます。

MEMO 特定の段落を変更する

特定の段落の行間を変更する場合は、目的の段落を選択します。

MEMO 行間の指定

行間は、行の倍数か固定値で指定します。

段落と段落の間隔を広げて区別しやすくする

テキストの段落レベルや行数が多いと、読みづらくなることがあります。その場合は、段落前や段落後の間隔を広げると、テキストのグループの区切りがはっきりして、見やすくなります。

段落前の間隔を広げる

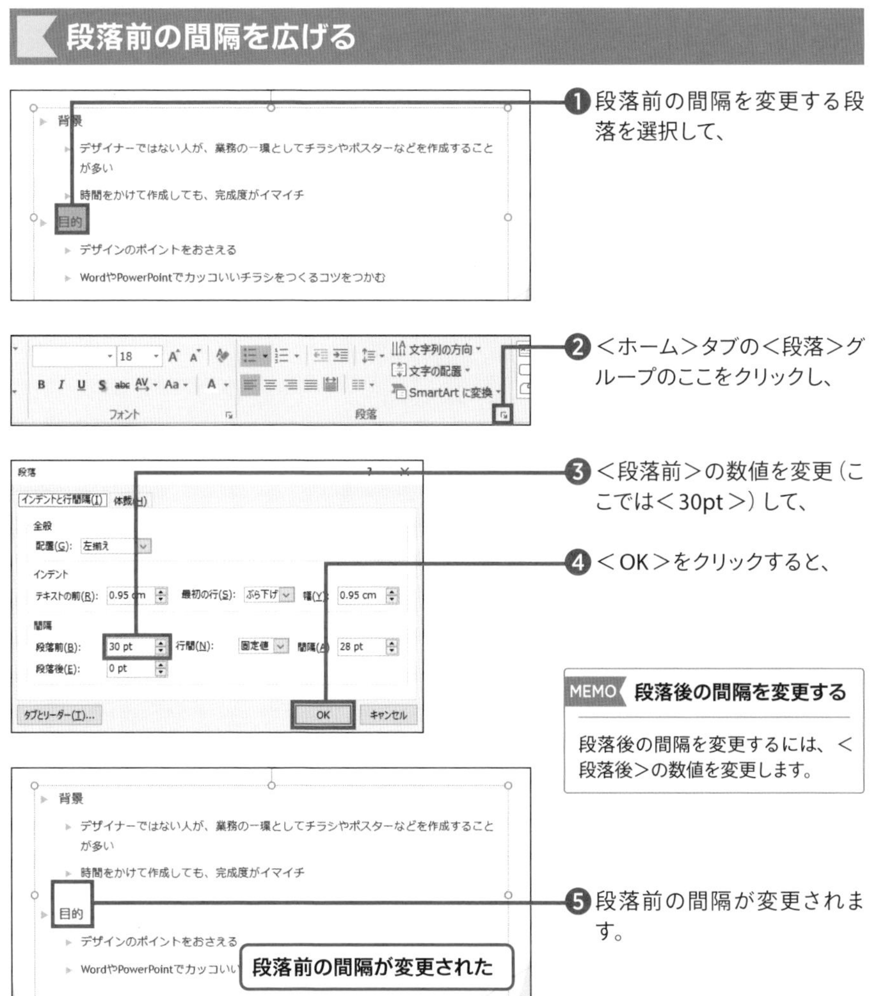

❶段落前の間隔を変更する段落を選択して、

❷＜ホーム＞タブの＜段落＞グループのここをクリックし、

❸＜段落前＞の数値を変更（ここでは＜30pt＞）して、

❹＜OK＞をクリックすると、

❺段落前の間隔が変更されます。

> **MEMO 段落後の間隔を変更する**
>
> 段落後の間隔を変更するには、＜段落後＞の数値を変更します。

SECTION 059 書式設定

文字を半透明にして背景の画像を引き立てる

画像の上に文字を配置しているときは、文字を半透明にすると、背後の画像が透けて見えるので画像が引き立ちます。文字の透明度は、＜図形の書式設定＞ウィンドウで設定できます。なお、画像の挿入方法については、P.124を参照してください。

文字を透過させる

❶文字を半透明にするプレースホルダーの枠線をクリックして、プレースホルダー全体を選択し、

❷＜描画ツール＞＜書式＞タブの＜ワードアートのスタイル＞グループのここをクリックします。

❸＜文字のオプション＞をクリックして、

❹＜文字の塗りつぶしと輪郭＞をクリックし、

❺＜文字の塗りつぶし＞をクリックして、

❻＜塗りつぶし（単色）＞が選択されていることを確認します。

❼＜透明度＞を変更（ここでは＜40%＞）すると、

❽文字が半透明になります。

文字が半透明になった

文字を正確に揃えるための目盛を表示する

テキストの開始位置を変更したり（P.90参照）、行の途中で文字の位置を揃えたり（P.91参照）するときは、画面に「ルーラー」と呼ばれる目盛を表示して操作します。ルーラーの表示／非表示は、＜表示＞タブで設定します。

ルーラーを表示する

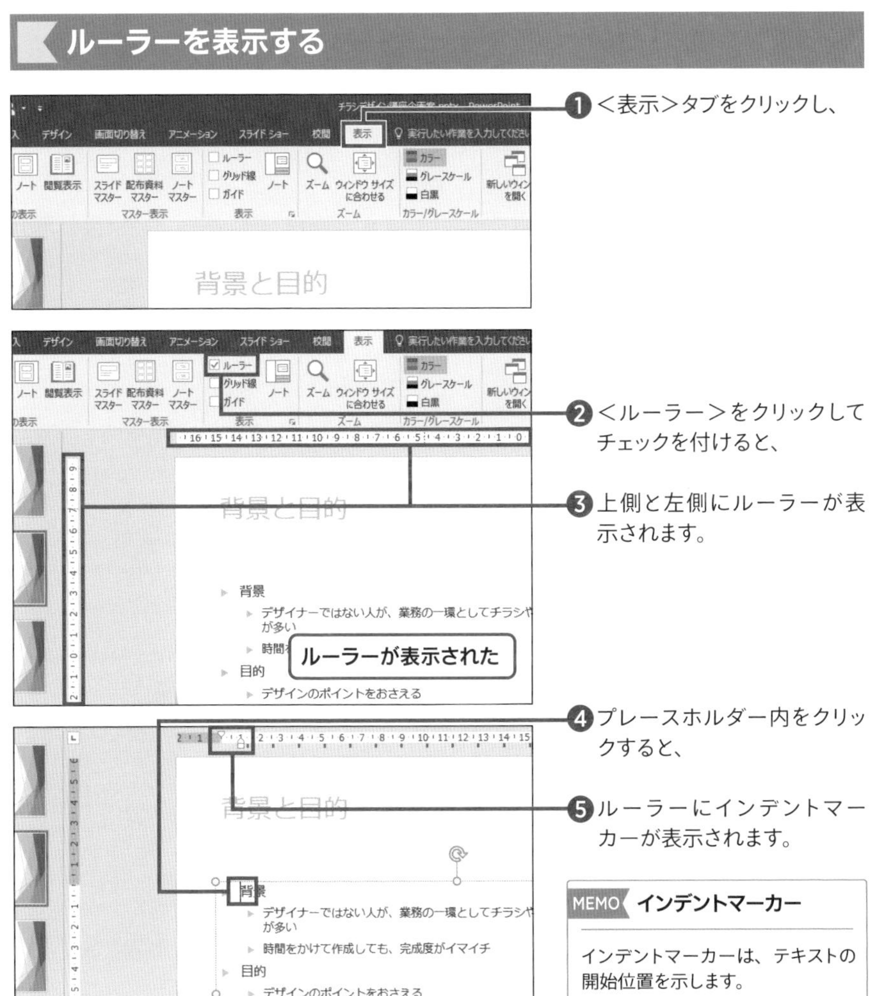

❶＜表示＞タブをクリックし、

❷＜ルーラー＞をクリックしてチェックを付けると、

❸上側と左側にルーラーが表示されます。

❹プレースホルダー内をクリックすると、

❺ルーラーにインデントマーカーが表示されます。

MEMO インデントマーカー

インデントマーカーは、テキストの開始位置を示します。

SECTION 061 書式設定

テキストの左端の開始位置を変える

ルーラーを表示して、段落内をクリックすると、ルーラーにインデントマーカーが表示されます。テキストの左端の開始位置は、インデントマーカーをドラッグして変えることができます。また、行頭記号や段落番号と、文字の開始位置の間隔を変更することもできます。

テキストの開始位置を変更する

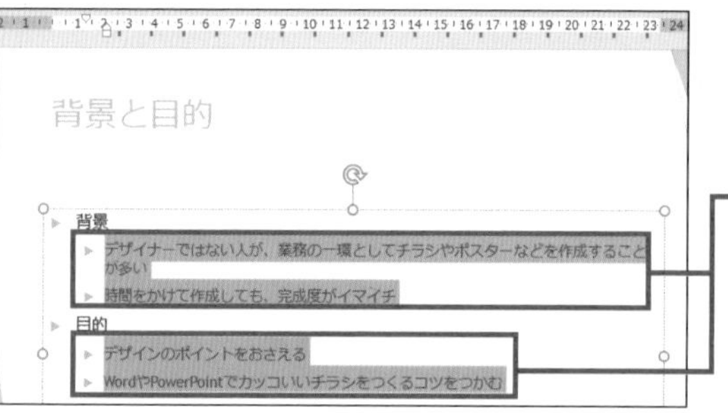
背景と目的
背景
デザイナーではない人が、業務の一環としてチラシやポスターなどを作成することが多い
時間をかけて作成しても、完成度がイマイチ
目的
デザインのポイントをおさえる
WordやPowerPointでカッコいいチラシをつくるコツをつかむ

P.89の方法で、ルーラーを表示しておきます。

❶開始位置を変更する段落を Ctrl キーを押しながらドラッグして選択し（複数の箇所を同時に選択する方法は、P.69を参照してください）、

❷□のインデントマーカーをドラッグすると、

開始位置が変更された

❸段落全体の左端の位置が変更されます。

MEMO 行頭記号と文字の間隔

△のインデントマーカーをドラッグすると、行頭記号の位置はそのままで、文字の左端の位置が変わります。また、▽のインデントマーカーをドラッグすると、文字の左端の位置はそのままで、行頭文字の開始位置が変わります。

SECTION 062 書式設定

行の途中で文字の位置を揃えて読みやすくする

箇条書きで、同じ行に項目名とその内容を記載する場合は、「タブ」を利用すると、内容の先頭位置を揃えることができます。タブには、左揃えタブ、中央揃えタブ、右揃えタブ、小数点揃えタブの4種類あります。

左揃えタブを設定する

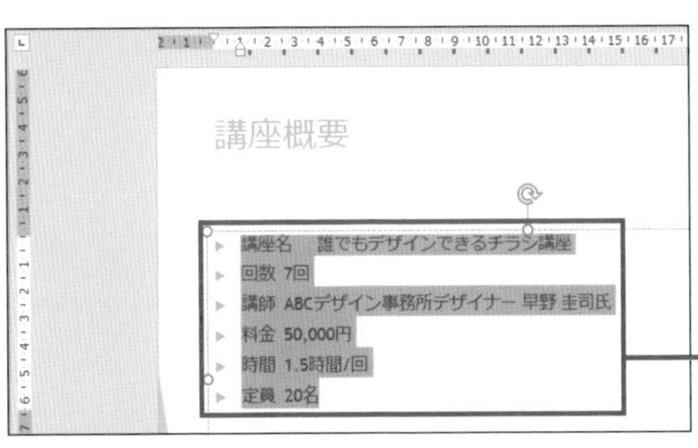

❶ 項目名と内容の間に、Tab キーを押してタブを入力します。ここでは、「講座名」と「誰でもデザインできるチラシ講座」の間に Tab キーを押して、タブを入力しています。2行目以降もタブを入力します。

❷ タブを設定する段落をドラッグして選択し、

❸ 左揃えタブになっていることを確認して、

❹ ルーラー上の文字を揃えたい位置（ここでは＜4.5＞）でクリックすると、

位置が揃えられた

❺ 指定した位置で文字が揃えられます。

MEMO タブの種類を切り替える

タブには、文字の左端で揃える「左揃えタブ」、中央で揃える「中央揃えタブ」、右端で揃える「右揃えタブ」、数字の小数点で揃える「小数点タブ」があります。タブの種類は、ルーラーの左上隅をクリックして切り替えます。

SECTION 063 書式設定

同じ書式を他の複数の文字にコピーして統一感を出す

複数箇所の文字に同じ書式を設定するときは、何度も同じ設定を繰り返す必要はありません。＜ホーム＞タブの＜書式のコピー/貼り付け＞を利用すると、簡単に書式だけをコピーすることができます。

書式をコピーする

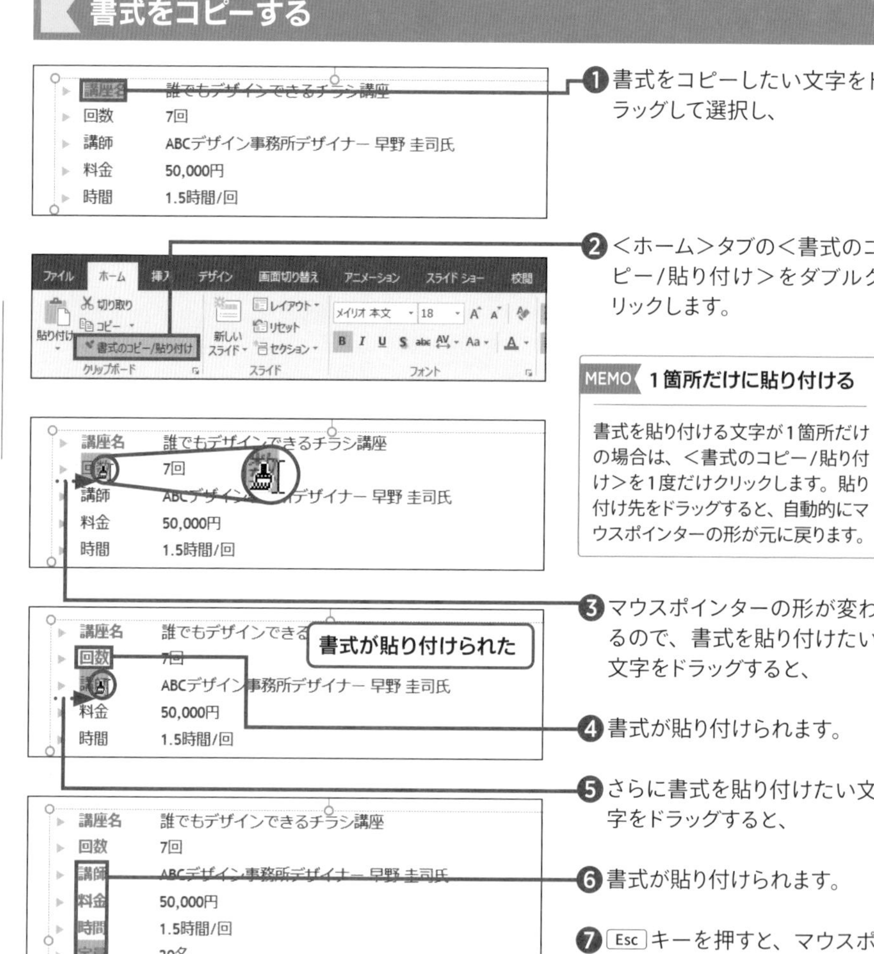

❶書式をコピーしたい文字をドラッグして選択し、

❷＜ホーム＞タブの＜書式のコピー/貼り付け＞をダブルクリックします。

MEMO　1箇所だけに貼り付ける

書式を貼り付ける文字が1箇所だけの場合は、＜書式のコピー/貼り付け＞を1度だけクリックします。貼り付け先をドラッグすると、自動的にマウスポインターの形が元に戻ります。

❸マウスポインターの形が変わるので、書式を貼り付けたい文字をドラッグすると、

❹書式が貼り付けられます。

❺さらに書式を貼り付けたい文字をドラッグすると、

❻書式が貼り付けられます。

❼Escキーを押すと、マウスポインターの形が元に戻ります。

SECTION 064 アウトライン

アウトラインを表示する

「アウトライン」には、概要、あらましといった意味があります。アウトライン表示に切り替えると、画面左側に各スライドのタイトルとテキストが階層構造で表示されるので、プレゼンテーション全体の構成を考えるときに利用します。

アウトラインを表示する

❶＜表示＞タブの＜アウトライン表示＞をクリックすると、

MEMO サンプルファイル

本書のサンプルファイルは、ダウンロードして利用することができます(P.3参照)。

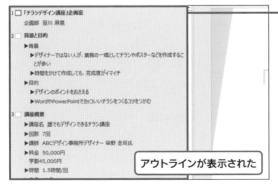

1 「チラシデザイン講座」企画案
企画部 笹川 麻里
2 背景と目的
▶背景
▶デザイナーではない人が、業務の一環としてチラシやポスターなどを作成することが多い
▶時間をかけて作成しても、完成度がイマイチ
▶目的
▶デザインのポイントをおさえる
▶WordやPowerPointでカッコいいチラシをつくるコツをつかむ
3 講座概要
▶講座名 誰でもデザインできるチラシ講座
▶回数 7回
▶講師 ABCデザイン事務所デザイナー 早野 圭司氏
▶料金 50,000円
学割45,000円
▶時間 1.5時間/回

アウトラインが表示された

❷アウトライン表示に切り替わり、アウトラインが表示されます。

MEMO 元の表示に戻す

元の標準表示モードに戻すには、＜表示＞タブの＜標準＞をクリックします。

タイトルだけを入力して全体の構成を考える

プレゼンテーションを作成するときは、スライドを1枚ずつ完成させていくのではなく、最初にプレゼンテーション全体の構成を考えてから、各スライドを完成させましょう。まずは、アウトラインでスライドのタイトルだけを入力します。

アウトラインでスライドタイトルを入力する

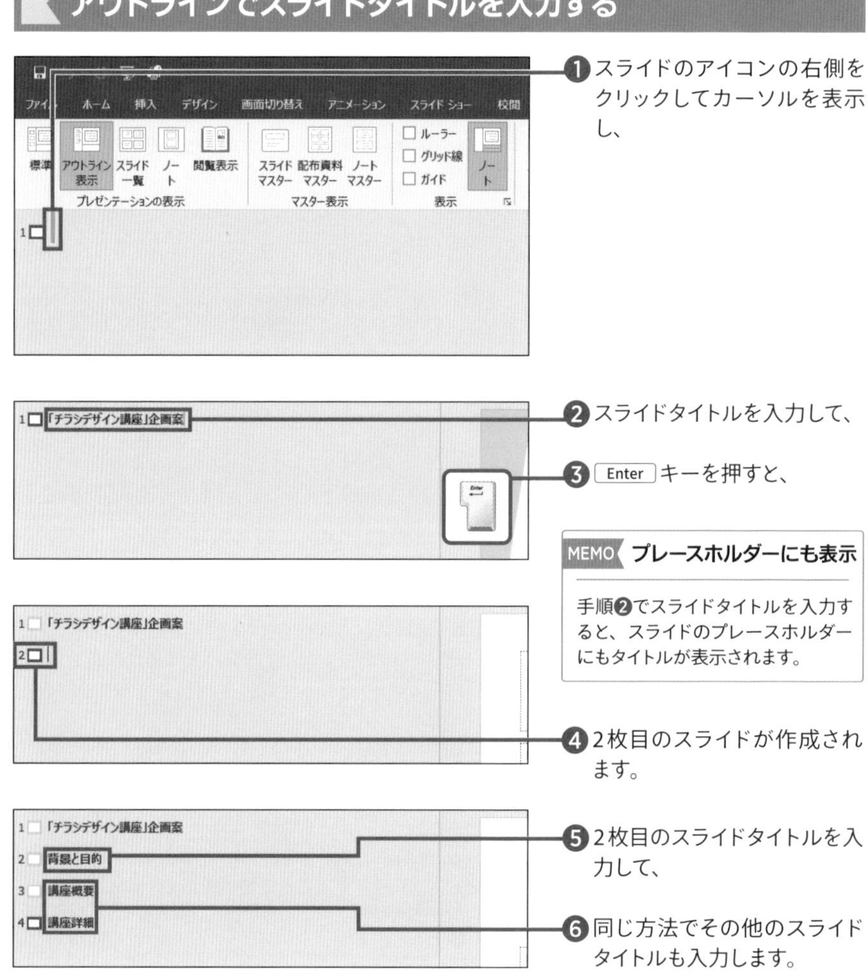

❶スライドのアイコンの右側をクリックしてカーソルを表示し、

❷スライドタイトルを入力して、

❸ Enter キーを押すと、

❹2枚目のスライドが作成されます。

❺2枚目のスライドタイトルを入力して、

❻同じ方法でその他のスライドタイトルも入力します。

> **MEMO プレースホルダーにも表示**
>
> 手順❷でスライドタイトルを入力すると、スライドのプレースホルダーにもタイトルが表示されます。

SECTION 066 アウトライン

箇条書きの項目に階層を付けて見やすくする

スライドのコンテンツとしてアウトラインに入力した箇条書きの項目は、見出し、その内容といったように、階層構造にすることができます。PowerPointでは、この階層のことを「レベル」と呼び、第1レベルから第5レベルまで設定することができます。

レベルを下げる

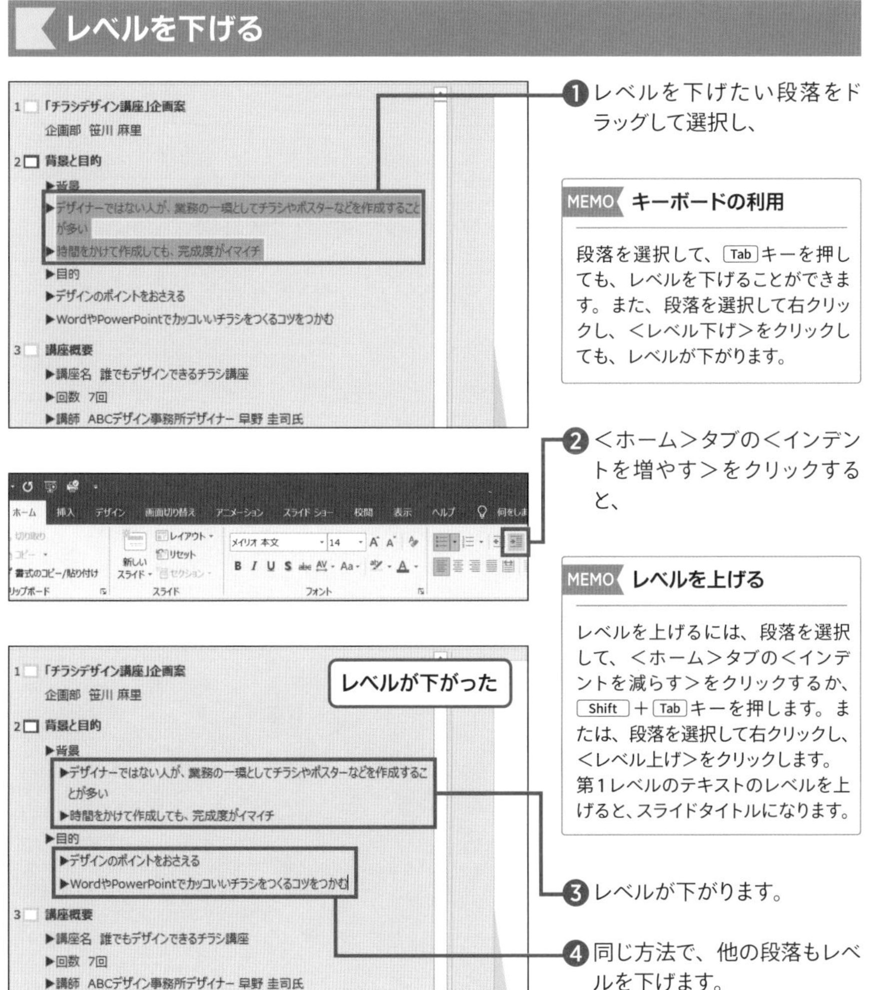

1 「チラシデザイン講座」企画案
企画部 笹川 麻里
2 背景と目的
▶背景
▶デザイナーではない人が、業務の一環としてチラシやポスターなどを作成することが多い
▶時間をかけて作成しても、完成度がイマイチ
▶目的
▶デザインのポイントをおさえる
▶WordやPowerPointでカッコいいチラシをつくるコツをつかむ
3 講座概要
▶講座名 誰でもデザインできるチラシ講座
▶回数 7回
▶講師 ABCデザイン事務所デザイナー 早野 圭司氏
ホーム
挿入
デザイン
画面切り替え
アニメーション
スライド ショー
校閲
表示
ヘルプ
レイアウト
リセット
新しいスライド
セクション
メイリオ 本文
14
フォント
スライド
書式のコピー/貼り付け
クリップボード
レベルが下がった

❶レベルを下げたい段落をドラッグして選択し、

❷<ホーム>タブの<インデントを増やす>をクリックすると、

❸レベルが下がります。

❹同じ方法で、他の段落もレベルを下げます。

MEMO キーボードの利用

段落を選択して、Tabキーを押しても、レベルを下げることができます。また、段落を選択して右クリックし、<レベル下げ>をクリックしても、レベルが下がります。

MEMO レベルを上げる

レベルを上げるには、段落を選択して、<ホーム>タブの<インデントを減らす>をクリックするか、Shift＋Tabキーを押します。または、段落を選択して右クリックし、<レベル上げ>をクリックします。第1レベルのテキストのレベルを上げると、スライドタイトルになります。

SECTION 067 アウトライン

全体を確認するために タイトルだけを表示する

アウトライン表示では、アウトラインの各スライドの本文テキストを非表示にして、タイトルだけを表示することができます。プレゼンテーション全体の構成を推敲するときなどに利用すると便利です。

テキストを非表示にしてタイトルだけを表示する

1 「チラシデザイン講座」企画案
企画部 笹川 麻里
2 背景と目的
▶背景
▶デザイナーではない人が、業務の一環としてチラシやポスターなどを作成することが多い
▶時間をかけて作成しても、完成度がイマイチ
▶目的
▶デザインのポイントをおさえる
▶WordやPowerPointでカッコいいチラシをつくるコツをつかむ
3 講座概要

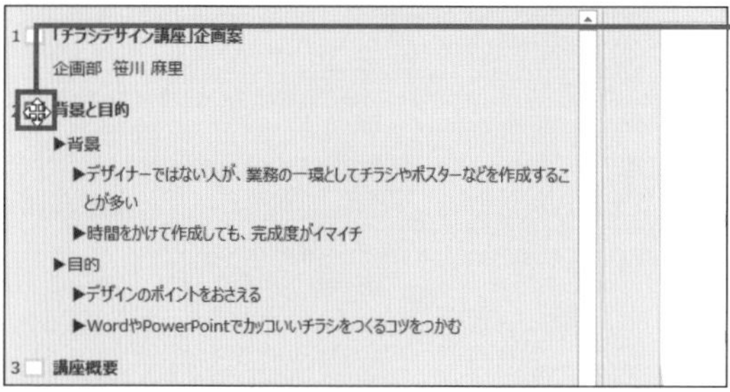

❶テキストを非表示にしたいスライドのアイコンにマウスポインターを合わせ、ダブルクリックすると、

MEMO ショートカットメニュー

目的のスライドの任意の場所で右クリックして、<折りたたみ>をポイントし、<折りたたみ>をクリックしても、テキストを非表示にすることができます。

1 「チラシデザイン講座」企画案
企画部 笹川 麻里
2 背景と目的
3 講座概要
▶講座名 誰でもデザインできるチラシ講座
▶回数 7回
▶講師 ABCデザイン事務所デザイナー 早野 圭司氏
▶料金 50,000円
▶時間 1.5時間/回
▶定員 20名
テキストが非表示になった

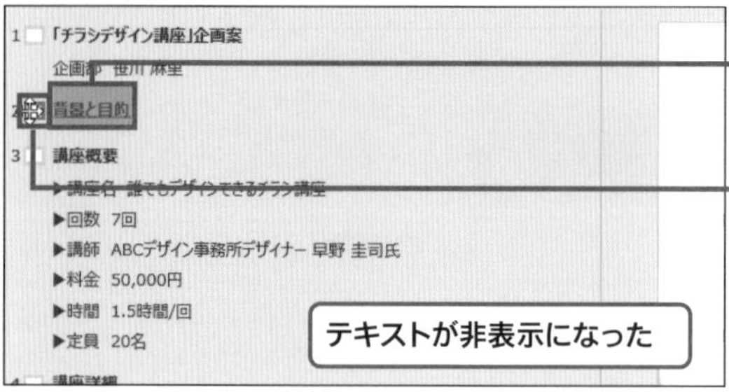

❷テキストが非表示になり、タイトルだけが表示されます。

❸再度スライドのアイコンをダブルクリックすると、

MEMO 波線が表示される

テキストが非表示になっているスライドのタイトルには、波線が表示されます。

1 「チラシデザイン講座」企画案
企画部 笹川 麻里
2 背景と目的
▶背景
▶デザイナーではない人が、業務の一環としてチラシやポスターなどを作成することが多い
▶時間をかけて作成しても、完成度がイマイチ
▶目的
▶デザインのポイントをおさえる
▶WordやPowerPointでカッコいいチラシをつくるコツをつかむ
3 講座概要

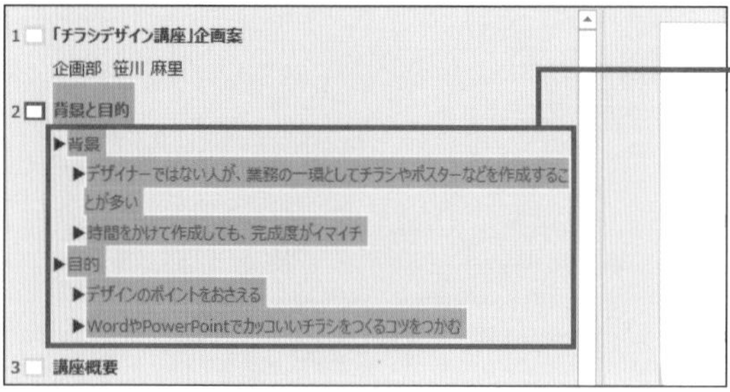

❹テキストが表示されます。

MEMO すべてのテキストを非表示

すべてのスライドのテキストを非表示にするには、アウトラインの任意の場所で右クリックして、<折りたたみ>をポイントし、<すべて折りたたみ>をクリックします。

Wordで作成したテキストからプレゼンテーションを作成する

Wordでプレゼンテーションの構成を作成した場合は、PowerPointに読み込んでスライドを作成することができます。なお、Word文書には、アウトライン表示でアウトラインレベルを設定しておく必要があります。

Wordのアウトラインを読み込む

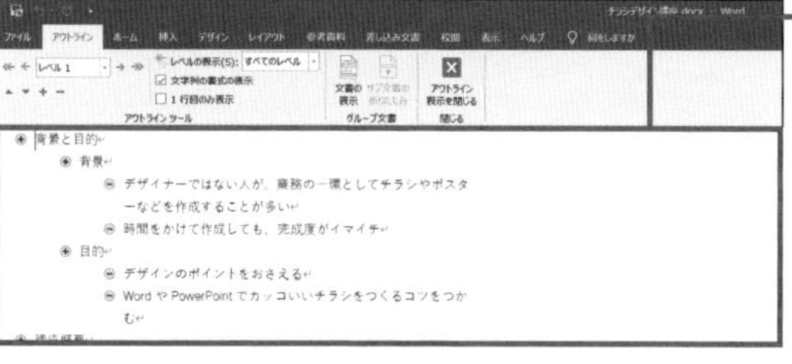

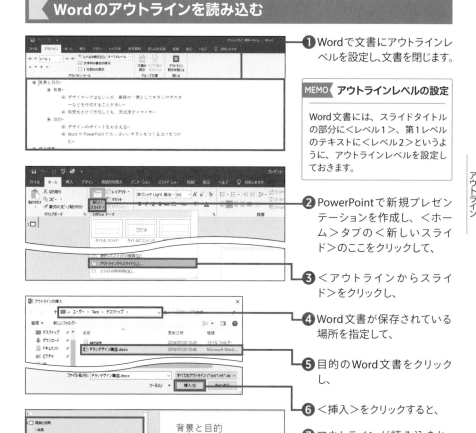

❶Wordで文書にアウトラインレベルを設定し、文書を閉じます。

> **MEMO アウトラインレベルの設定**
>
> Word文書には、スライドタイトルの部分に<レベル1>、第1レベルのテキストに<レベル2>というように、アウトラインレベルを設定しておきます。

❷PowerPointで新規プレゼンテーションを作成し、<ホーム>タブの<新しいスライド>のここをクリックして、

❸<アウトラインからスライド>をクリックし、

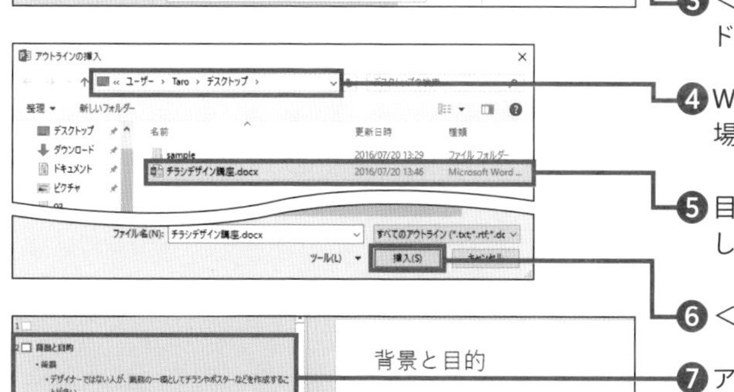

❹Word文書が保存されている場所を指定して、

❺目的のWord文書をクリックし、

❻<挿入>をクリックすると、

❼アウトラインが読み込まれ、スライドが作成されます。

COLUMN

一覧に表示されない色を選択する

フォントの色(P.79参照)や図形の色(P.152参照)などを設定するときは、色の一覧から目的の色を選択します。
色の一覧の<テーマの色>に表示される色が、全体的に気に入らない場合は、テーマの配色を変更するといいでしょう(P.103参照)。
一覧に表示されない色を選択したい場合は、<その他の色>をクリックします。<色の設定>ダイアログボックスが表示されるので、自由に色を指定することができます。
<標準>タブでは、目的の色をクリックして指定します。
<ユーザー設定>タブでは、目的の色をクリックし、右側のスライダーをドラッグして明度を調整します。また、<カラーモデル>で<RGB>(R:赤、G:緑、B:青)または<HSL>(H:色合い、S:鮮やかさ、L:明るさ)を選択できるので、それぞれの数値をボックスに入力して指定することも可能です。

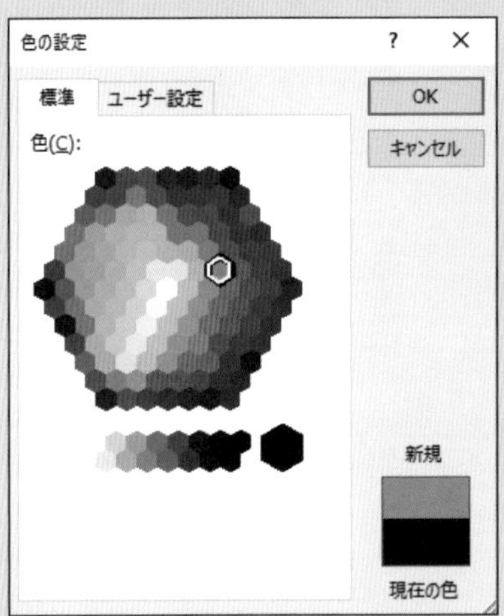

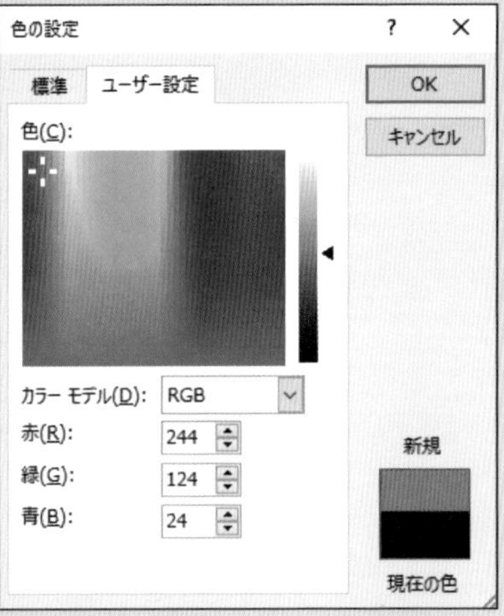

<色の設定>ダイアログボックスでは、色を自由に選択できます。

第3章

見た目もこだわる！スライド操作とデザインのテクニック

SECTION 069 デザイン

スライドのサイズを縦横比16：9から4：3に変更する

新規プレゼンテーションを作成すると、既定のスライドのサイズの縦横比は、ワイド画面対応の16：9に設定されます。縦横比を4：3に変更するには、＜デザイン＞タブの＜スライドのサイズ＞を利用します。

スライドの縦横比を変更する

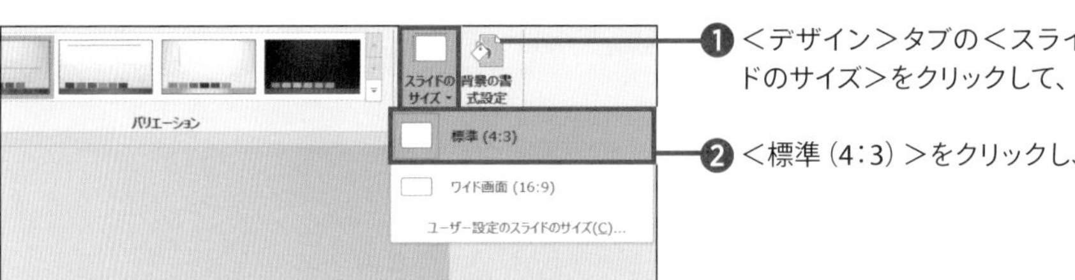

❶＜デザイン＞タブの＜スライドのサイズ＞をクリックして、

❷＜標準（4:3）＞をクリックし、

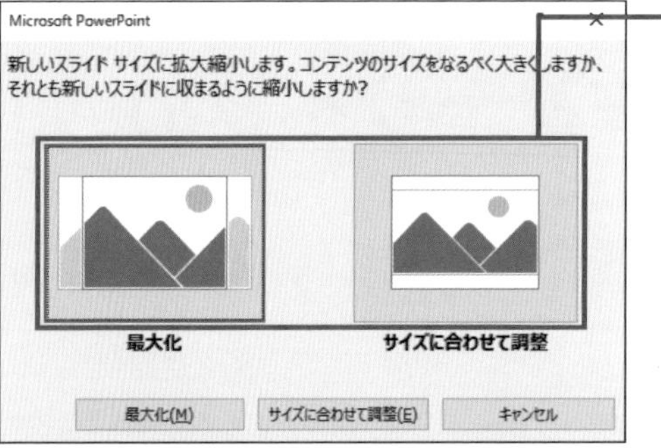

❸コンテンツのサイズをどうするか（ここでは＜サイズに合わせて調整＞）を選択すると、

> **MEMO　メッセージが表示されない？**
>
> スライドを編集する前の場合、テーマによっては、手順❸の画面は表示されずに、スライドの縦横比が変更されます。

あかね町フェスティバル
企画案

スライドの縦横比が変更された

❹スライドの縦横比が変更されます。

> **MEMO　レイアウトが崩れる**
>
> スライドの縦横比を変更すると、レイアウトが崩れることがあるので、なるべくスライドを編集する前に行います。

第0章
第1章
第2章
第3章 デザイン
第4章

スライドのデザインを変更して雰囲気を変える

プレゼンテーション全体の雰囲気は、「テーマ」(P.122参照)によって決まります。PowerPoint 2019では、プレゼンテーションを作成するときにテーマを選択しますが、後から変更することもできます。

テーマを変更する

❶＜デザイン＞タブの＜テーマ＞グループのここをクリックして、

❷目的のテーマ(ここでは＜レトロスペクト＞)をクリックすると、

MEMO 特定のスライドだけ変更

一部のスライドだけテーマを変更する場合は、目的のスライドのサムネイルを選択してから、テーマを変更します。手順❷の画面で、目的のテーマを右クリックして、＜選択したスライドに適用＞をクリックします。

❸テーマが変更されます。

テーマが変わった

MEMO レイアウトが崩れる

テーマを変更すると、フォントやフォントサイズも変わるため、レイアウトが崩れることがあります。テーマを変更する場合は、なるべくスライドを編集する前に行います。

SECTION 071 デザイン

バリエーションを変更して個性を出す

PowerPoint 2019には、テーマごとに、配色や背景の模様などが異なる「バリエーション」が用意されていて、後から変更することができます。バリエーションの変更は、<デザイン>タブの<バリエーション>グループで行います。

バリエーションを変更する

❶<デザイン>タブの<バリエーション>グループのここをクリックして、

MEMO バリエーションとは

各テーマには、配色や模様などが異なった「バリエーション」が用意されています。

❷目的のバリエーションをクリックすると、

MEMO テーマによって異なる

手順❷の画面で表示されるバリエーションの種類は、設定しているテーマによって異なります。

MEMO 特定のスライドだけ変更

一部のスライドだけバリエーションを変更する場合は、目的のスライドのサムネイルを選択してから、バリエーションを変更します。手順❷の画面で、目的のバリエーションを右クリックして、<選択したスライドに適用>をクリックします。

あかね町フェスティバル
企画案

バリエーションが変わった

❸バリエーションが変更されます。

SECTION 072 デザイン

イメージに合った配色パターンを選択する

全体のデザインはそのままで、配色パターンだけを変えることができます。青は冷静、赤は情熱、緑は自然などのように、それぞれの色にはイメージがあります。プレゼンテーション全体のイメージに合った配色パターンを選択しましょう。

配色パターンを変更する

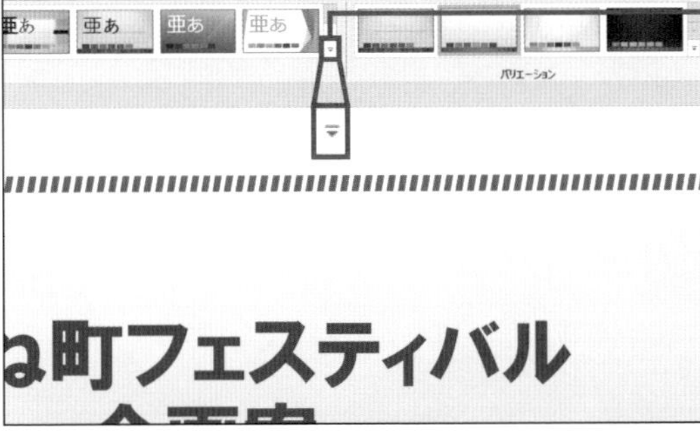

❶＜デザイン＞タブの＜バリエーション＞グループのここをクリックして、

❷＜配色＞をポイントし、

❸目的の配色パターン（ここでは＜黄＞）をクリックすると、

あかね町フェスティバル
企画案

配色パターンが変更された

❹配色パターンが変更されます。

MEMO 特定のスライドだけ変更

一部のスライドだけ配色パターンを変更する場合は、目的のスライドのサムネイルを選択してから、配色パターンを変更します。手順❷の画面で、目的の配色パターンを右クリックして、＜選択したスライドに適用＞をクリックします。

MEMO 色の一覧に表示される色

配色パターンを変更すると、＜フォントの色＞（P.79参照）などに表示される色の一覧が変わります。

SECTION 073 デザイン

オリジナルの配色パターンで差別化する

用意されている配色パターン（P.103参照）に、気に入ったものがない場合は、オリジナルの配色パターンを作成することができます。たとえば、コーポレートカラーを使って、配色パターンを作成することも可能になります。

新しい配色パターンを作成する

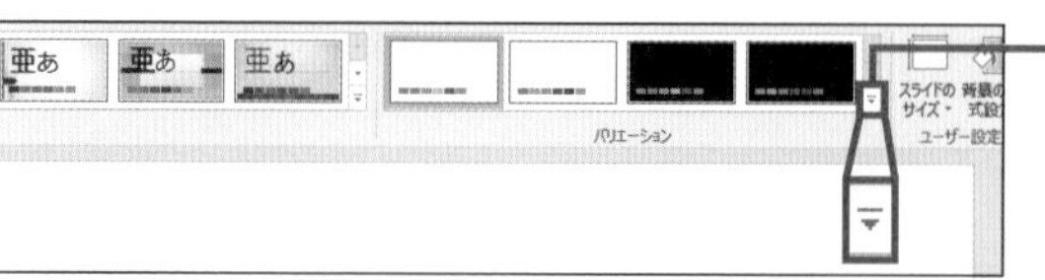

❶ <デザイン>タブの<バリエーション>グループのここをクリックして、

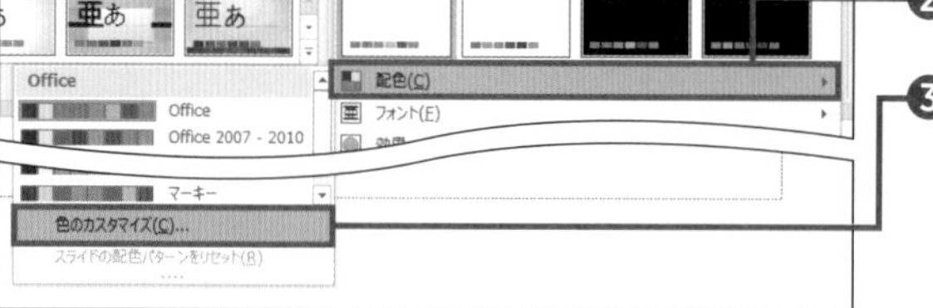

❷ <配色>をポイントし、

❸ <色のカスタマイズ>をクリックします。

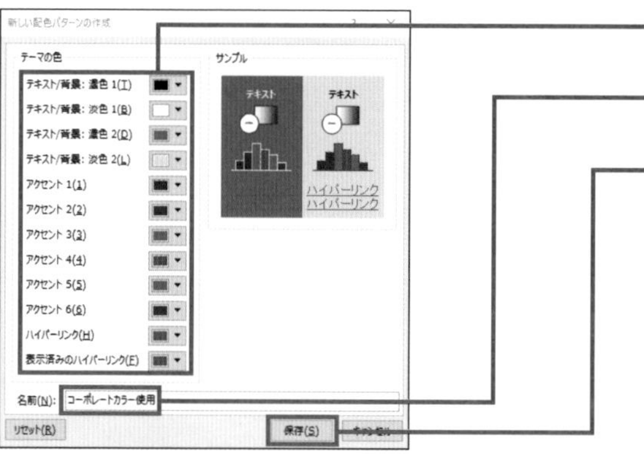

❹ それぞれの色を設定して、

❺ 配色パターンの名前を入力し、

❻ <保存>をクリックすると、配色パターンが作成されます。

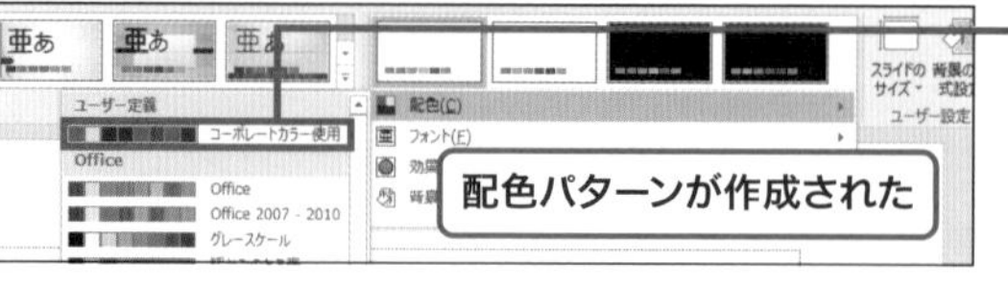

❼ 配色パターンを表示すると、作成した配色パターンが表示されているのを確認できます。

第0章 第1章 第2章 第3章 デザイン 第4章

SECTION 074 デザイン

イメージに合ったフォントの組み合わせを選択する

スライドのタイトルとテキストのフォントの組み合わせは、設定しているテーマによって決まります。プレゼンテーションのデザインはそのままで、フォントの組み合わせだけを変更することもできます。

フォントパターンを変更する

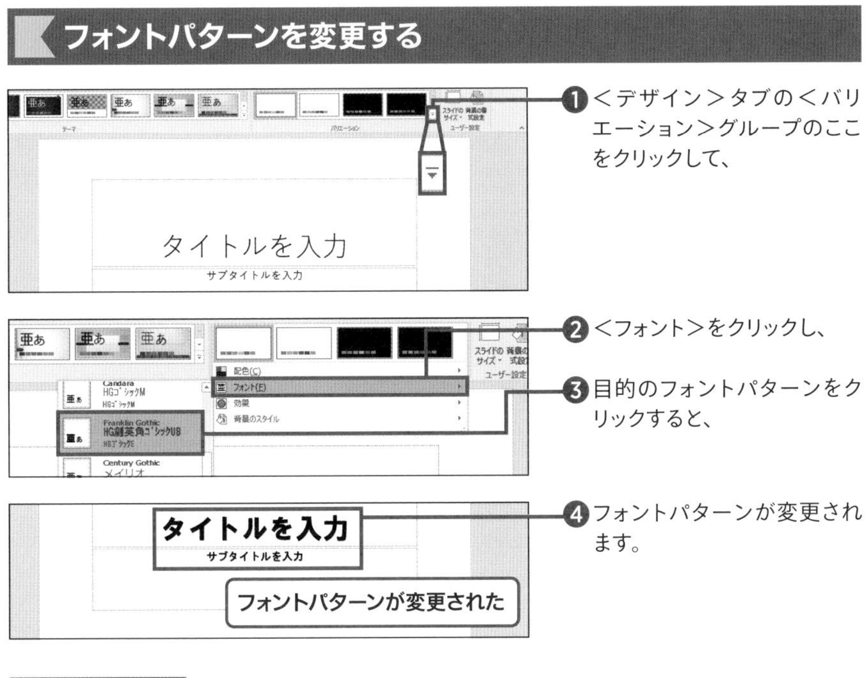

❶＜デザイン＞タブの＜バリエーション＞グループのここをクリックして、

❷＜フォント＞をクリックし、

❸目的のフォントパターンをクリックすると、

❹フォントパターンが変更されます。

COLUMN

オリジナルのフォントパターンを作成する

オリジナルのフォントパターンを作成するには、手順❷の後に＜フォントのカスタマイズ＞をクリックします。右図が表示されるので、フォントを設定します。

第0章 第1章 第2章 デザイン 第3章 第4章

SECTION 075 デザイン

イメージに最適な背景を選択する

スライドの背景は、色を変更したり、グラデーションから単色に変更したりすることができます。背景の書式は、プレゼンテーション全体のイメージに合ったものを選択しましょう。背景は、＜デザイン＞グループの＜バリエーション＞グループから変更できます。

背景のスタイルを変更する

❶＜デザイン＞タブの＜バリエーション＞グループのここをクリックして、

❷＜背景のスタイル＞をポイントし、

❸目的の背景をクリックすると、

❹背景が変更されます。

> **MEMO 一覧にない色を設定する**
>
> 手順❷の画面で表示される背景の一覧にない色を設定するには、手順❸で＜背景の書式設定＞をクリックします。＜背景の書式設定＞ウィンドウ（P.107参照）が表示されるので、塗りつぶしの色やグラデーションを設定できます。

背景に画像を入れてイメージを喚起させる

スライドの背景には、好きな画像を配置することができます。プレゼンテーションの主題に合った画像を背景に入れると、文字だけのプレゼンテーションよりもイメージを喚起しやすくなります。

背景に画像を設定する

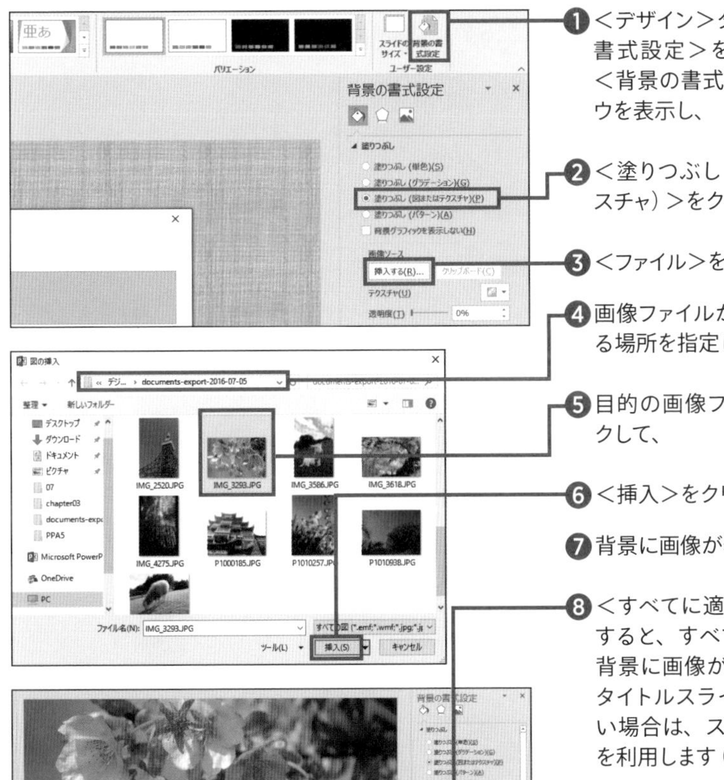

❶＜デザイン＞タブの＜背景の書式設定＞をクリックして、＜背景の書式設定＞ウィンドウを表示し、

❷＜塗りつぶし（図またはテクスチャ）＞をクリックして、

❸＜ファイル＞をクリックします。

❹画像ファイルが保存されている場所を指定し、

❺目的の画像ファイルをクリックして、

❻＜挿入＞をクリックすると、

❼背景に画像が表示されます。

❽＜すべてに適用＞をクリックすると、すべてのスライドの背景に画像が表示されます。タイトルスライドに適用しない場合は、スライドマスターを利用します（P.116参照）。

MEMO 透明度の変更

画像の透明度は変更することができます（P.108参照）。

文字が見やすいように背景の画像を半透明にする

背景に画像を設定すると（P.107参照）、画像によっては、文字が見づらくなってしまうことがあります。このような場合は、画像の透明度を調整すると、半透明になって色が薄くなり、文字が見やすくなります。

背景の画像の透明度を調整する

❶P.107の方法で背景に画像を設定し、

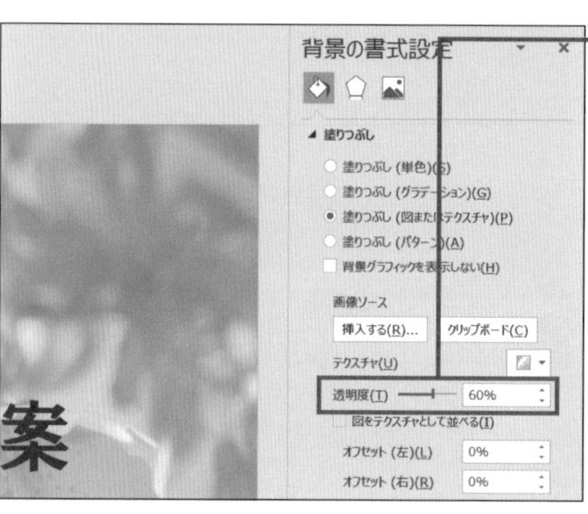

❷＜透明度＞を設定すると、

❸画像に透明度が設定され、文字が見やすくなります。

MEMO　すべてのスライドに反映

＜背景の書式設定＞ウィンドウの＜すべてに適用＞をクリックすると、すべてのスライドに設定が反映されます。

編集したデザインを何度も使えるようにテーマとして保存する

テーマを変更したり、背景に画像を配置したりして編集したデザインは、テーマとして保存すると、何度でも使えるようになります。保存したテーマは、<デザイン>タブの<テーマ>グループに表示されます。

テーマを保存する

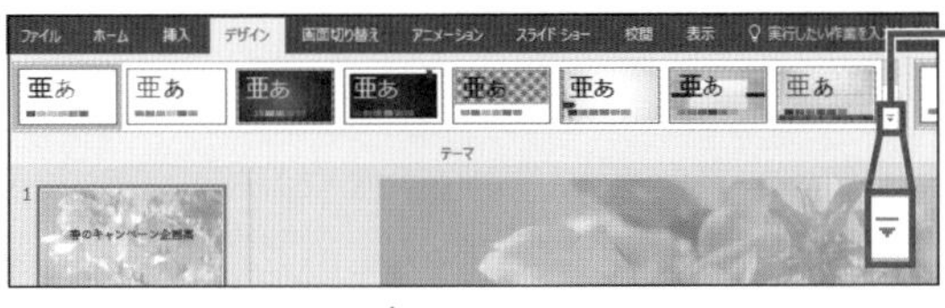

❶ <デザイン>タブの<テーマ>グループのここをクリックして、

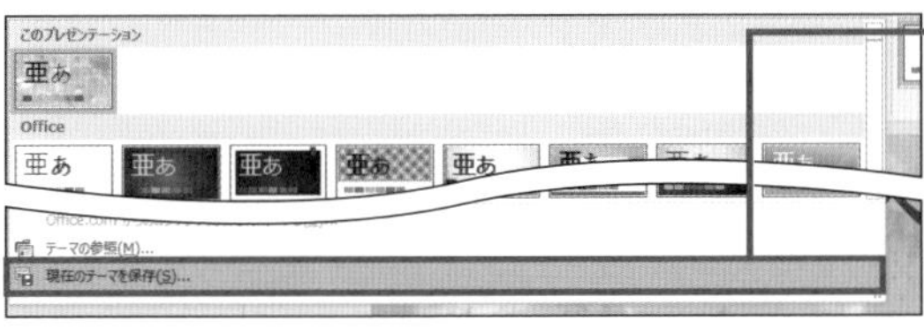

❷ <現在のテーマを保存>をクリックします。

❸ テーマの名前(ここでは「spring」)を入力して、

❹ <保存>をクリックすると、テーマが保存されます。

MEMO 保存先と拡張子は変更しない

テーマの保存先のフォルダーを変更すると、手順❺の画面で、テーマの一覧に保存したテーマが表示されなくなります。また、拡張子を変更すると、テーマとして保存されないので、保存先と拡張子はそのままにします。

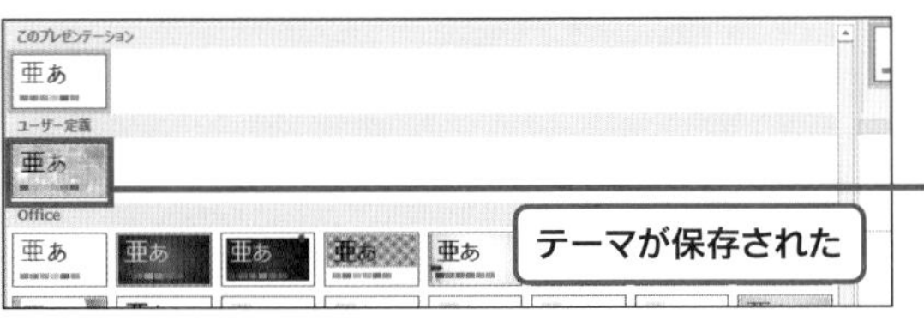

❺ テーマの一覧を表示すると、保存されたテーマを確認できます。

SECTION 079 ヘッダー・フッター

スライドにプレゼン当日の日付を入れる

スライドには、日付を入れることができます。日付は、任意の日付を固定して入れたり、プレゼンテーションを開いた日付が自動的に更新されるように入れたりすることができます。また、時刻を入れることも可能です。

スライドに日付を入れる

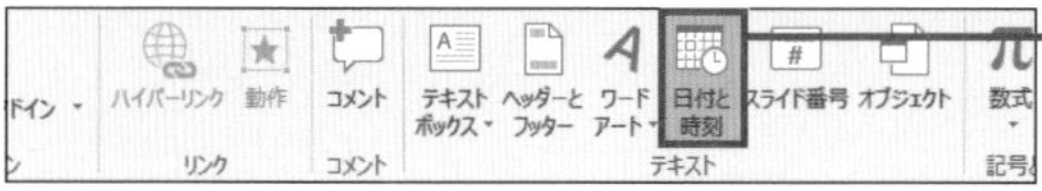

❶ <挿入>タブの<日付と時刻>をクリックし、

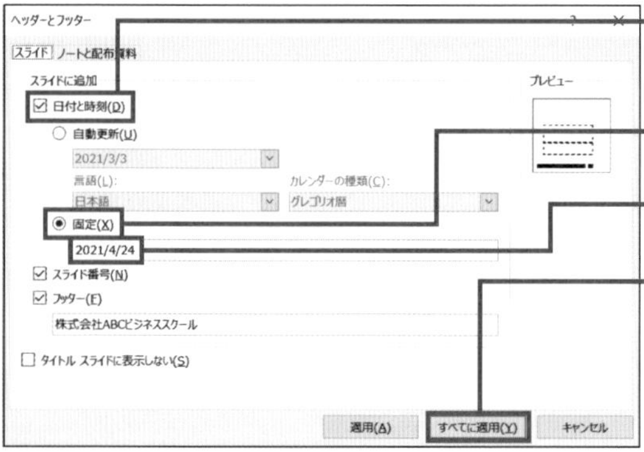

❷ <日付と時刻>をクリックしてチェックを付け、

❸ <固定>をクリックして、

❹ 日付を入力し、

❺ <すべてに適用>をクリックすると、

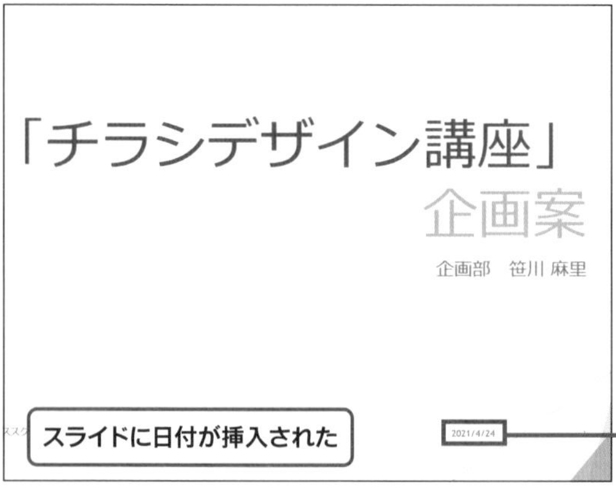

スライドに日付が挿入された

❻ すべてのスライドに日付が表示されます。

MEMO 自動更新される日付の挿入

自動的に更新される日付を挿入するには、手順❷の画面で<自動更新>をクリックします。<言語>と<カレンダーの種類>と日付の表示形式を指定します。なお、<カレンダーの種類>は、<言語>で<日本語>を選択した場合のみ設定できます。

SECTION 080 ヘッダー・フッター

スライドに会社名を入れる

業務で作成するプレゼンテーションの場合は、スライドに必ず会社名を入れましょう。フッターを利用すると、すべてのスライドに同じ文字を入れることができます。フッターを挿入するには、＜ヘッダーとフッター＞ダイアログボックスを利用します。

フッターに任意の文字を挿入する

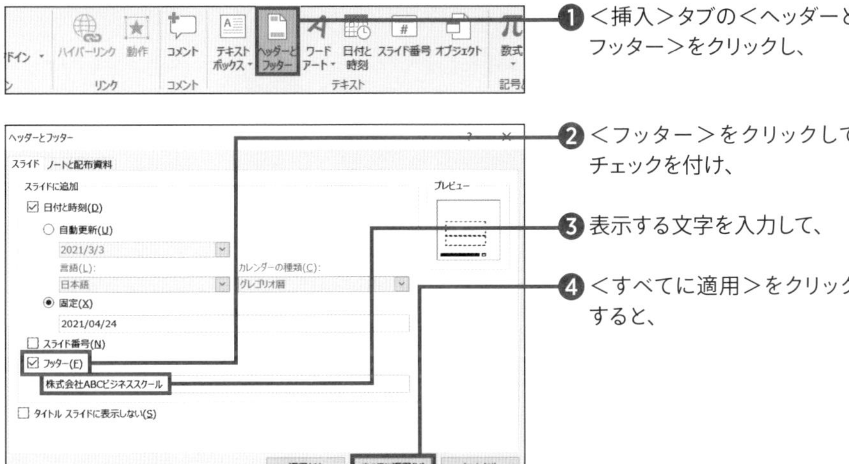

❶ ＜挿入＞タブの＜ヘッダーとフッター＞をクリックし、

❷ ＜フッター＞をクリックしてチェックを付け、

❸ 表示する文字を入力して、

❹ ＜すべてに適用＞をクリックすると、

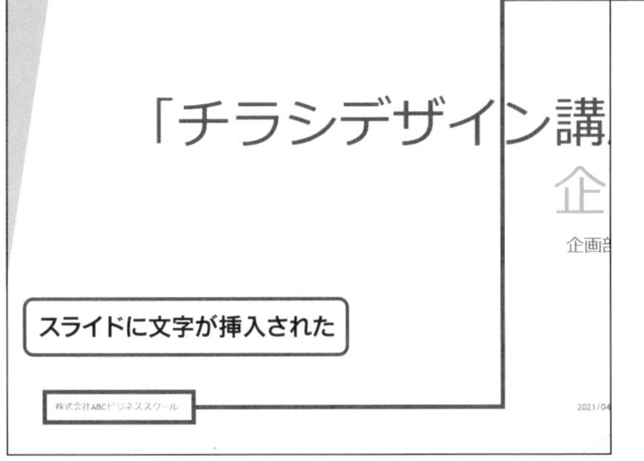

❺ すべてのスライドに文字が表示されます。

MEMO　フッターとは

フッターとは、すべてのスライドに表示する文字を入力するための領域のことです。会社名や著作権、タイトルなどを表示するのに利用します。基本的にはスライドの下部に配置されていますが、デザインによっては横に配置されている場合もあります。

スライドに通し番号を入れる

スライドの枚数が多い場合は、スライドに通し番号を入れましょう。特に印刷して配布するときは、ページがバラバラになってしまうこともあるので、通し番号があると便利です。スライドに入れる通し番号は、「スライド番号」といいます。

スライド番号を表示する

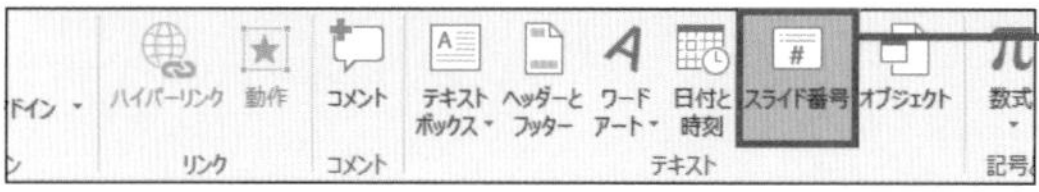

❶ <挿入>タブの<スライド番号>をクリックして、

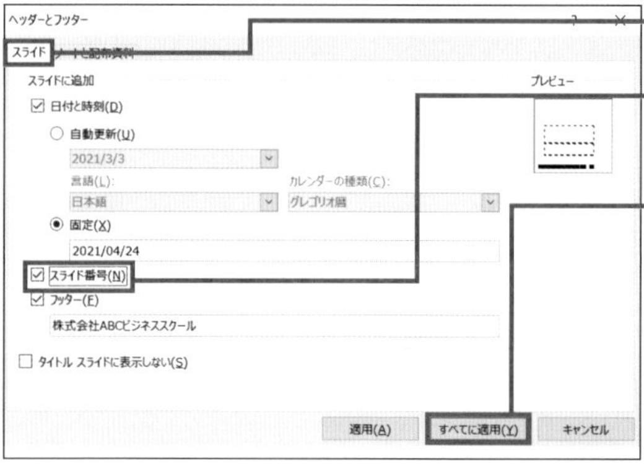

❷ <スライド>をクリックし、

❸ <スライド番号>をクリックしてチェックを付け、

❹ <すべてに適用>をクリックすると、

スライド番号が挿入された

❺ すべてのスライドにスライド番号が表示されます。

MEMO タイトルスライドに表示しない

タイトルスライドにスライド番号を入れないようにするには、手順❷の画面で、<タイトルスライドに表示しない>にチェックを付けます。

MEMO スライド番号の位置の変更

スライド番号の位置や書式を変更する場合は、スライドマスターを利用します（P.114参照）。

スライド番号の開始番号を変更する

タイトルスライドにスライド番号を表示しないようにすると（P.112上のMEMO参照）、スライド番号が2枚目のスライドの「2」から始まることになります。2枚目のスライドが「1」になるようにするには、スライドの開始番号を変更します。

スライド開始番号を変更する

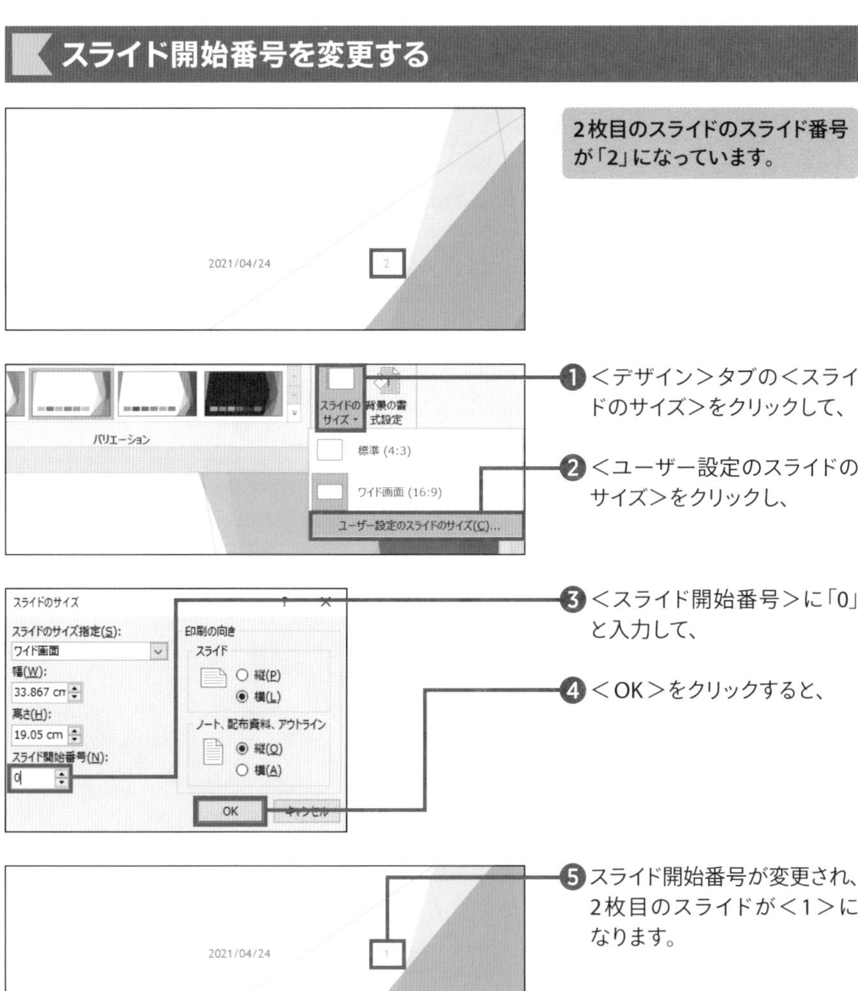

2枚目のスライドのスライド番号が「2」になっています。

❶ ＜デザイン＞タブの＜スライドのサイズ＞をクリックして、

❷ ＜ユーザー設定のスライドのサイズ＞をクリックし、

❸ ＜スライド開始番号＞に「0」と入力して、

❹ ＜OK＞をクリックすると、

❺ スライド開始番号が変更され、2枚目のスライドが＜1＞になります。

SECTION 083 スライドマスター

フッターをバランスよく配置する

フッターの位置を変更するには、「スライドマスター」を利用します。スライドマスターは、プレゼンテーション全体に関わる書式や、プレースホルダーの設定を変更する機能で、すべてのスライドに反映させることができます。

スライドマスターでフッターの位置を変更する

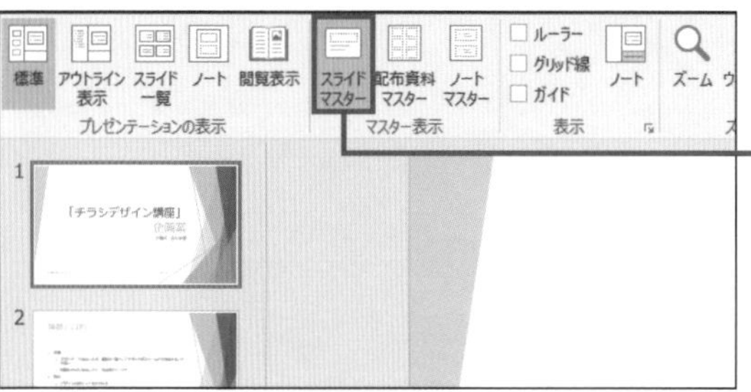

ここでは会社名と日付を入れ替える操作をします。

❶＜表示＞タブの＜スライドマスター＞をクリックすると、

MEMO スライドマスターとは

スライドマスターとは、プレゼンテーション全体に関わる書式を設定するための機能です。全体のスライドタイトルやテキストの書式を変更したり、プレースホルダーのサイズや位置を変更したりする場合に利用します。

❷スライドマスター表示に切り替わります。

❸1番上の＜スライドマスター＞をクリックし、

MEMO レイアウトの一覧

スライドマスター表示の画面左側には、そのテーマに含まれるレイアウトのサムネイルが表示されます。1番上の＜スライドマスター＞を変更すると、すべてのレイアウトに反映されます。レイアウト別に変更する場合は、目的のレイアウトのサムネイルをクリックします。

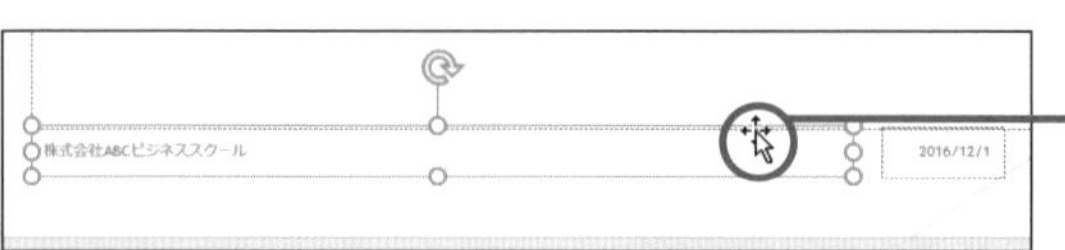

❹フッターのプレースホルダーの枠線をクリックして、プレースホルダー全体を選択し、

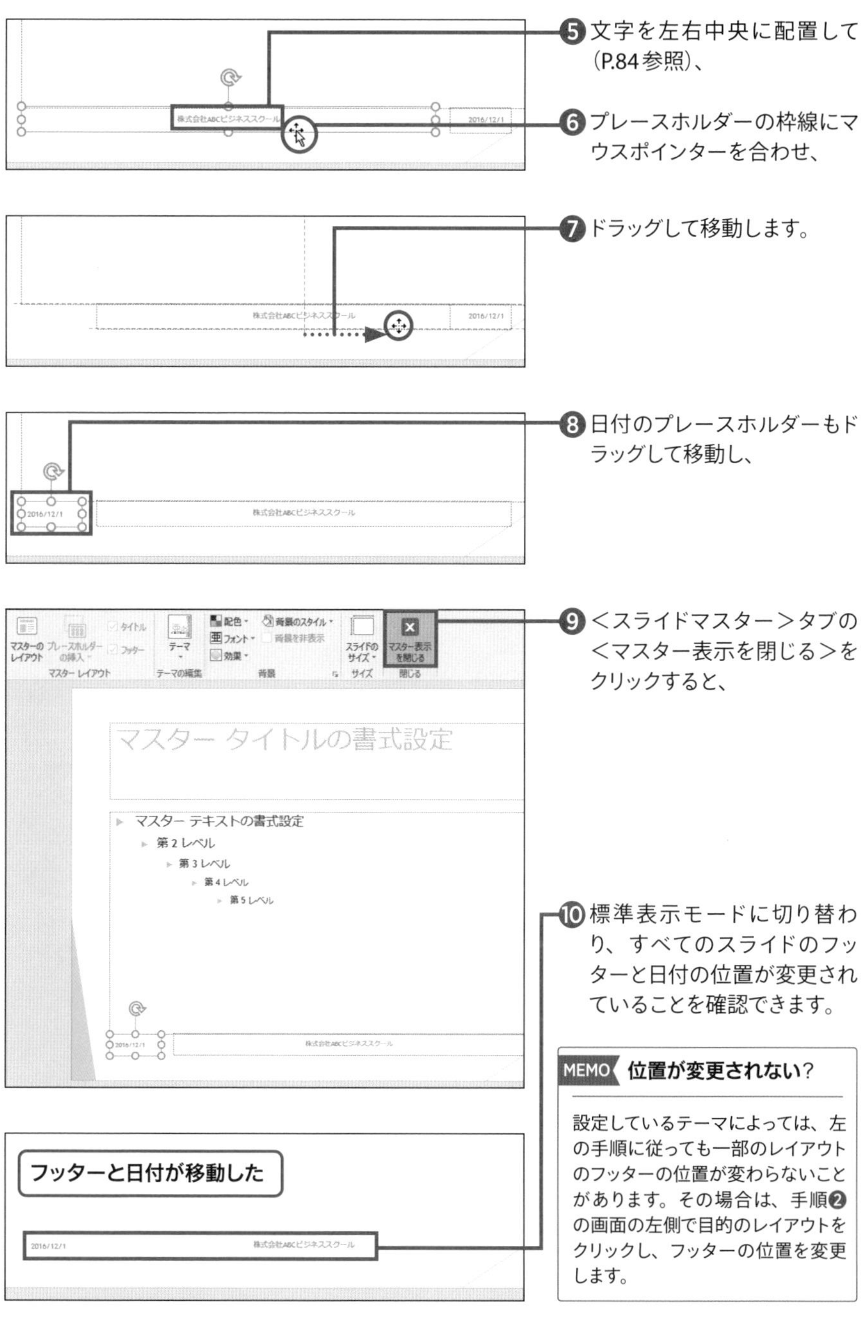

5 文字を左右中央に配置して(P.84参照)、

6 プレースホルダーの枠線にマウスポインターを合わせ、

7 ドラッグして移動します。

8 日付のプレースホルダーもドラッグして移動し、

9 <スライドマスター>タブの<マスター表示を閉じる>をクリックすると、

10 標準表示モードに切り替わり、すべてのスライドのフッターと日付の位置が変更されていることを確認できます。

MEMO 位置が変更されない?

設定しているテーマによっては、左の手順に従っても一部のレイアウトのフッターの位置が変わらないことがあります。その場合は、手順2の画面の左側で目的のレイアウトをクリックし、フッターの位置を変更します。

スライドに会社のロゴ画像を入れる

すべてのスライドの同じ位置に、同じ画像を入れるには、スライドマスターを利用します。たとえば、会社やブランドのロゴを入れて、オリジナルのスライドデザインを作成することができます。

スライドマスターで画像を挿入する

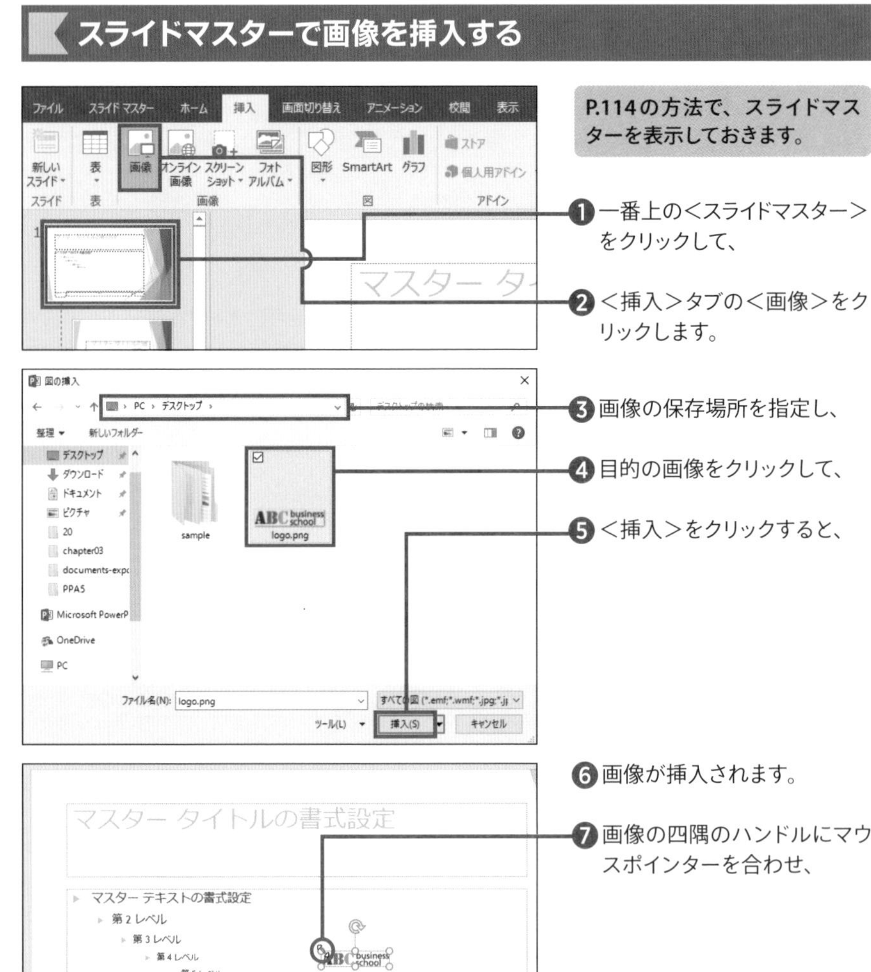

P.114の方法で、スライドマスターを表示しておきます。

❶一番上の＜スライドマスター＞をクリックして、

❷＜挿入＞タブの＜画像＞をクリックします。

❸画像の保存場所を指定し、

❹目的の画像をクリックして、

❺＜挿入＞をクリックすると、

❻画像が挿入されます。

❼画像の四隅のハンドルにマウスポインターを合わせ、

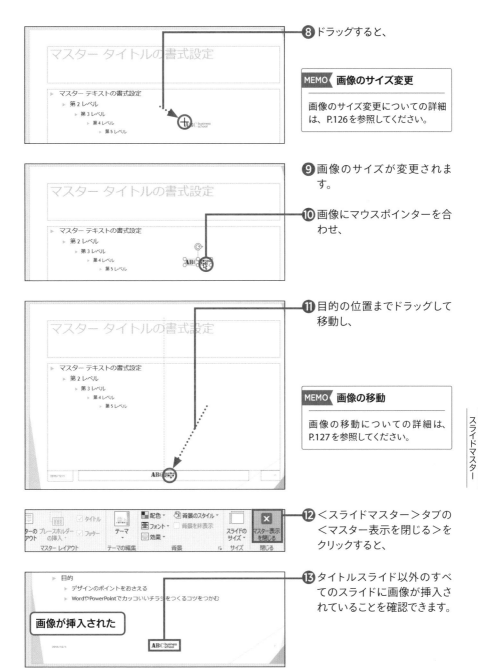

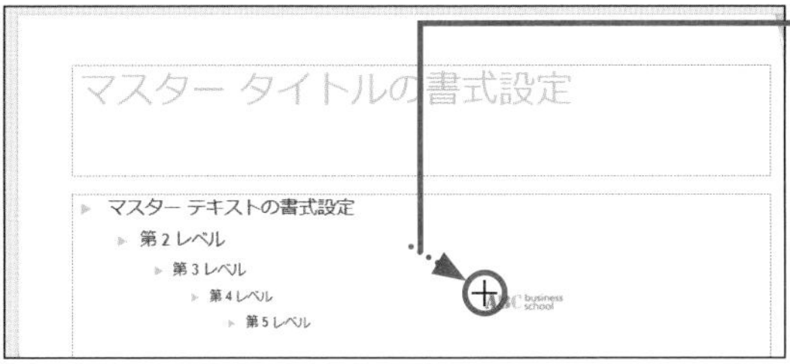

❽ドラッグすると、

MEMO **画像のサイズ変更**

画像のサイズ変更についての詳細は、P.126を参照してください。

❾画像のサイズが変更されます。

❿画像にマウスポインターを合わせ、

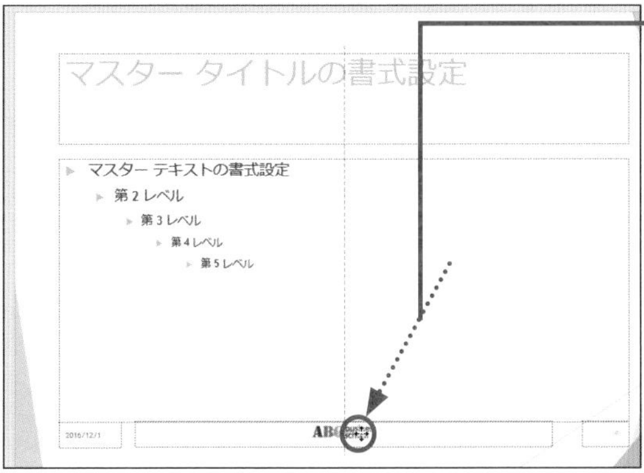

⓫目的の位置までドラッグして移動し、

MEMO **画像の移動**

画像の移動についての詳細は、P.127を参照してください。

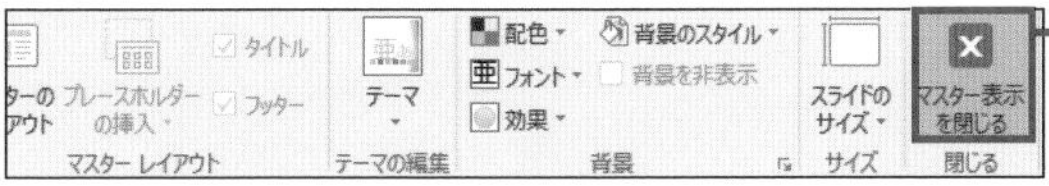

⓬＜スライドマスター＞タブの＜マスター表示を閉じる＞をクリックすると、

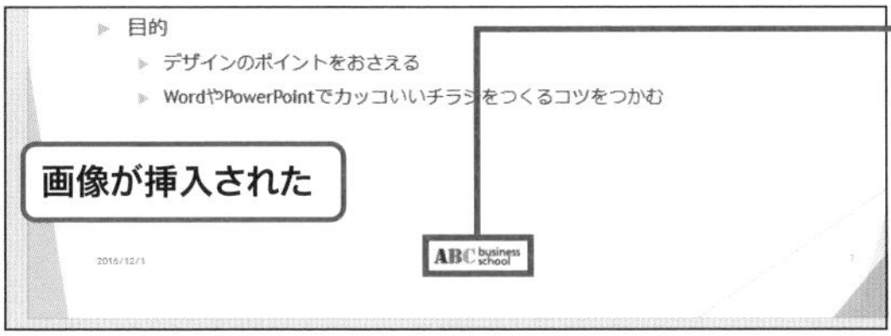

画像が挿入された

⓭タイトルスライド以外のすべてのスライドに画像が挿入されていることを確認できます。

第0章

第1章

第2章

スライドマスター 第3章

第4章

SECTION 085 スライドマスター

スライドマスターで書式を一気に変更する

すべてのスライドのタイトルやテキストの色やサイズなど、プレゼンテーション全体に関わる書式の変更は、スライドマスターを利用すると、スライドを1枚ずつ編集する必要がなくなります。

スライドマスターで書式を変更する

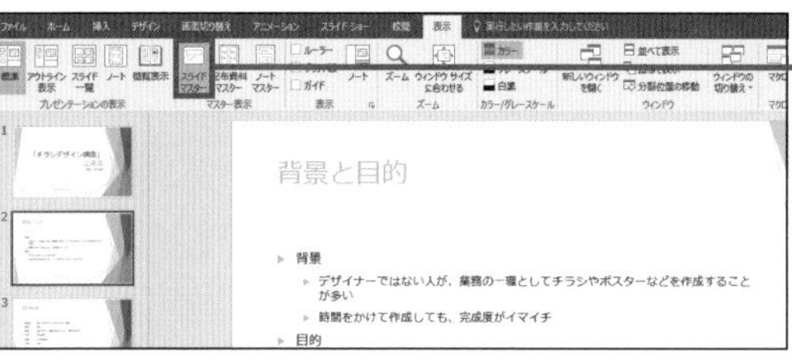
背景と目的
背景
デザイナーではない人が、業務の一環としてチラシやポスターなどを作成することが多い
時間をかけて作成しても、完成度がイマイチ
目的

❶＜表示＞タブの＜スライドマスター＞をクリックすると、

❷スライドマスター表示に切り替わります。

❸＜スライドマスター＞をクリックし、

❹タイトルの書式を変更します。ここではフォントの色を変更して（P.79参照）、太字にし（P.81参照）、左右中央に配置しています（P.84参照）。

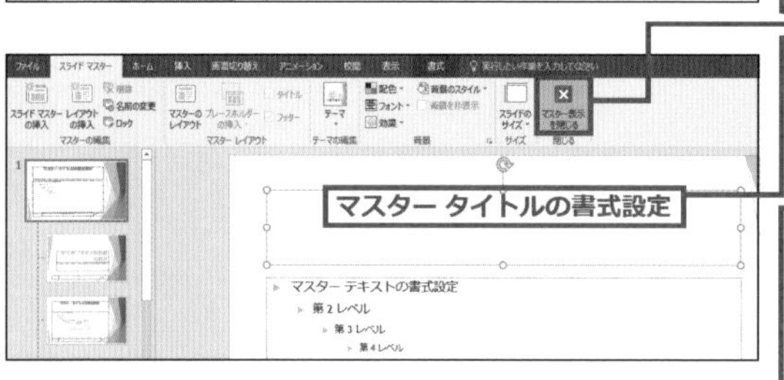
マスター タイトルの書式設定
マスター テキストの書式設定
第2レベル
第3レベル
第4レベル

❺＜スライドマスター＞タブの＜マスター表示を閉じる＞をクリックすると、

❻タイトルスライド以外のすべてのスライドのタイトルの書式が変更されていることを確認できます。

背景と目的

スライドのタイトルの書式がまとめて変更された

MEMO 変更されない？

設定しているテーマによっては、一部のレイアウトのタイトルの書式が変更されません。その場合は、手順❸で目的のレイアウトをクリックし、書式を変更します。

SECTION 086 スライドマスター

不要なスライドレイアウトは削除しておく

＜ホーム＞タブの＜レイアウト＞や＜新しいスライド＞に表示されるレイアウトの一覧に、不要なレイアウトが多いと、目的のものが探しづらくなります。スライドマスターを利用すると、不要なレイアウトを削除することができます。

不要なスライドレイアウトを削除する

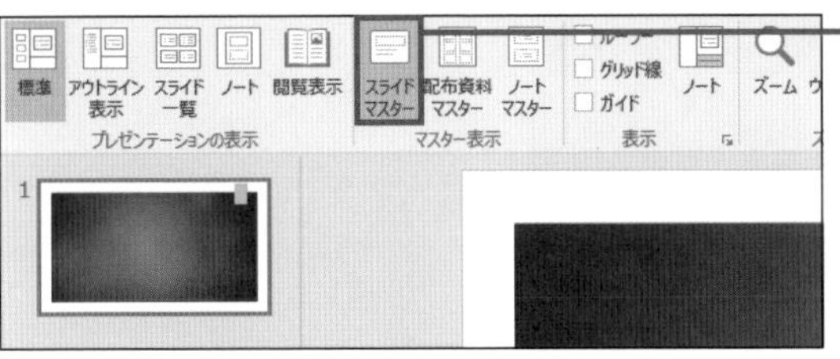

❶＜表示＞タブの＜スライドマスター＞をクリックすると、

MEMO 削除できないものもある

スライドレイアウトの中には、削除できないものもあります。

❷スライドマスター表示に切り替わります。

❸目的のスライドレイアウトをクリックして、

❹＜スライドマスター＞タブの＜削除＞をクリックすると、

MEMO レイアウトが異なる

あらかじめ用意されているスライドレイアウトの種類は、設定しているテーマによって異なります。

❺選択したスライドレイアウトが削除されます。

❻＜スライドマスター＞タブの＜マスター表示を閉じる＞をクリックすると、標準表示モードに戻ります。

SECTION 087 スライドマスター

オリジナルのスライドレイアウトを作成する

＜ホーム＞タブの＜レイアウト＞や＜新しいスライド＞に表示されるレイアウトの一覧に、使用したいレイアウトがない場合は、スライドマスターを利用して、オリジナルのレイアウトを作成できます。

スライドレイアウトを作成する

P.114の方法でスライドマスターを表示しておきます。

1. ＜スライドマスター＞タブの＜レイアウトの挿入＞をクリックすると、
2. 選択されていたレイアウトの下に、新しいレイアウトが作成されます。

MEMO レイアウトの種類が異なる

あらかじめ用意されているスライドレイアウトの種類は、設定しているテーマによって異なります。

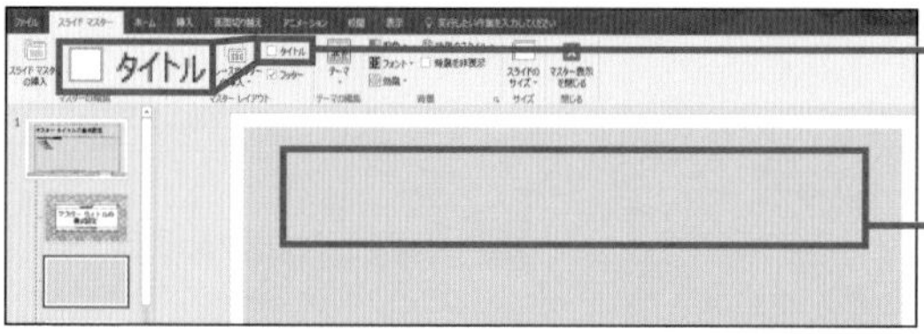

3. ＜スライドマスター＞タブの＜タイトル＞をクリックしてチェックを外すと、
4. タイトルのプレースホルダーが削除されます。
5. ＜スライドマスター＞タブの＜プレースホルダーの挿入＞をクリックし、
6. 目的のプレースホルダーの種類（ここでは＜図＞）をクリックして、

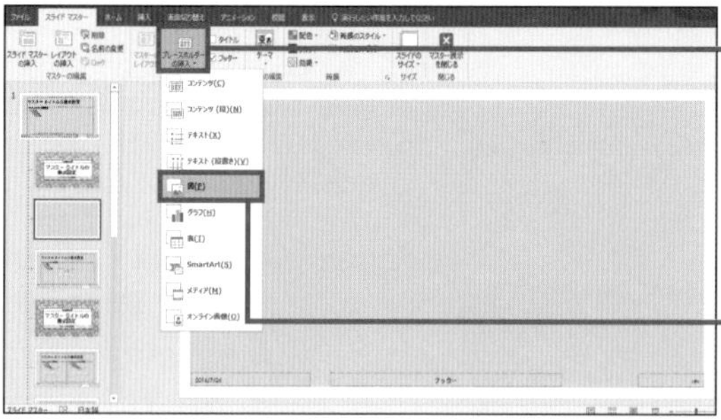

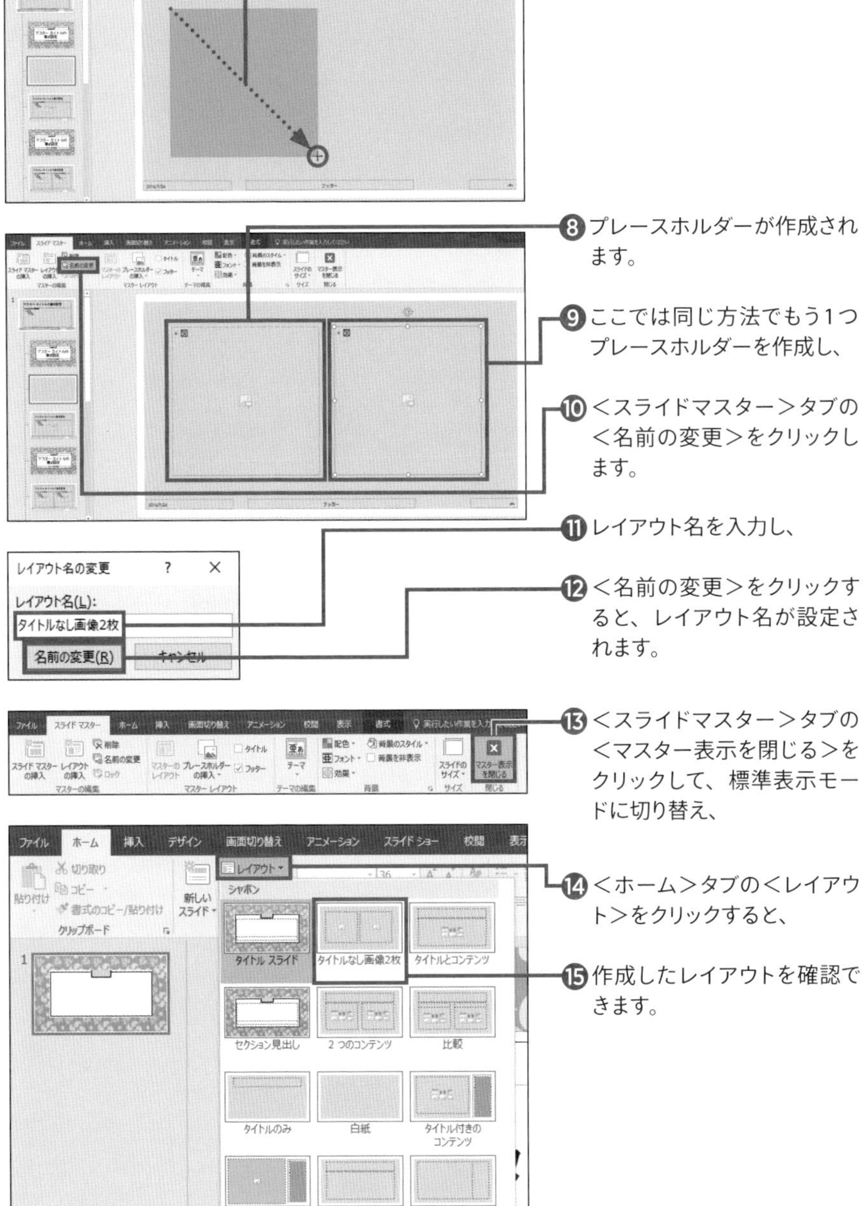

❼スライド上をドラッグすると、

❽プレースホルダーが作成されます。

❾ここでは同じ方法でもう1つプレースホルダーを作成し、

❿<スライドマスター>タブの<名前の変更>をクリックします。

⓫レイアウト名を入力し、

⓬<名前の変更>をクリックすると、レイアウト名が設定されます。

⓭<スライドマスター>タブの<マスター表示を閉じる>をクリックして、標準表示モードに切り替え、

⓮<ホーム>タブの<レイアウト>をクリックすると、

⓯作成したレイアウトを確認できます。

COLUMN

「テーマ」とは

PowerPointでは、プレゼンテーションのデザインは「テーマ」で決まります。テーマは、スライドのデザイン、「配色」、見出しと本文の「フォント」、図形などの「効果」を組み合わせたものです。

テーマを変更すると、プレゼンテーション全体のデザインを簡単に変更することができます。

フォントの色（P.79参照）や、図形の色（P.152参照）などを変更するときに表示される色の一覧は、設定しているテーマの「配色」に左右されます。フォントなどの色を変更するときに、＜テーマの色＞に表示されている色から選択すると、全体の色使いの統一感を保つことができます。

スライドの全体的なデザインはそのままで、色使いだけを変更したい場合は、テーマはそのままで、「配色」を変更します（P.103参照）。

また、「配色」と「フォント」の組み合わせは、オリジナルのものを作成することが可能です（P.104参照）。

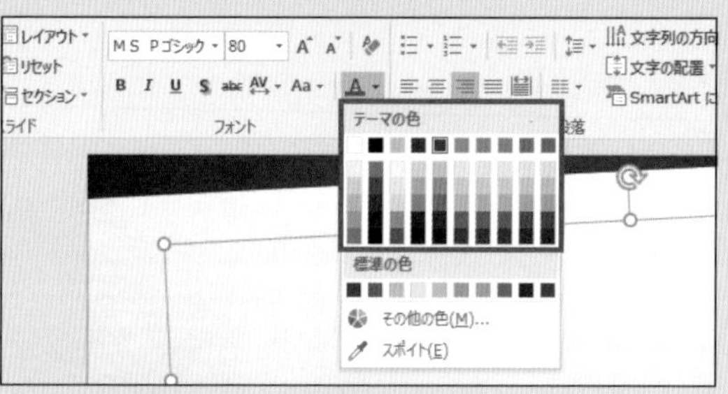

テーマの「配色」によって、＜テーマの色＞に表示される色が異なります。

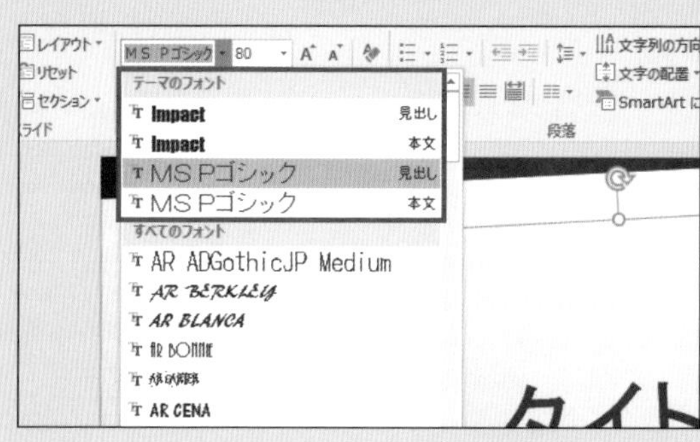

テーマの「フォント」によって、＜テーマのフォント＞に表示されるフォントの種類が異なります。

第4章

情報を視覚で伝える！画像と図形のテクニック

SECTION 088 画像

画像を挿入して イメージで伝える

スライドには、デジタルカメラで撮影した画像などを挿入することができます。画像を挿入するには、プレースホルダーの＜図＞のアイコン、または＜挿入＞タブの＜画像＞を利用します。

スライドに画像ファイルを挿入する

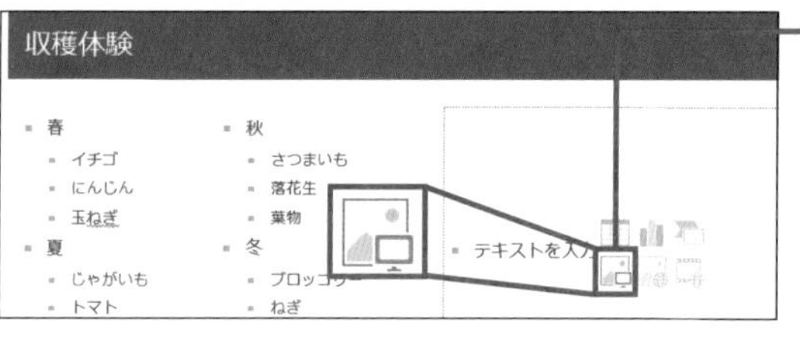

❶プレースホルダーの＜図＞のアイコンをクリックして、

図の挿入
« ユーザー › Taro › ピクチャ › 企画書
企画書の検索
整理▼　新しいフォルダー
デスクトップ
ダウンロード
ドキュメント
ピクチャ
03
chapter01
PPA5
ビデオ
Microsoft PowerP
OneDrive
PC
farm.JPG
ファイル名(N): farm.JPG
すべての図 (*.emf;*.wmf;*.jpg;*.j
ツール(L)
挿入(S)
キャンセル

❷画像の保存場所を指定し、

❸目的の画像をクリックして、

❹＜挿入＞をクリックすると、

❺プレースホルダーに画像が挿入されます。

> **MEMO ＜挿入＞タブの利用**
>
> ＜挿入＞タブの＜画像＞をクリックしても、手順❷の画面が表示されます。このとき、プレースホルダーに何も挿入されていない状態で＜画像＞をクリックすると、プレースホルダーに画像が挿入されます。プレースホルダーに何か挿入されているときは、プレースホルダー以外の場所に画像が挿入されます。

パソコンの操作画面を挿入する

<挿入>タブの<スクリーンショット>を利用して、パソコンのウィンドウ画面を、画像としてスライドに挿入することができます。パソコンの操作画面を使って説明したいときなどに利用します。

スクリーンショットを挿入する

❶画像として挿入するウィンドウをあらかじめ開いておきます。

MEMO ストアアプリの画面

左の手順でスクリーンショットを挿入できるのは、デスクトップアプリの画面のみで、ストアアプリの画面は挿入できません。

❷PowerPointに切り替えて、<挿入>タブの<スクリーンショット>をクリックし、

❸画像として挿入するウィンドウをクリックして、

MEMO ハイパーリンクの設定

Webページのスクリーンショットを挿入しようとすると、手順❹の画面が表示されます。<現在の選択を保存する>にチェックを付けると、次回以降この画面が表示されなくなります。

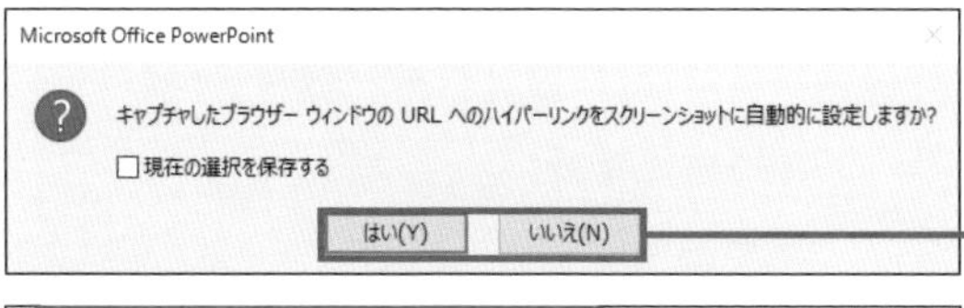

❹ハイパーリンクを設定する場合は<はい>、設定しない場合は<いいえ>をクリックすると、

❺スライドにスクリーンショットが挿入されます。

SECTION 090 画像

画像を適切な大きさに変更する

スライドに挿入した画像は、簡単にサイズを変更することができます。画像の四隅に表示されるハンドルをドラッグすると、画像の縦横比を保持したまま、サイズが変わります。また、サイズを指定して変更することもできます。

画像のサイズを変更する

❶目的の画像をクリックして選択し、

❷周囲のハンドルにマウスポインターを合わせ、

上海

❸目的の大きさになるまでドラッグすると、

上海

画像のサイズが変わった

❹画像のサイズが変わります。

MEMO 縦横比を保持する

手順❷で、画像の四隅のハンドルをドラッグすると、縦横比を保持したまま画像を拡大・縮小できます。

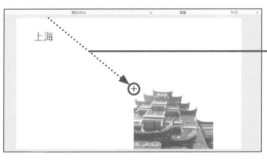

MEMO サイズを指定する

画像をクリックして選択し、<図ツール><書式>タブの<高さ>または<幅>のどちらかに数値を入力して、Enterキーを押すと、もう一方の数値が自動的に設定されます。

画像を適切な位置に移動する

スライドに挿入した画像は、ドラッグして移動することができます。ドラッグするときに、スライドの中央や他のオブジェクトと揃えるためのスマートガイドが表示されます。また、画像をクリックして選択し、矢印キーを押しても移動できます。

画像を移動する

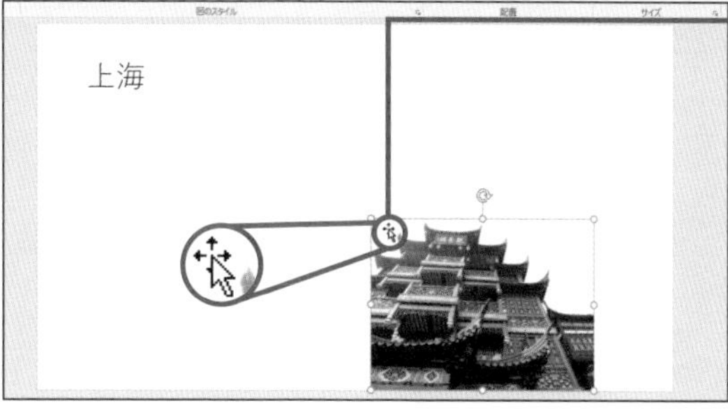

❶画像にマウスポインターを合わせ、

MEMO 水平・垂直に移動する

Shift キーを押しながら画像をドラッグすると、画像を垂直・水平方向に移動できます。

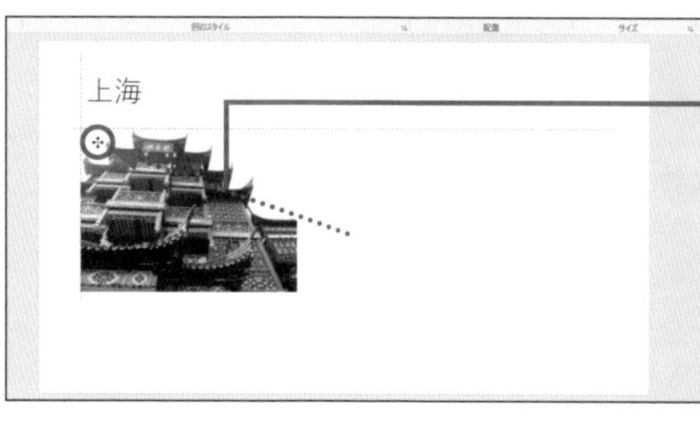

❷目的の位置までドラッグすると、

MEMO ガイドが表示される

画像を移動している途中で、スライドの中央や、他のオブジェクトと位置が揃ったときに、「スマートガイド」と呼ばれる破線が表示されます。

❸画像が移動します。

文字と画像の重ね順を変更する

プレースホルダーのテキストの下に画像を配置する場合は、重ね順を変更して、画像を背面に移動します。また、複数の画像を重ねたときの重ね順も変更することができます。重ね順の変更は、<図ツール><書式>タブまたは<ホーム>タブから行います。

画像を背面に配置する

❶目的の画像をクリックして選択し、

MEMO 挿入順に配置される

画像や図形などのオブジェクトは、挿入した順に配置され、最後に挿入したオブジェクトが最前面になります。

❷<図ツール><書式>タブの<背面へ移動>のここをクリックして、

❸<最背面へ移動>をクリックすると、

MEMO 1つ背面へ移動する

画像を1つ背面へ移動する場合は、手順❸で<背面へ移動>をクリックします。

MEMO 前面に移動する

画像を前面に移動する場合は、手順❷の画面で<前面へ移動>のテキスト部分をクリックして、<前面へ移動>または<最前面へ移動>をクリックします。

❹画像が最背面に移動し、文字が前面に表示されます。

暗すぎる画像は明るくする

PowerPointには、簡単な画像編集機能が用意されています。暗い画像は、＜図ツール＞＜書式＞タブの＜修整＞で明るく補正することができます。また、コントラスト（明暗の差）を調整することもできます。

画像の明るさとコントラストを調整する

❶目的の画像をクリックして選択し、

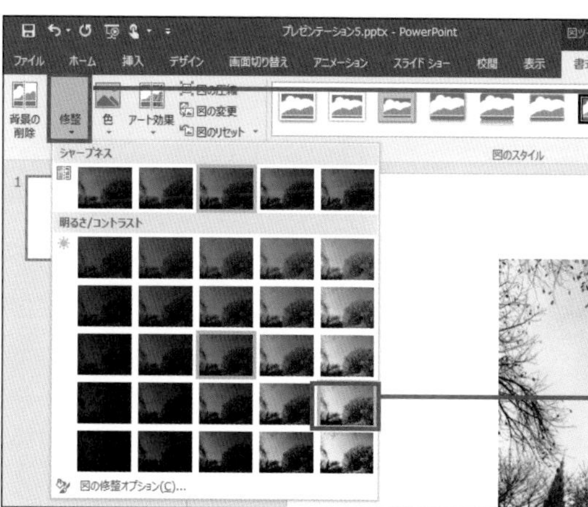

❷＜図ツール＞＜書式＞タブの＜修整＞をクリックして、

❸目的の明るさとコントラストの組み合わせ（ここでは＜明るさ：＋40%　コントラスト：＋20%＞）をクリックすると、

❹画像の明るさとコントラストが変わります。

MEMO シャープネス・ソフトネス

被写体の輪郭をはっきりさせたり（シャープネス）、ぼかしたり（ソフトネス）するには、手順❸で、＜シャープネス＞の一覧から目的のものをクリックします。

MEMO 明るさを微調整する

明るさやコントラストを細かく調整する場合は、手順❸で＜図の修整オプション＞をクリックします。＜図の書式設定＞ウィンドウが表示されるので、明るさとコントラストを数値で指定できます。

SECTION 094 画像

画像をグレースケールにして文字と調和させる

画像と文字を重ねたとき、画像の色合いによっては、文字が見づらくなります。このような場合は、画像をグレースケールにすると、画像が落ち着いたトーンになり、文字が引き立ちます。

画像をグレースケールにする

❶目的の画像をクリックして選択し、

❷＜図ツール＞＜書式＞タブの＜色＞をクリックして、

❸＜グレースケール＞をクリックすると、

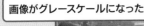

画像がグレースケールになった

❹画像がグレースケールになります。

MEMO 画像全体の色を変更

手順❷の画面の＜色の変更＞の一覧では、画像全体の色を変更できます。なお、ここに表示される色は、設定しているテーマの配色によって異なります（P.103、122参照）。

MEMO 鮮やかさや色温度

画像の色の鮮やかさを調整する場合は、手順❸で＜色の彩度＞の一覧から目的のものをクリックします。また、青味がかったり黄色味がかったりした画像を調整する場合は、＜色のトーン＞の一覧から目的のものをクリックします。

画像の不要な箇所は見せない

画像に余計なものが写り込んでしまったときや、被写体が小さくて見づらいときは、画像を「トリミング」して、余計な部分を非表示にすることができます。トリミングは、＜図ツール＞＜書式＞タブから行います。

画像をトリミングする

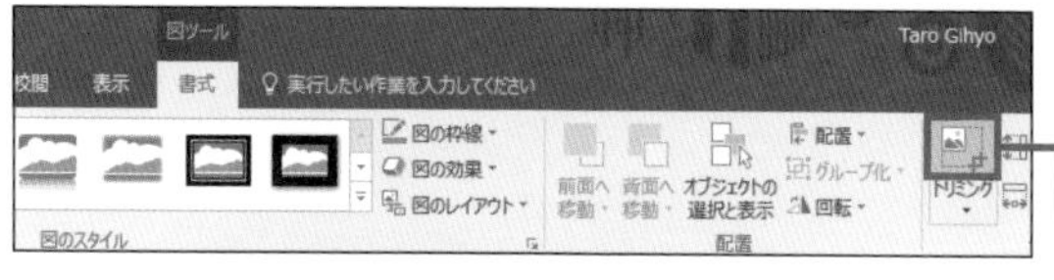

❶目的の画像をクリックして選択し、

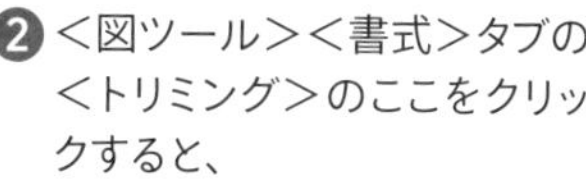

❷＜図ツール＞＜書式＞タブの＜トリミング＞のここをクリックすると、

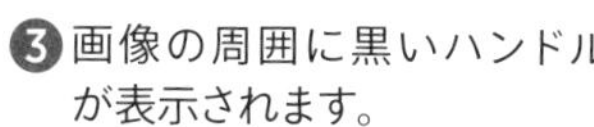

❸画像の周囲に黒いハンドルが表示されます。

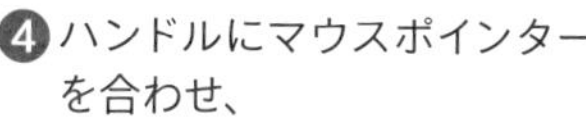

❹ハンドルにマウスポインターを合わせ、

❺表示したい部分がハンドルに囲まれるように、ハンドルをドラッグします。

❻画像以外の部分をクリックすると、

❼トリミングが確定し、黒いハンドルが非表示になります。

MEMO トリミングを取り消す

トリミングした画像を元に戻すには、再度トリミングのハンドルを表示させ、画像全体が表示されるように、ハンドルをドラッグします。

画像を円形に切り抜いて収まりをよくする

画像は、円や角丸四角形、ハートなどの形に簡単に切り抜くことができます。画像を四角のまま配置すると、イメージが堅すぎる、レイアウトに面白みがないというときは、円形などで切り抜いてみましょう。

画像を図形に合わせてトリミングする

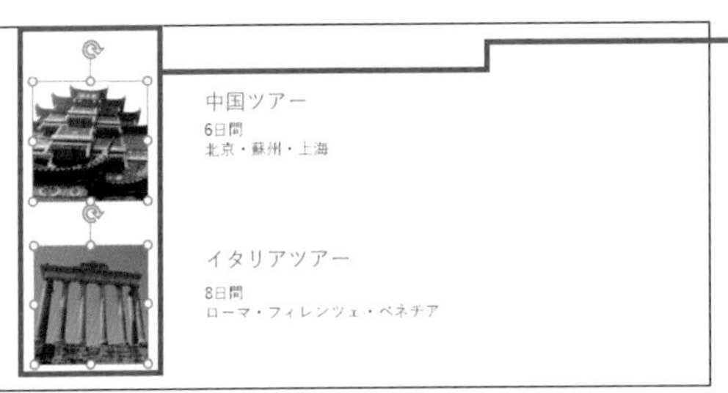

❶目的の画像を Shift キーを押しながらクリックしてすべて選択し、

MEMO 複数の画像の選択

複数の画像に同じ書式を設定する場合は、あらかじめすべての画像を Shift キーを押しながらクリックして選択しておきます。

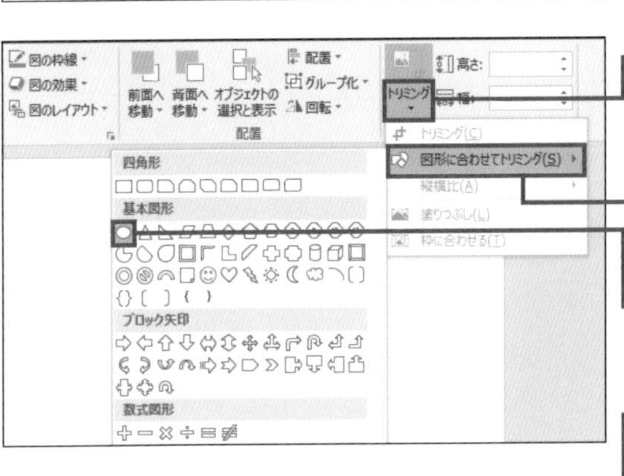

❷＜図ツール＞＜書式＞タブの＜トリミング＞のここをクリックして、

❸＜図形に合わせてトリミング＞をポイントし、

❹目的の図形（ここでは＜楕円＞）をクリックすると、

❺選択した図形で画像が切り抜かれます。

中国ツアー
6日間
北京・蘇州・上海
イタリアツアー
8日間
ローマ・フィレンツェ

画像が図形に合わせて切り抜かれた

MEMO 図形の大きさと範囲

手順❹の後に、画像を1つだけ選択して＜図ツール＞＜書式＞タブの＜トリミング＞の上の部分をクリックし、黒いハンドルをドラッグすると、図形の大きさを変更することができます。また、画像をドラッグすると、表示される範囲を調整することができます。

SECTION 097 画像

画像をぼかして目立ちすぎないようにする

画像よりも文字を引き立たせたいときや、画像に重ねた文字が見づらいときなどは、画像全体をぼかすと目立ちすぎません。画像をぼかすには、＜図ツール＞＜書式＞タブの＜アート効果＞から＜ぼかし＞を設定します。

画像全体にぼかしを設定する

❶目的の画像をクリックして選択し、

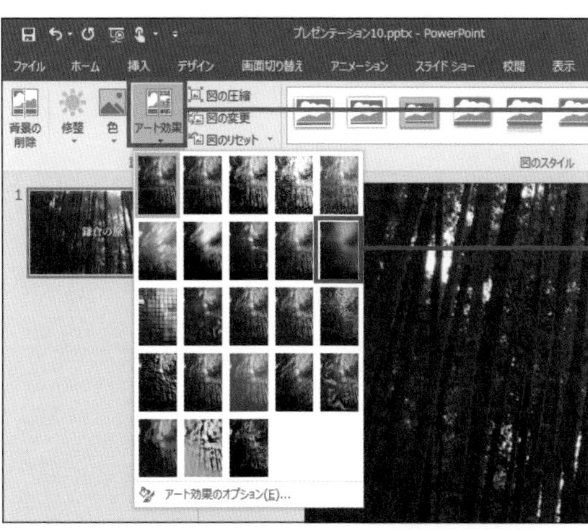

❷＜図ツール＞＜書式＞タブの＜アート効果＞をクリックして、

❸＜ぼかし＞をクリックすると、

MEMO アート効果の設定

＜図ツール＞＜書式＞タブの＜アート効果＞を利用すると、画像を絵画のように加工したり、ガラスのような質感にしたりして、さまざまな効果を設定することができます。

画像にぼかしが設定された

鎌倉の旅

❹画像全体にぼかしが設定されます。

MEMO ぼかしを解除する

設定したぼかしの効果を解除するには、手順❸で＜なし＞をクリックします。

画像の背景を削除してモチーフだけを取り出す

<図ツール><書式>タブの<背景の削除>を利用すると、画像の背景を削除して、必要な被写体だけを取り出すことができます。背景が不要なときや、商品など被写体の形を明確にしたいときに利用します。

削除する範囲を表示する

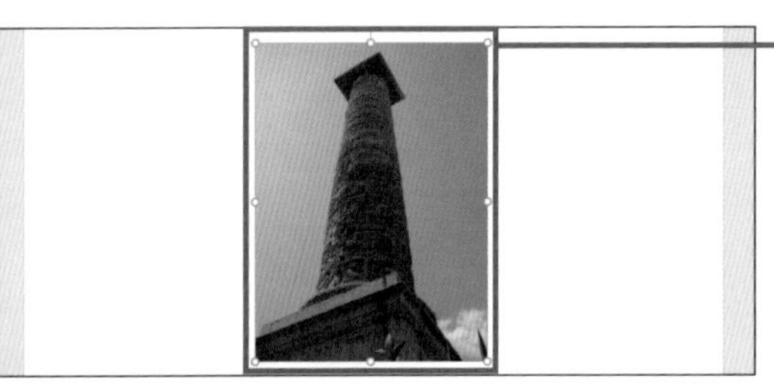

❶画像をクリックして選択し、

MEMO 輪郭の明確な画像を選択

画像は、切り抜く被写体の輪郭がなるべくはっきりしたもの、被写体と背景の色が異なるものを選ぶと、背景を簡単に削除できます。

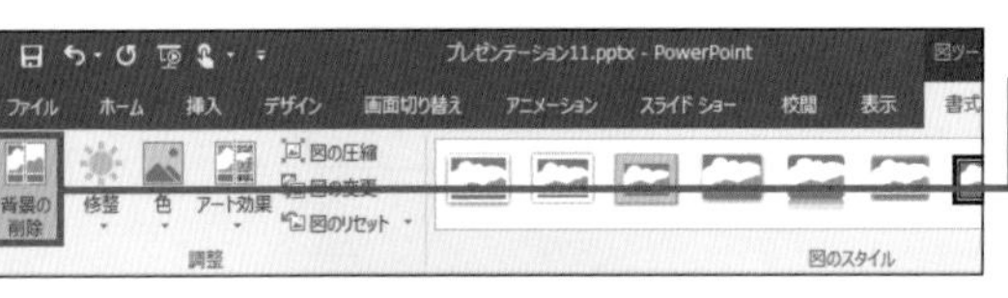

❷<図ツール><書式>タブの<背景の削除>をクリックすると、

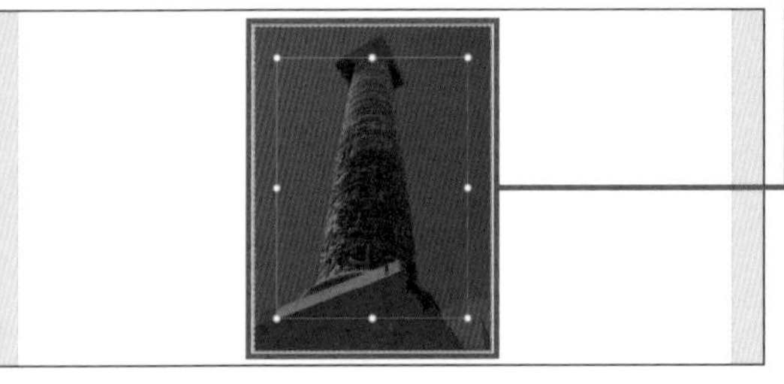

❸背景が自動的に判別され、削除される部分は紫色で塗りつぶされます。

MEMO 正しく選択できた場合

手順❸の画面では、被写体も削除する部分として選択されているため、手順❹と右ページで選択範囲を調整します。削除する部分がきれいに選択され、調整する必要がない場合は、<背景の削除>タブの<変更の保持>をクリックすると、背景が削除されます。

❹残しておきたい部分が白いハンドルの枠内に収まるように、ハンドルをドラッグします。

削除する領域を調整する

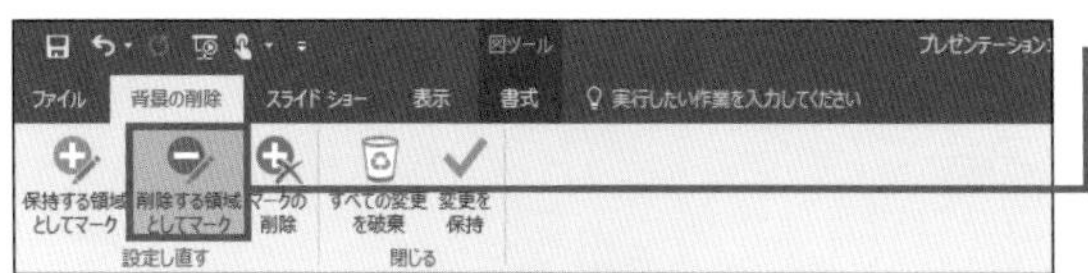

❶＜背景の削除＞タブの＜削除する領域としてマーク＞をクリックして、

> **MEMO 保持する領域としてマーク**
>
> 残しておきたい部分が、削除する領域として選択されている場合は、＜背景の削除＞タブの＜保持する領域としてマーク＞をクリックし、残したい部分をクリックします。

❷削除する範囲に含めたい部分をクリックすると、

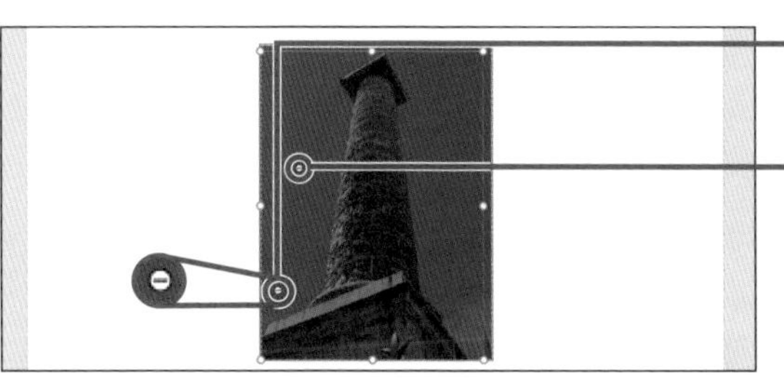

❸削除する範囲として認識され、色が変わります。

❹同様に削除する範囲を指定し、

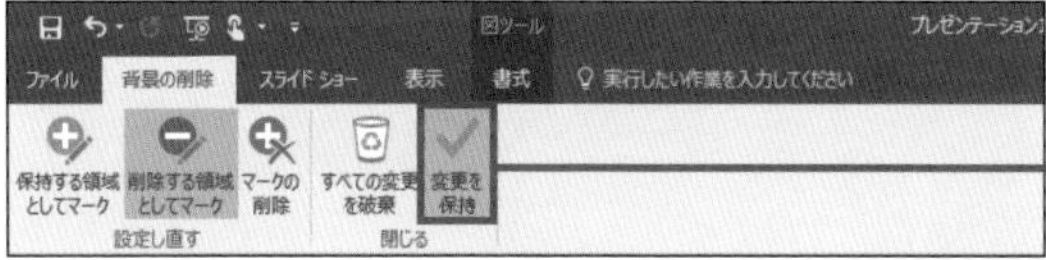

❺＜背景の削除＞タブの＜変更を保持＞をクリックすると、

> **MEMO 操作をキャンセルする**
>
> 画像の背景の削除する操作を取り消したい場合は、＜背景の削除＞タブの＜すべての変更を破棄＞をクリックします。

❻画像の背景が削除されます。

SECTION 099 画像

画像を枠や影などで簡単に装飾する

PowerPointには、枠線やぼかし、回転、影など、さまざまな効果を組み合わせた「図のスタイル」が用意されています。画像にスタイルを設定すると、簡単に見栄えよくすることができます。

画像にスタイルを設定する

❶画像をクリックして選択し、

❷＜図ツール＞＜書式＞タブの＜図のスタイル＞グループのここをクリックして、

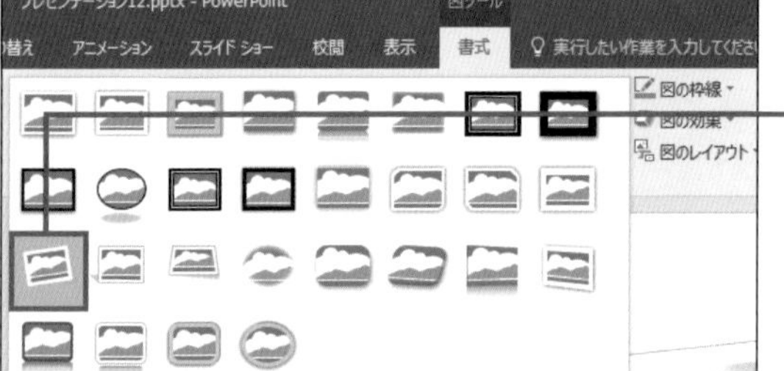

❸目的のスタイル（ここでは＜回転、白＞）をクリックすると、

画像にスタイルが設定された

❹画像にスタイルが設定されます。

> **MEMO 枠線の設定**
>
> 画像に枠線を設定したい場合は、＜図ツール＞＜書式＞タブの＜図の枠線＞をクリックし、線の色や太さ、種類を設定します。

> **MEMO 影や回転の設定**
>
> 画像に影や回転などを個別に設定したい場合は、＜図ツール＞＜書式＞タブの＜図の効果＞をクリックし、目的の効果をクリックします。

SECTION 100 画像

画像に設定した書式を一度リセットする

画像に設定したアート効果やスタイル、明るさの修整などをまとめて元に戻すには、＜図のリセット＞を利用します。また、＜図とサイズのリセット＞を利用すると、書式だけでなく、サイズやトリミングも元に戻すことができます。

図とサイズをリセットする

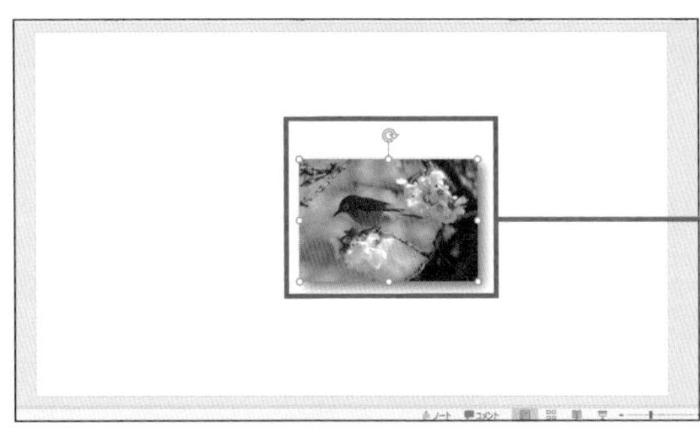

画像に、サイズの変更、トリミング、スタイルの設定を行っています。

❶画像をクリックして選択し、

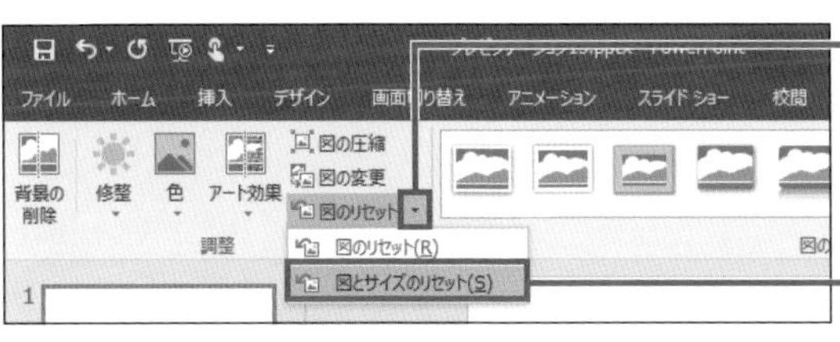

❷＜図ツール＞＜書式＞タブの＜図のリセット＞のここをクリックして、

❸＜図とサイズのリセット＞をクリックすると、

❹画像に行ったすべての変更がリセットされます。

MEMO サイズは元に戻さない

トリミングやサイズ変更はそのままで、それ以外に設定した書式を元に戻したい場合は、手順❸で＜図のリセット＞をクリックします。

第0章 第1章 第2章 第3章 第4章 画像

書式を設定した後に画像だけを差し替える

サイズ変更やスタイルを設定した後に、やっぱり他の画像に変更したいというときは、画像を挿入し直して、再度書式を設定する必要はありません。書式やサイズはそのままで、画像だけを差し替えることができます。

画像を差し替える

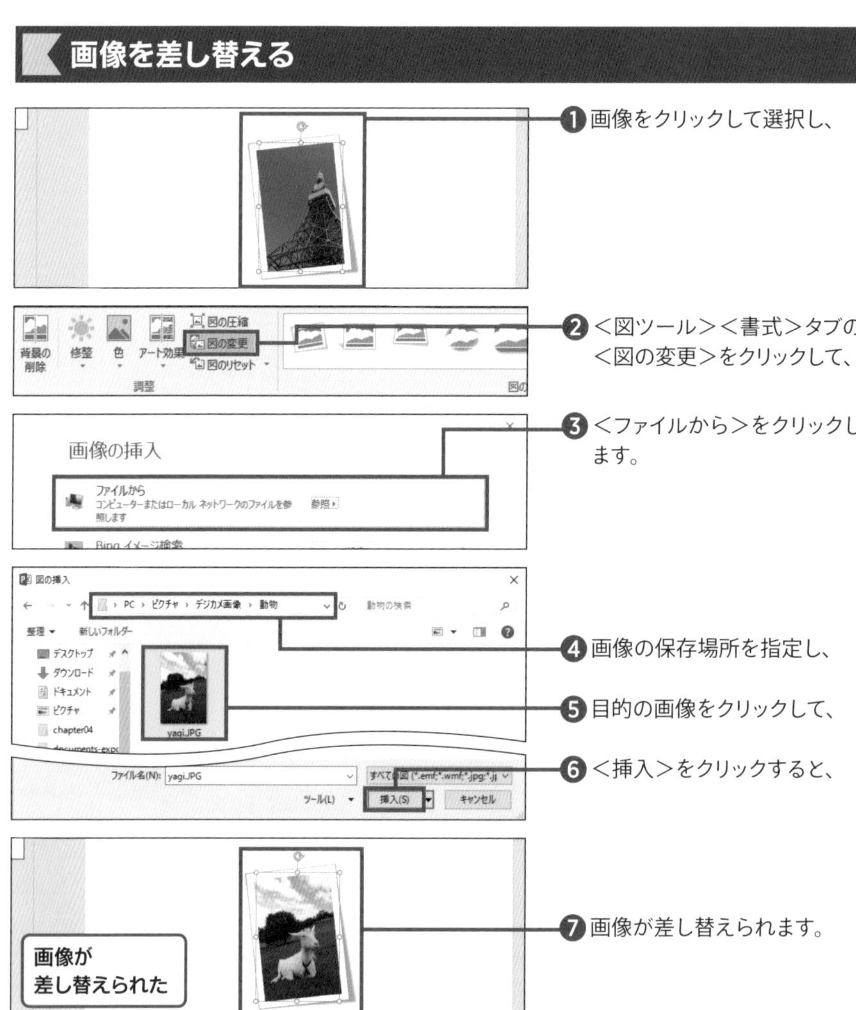

配布のことを考えて画像のファイルサイズを小さくする

画像を多く利用しているプレゼンテーションは、ファイルサイズが大きくなります。データをインターネットで配布するときは、使用目的に合わせて画像の解像度を選択し、なるべくファイルサイズを小さくしましょう。

画像の解像度を変更してファイルサイズを小さくする

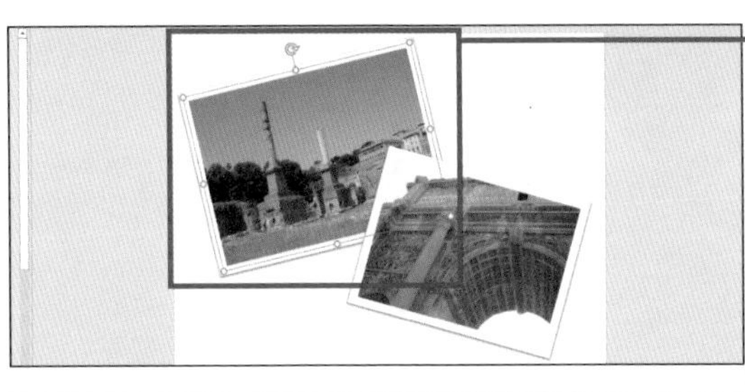

背景の削除　修整　色　アート効果　図の圧縮　図の変更　図のリセット　調整

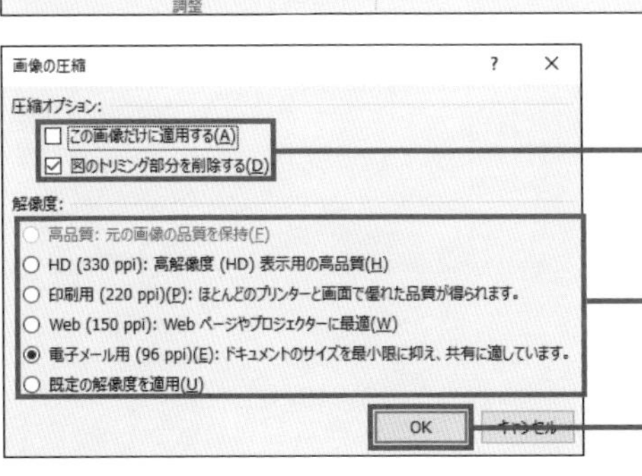

ファイルサイズが小さくなった

16,578 KB

608 KB

名前	更新日時	種類	サイズ
Italy.pptx	2016/07/06 15:36	Microsoft PowerP...	16,578 KB
Italy−圧縮後.pptx	2016/07/06 15:37	Microsoft PowerP...	608 KB

❶いずれかの画像をクリックして選択し、

❷＜図ツール＞＜書式＞タブの＜図の圧縮＞をクリックして、

❸＜圧縮オプション＞を設定し、

❹目的の解像度（ここでは＜電子メール用＞）をクリックして、

❺＜OK＞をクリックします。

❻変更前（上）と変更後（下）のファイルサイズを比べると、小さくなっていることを確認できます。

MEMO 圧縮オプションの設定

手順❸の画面で、＜この画像だけに適用する＞のチェックを外すと、ファイルのすべての画像に適用されます。また、＜図のトリミング部分を削除する＞にチェックを付けると、トリミングした画像の非表示になっている部分が削除され、元に戻せなくなります。

SECTION 103 図形

簡単に図形を描く

PowerPointでは、四角形、円、直線などの基本的な図形を始め、吹き出しや星などの図形も、ドラッグするだけで簡単に作成できます。図形は、＜ホーム＞または＜挿入＞タブの＜図形＞から挿入します。

図形を描画する

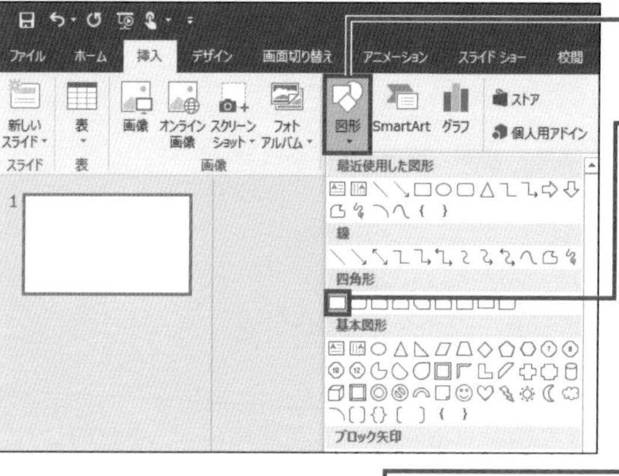

❶＜挿入＞タブの＜図形＞をクリックし、

❷目的の図形（ここでは＜正方形/長方形＞）をクリックして、

MEMO ＜ホーム＞タブの利用

＜ホーム＞タブの＜図形描画＞グループから、目的の図形をクリックしても、図形を描画することができます。

❸作成したい大きさになるように、スライド上を斜めにドラッグすると、

MEMO 正方形・正円を描く

手順❸で Shift キーを押しながらドラッグすると、正方形や正円など、縦横比を保持した図形を描くことができます。

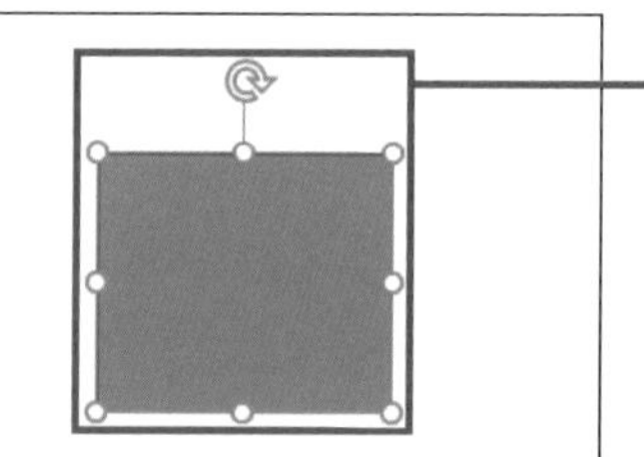

❹図形が作成されます。

MEMO 連続して図形を描く

同じ図形を連続して作成するには、＜描画モードのロック＞を利用します（P.156参照）。

ガイドの本数を増やす

スライドにガイドを表示すると（P.143参照）、既定では縦中央と横中央に1本ずつ表示されます。ガイドを Ctrl キーを押しながらドラッグすると、ガイドの本数を増やすことができます。ドラッグしている間は、中心からの距離が表示されます。

ガイドを複数表示させる

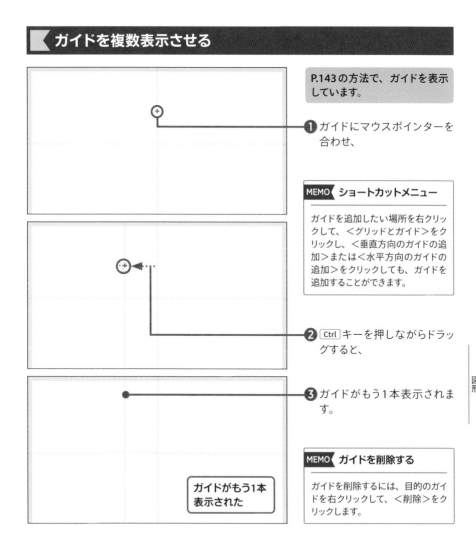

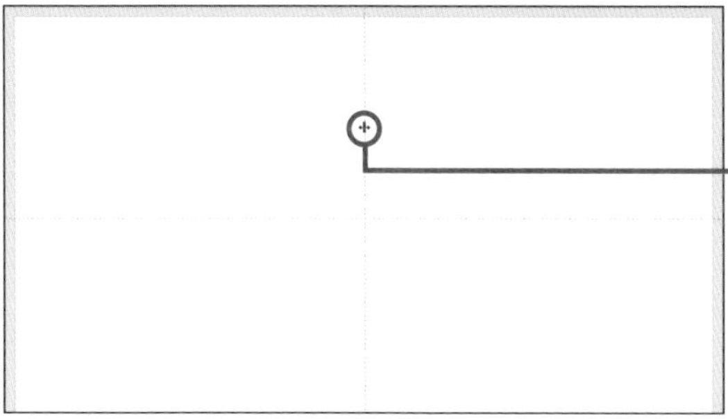

P.143の方法で、ガイドを表示しています。

❶ガイドにマウスポインターを合わせ、

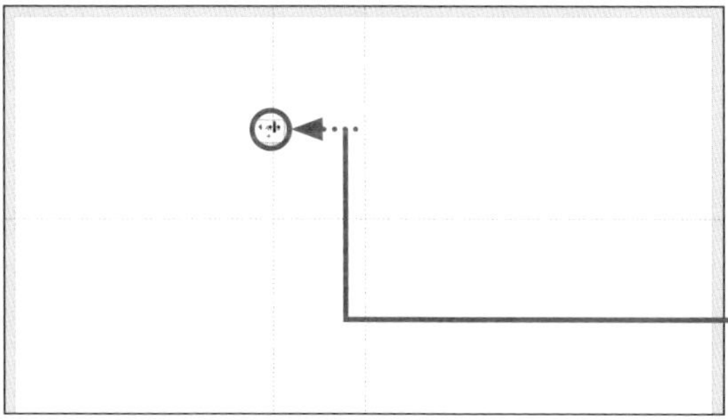

❷ Ctrl キーを押しながらドラッグすると、

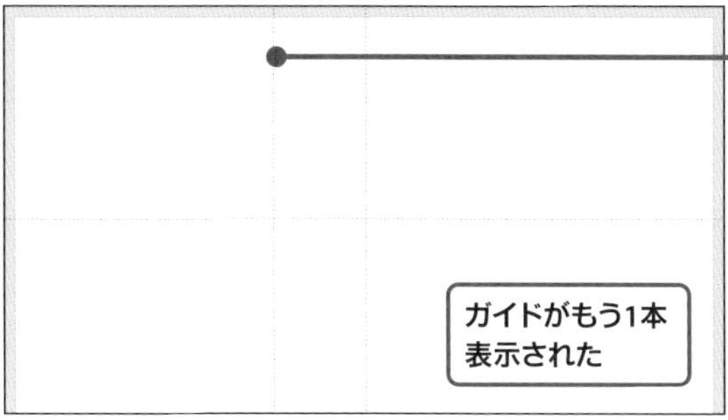

❸ガイドがもう1本表示されます。

ガイドがもう1本表示された

MEMO ショートカットメニュー

ガイドを追加したい場所を右クリックして、<グリッドとガイド>をクリックし、<垂直方向のガイドの追加>または<水平方向のガイドの追加>をクリックしても、ガイドを追加することができます。

MEMO ガイドを削除する

ガイドを削除するには、目的のガイドを右クリックして、<削除>をクリックします。

図形を描画しやすいように スライドにマス目を表示する

図形を描画するときは、「グリッド線」と呼ばれる格子状の点線を、スライドに表示すると、図形の位置や大きさの目安になります。グリッド線は、<表示>タブで表示・非表示を切り替えることができます。

グリッド線を表示する

❶ <表示>タブをクリックして、

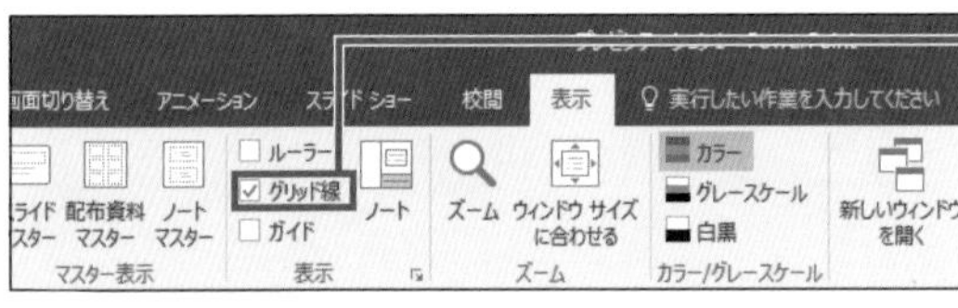

❷ <グリッド線>をクリックしてオンにすると、

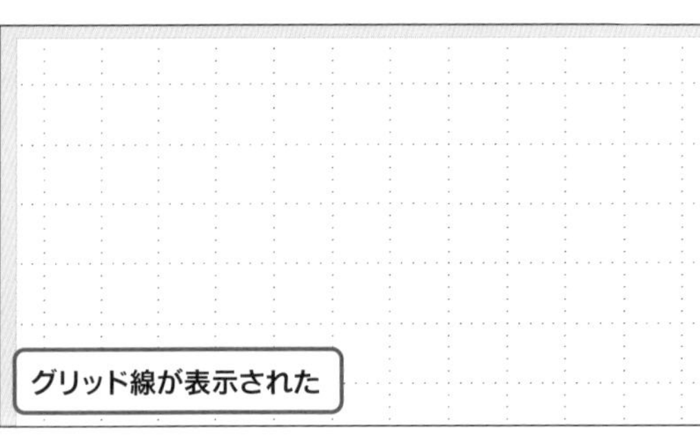

❸ スライドにグリッド線が表示されます。

MEMO グリッド線を非表示にする

グリッド線を非表示にするには、<表示>タブの<グリッド線>のチェックを外します。

図形を描画しやすいように スライドにガイド線を表示する

図形を描画したり、移動したりするときの目安となるように、スライドに「ガイド」を表示させることができます。ガイドは、スライドの上下中央と左右中央に2本表示されますが、移動することも可能です。

ガイドを表示する

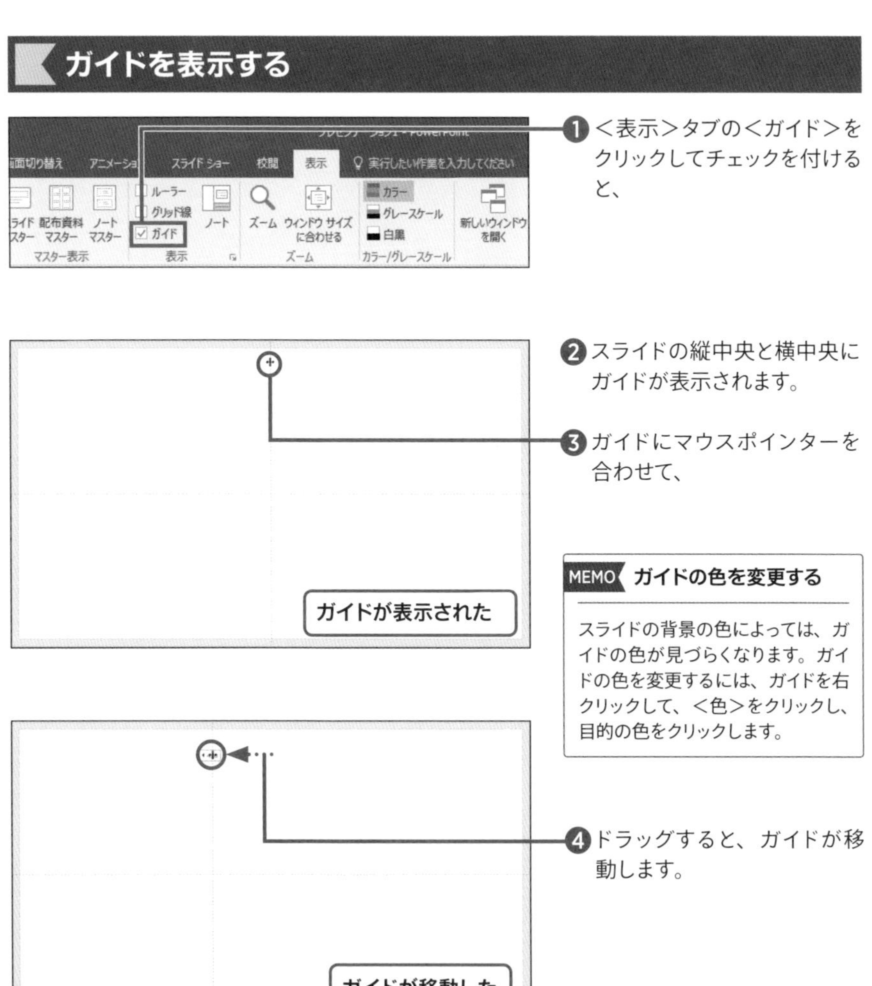

❶ ＜表示＞タブの＜ガイド＞をクリックしてチェックを付けると、

❷ スライドの縦中央と横中央にガイドが表示されます。

❸ ガイドにマウスポインターを合わせて、

❹ ドラッグすると、ガイドが移動します。

MEMO ガイドの色を変更する

スライドの背景の色によっては、ガイドの色が見づらくなります。ガイドの色を変更するには、ガイドを右クリックして、＜色＞をクリックし、目的の色をクリックします。

SECTION 107 図形

図形をきれいに配置できるようにする

図形をグリッド線（P.142参照）に合わせるように設定しておくと、グリッド線に合わせて図形を作成したり、複数の図形をきれいに配置したりすることができます。また、グリッド線の点の間隔は、変更することもできます。

図形をグリッド線に合わせる

❶＜表示＞タブの＜表示＞グループのここをクリックし、

グリッドとガイド
位置合わせ
☑ 描画オブジェクトをグリッド線に合わせる(G)
グリッドの設定
間隔(P): 8 グリッド / cm 0.13 cm
☑ グリッドを表示(D)
ガイドの設定
☐ ガイドを表示(I)
☑ 図形の整列時にスマート ガイドを表示する(M)
既定値に設定(F) OK キャンセル

❷＜描画オブジェクトをグリッド線に合わせる＞をクリックしてチェックを付け、

❸＜間隔＞（ここでは＜8グリッド/cm＞）を設定して、

❹＜OK＞をクリックすると、

グリッド線に合わせて図形を配置できるようになった

❺グリッド線に合わせて図形を配置できるようになり、グリッドの間隔が変更されます。

MEMO オブジェクトを合わせる

手順❷で＜描画オブジェクトをグリッド線に合わせる＞にチェックを付けると、グリッド線に合わせて図形を作成したり、移動したりすることができます。

線を矢印にする

矢印を描くには、＜挿入＞タブの＜図形＞の＜矢印＞や＜双方向矢印＞を利用する方法がありますが、＜直線＞や＜曲線＞で描いた線を、矢印に変更することもできます。その場合は、＜描画ツール＞＜書式＞タブの＜図形の枠線＞を利用します。

直線を矢印に変更する

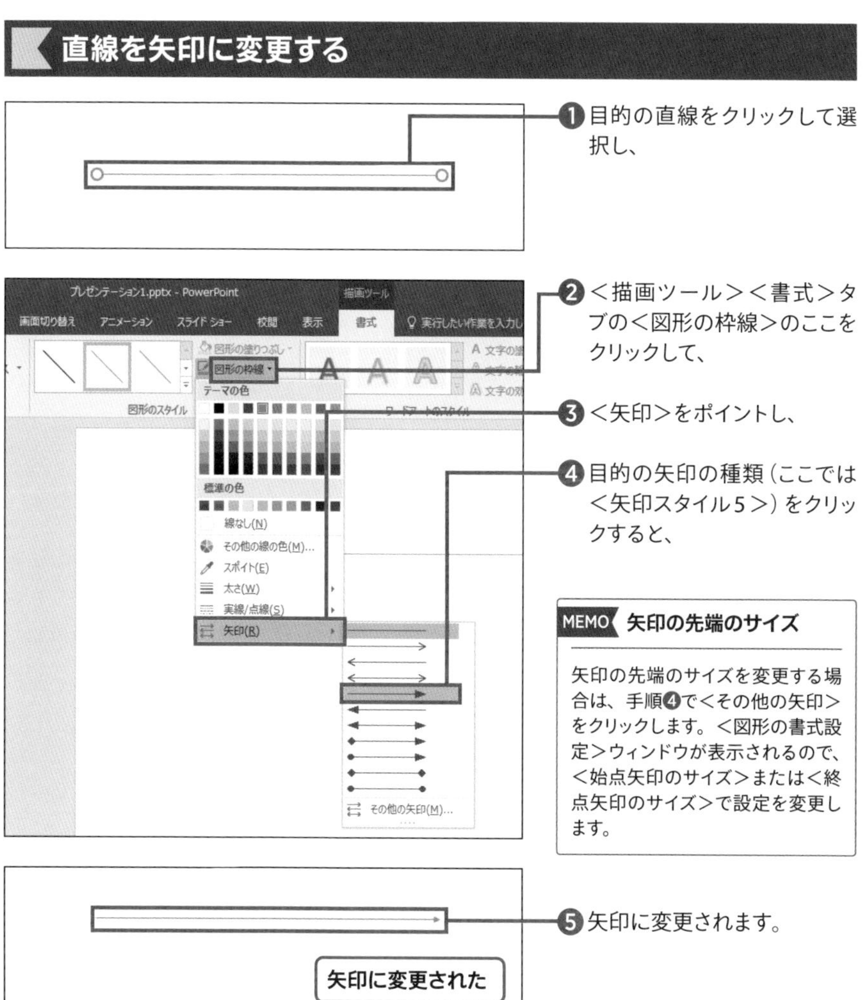

❶目的の直線をクリックして選択し、

❷＜描画ツール＞＜書式＞タブの＜図形の枠線＞のここをクリックして、

❸＜矢印＞をポイントし、

❹目的の矢印の種類（ここでは＜矢印スタイル5＞）をクリックすると、

❺矢印に変更されます。

MEMO 矢印の先端のサイズ

矢印の先端のサイズを変更する場合は、手順❹で＜その他の矢印＞をクリックします。＜図形の書式設定＞ウィンドウが表示されるので、＜始点矢印のサイズ＞または＜終点矢印のサイズ＞で設定を変更します。

線を太くして目立たせる

直線や曲線などの線を太くしたい場合は、＜描画ツール＞＜書式＞タブの＜図形の枠線＞から変更できます。四角形などの図形の枠線も、同じ方法で変更できます。また、枠線の色を変更する場合も、＜図形の枠線＞を利用します。

線の太さを変更する

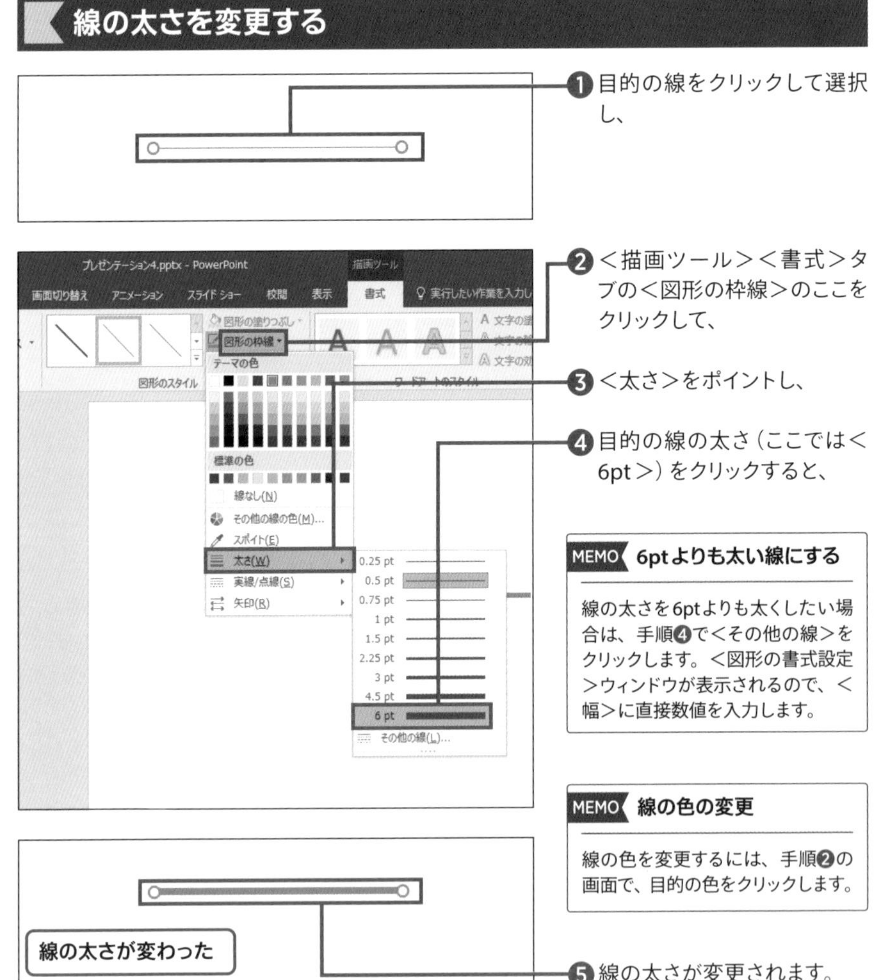

❶目的の線をクリックして選択し、

❷＜描画ツール＞＜書式＞タブの＜図形の枠線＞のここをクリックして、

❸＜太さ＞をポイントし、

❹目的の線の太さ（ここでは＜6pt＞）をクリックすると、

❺線の太さが変更されます。

MEMO 6ptよりも太い線にする

線の太さを6ptよりも太くしたい場合は、手順❹で＜その他の線＞をクリックします。＜図形の書式設定＞ウィンドウが表示されるので、＜幅＞に直接数値を入力します。

MEMO 線の色の変更

線の色を変更するには、手順❷の画面で、目的の色をクリックします。

線を破線や点線にする

直線や曲線の種類を、実線から破線や点線に変更することができます。その場合は、<描画ツール><書式>タブの<図形の枠線>を利用します。また、四角形などの図形の枠線の種類も、同じ方法で変更できます。

線の種類を変更する

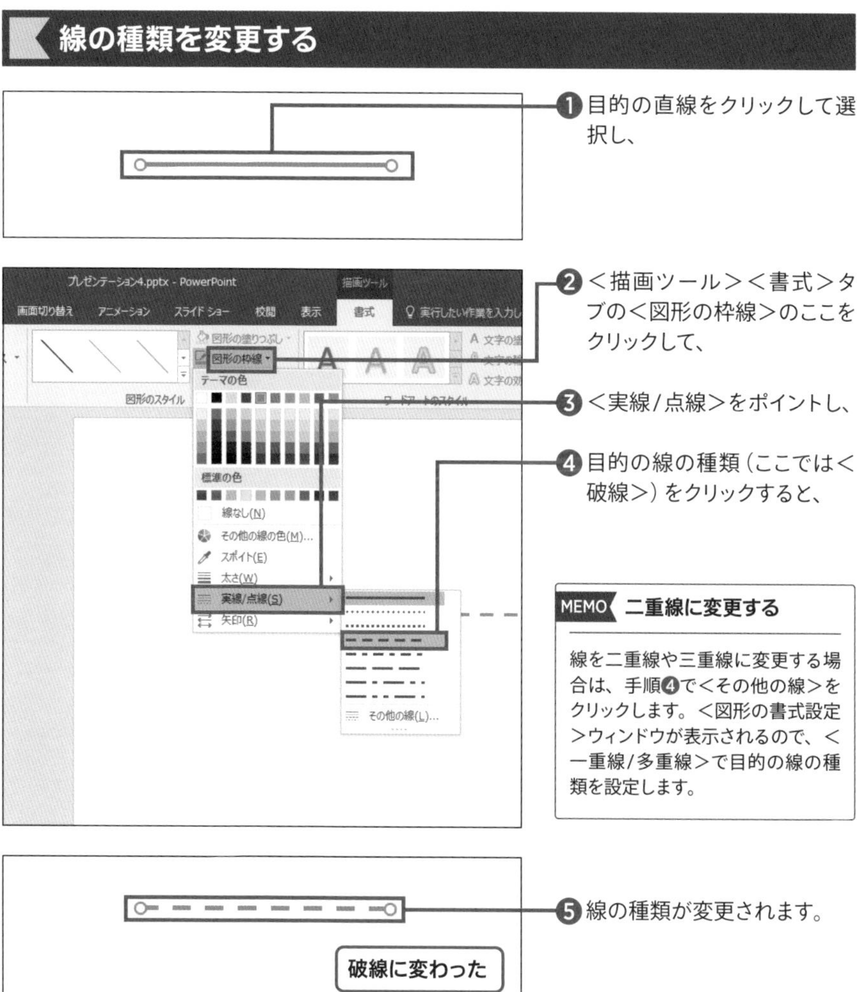

❶目的の直線をクリックして選択し、

❷<描画ツール><書式>タブの<図形の枠線>のここをクリックして、

❸<実線/点線>をポイントし、

❹目的の線の種類（ここでは<破線>）をクリックすると、

❺線の種類が変更されます。

MEMO 二重線に変更する

線を二重線や三重線に変更する場合は、手順❹で<その他の線>をクリックします。<図形の書式設定>ウィンドウが表示されるので、<一重線/多重線>で目的の線の種類を設定します。

45度・90度の直線を描く

直線を描くには<図形>の<直線>をクリックして、目的の長さと方向で、スライド上をドラッグします。このとき、Shiftキーを押しながらドラッグすると、45度・90度の直線を引くことができます。

水平・垂直・45度の直線を描く

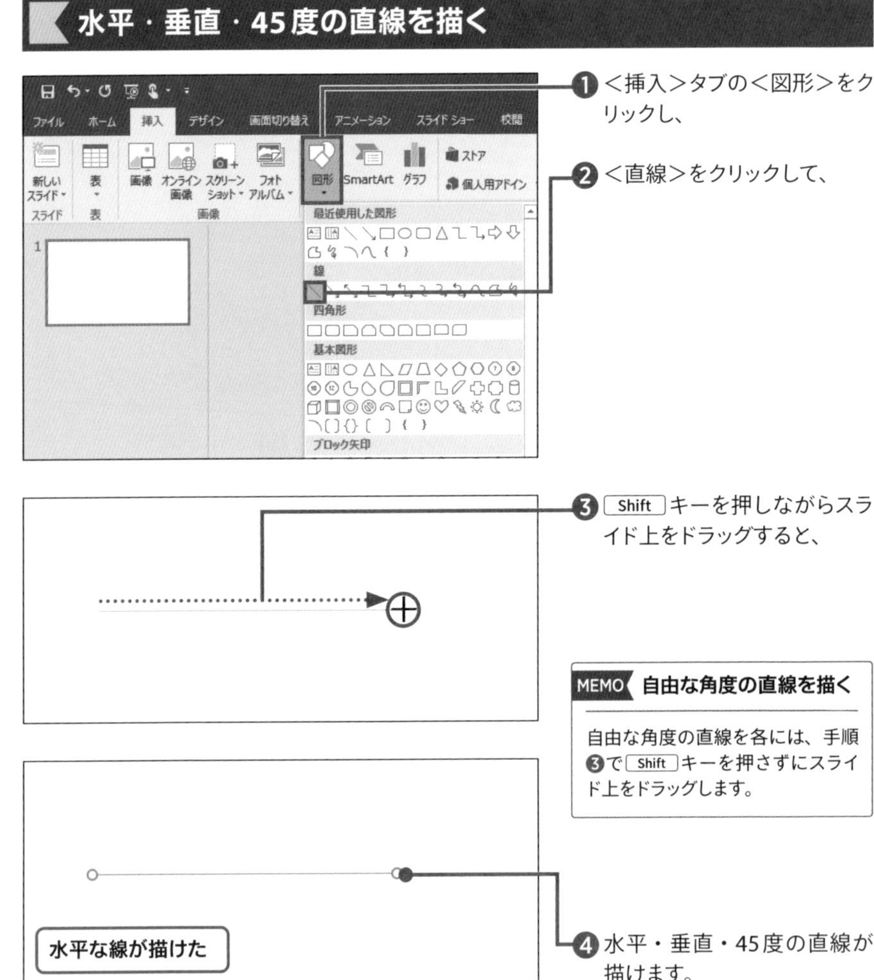

❶ <挿入>タブの<図形>をクリックし、

❷ <直線>をクリックして、

❸ Shiftキーを押しながらスライド上をドラッグすると、

❹ 水平・垂直・45度の直線が描けます。

MEMO 自由な角度の直線を描く

自由な角度の直線を各には、手順❸でShiftキーを押さずにスライド上をドラッグします。

きれいに曲線を描く

曲線を描くには、始点とカーブの部分でクリックし、終点でダブルクリックします。このとき、グリッド線を表示しておくと（P.142参照）、カーブの位置を揃えることができるので、きれいな曲線を描くことができます。

曲線を描く

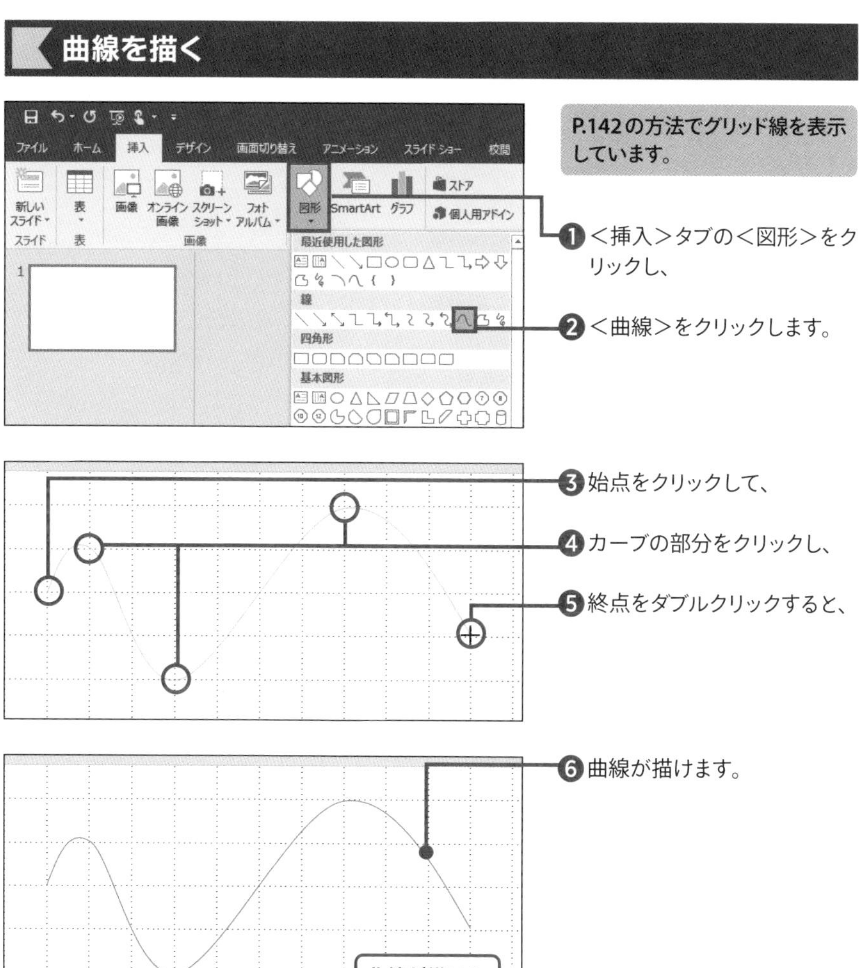

第0章
第1章
第2章
第3章
第4章 図形

図形に直接文字を入力する

スライドに挿入した四角形や楕円、ブロック矢印などの図形には、文字を直接入力することができます。図形に入力した文字は、プレースホルダーの文字と同じように、<ホーム>タブで書式を設定できます。

図形に文字を入力する

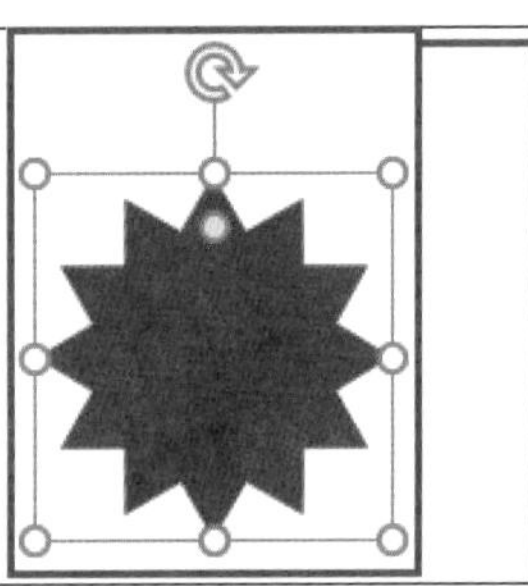

❶文字を入力する図形をクリックして選択し、

❷そのまま文字を入力すると、図形に文字が入力されます。

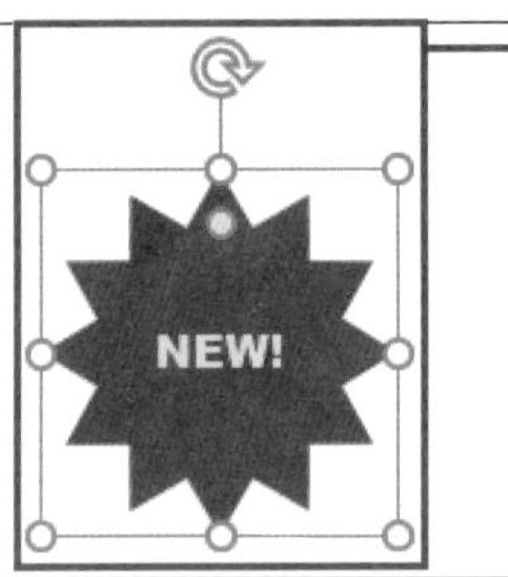

❸フォントの種類やサイズ、色など、<ホーム>タブで書式を変更できます（第2章参照）。

MEMO 文字を修正する

図形に入力した文字を修正するには、文字をドラッグして選択し、入力し直します。

SECTION 114 図形

スライドの好きな位置に文字を入力する

プレースホルダーに関係なく、スライドの好きな位置に文字を配置したい場合は、「テキストボックス」を利用します。なお、テキストボックスに入力した文字は、アウトライン（P.93参照）には表示されません。

テキストボックスを作成する

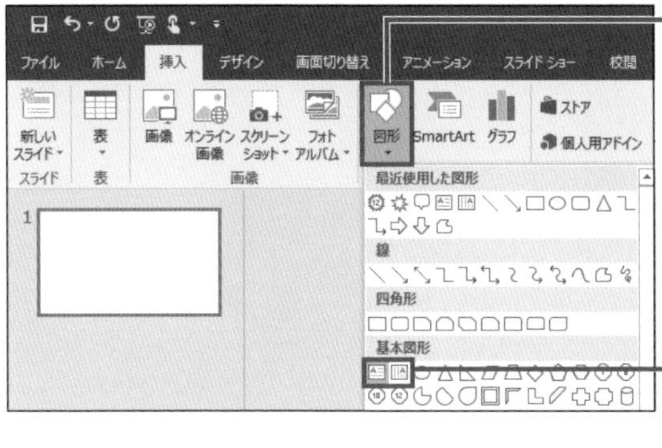

❶＜挿入＞タブの＜図形＞をクリックして、

❷横書きの場合は＜テキストボックス＞、縦書きの場合は＜縦書きボックス＞をクリックします。

MEMO <テキストボックス>の利用

テキストボックスは、＜挿入＞タブの＜テキストボックス＞や、＜ホーム＞タブの＜図形描画＞からも挿入できます。

❸スライド上をクリックすると、

❹カーソルが表示されるので、

MEMO 書式の設定

テキストボックスの文字の書式は、プレースホルダーの文字と同じように＜ホーム＞タブで変更できます（第2章参照）。また、塗りつぶしの色や枠線の太さなどは、図形と同じように＜描画ツール＞＜書式＞タブで変更できます（P.146、152参照）。

テキストボックスが作成された

VISION

❺文字を入力します。

SECTION 115 図形

図形の色を変更してテーマに合わせる

図形の色は、＜描画ツール＞＜書式＞タブの＜図形の塗りつぶし＞で変更することができます。このとき、＜テーマの色＞の一覧から色を選択すると、プレゼンテーション全体のデザインの統一感を保つことができます。

図形の塗りつぶしの色を変更する

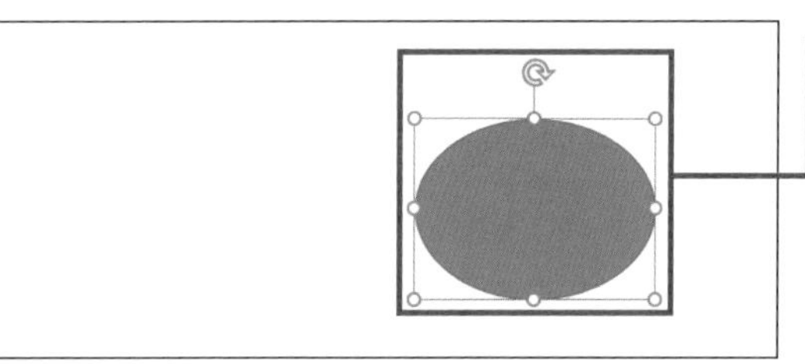

❶目的の図形をクリックして選択し、

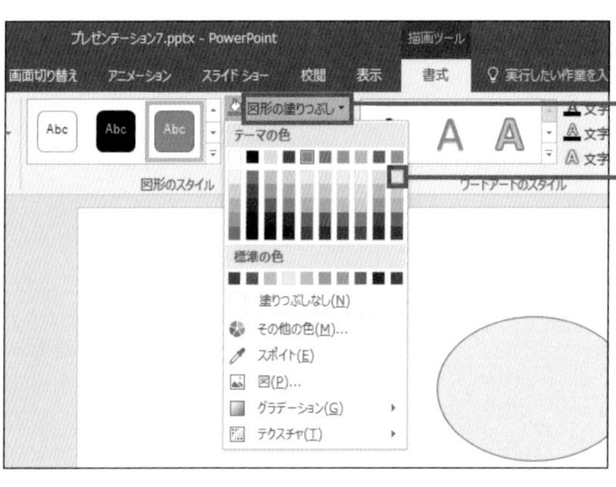

❷＜描画ツール＞＜書式＞タブの＜図形の塗りつぶし＞のここをクリックして、

❸目的の色（ここでは＜緑、アクセント6、白＋基本色80%＞）をクリックすると、

MEMO 図形の色をなしにする

図形の塗りつぶしをなしにしたい場合は、手順❸で＜塗りつぶしなし＞をクリックします。

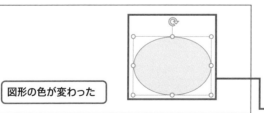

図形の色が変わった

❹図形の色が変更されます。

MEMO 一覧にない色を設定

一覧にない色を設定したい場合は、手順❸で＜その他の色＞をクリックします（P.98参照）。

SECTION 116 図形

図形のサイズを数値で指定する

図形のサイズを数値で指定する場合は、＜描画ツール＞＜書式＞タブの＜図形の高さ＞と＜図形の幅＞のボックスに、それぞれ数値を入力します。また、図形のサイズは、図形を選択すると周囲に表示される白いハンドルをドラッグしても、変更することができます。

図形のサイズを指定する

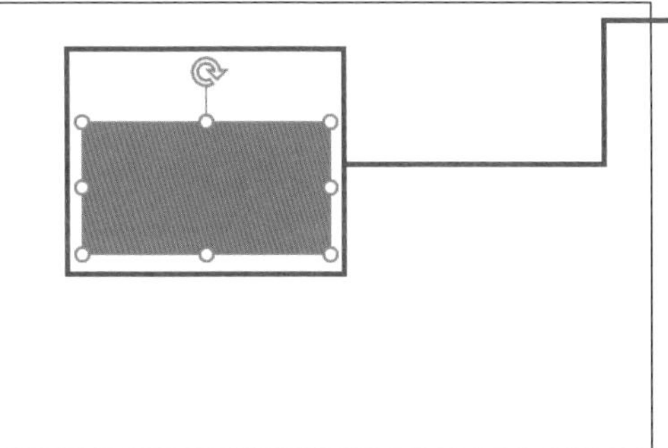

❶目的の図形をクリックして選択し、

MEMO ドラッグでサイズを変更

図形を選択すると周囲に表示される白いハンドルをドラッグしても、サイズを変更することができます。このとき、四隅のハンドルを Shift キーを押しながらドラッグすると、縦横比を保持したままサイズを変更できます。

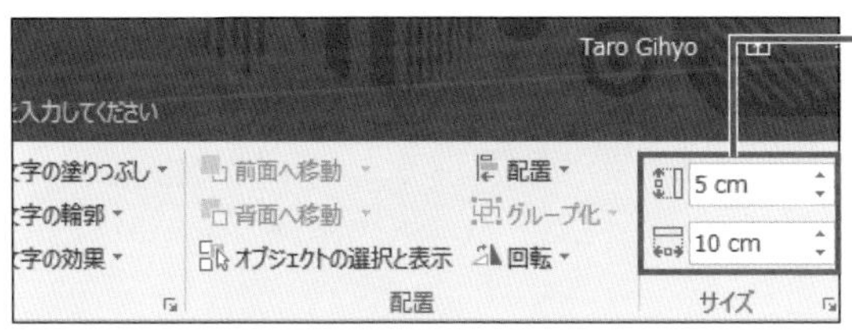

❷＜描画ツール＞＜書式＞タブの＜図形の高さ＞と＜図形の幅＞にそれぞれ数値を入力すると、

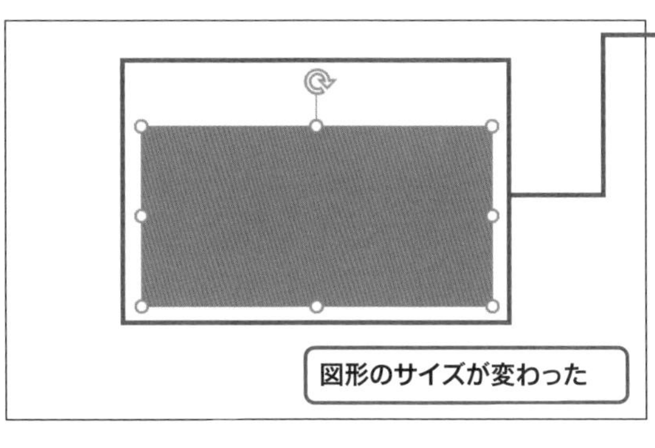

❸図形のサイズが変更されます。

SECTION 117 図形

図形を作成したときに自動で設定される書式を変更する

図形を作成したときに自動的に設定される塗りつぶしや枠線の色、図形内の文字のフォントの種類などの書式は、設定しているテーマによって決まります。この書式は、自由に設定を変更することができます。

既定の書式を変更する

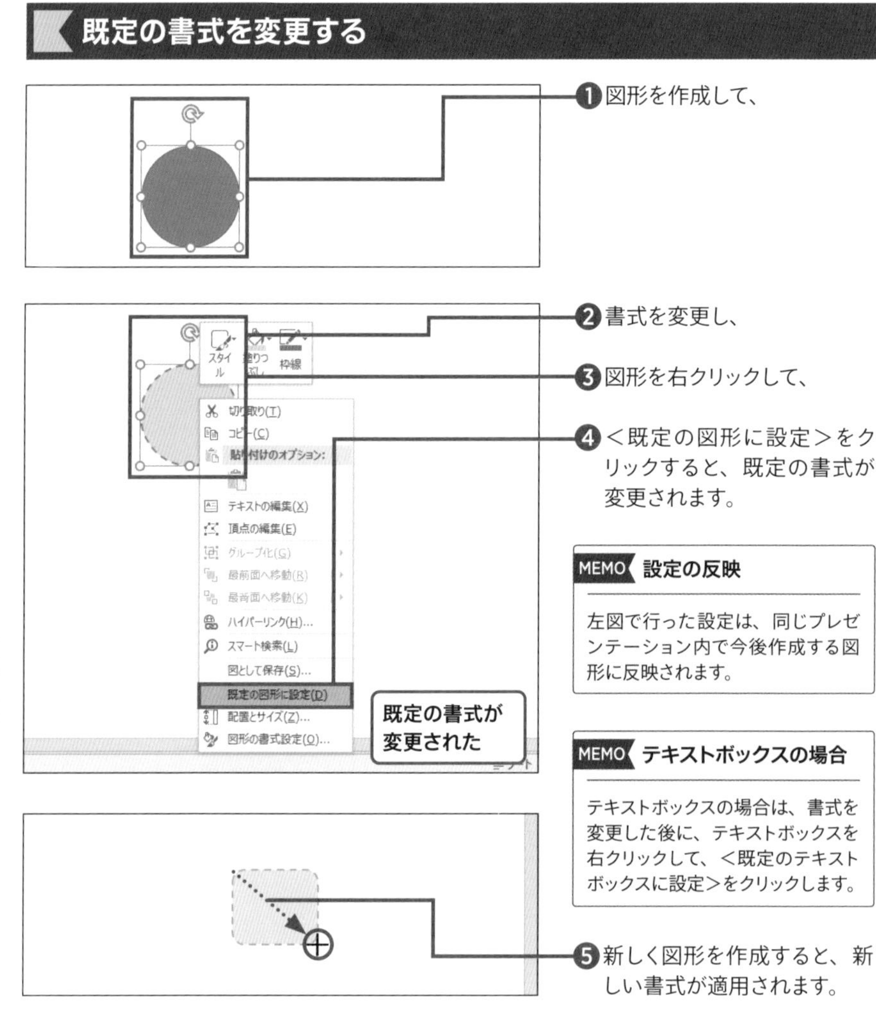

❶図形を作成して、

❷書式を変更し、

❸図形を右クリックして、

❹＜既定の図形に設定＞をクリックすると、既定の書式が変更されます。

❺新しく図形を作成すると、新しい書式が適用されます。

MEMO 設定の反映

左図で行った設定は、同じプレゼンテーション内で今後作成する図形に反映されます。

MEMO テキストボックスの場合

テキストボックスの場合は、書式を変更した後に、テキストボックスを右クリックして、＜既定のテキストボックスに設定＞をクリックします。

SECTION 118 図形

図形や線を素早く複製する

図形や線をコピー・貼り付けする場合、一般的には、<ホーム>タブの<コピー>と<貼り付け>を利用しますが、Ctrlキーを押しながらドラッグすると、コピーと移動を同時に素早く行うことができます。

ドラッグで図形をコピーする

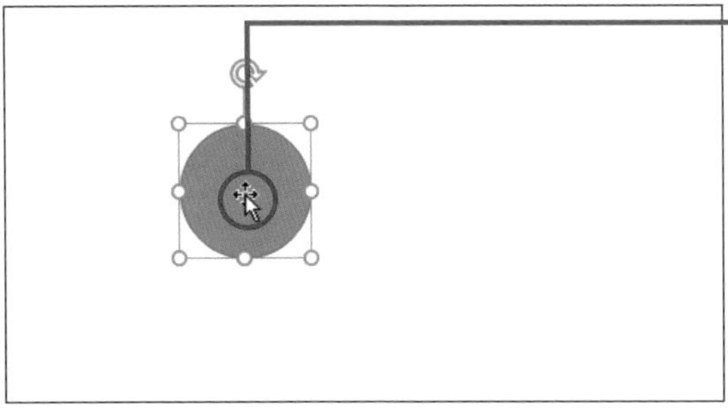

❶コピーしたい図形にマウスポインターを合わせて、

MEMO ショートカットキーの利用

図形をクリックして選択し、Ctrl＋Dキーを押しても、図形を複製することができます。

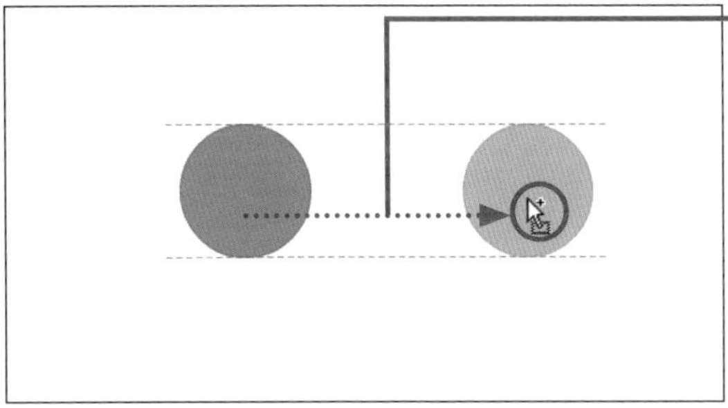

❷Ctrlキーを押しながらコピーしたい位置までドラッグすると、

MEMO 水平・垂直方向にコピー

手順❷でShiftキーを押しながらドラッグすると、水平・垂直方向に図形をコピーすることができます。

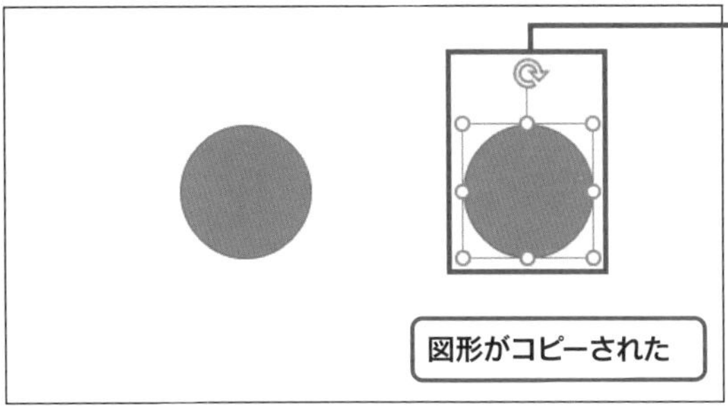

❸図形がコピーされます。

図形がコピーされた

同じ種類の図形や線を連続して描く

ドラッグして図形を描くと、マウスポインターの形は元に戻ってしまいます。「描画モードのロック」を利用すると、ドラッグした後もマウスポインターの形はそのままなので、同じ種類の図形を連続して描くときに利用すると効率的です。

描画モードのロックを使って図形を描く

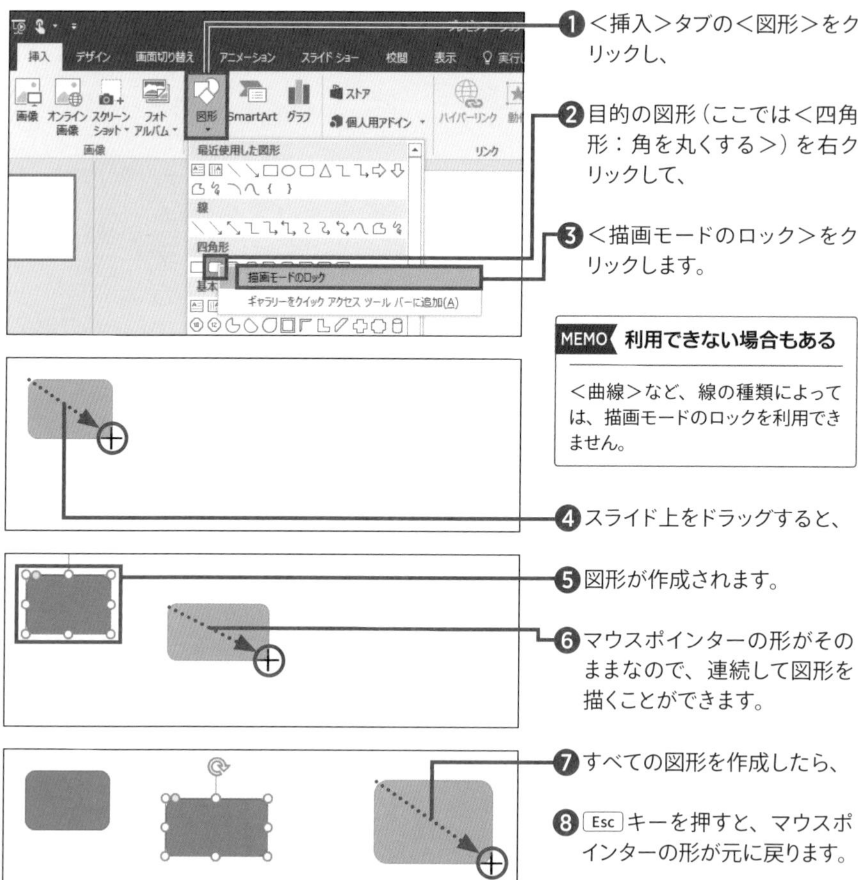

❶＜挿入＞タブの＜図形＞をクリックし、

❷目的の図形（ここでは＜四角形：角を丸くする＞）を右クリックして、

❸＜描画モードのロック＞をクリックします。

> **MEMO 利用できない場合もある**
>
> ＜曲線＞など、線の種類によっては、描画モードのロックを利用できません。

❹スライド上をドラッグすると、

❺図形が作成されます。

❻マウスポインターの形がそのままなので、連続して図形を描くことができます。

❼すべての図形を作成したら、

❽ Esc キーを押すと、マウスポインターの形が元に戻ります。

SECTION 120 図形

図形を連結する

図形と図形を線で連結する場合は、「コネクタ」を利用すると、片方の図形を移動しても、コネクタで連結されたままになります。「カギ線コネクタ」や「曲線コネクタ」などの他に、通常の直線や矢印もコネクタとして利用できます。

コネクタで図形を連結する

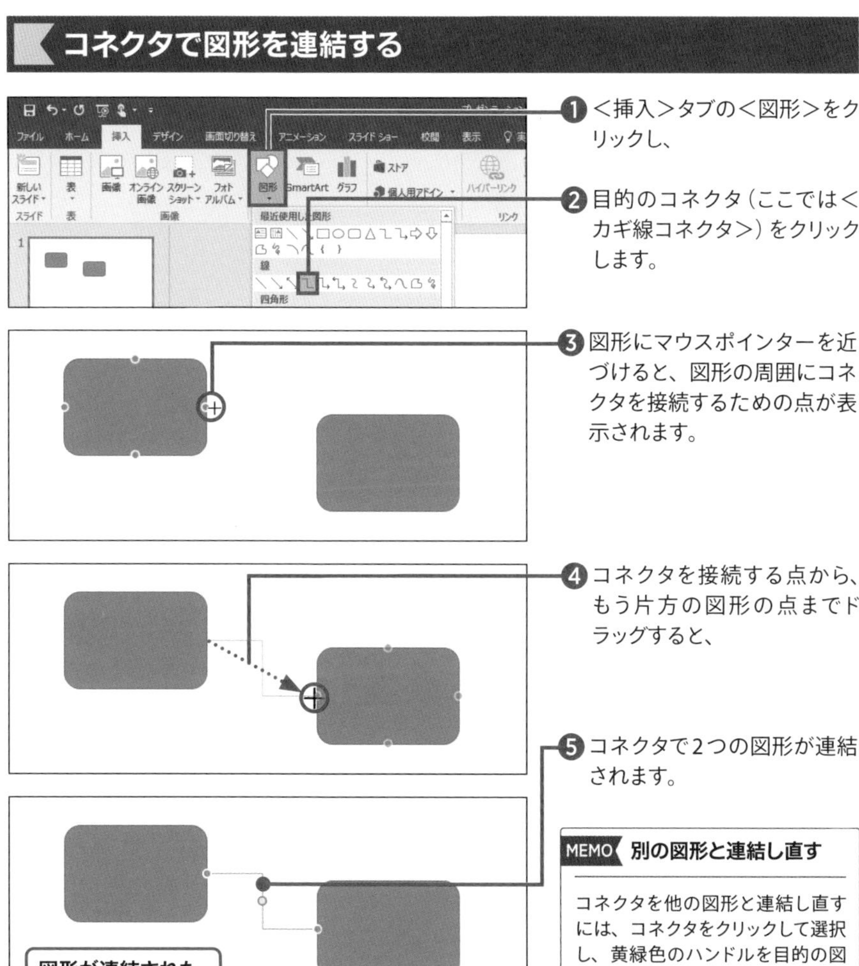

1. <挿入>タブの<図形>をクリックし、
2. 目的のコネクタ（ここでは<カギ線コネクタ>）をクリックします。
3. 図形にマウスポインターを近づけると、図形の周囲にコネクタを接続するための点が表示されます。
4. コネクタを接続する点から、もう片方の図形の点までドラッグすると、
5. コネクタで2つの図形が連結されます。

MEMO 別の図形と連結し直す

コネクタを他の図形と連結し直すには、コネクタをクリックして選択し、黄緑色のハンドルを目的の図形にドラッグします。

図形を半透明にして背面のオブジェクトを見せる

複数の図形を重ねたときに、前面に配置されている図形を半透明にすると、背面の図形が透けて見えます。図形が目立ちすぎるときや、他の図形と重なっている部分も見せたいときなどに利用すると便利です。

図形に透明度を設定する

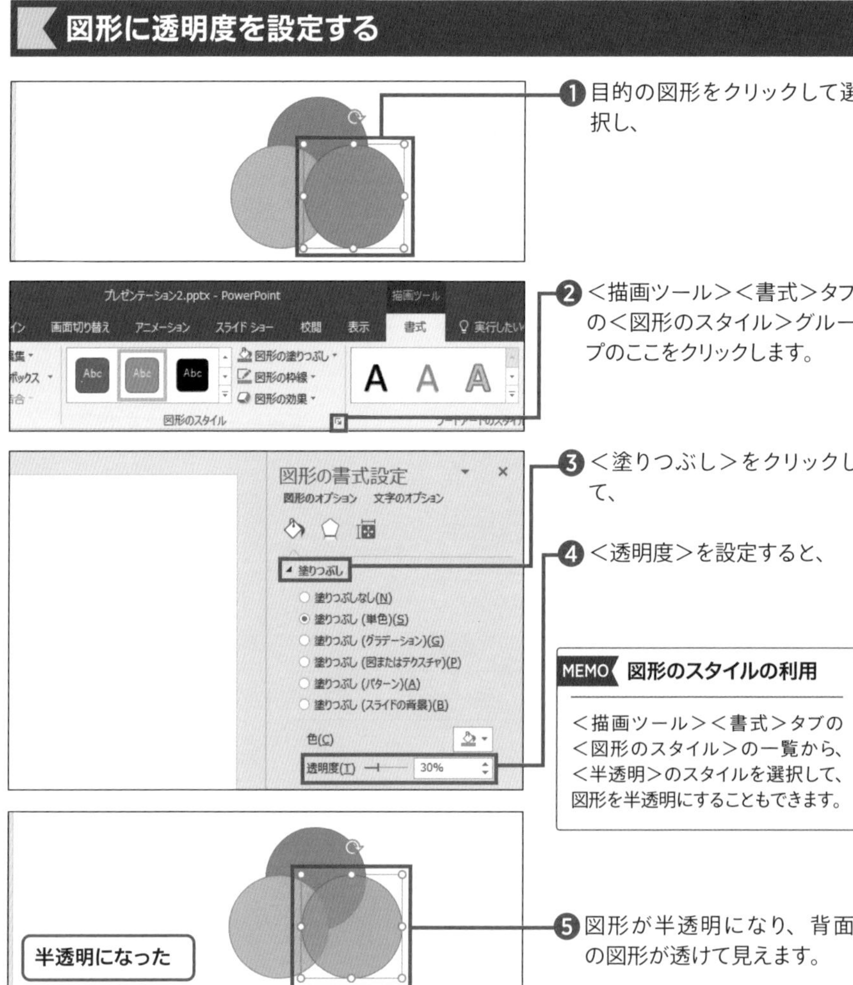

MEMO 図形のスタイルの利用

<描画ツール><書式>タブの<図形のスタイル>の一覧から、<半透明>のスタイルを選択して、図形を半透明にすることもできます。

角丸四角形の角の丸みを調整する

通常の四角形よりも、角丸四角形を使うと、柔らかい印象を与えます。しかし、角丸四角形の角が大きすぎると、柔らかすぎて野暮ったくなるので、角の大きさを調整してスマートな印象に仕上げましょう。

角丸四角形の角の大きさを変更する

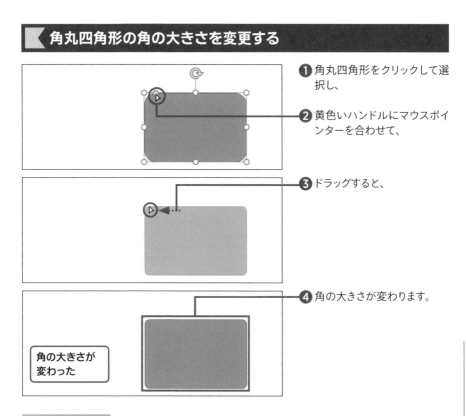

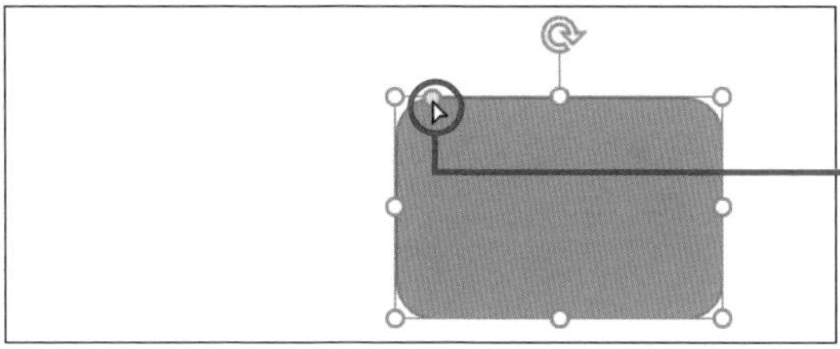

❶角丸四角形をクリックして選択し、

❷黄色いハンドルにマウスポインターを合わせて、

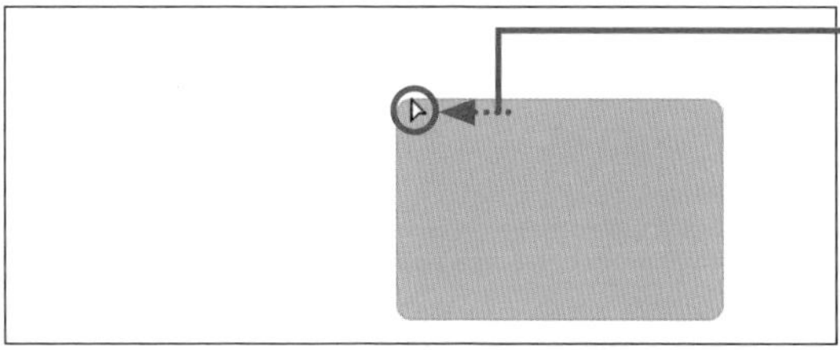

❸ドラッグすると、

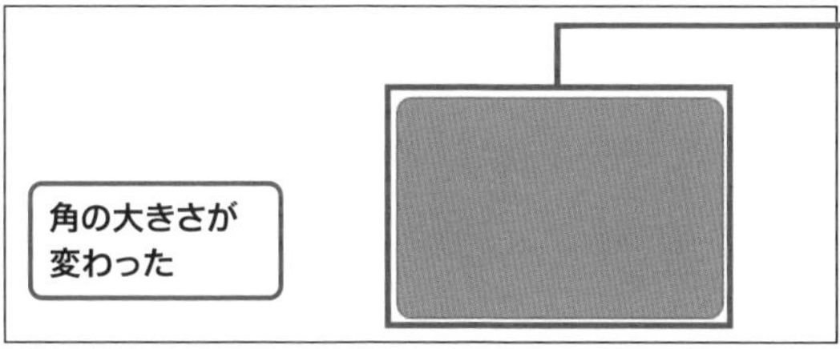

❹角の大きさが変わります。

角の大きさが変わった

COLUMN

図形を変形する

図形を選択したときに表示される黄色いハンドルは、図形を変形させるためのハンドルです。吹き出しの吹き出し位置を変更したり、星の内側の半径を変更したりできます。

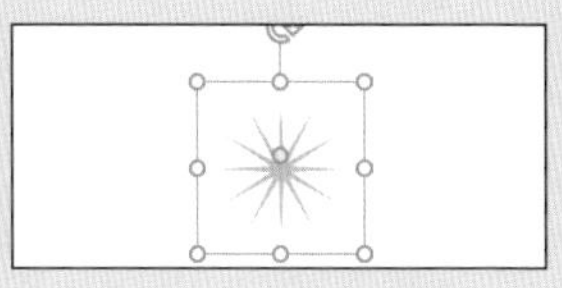

作成した図形の種類を変更する

図形にさまざまな書式を設定した後に、図形の種類だけを変更したくなった場合は、再度図形を作成して、書式を設定する必要はありません。＜図形の変更＞を利用すると、書式はそのままで、図形の種類を変えることができます。

図形を変更する

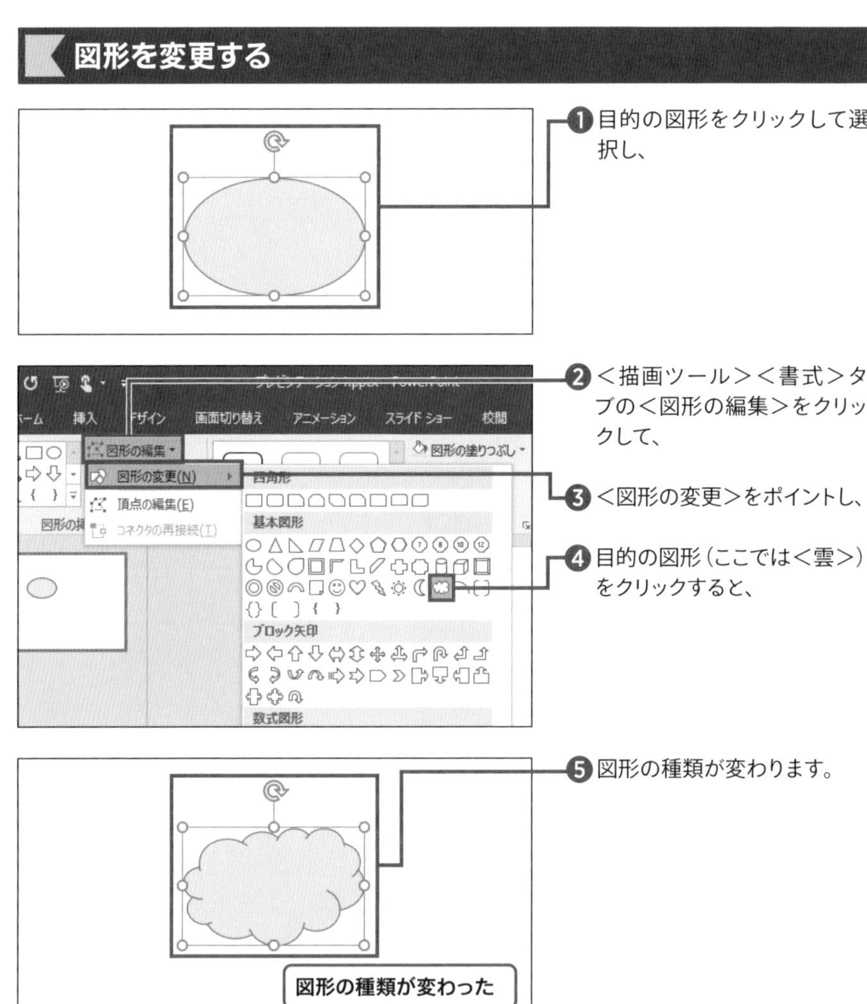

SECTION 124 図形

図形を細かく移動させる

図形を移動するには、図形をドラッグします。図形を細かく移動できない場合は、図形がグリッド線に合わせるように設定されている（P.144参照）ことが原因です。設定を解除するか、Alt キーを押しながらドラッグすると、一時的に設定を解除できます。

図形がグリッドに関係なく配置できるようにする

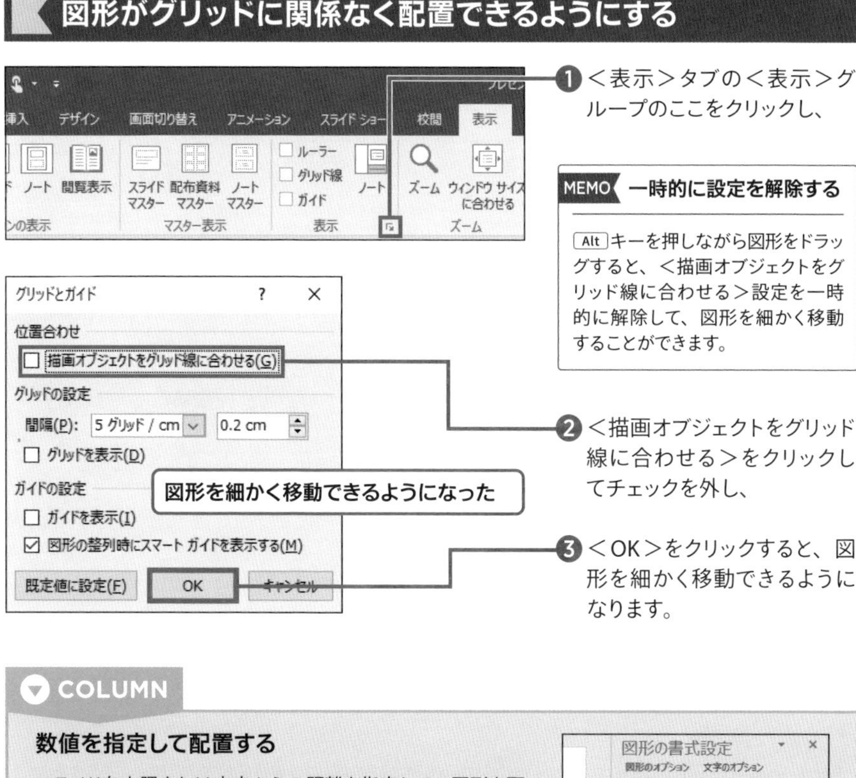

❶ ＜表示＞タブの＜表示＞グループのここをクリックし、

❷ ＜描画オブジェクトをグリッド線に合わせる＞をクリックしてチェックを外し、

❸ ＜OK＞をクリックすると、図形を細かく移動できるようになります。

MEMO 一時的に設定を解除する

Alt キーを押しながら図形をドラッグすると、＜描画オブジェクトをグリッド線に合わせる＞設定を一時的に解除して、図形を細かく移動することができます。

COLUMN

数値を指定して配置する

スライド左上隅または中央からの距離を指定して、図形を配置する位置を指定することができます。図形を右クリックして、＜配置とサイズ＞をクリックすると、＜図形の書式設定＞ウィンドウが表示されるので、＜位置＞の＜横位置＞と＜縦位置＞に数値を入力します。

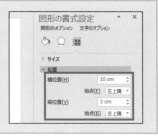

図形の書式設定
図形のオプション　文字のオプション
サイズ
位置
横位置(H)　10 cm
始点(F)　左上隅
縦位置(V)　3 cm
始点(R)　左上隅

SECTION 125 図形

図形を自由に回転させる

図形は、図形を選択すると表示される回転ハンドルをドラッグして、自由に回転させることができます。また、＜描画ツール＞＜書式＞タブの＜回転＞から、回転させたり、反転させたりすることもできます。

図形を回転させる

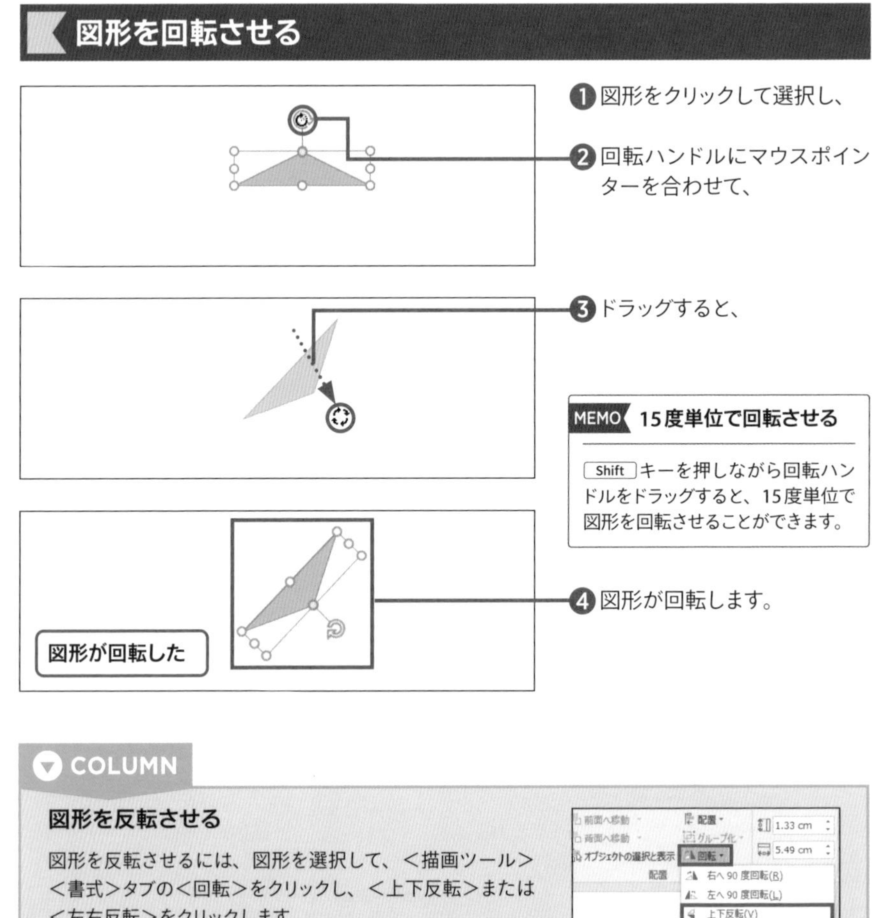

❶図形をクリックして選択し、
❷回転ハンドルにマウスポインターを合わせて、
❸ドラッグすると、
❹図形が回転します。
図形が回転した

MEMO 15度単位で回転させる

Shift キーを押しながら回転ハンドルをドラッグすると、15度単位で図形を回転させることができます。

COLUMN

図形を反転させる

図形を反転させるには、図形を選択して、＜描画ツール＞＜書式＞タブの＜回転＞をクリックし、＜上下反転＞または＜左右反転＞をクリックします。

重なっている図形の順序を変更する

複数の図形を作成した場合は、作成した順に下から上へ配置されます。図形の重なり順は、＜描画ツール＞＜書式＞タブの＜前面へ移動＞または＜背面へ移動＞から変更することができます。

図形の重なり順を変更する

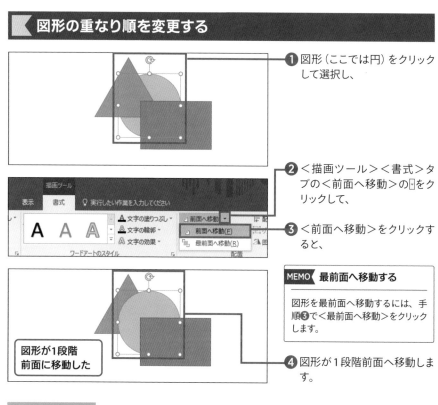

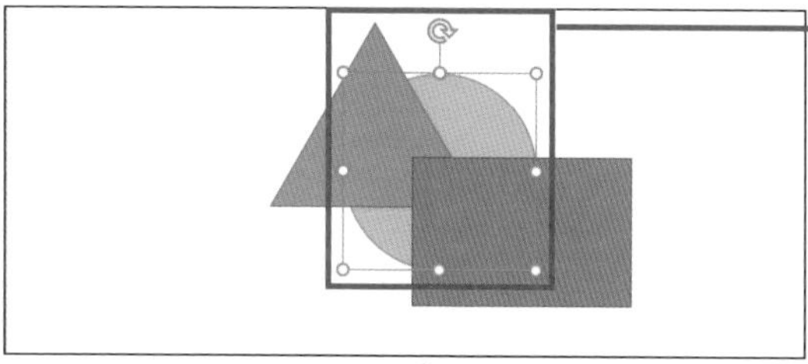

❶図形（ここでは円）をクリックして選択し、

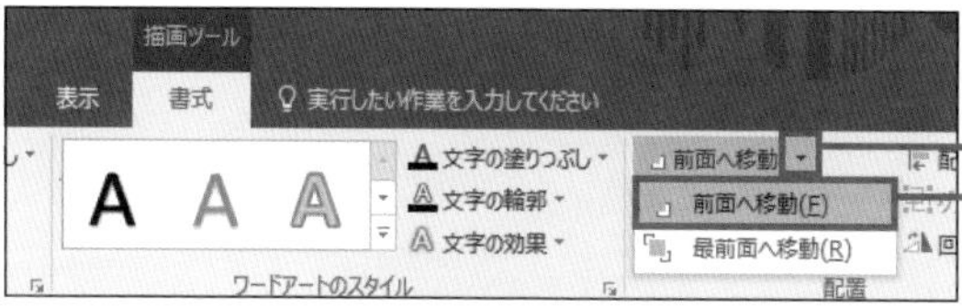

❷＜描画ツール＞＜書式＞タブの＜前面へ移動＞の▼をクリックして、

❸＜前面へ移動＞をクリックすると、

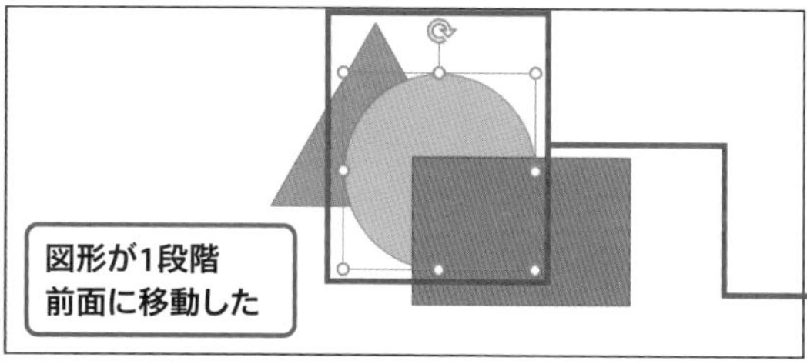

❹図形が1段階前面へ移動します。

図形が1段階前面に移動した

MEMO 最前面へ移動する

図形を最前面へ移動するには、手順❸で＜最前面へ移動＞をクリックします。

COLUMN

図形を背面に移動する

図形を背面に移動するには、図形を選択して、＜描画ツール＞＜書式＞タブの＜背面へ移動＞の▼をクリックし、＜背面へ移動＞または＜最背面へ移動＞をクリックします。

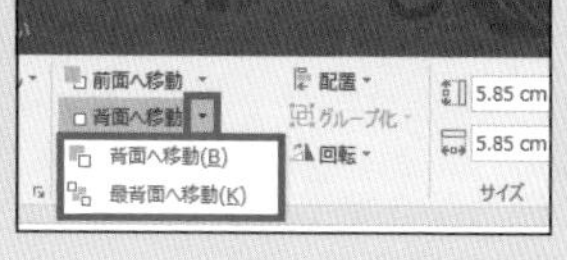

重なって見えない図形を選択する

前面に配置された図形に隠れて見えなくなってしまった背面の図形を選択したいときは、すべてのオブジェクトの一覧が表示される<選択>ウィンドウを利用します。スライドに配置されているオブジェクトの一覧が表示されるので、目的の図形をクリックします。

背面の図形を選択する

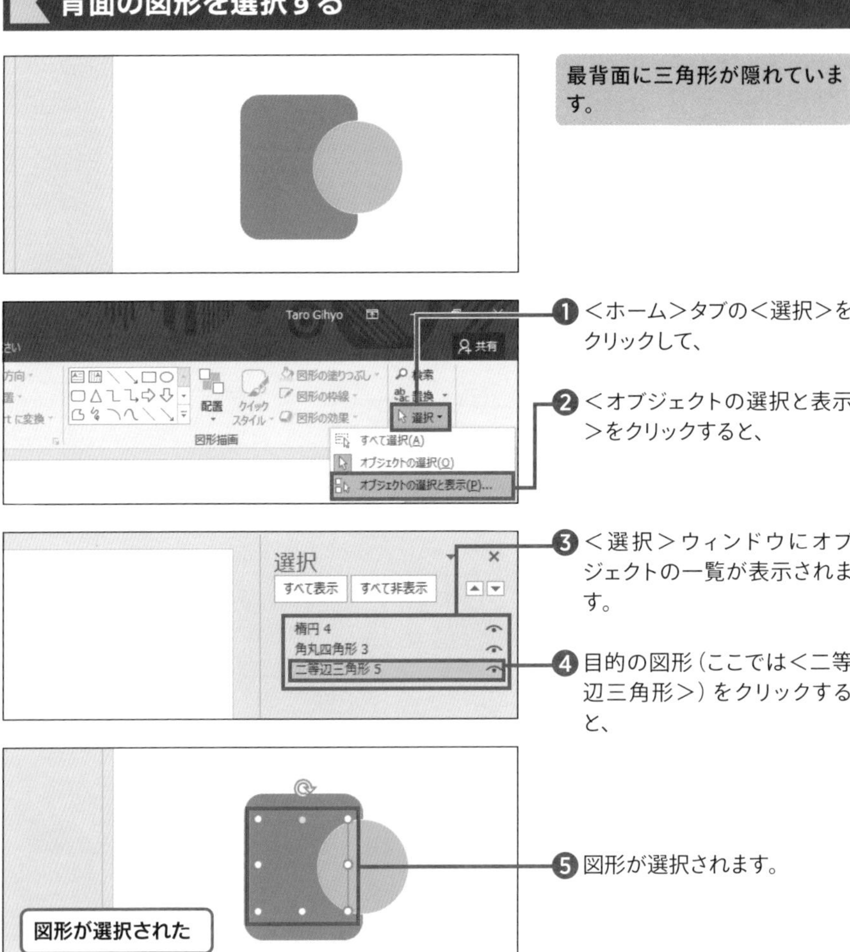

❶ <ホーム>タブの<選択>をクリックして、

❷ <オブジェクトの選択と表示>をクリックすると、

❸ <選択>ウィンドウにオブジェクトの一覧が表示されます。

❹ 目的の図形（ここでは<二等辺三角形>）をクリックすると、

❺ 図形が選択されます。

SECTION 128 図形

複数の図形の端を揃えて整列させる

複数の図形の端や中央を揃えると、スライドのレイアウトが整ってきれいに見えます。複数の図形を揃えて整列させるには、＜描画ツール＞＜書式＞タブの＜配置＞を利用します。また、他の図形と揃ったときに表示される「スマートガイド」を利用する方法もあります。

複数の図形の位置を揃える

❶揃えたい図形がすべて囲まれるようにドラッグして選択し、

MEMO 複数の図形を選択する

複数の図形を同時に選択するには、すべての図形を囲むようにドラッグするか、Shiftキーを押しながらすべての図形をクリックします。

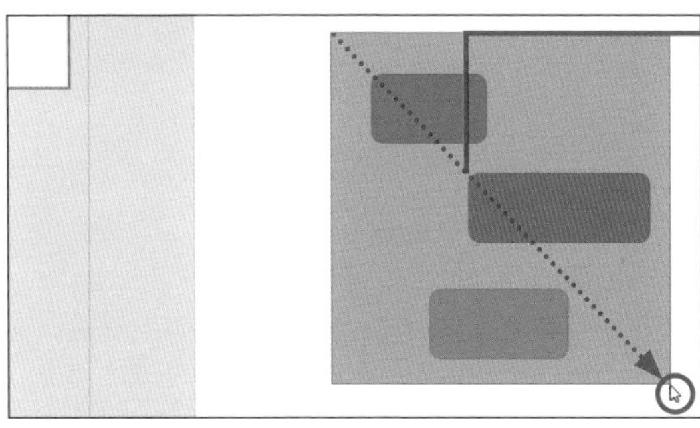

❷＜描画ツール＞＜書式＞タブの＜配置＞をクリックして、

❸揃えたい位置（ここでは＜左揃え＞）をクリックすると、

MEMO スマートガイドの利用

揃える図形の数が少ないときは、「スマートガイド」を利用する方法もあります。図形をドラッグして移動すると、他の図形の端や中央と揃ったときに、スマートガイドが表示されます。

図形が揃った

❹図形が指定した位置で揃えられます。

複数の図形の間隔を揃えて配置する

複数の図形を配置するときに、間隔が揃っているときれいに見えます。横に並べた図形の間隔を揃えるときは<左右に整列>、縦に並べた図形の間隔を揃えるときは<上下に整列>を利用します。

複数の図形の間隔を揃える

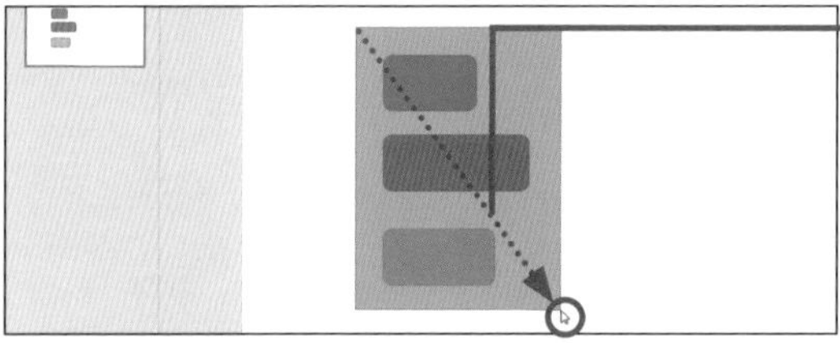

❶揃えたい図形がすべて囲まれるようにドラッグして選択し、

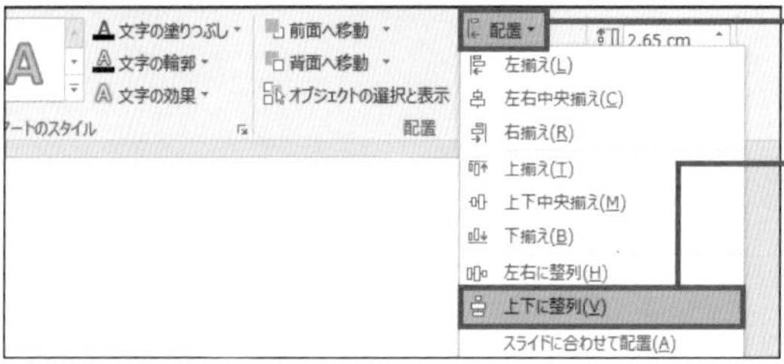

❷<描画ツール><書式>タブの<配置>をクリックして、

❸縦に間隔を揃えて整列させたい場合は<上下に整列>をクリックすると、

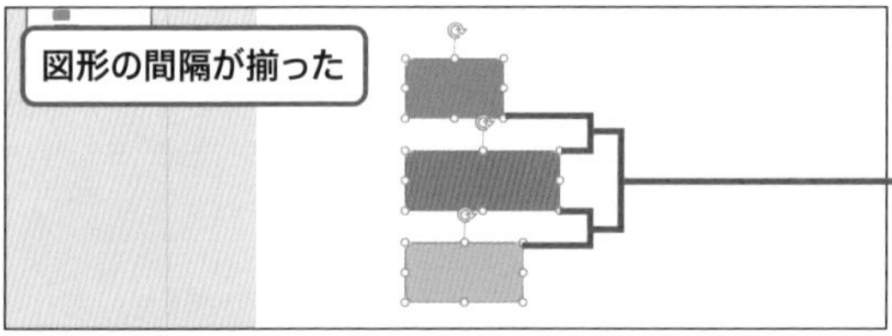

❹図形の間隔が揃えられます。

COLUMN

横に間隔を揃えて整列させる

複数の図形を、横に間隔を揃えて整列する場合は、手順❸で<左右に整列>をクリックします。

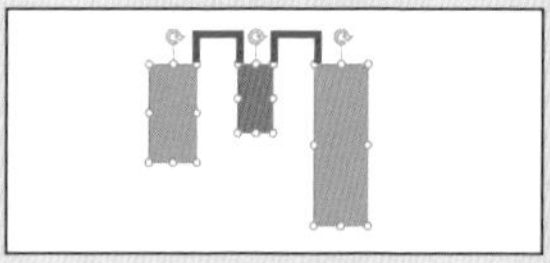

図形をスライドの中央に配置してインパクトを与える

キーワードを入力した図形などをスライドの中央に配置すると、インパクトを与えることができます。スライドの中央に配置するには、ガイドを表示させて（P.143参照）中央に合わせるか、＜描画ツール＞＜書式＞タブの＜配置＞を利用します。

スライドの中央に配置する

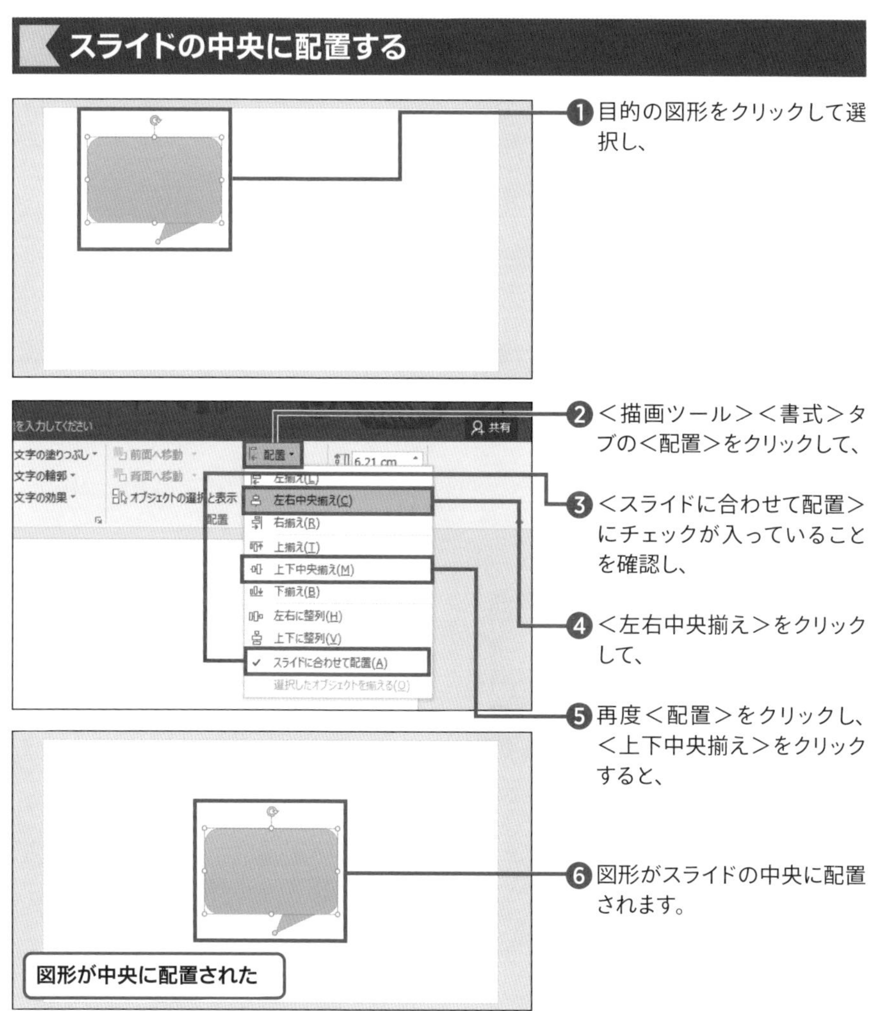

❶目的の図形をクリックして選択し、

❷＜描画ツール＞＜書式＞タブの＜配置＞をクリックして、

❸＜スライドに合わせて配置＞にチェックが入っていることを確認し、

❹＜左右中央揃え＞をクリックして、

❺再度＜配置＞をクリックし、＜上下中央揃え＞をクリックすると、

❻図形がスライドの中央に配置されます。

複数の図形をグループ化する

複数の図形をまとめて移動したり、コピーしたりしたいときは、バラバラにならないように「グループ化」すると、1つの図形のように扱うことができます。グループ化をした後も、個々の図形の書式などを編集することは可能です。

図形をグループ化する

❶揃えたい図形がすべて囲まれるようにドラッグして選択し、

❷<描画ツール><書式>タブの<グループ化>をクリックして、

❸<グループ化>をクリックすると、

❹複数の図形が1つにまとまります。

COLUMN

グループ内の特定の図形を選択する

グループ化された図形のうち、特定の図形を選択するには、グループ化された図形をクリックして選択した後、目的の図形をクリックします。

複数の図形を組み合わせて新しい図形をつくる

＜図形の結合＞を利用すると、複数の図形を組み合わせて新しい図形を作成することができます。たとえば、丸と三角形を組み合わせて人の形にするような使い方ができます。＜図形の結合＞には、接合、型抜き/合成、切り出し、重なり抽出、単純型抜きの5種類があります。

複数の図形を結合する

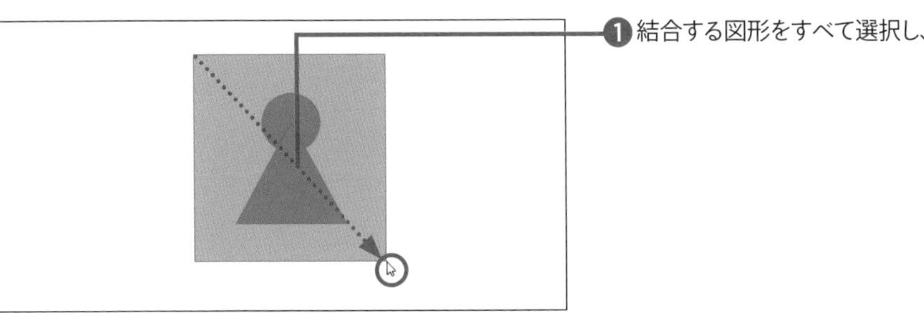

❶結合する図形をすべて選択し、

❷＜描画ツール＞＜書式＞タブの＜図形の結合＞をクリックして、

❸目的の結合方法（ここでは＜接合＞）をクリックすると、

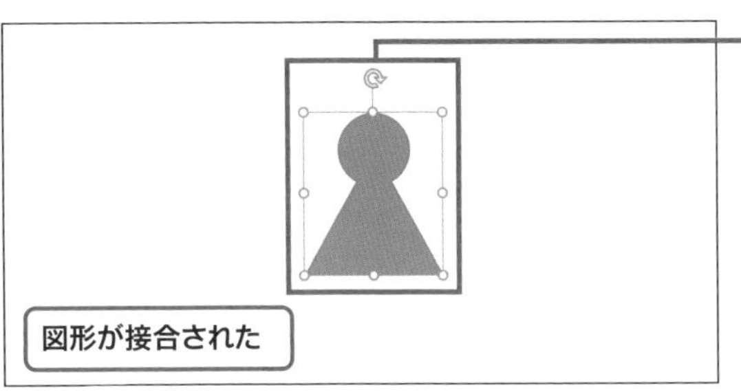

❹図形が接合され、1つの図形として扱えます。

MEMO 結合後の図形の色

結合後の図形の塗りつぶしの色は、＜単純型抜き＞以外、前面に配置した図形の色が適用されます。

SECTION 133 SmartArt

SmartArtで図表を簡単に作成する

循環図や手順図、組織図、ピラミッド図などの図表は、「SmartArt」を利用すると、図表のレイアウトを選択して、文字を入力するだけで、簡単に作成することができます。レイアウトの中には、画像付きの図表を作成できるものもあります。

SmartArtを挿入する

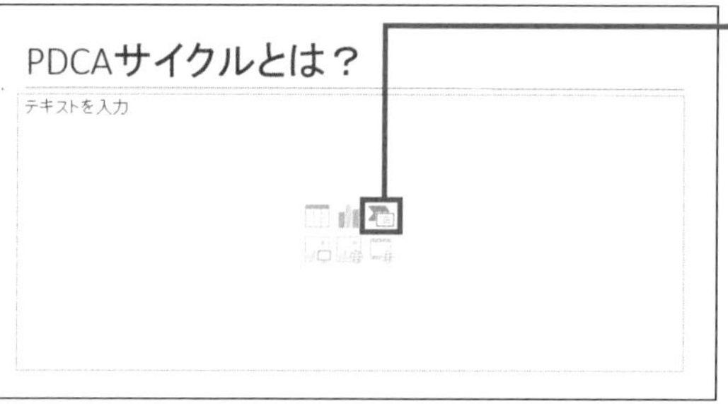

❶プレースホルダーの＜SmartArtグラフィックの挿入＞をクリックして、

MEMO ＜挿入＞タブの利用

＜挿入＞タブの＜SmartArt＞をクリックしても、SmartArtを挿入できます。

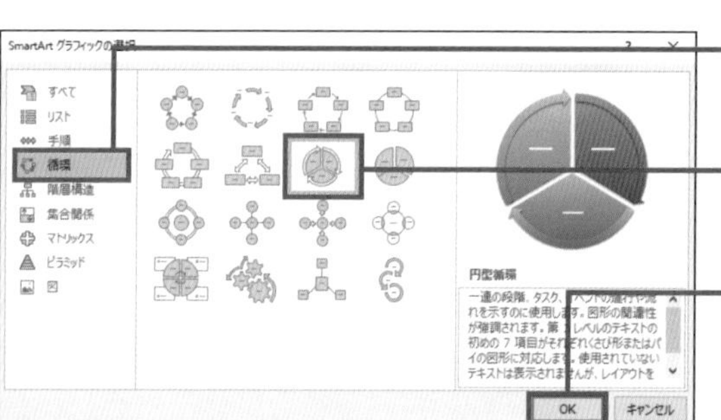

❷種類（ここでは＜循環＞）をクリックして、

❸目的のレイアウト（ここでは＜円型循環＞）をクリックし、

❹＜OK＞をクリックすると、

PDCAサイクルとは？

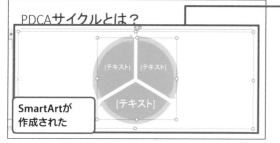

[テキスト]　[テキスト]　[テキスト]

SmartArtが作成された

❺プレースホルダーにSmartArtが挿入されます。

MEMO SmartArtを削除する

SmartArtを削除するには、SmartArtの枠線をクリックしてSmartArt全体を選択し、Deleteキーを押します。

SmartArtに文字を入力する

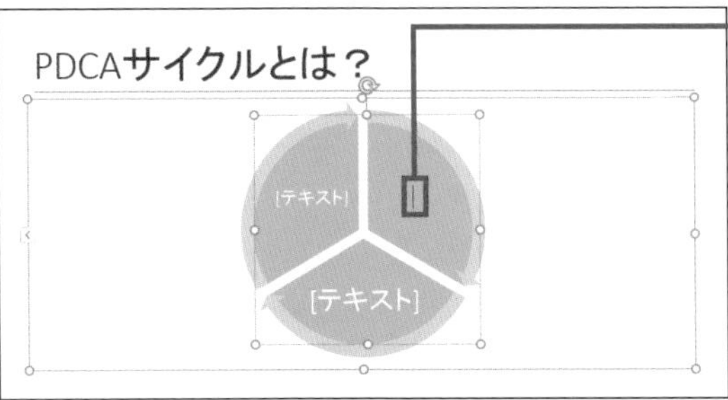

❶図形をクリックすると、カーソルが表示されるので、

> **MEMO レイアウトを変更する**
>
> SmartArtを挿入した後に、レイアウトを変更するには、SmartArtをクリックして選択し、＜SmartArtツール＞＜デザイン＞タブの＜レイアウト＞から、目的のレイアウトをクリックします。

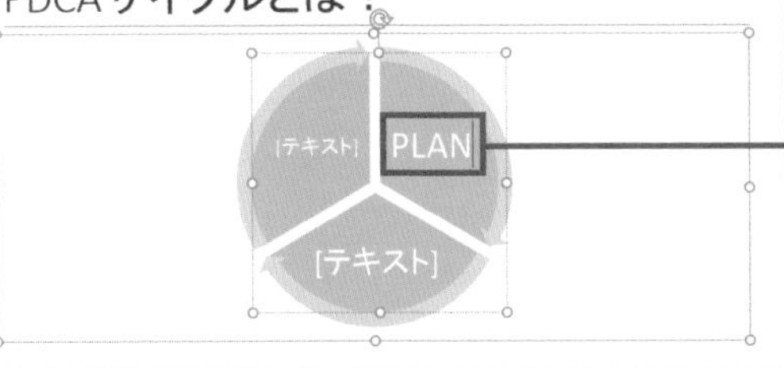

❷文字を入力します。

> **MEMO サイズが調整される**
>
> 図形内の文字の量に合わせて、文字のサイズが自動的に調整されます。レイアウトによっては、図形のサイズが変更されることもあります。

PDCAサイクルとは？

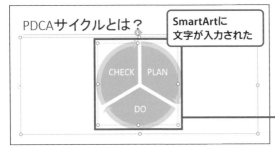

SmartArtに
文字が入力された

CHECK
PLAN
DO

❸同じように他の図形にも文字を入力します。

COLUMN

画像入りのSmartArt

画像入りのレイアウトを選択した場合は、SmartArtの画像ファイルのアイコンをクリックすると、＜図の挿入＞が表示されます。スライドに画像を挿入するときと同じ方法で画像ファイルを選択します（P.124参照）。

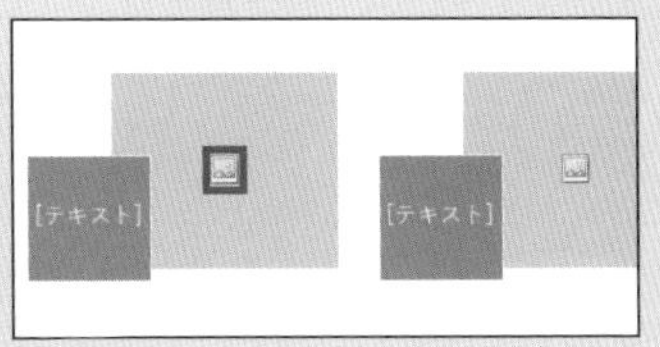

SmartArtに図形を追加する

SmartArtは、後から図形を追加したり、削除したりすることができます。図形を追加するには、＜SmartArtツール＞＜デザイン＞タブの＜図形の追加＞を利用します。また、不要な図形は、削除することもできます。

SmartArtに図形を追加する

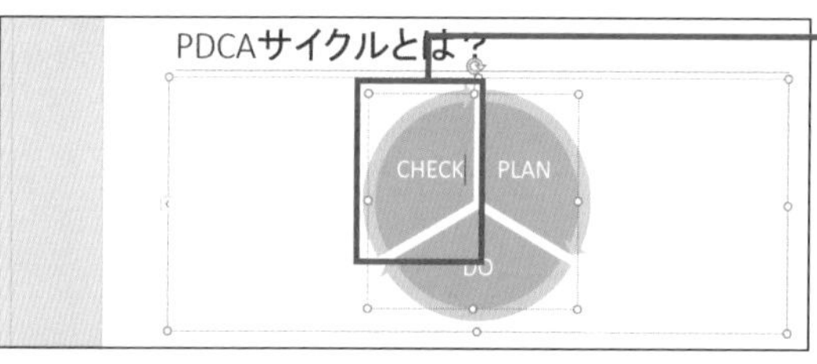

❶図形を追加したい場所の隣の図形をクリックして選択し、

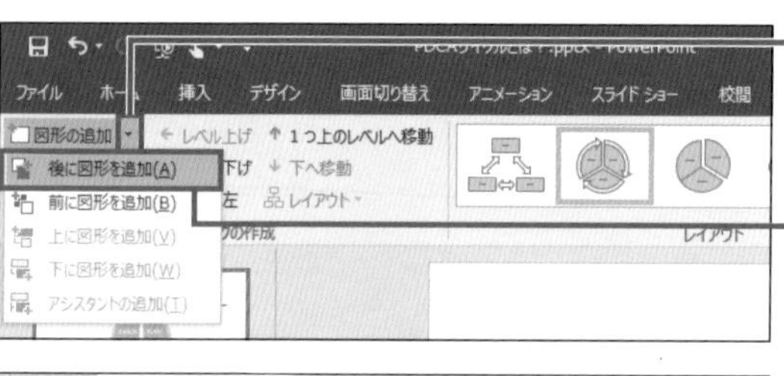

❷＜SmartArtツール＞＜デザイン＞タブの＜図形の追加＞の▾をクリックして、

❸図形を追加する場所（ここでは＜後に図形を追加＞）をクリックすると、

❹図形が追加されるので、

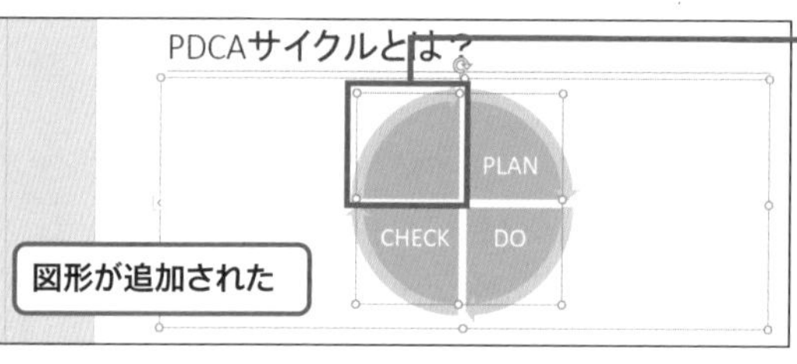

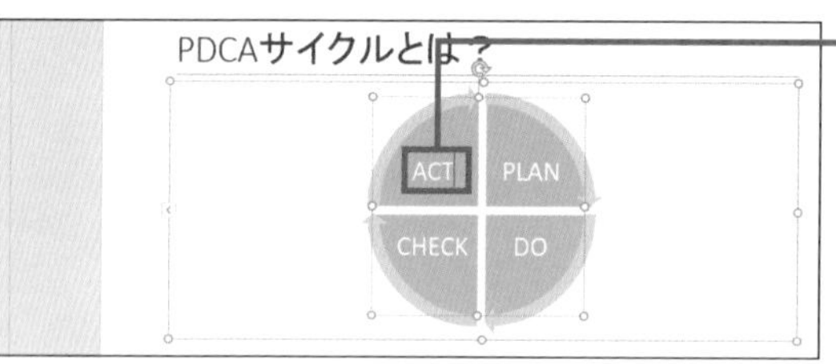

❺文字を入力します。

MEMO　図形を削除する

SmartArtの図形を削除するには、目的の図形をクリックして選択し、Deleteキーを押します。

SmartArtの図形を切り離して使う

SmartArtは、図形に変換することができます。図形に変換すると、個々の図形を移動させたり、サイズを変更したりすることができます。SmartArtを図形に変換するには、右クリックすると表示されるショートカットメニューを利用します。

SmartArtを図形に変換する

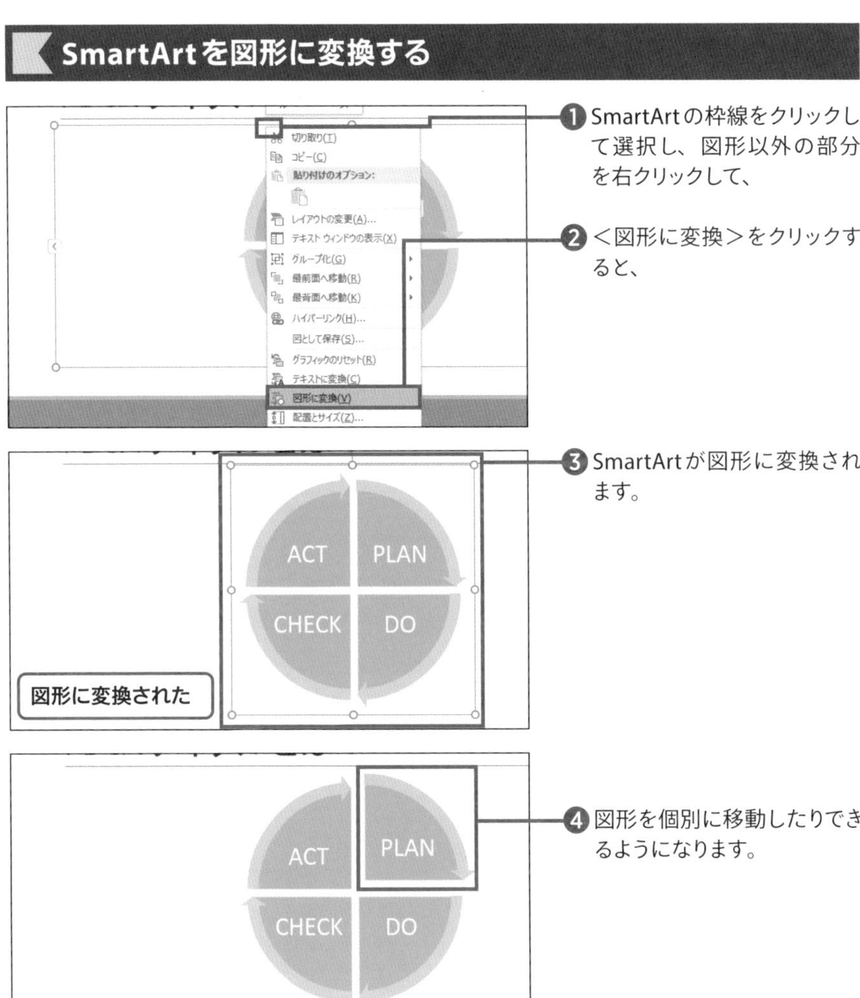

❶ SmartArtの枠線をクリックして選択し、図形以外の部分を右クリックして、

❷ ＜図形に変換＞をクリックすると、

❸ SmartArtが図形に変換されます。

❹ 図形を個別に移動したりできるようになります。

箇条書きをSmartArtに一発変換する

既にプレースホルダーに入力してある箇条書きを、やっぱりSmartArtにしたいという場合は、＜ホーム＞タブの＜SmartArtに変換＞を利用すると、レイアウトを選択するだけで、簡単にSmartArtに変換できます。

箇条書きをSmartArtに変換する

❶ SmartArtに変換する箇条書きのプレースホルダーをクリックして選択し、

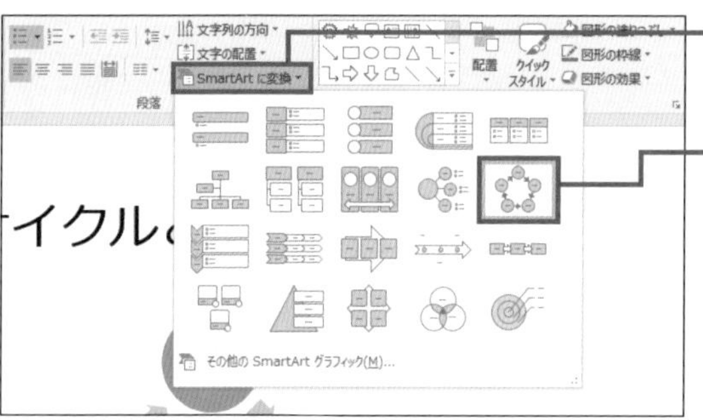

❷ ＜ホーム＞タブの＜SmartArtに変換＞をクリックして、

❸ 目的のレイアウト（ここでは＜基本の循環＞）をクリックすると、

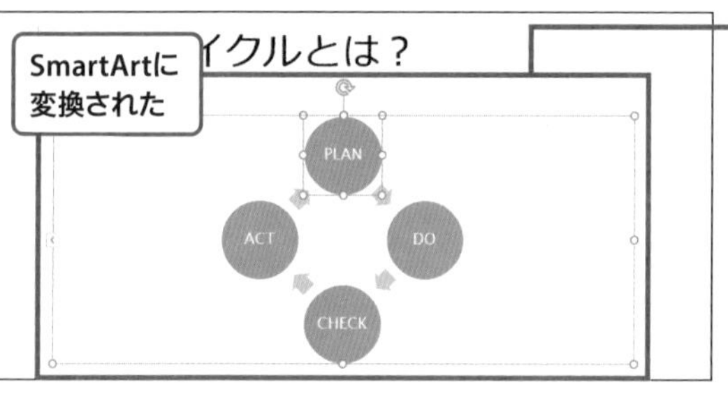

❹ 箇条書きがSmartArtに変換されます。

MEMO テキストに変換する

SmartArtをテキストに変換するには、SmartArtを右クリックして、＜テキストに変換＞をクリックします。

SmartArtで図表を立体的にする

SmartArtに「スタイル」を設定すると、簡単にSmartArtの質感を変えたり、3-D回転効果を設定したりすることができます。スタイルは、＜SmartArtツール＞＜デザイン＞タブから設定します。

SmartArtにスタイルを設定する

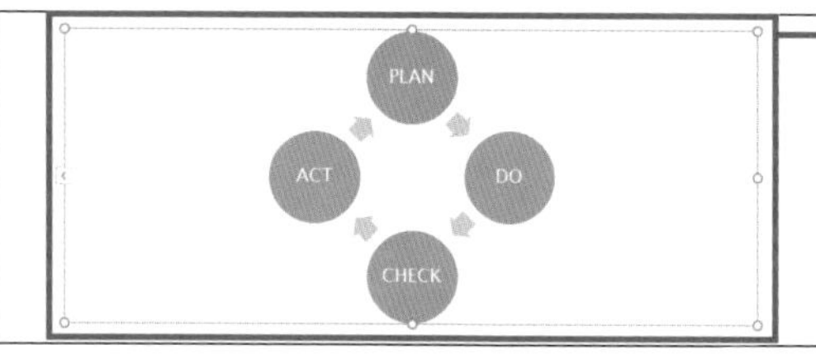

❶ SmartArtをクリックして選択し、

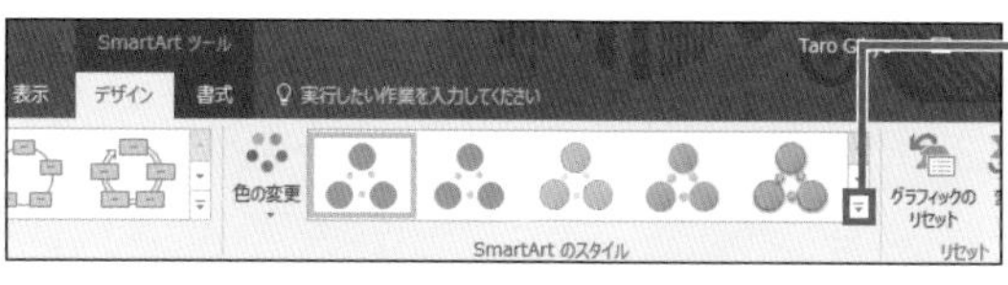

❷ ＜SmartArtツール＞＜デザイン＞タブの＜SmartArtのスタイル＞グループのここをクリックして、

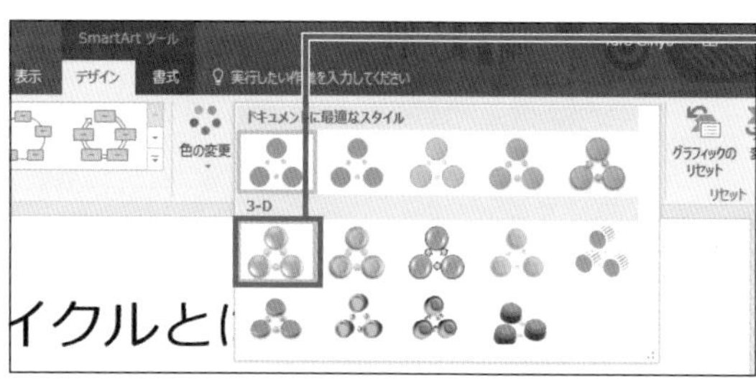

❸ 目的のスタイル（ここでは＜立体グラデーション＞）をクリックすると、

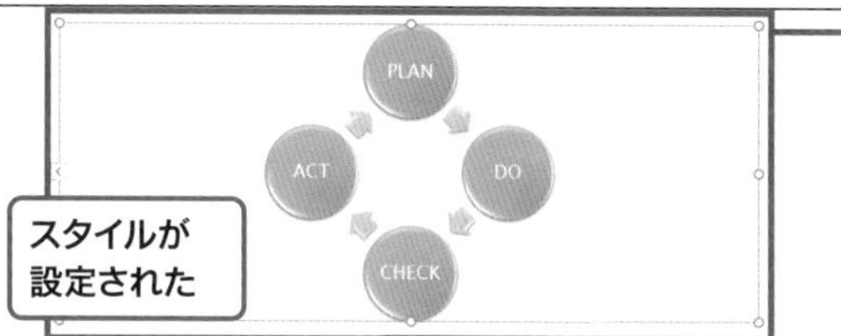

❹ スタイルが設定されます。

> **MEMO スタイルを元に戻す**
>
> SmartArtに設定したスタイルを元に戻すには、手順❸で＜シンプル＞をクリックします。

ワードアートで文字に特殊効果を付ける

タイトルやキーワードなど、目立たせたい文字には、「ワードアート」を利用すると、枠線付きやグラデーション、影などのデザイン効果を簡単に設定することができます。ワードアートは、プレースホルダーに既に入力されている文字に適用することも可能です。

ワードアートを挿入する

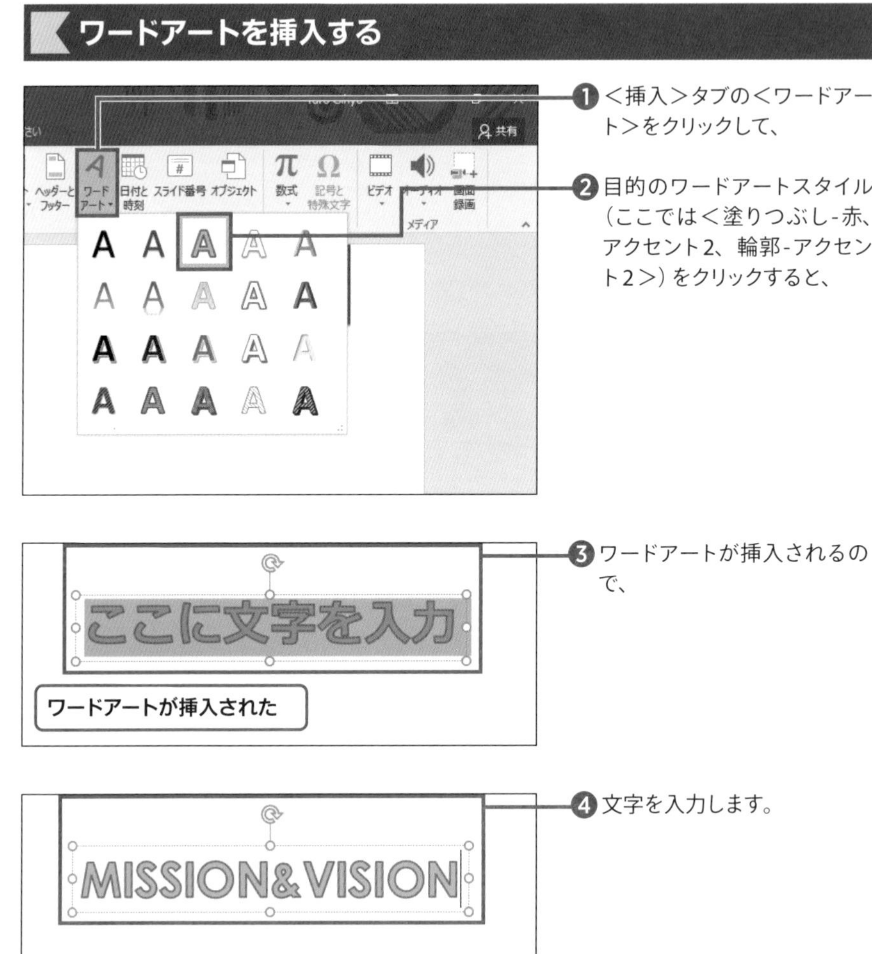

❶ ＜挿入＞タブの＜ワードアート＞をクリックして、

❷ 目的のワードアートスタイル（ここでは＜塗りつぶし-赤、アクセント2、輪郭-アクセント2＞）をクリックすると、

❸ ワードアートが挿入されるので、

❹ 文字を入力します。

文字にワードアートを適用する

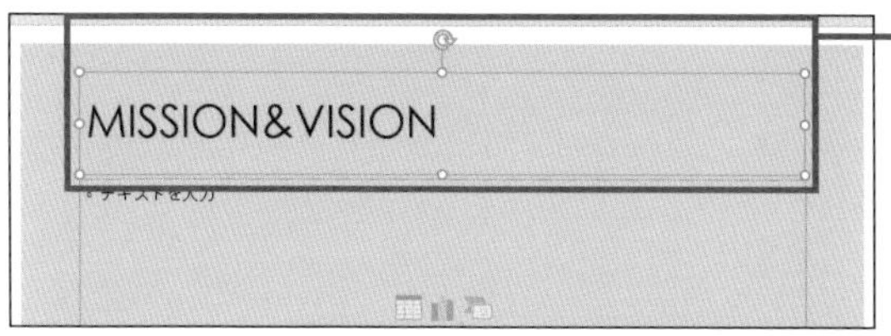

❶プレースホルダーをクリックして選択し、

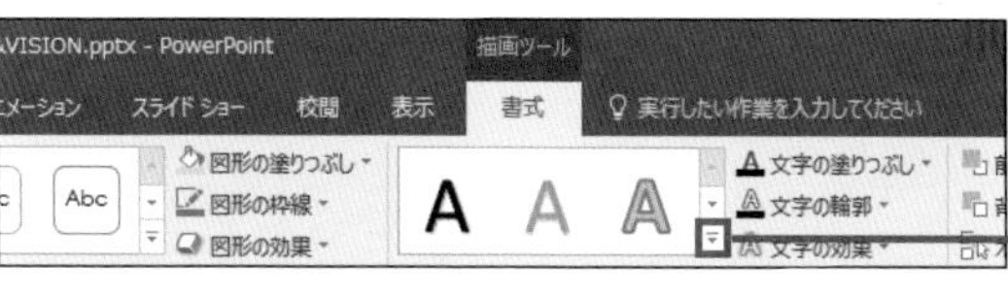

❷＜描画ツール＞＜書式＞タブの＜ワードアートのスタイル＞のここをクリックして、

❸目的のワードアートスタイル（ここでは＜塗りつぶし-白、輪郭-アクセント2、影（ぼかしなし）-アクセント2＞）をクリックすると、

❹プレースホルダー全体の文字にワードアートが適用されます。

MEMO 一部の文字に適用する

プレースホルダーの一部の文字にワードアートスタイルを適用するには、目的の文字をドラッグして選択します。

COLUMN

ワードアートスタイルを解除する

ワードアートのスタイルを解除して、元の文字に戻すには、ワードアートをクリックして選択し、上の手順❸の画面を表示して、＜ワードアートのクリア＞をクリックします。

COLUMN

重なったオブジェクトを簡単に選択する

背面に配置されて見えないオブジェクトを選択する方法として、＜選択＞ウィンドウを利用する方法がありますが（P.164参照）、キーを利用すると、簡単に選択することができます。Tab キーを押すごとにその前面に配置されているオブジェクトが順に選択され、Shift ＋ Tab キーを押すごとに、その背面に配置されているオブジェクトが順に選択されます。

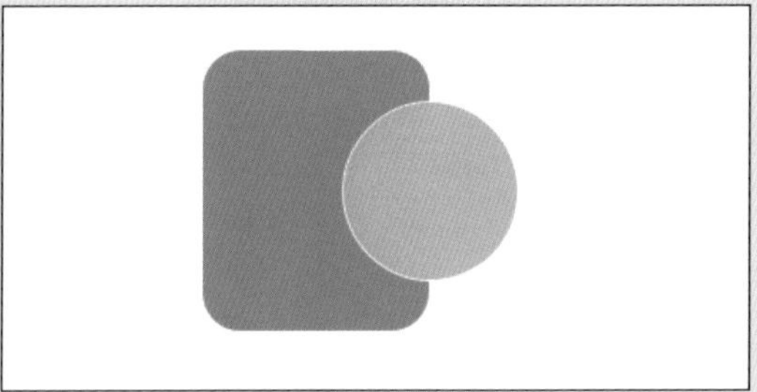

❶何も選択されていない状態で Tab キーを押すと、

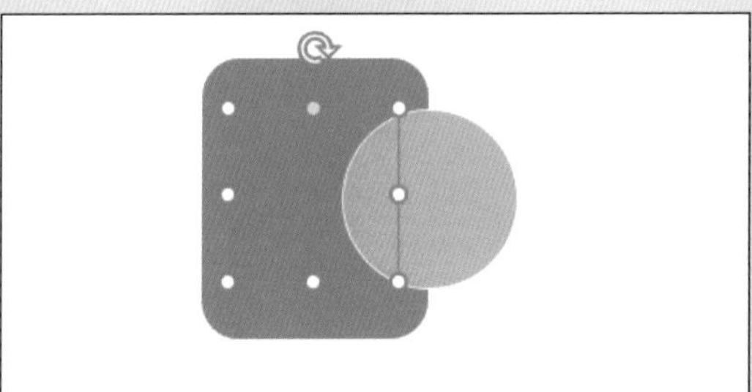

❷最背面に配置されているオブジェクトが選択されます。さらに Tab キーを押すと、

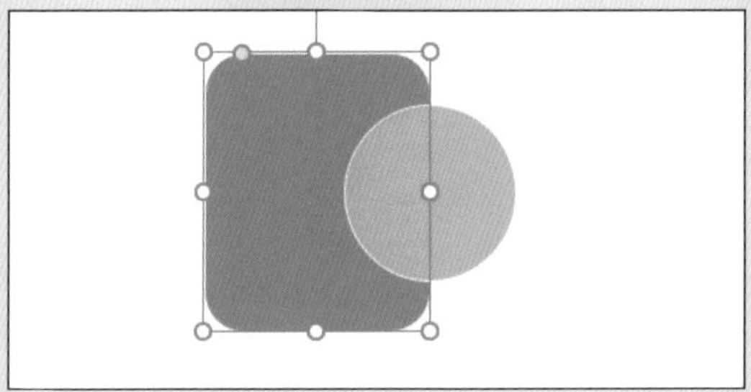

❸その前面に配置されているオブジェクトが選択されます。

第0章 第1章 第2章 第3章 第4章

第5章

データは一目瞭然に！表とグラフ作成のテクニック

SECTION 139 表

スライドに表を挿入する

表を構成しているマス目は、「セル」といいます。また、セルの横のまとまりを「行」、縦のまとまりを「列」といいます。スライドに表を挿入するには、プレースホルダーの<表の挿入>のアイコンを利用し、表の行数と列数を指定します。

表を挿入する

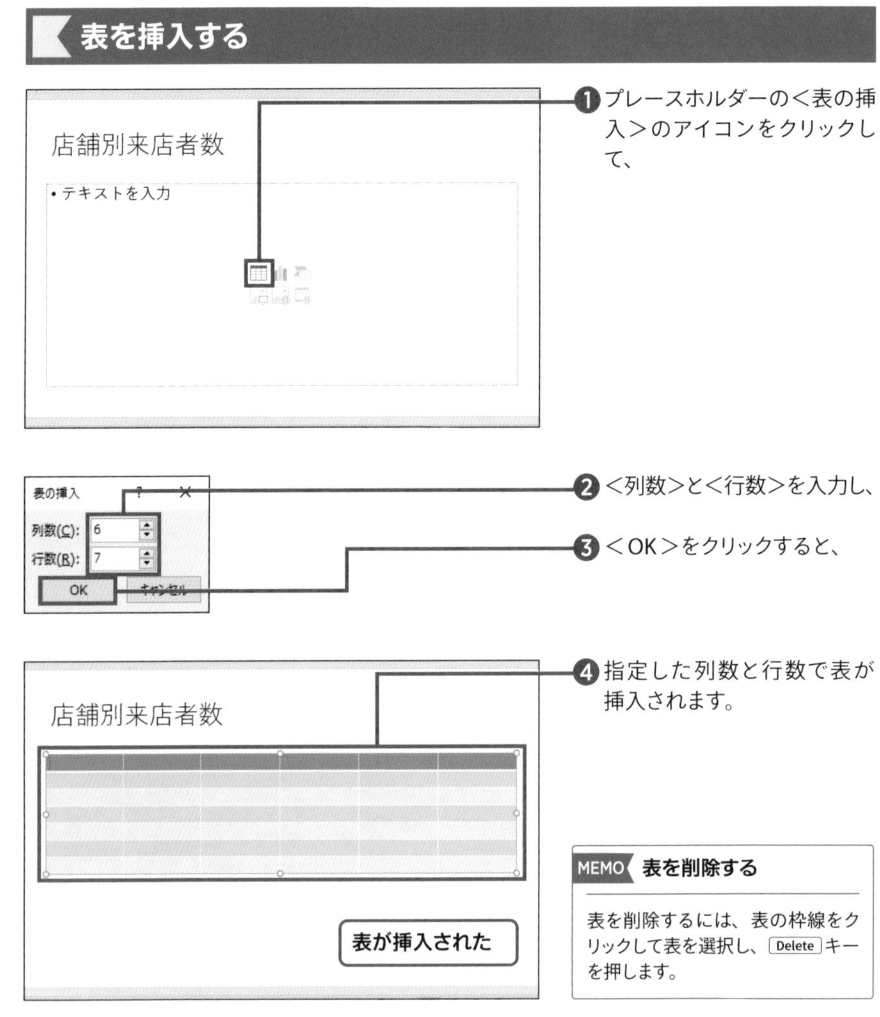

店舗別来店者数
• テキストを入力
1 プレースホルダーの<表の挿入>のアイコンをクリックして、
表の挿入
列数(C): 6
行数(R): 7
OK
キャンセル
2 <列数>と<行数>を入力し、
3 <OK>をクリックすると、
店舗別来店者数
4 指定した列数と行数で表が挿入されます。
表が挿入された

MEMO 表を削除する

表を削除するには、表の枠線をクリックして表を選択し、Delete キーを押します。

表に文字を入力する

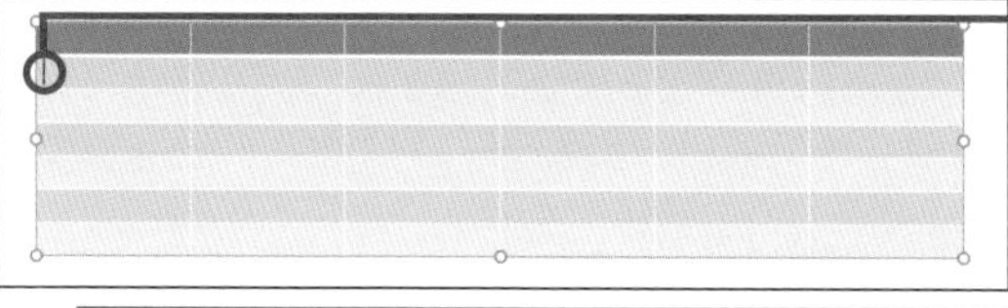

❶文字を入力したいセルをクリックしてカーソルを移動し、

❷文字を入力します。

❸ Tab キーを押すと、

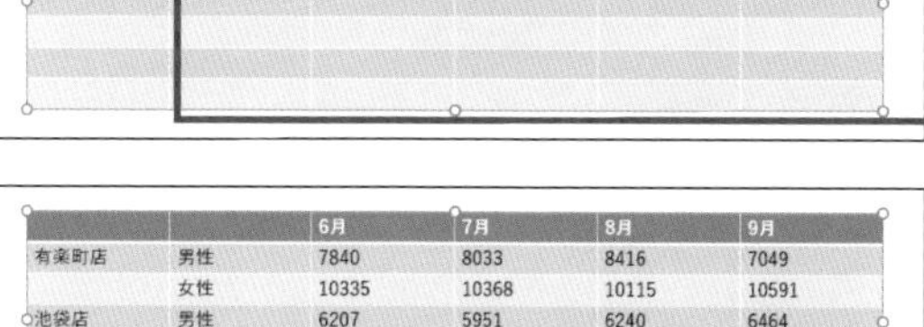

> **MEMO セルの移動**
>
> Tab キーを押すと、右隣のセルにカーソルが移動します。右端のセルにカーソルがある状態で Tab キーを押すと、次の行の左端のセルにカーソルが移動します。

❹右隣のセルにカーソルが移動します。

❺他のセルにも文字を入力します。

		6月	7月	8月	9月
有楽町店	男性	7840	8033	8416	7049
	女性	10335	10368	10115	10591
池袋店	男性	6207	5951	6240	6464
	女性	6561	6683	6015	7007
新宿店	男性	4229	5056	4767	5121
	女性	4896	5823	5664	6847

文字が入力された

> **MEMO 矢印キーの利用**
>
> 矢印キーを押しても、上下左右隣のセルにカーソルを移動することができます。

COLUMN

<挿入>タブの利用

表は、<挿入>タブからも挿入できます。<表>をクリックして、挿入したい表の行数と列数が選択されるように、マス目をドラッグします。
マス目の上には、選択されている行数と列数が表示されます。

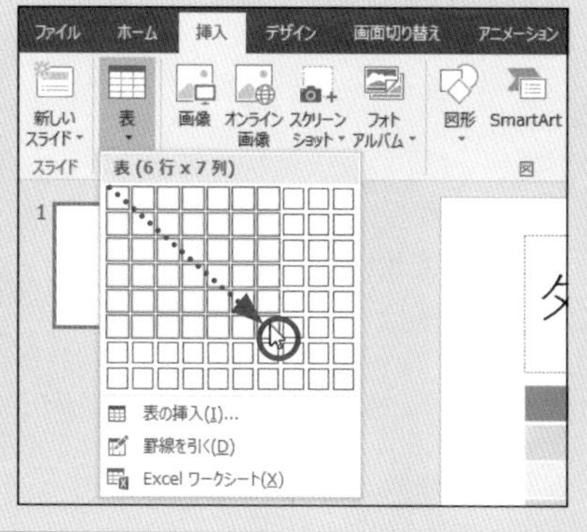

SECTION 140 表

行や列を追加する

表の行や列は、後から追加することができます。1行（列）ずつ追加することも、複数行（列）まとめて追加することも可能です。行や列の挿入は、＜表ツール＞＜レイアウト＞タブから行います。

行を追加する

		6月	7月	8月	9月
有楽町店	男性	7840	8033	8416	7049
	女性	10335	10368	10115	10591
池袋店	男性	6207	5951	6240	6464
	女性	6561	6683	6015	7007
新宿店	男性	4229	5056	4767	5121
	女性	4896	5823	5664	6847

❶行を追加したい場所の上の行を、追加する行数分ドラッグして選択します。ここでは2行分選択しています。

MEMO 行や列の選択

行や列を選択するには、表の外側にマウスポインターを合わせ、形が黒い矢印 ⬅ に変わったらドラッグします。

❷＜表ツール＞＜レイアウト＞タブの＜下に行を挿入＞または＜上に行を挿入＞をクリックすると、

❸選択した行数分、行が追加されます。

行が追加された

MEMO 1行だけ追加する

1行だけ追加したい場合は、追加する上または下の行をクリックします。

COLUMN

列を追加する

表に列を追加するには、追加したい隣の列にカーソルを移動して、＜表ツール＞＜レイアウト＞タブの＜左に列を挿入＞または＜右に列を挿入＞をクリックします。複数列追加したい場合は、あらかじめ追加する列数を選択しておきます。

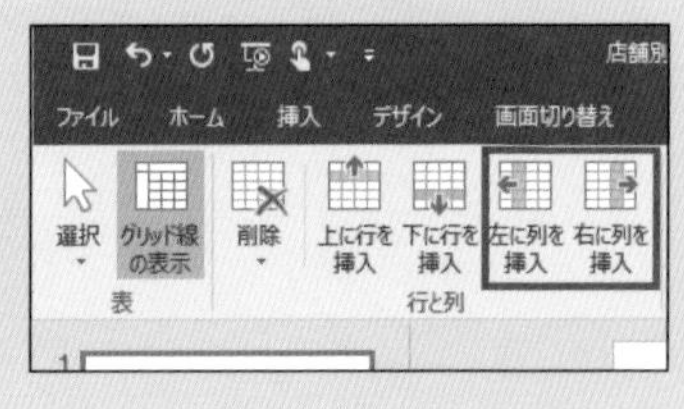

行や列を削除する

不要になった行や列は、削除することができます。1行(列)ずつ削除することも、複数行(列)をまとめて削除することも可能です。行や列の削除は、<表ツール><レイアウト>タブから行います。

列を削除する

❶削除したい列をクリックして、

❷<表ツール><レイアウト>タブの<削除>をクリックして、

❸<列の削除>をクリックすると、

❹1列削除されます。

MEMO 複数の列を削除する

複数の列をまとめて削除する場合は、列をドラッグして選択します。

MEMO 文字だけを削除する

セルをドラッグして選択し、Delete キーを押すと、文字だけが削除されます。

COLUMN

行を削除する

行を削除するには、削除する行をクリックしてカーソルを移動するか、複数行をドラッグして選択し、手順❷で<行の削除>をクリックします。

行の高さや列の幅を変更する

文字が少ないのに列幅が広すぎる場合や、文字が多くて2行になってしまう場合は、列の幅や行の高さを変更して見やすくします。表の列の幅や行の高さは、境界の罫線をドラッグして変更することができます。

列の幅を変更する

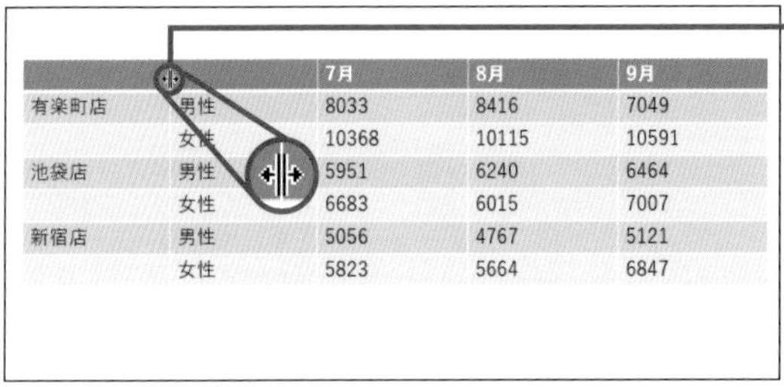

		7月	8月	9月
有楽町店	男性	8033	8416	7049
	女性	10368	10115	10591
池袋店	男性	5951	6240	6464
	女性	6683	6015	7007
新宿店	男性	5056	4767	5121
	女性	5823	5664	6847

❶幅を変更したい列の縦の罫線にマウスポインターを合わせ、マウスポインターの形が⟛になったら、

MEMO 行の高さを変更する

行の高さを変更するには、横の罫線にマウスポインターを合わせ、ドラッグします。

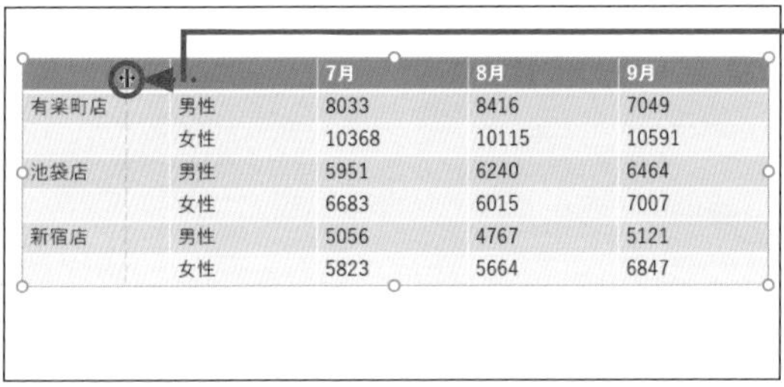

		7月	8月	9月
有楽町店	男性	8033	8416	7049
	女性	10368	10115	10591
池袋店	男性	5951	6240	6464
	女性	6683	6015	7007
新宿店	男性	5056	4767	5121
	女性	5823	5664	6847

❷ドラッグします。

MEMO 文字数に列幅を合わせせる

縦の罫線にマウスポインターを合わせ、ダブルクリックすると、文字の長さに合うように、列の幅が自動調整されます。なお、この場合は、他の列の幅は変更されず、表全体の幅が変わります。

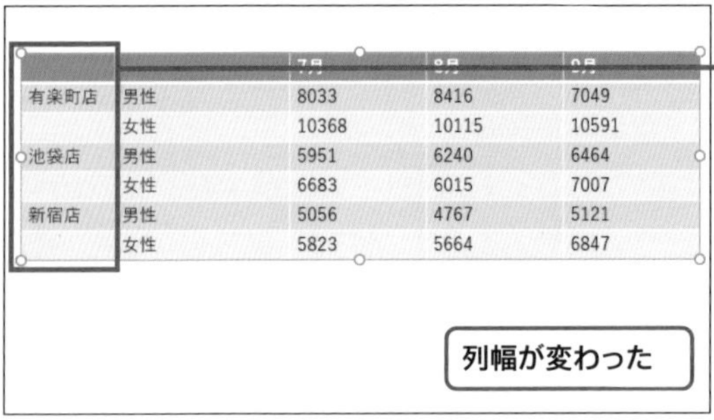

		7月	8月	9月
有楽町店	男性	8033	8416	7049
	女性	10368	10115	10591
池袋店	男性	5951	6240	6464
	女性	6683	6015	7007
新宿店	男性	5056	4767	5121
	女性	5823	5664	6847

列幅が変わった

❸列の幅が変更されます。

MEMO 表全体のサイズの変更

表全体のサイズを変更する場合は、表の周囲に表示されている白いハンドルにマウスポインターを合わせ、目的のサイズになるようにドラッグします。

複数の行の高さや列の幅を同じにする

行の高さや列の幅を変更していると、行の高さや列の幅がバラバラになってきて、見栄えがよくありません。文字の量が同じくらいなら、行の高さや列の幅を揃えると、レイアウトが整い、見やすくなります。

複数の列の幅を揃える

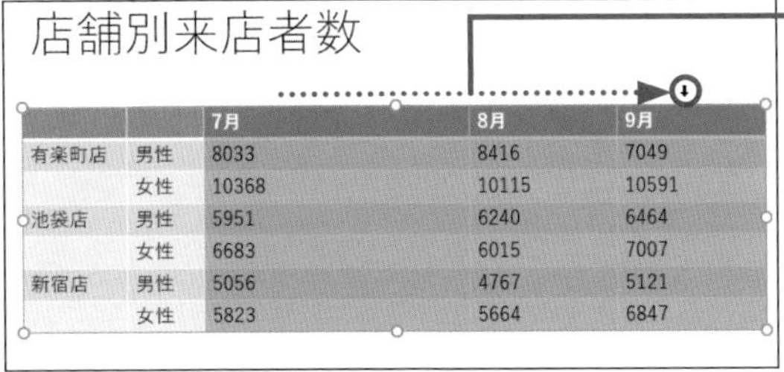
店舗別来店者数

		7月	8月	9月
有楽町店	男性	8033	8416	7049
	女性	10368	10115	10591
池袋店	男性	5951	6240	6464
	女性	6683	6015	7007
新宿店	男性	5056	4767	5121
	女性	5823	5664	6847

❶幅を揃えたい列の上部にマウスポインターを合わせ、マウスポインターの形が⬇になったら、ドラッグして選択し、

MEMO 行の高さを揃える

複数の行の高さを揃えるには、行をドラッグして選択し、<表ツール><レイアウト>タブの<高さを揃える>をクリックします。

❷<表ツール><レイアウト>タブの<幅を揃える>をクリックすると、

		7月	8月	9月
有楽町店	男性	8033	8416	7049
	女性	10368	10115	10591
池袋店	男性	5951	6240	6464
	女性	6683	6015	7007
新宿店	男性	5056	4767	5121
	女性	5823	5664	6847

列幅が揃った

❸列の幅が揃います。

MEMO 数値で指定する

行の高さや列の幅は、数値で指定することができます。目的の行または列を選択して、<表ツール><レイアウト>タブの<高さ>または<幅>に数値を入力します。

セルに色を付けてデータを強調する

表のデータのうち、特に重要な部分には、セルに色を付けて他のセルと区別すると、強調させることができます。セルの塗りつぶしの色は、<表ツール><デザイン>タブで設定できます。

セルの塗りつぶしの色を設定する

		7月	8月	9月
有楽町店	男性	8033	8416	7049
	女性	10368	10115	10591
池袋店	男性	5951	6240	6464
	女性	6683	6015	7007
新宿店	男性	5056	4767	5121
	女性	5823	5664	6847

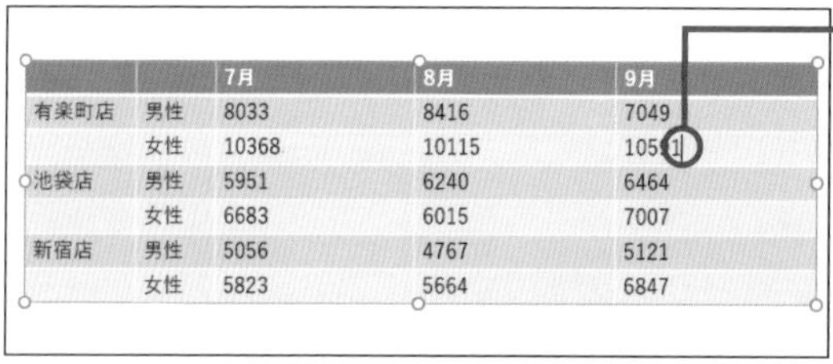

❶色を設定したいセルをクリックして、

MEMO 複数のセルに設定する

複数のセルに塗りつぶしの色を設定する場合は、目的のセルをドラッグして選択します。

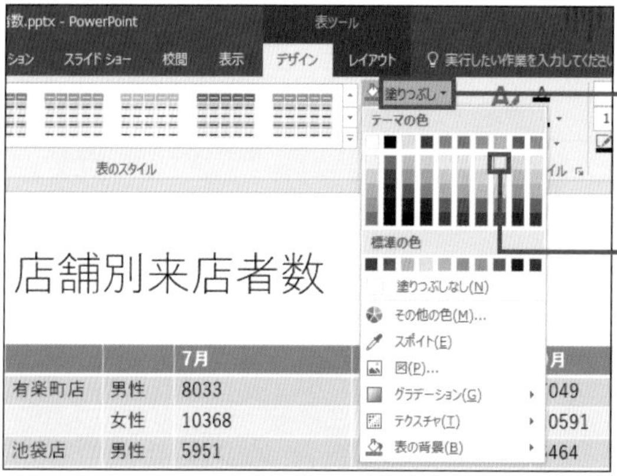

❷<表ツール><デザイン>タブの<塗りつぶし>のここをクリックして、

❸目的の色（ここでは<ゴールド、アクセント4、白＋基本色80%>）をクリックすると、

MEMO グラデーションの設定

<塗りつぶし>からは、セルに画像やグラデーション、テクスチャを設定することもできます。

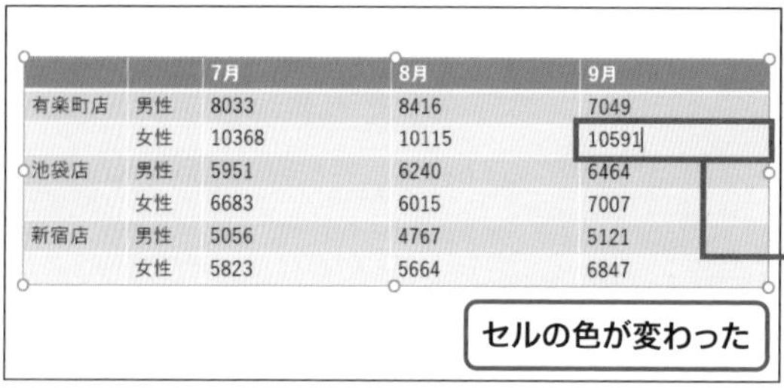

		7月	8月	9月
有楽町店	男性	8033	8416	7049
	女性	10368	10115	10591
池袋店	男性	5951	6240	6464
	女性	6683	6015	7007
新宿店	男性	5056	4767	5121
	女性	5823	5664	6847

セルの色が変わった

❹セルの色が変わります。

SECTION 145 表

複数のセルを結合して1つのセルにする

隣接する複数のセルを1つのセルにつなげることを「結合」といいます。セルの結合は、<表ツール><レイアウト>タブから行います。結合前の各セルに文字が入力されていた場合は、結合後の1つのセルにすべての文字が表示されます。

セルを結合する

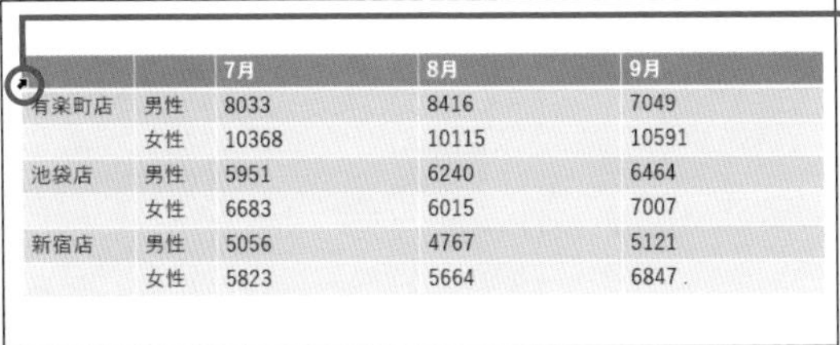

		7月	8月	9月
有楽町店	男性	8033	8416	7049
	女性	10368	10115	10591
池袋店	男性	5951	6240	6464
	女性	6683	6015	7007
新宿店	男性	5056	4767	5121
	女性	5823	5664	6847

❶セルの左下にマウスポインターを合わせ、マウスポインターの形が➚になったら、

		7月	8月	9月
有楽町店	男性	8033	8416	7049
	女性	10368	10115	10591
池袋店	男性	5951	6240	6464
	女性	6683	6015	7007
新宿店	男性	5056	4767	5121
	女性	5823	5664	6847

❷ドラッグして結合するセルを選択し、

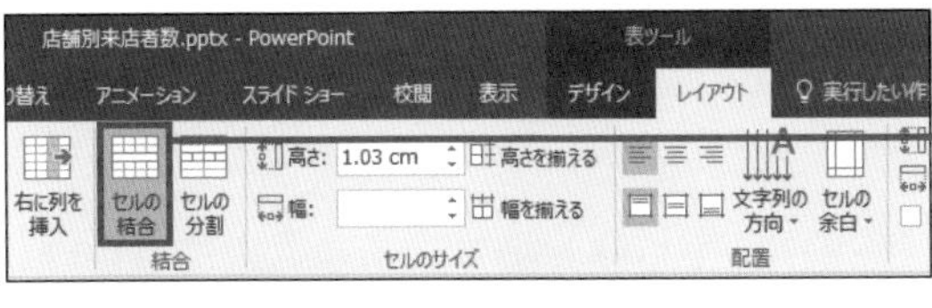

❸<表ツール><レイアウト>タブの<セルの結合>をクリックすると、

	7月	8月	9月
有楽町店 男性	8033	8416	7049
女性	10368	10115	10591
池袋店 男性	5951	6240	6464
女性	6683	6015	7007
新宿店 男性	5056	4767	5121
女性	5823	5664	6847

セルが結合した

❹選択したセルが結合されます。

MEMO ショートカットメニューの利用

選択したセルを右クリックして、<セルの結合>をクリックしても、セルを結合できます。

MEMO セルの結合を解除する

結合したセルを元に戻すには、セルを分割します（P.188参照）。

1つのセルを複数のセルに分割する

1つのセルを複数のセルに分けたいときや、結合したセル（P.187参照）を元に戻したいときは、セルを分割します。セルを分割するときには、＜セルの分割＞ダイアログボックスで、分割後の列数と行数を指定します。

セルを分割する

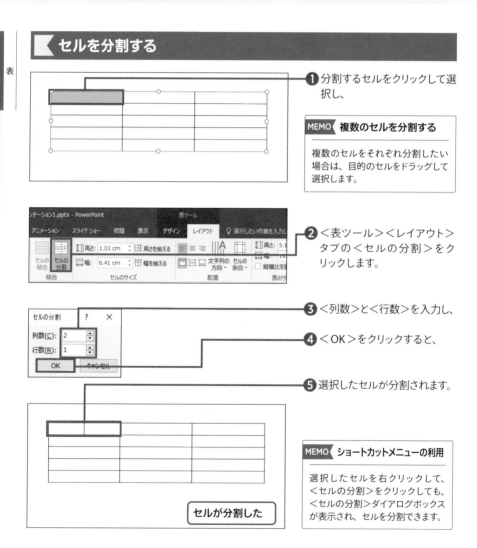

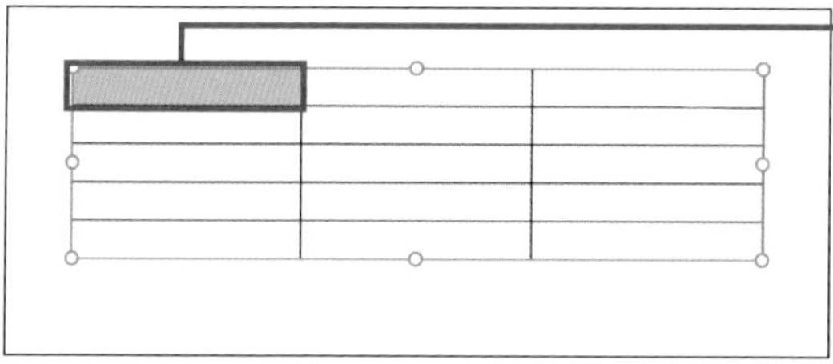

❶分割するセルをクリックして選択し、

MEMO 複数のセルを分割する

複数のセルをそれぞれ分割したい場合は、目的のセルをドラッグして選択します。

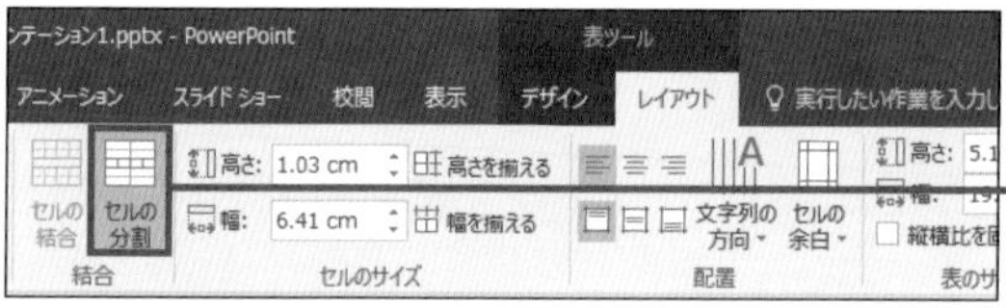

❷＜表ツール＞＜レイアウト＞タブの＜セルの分割＞をクリックします。

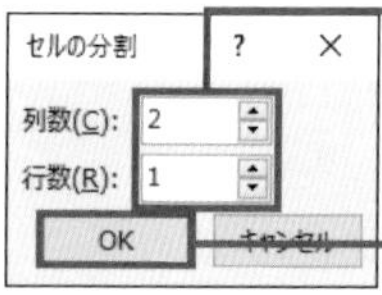

❸＜列数＞と＜行数＞を入力し、

❹＜OK＞をクリックすると、

❺選択したセルが分割されます。

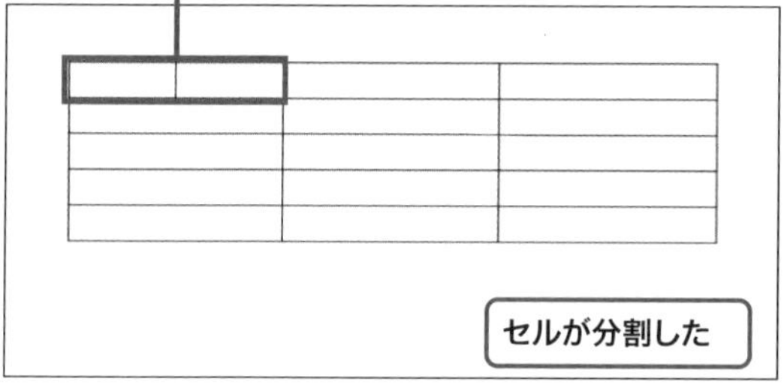

MEMO ショートカットメニューの利用

選択したセルを右クリックして、＜セルの分割＞をクリックしても、＜セルの分割＞ダイアログボックスが表示され、セルを分割できます。

セル内の文字の配置を整える

表に文字を入力すると、初期設定ではセルの左上に配置されます。見出しは左右中央に配置したり、桁数の異なる数値は右揃えにしたりすると、データが見やすくなります。内容や文字数に合わせて、文字の配置を変更します。

セル内の文字の配置を変更する

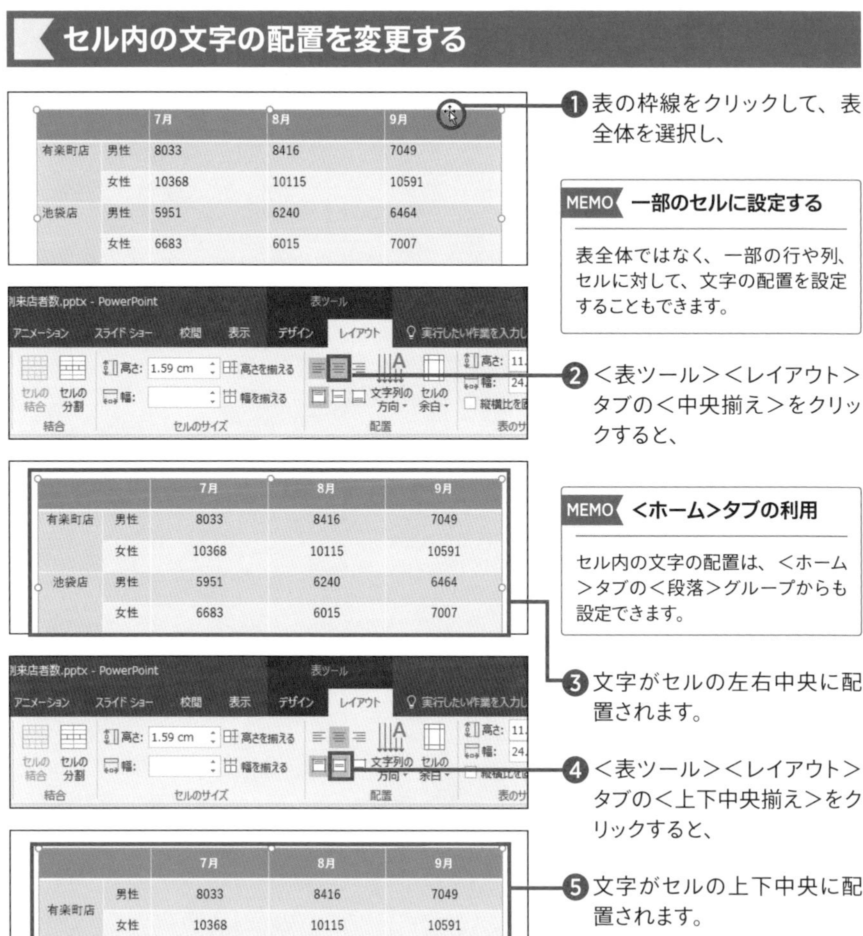

❶表の枠線をクリックして、表全体を選択し、

❷＜表ツール＞＜レイアウト＞タブの＜中央揃え＞をクリックすると、

❸文字がセルの左右中央に配置されます。

❹＜表ツール＞＜レイアウト＞タブの＜上下中央揃え＞をクリックすると、

❺文字がセルの上下中央に配置されます。

MEMO 一部のセルに設定する

表全体ではなく、一部の行や列、セルに対して、文字の配置を設定することもできます。

MEMO ＜ホーム＞タブの利用

セル内の文字の配置は、＜ホーム＞タブの＜段落＞グループからも設定できます。

SECTION 148 表

セル内の文字を縦書きにする

セル内の文字は、縦書きにしたり、90度回転させて横向きにしたりすることができます。縦書きの場合は、半角アルファベットを縦向きにするか横向きにするかも選択できます。縦書きの設定は、<表ツール><レイアウト>タブの<文字列の方向>から設定できます。

セル内の文字の方向を変更する

		7月	8月	9月
有楽町店	男性	8033	8416	7049
	女性	10368	10115	10591
池袋店	男性	5951	6240	6464
	女性	6683	6015	7007
新宿店	男性	5056	4767	5121
	女性	5823	5664	6847

❶セルの左下にマウスポインターを合わせ、マウスポインターの形が⬈になったら、ドラッグして縦書きにするセルを選択し、

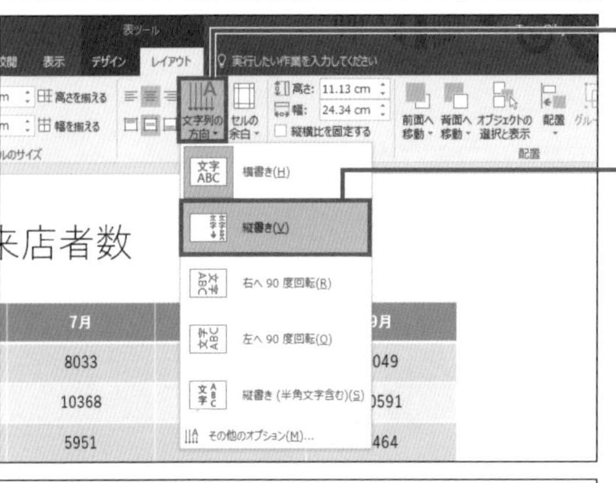

❷<表ツール><レイアウト>タブの<文字列の方向>をクリックして、

❸目的の文字の方向（ここでは<縦書き>）をクリックすると、

		7月	8月	9月
有楽町店	男性	8033	8416	7049
	女性	10368	10115	10591
池袋店	男性	5951	6240	6464
	女性	6683	6015	7007
新宿店	男性	5056		
	女性	5823		

文字の方向が変わった

❹文字の方向が変わります。

MEMO <ホーム>タブの利用

セル内の文字の方向は、<ホーム>タブの<文字列の方向>からも変更できます。

セルの罫線と文字の間隔を変更する

表の罫線とセル内の文字の間隔が狭すぎて読みづらいときは、「セルの余白」を広くすると、罫線と文字の間隔が開いて、読みやすくなります。セルの余白は、数値で指定することもできます。

セルの余白を変更する

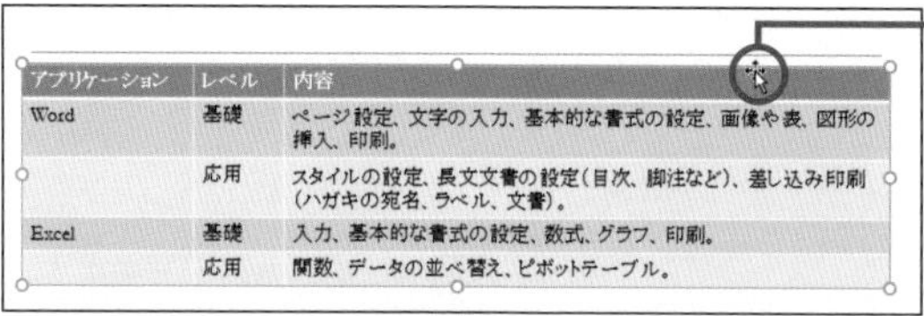

アプリケーション	レベル	内容
Word	基礎	ページ設定、文字の入力、基本的な書式の設定、画像や表、図形の挿入、印刷。
	応用	スタイルの設定、長文文書の設定（目次、脚注など）、差し込み印刷（ハガキの宛名、ラベル、文書）。
Excel	基礎	入力、基本的な書式の設定、数式、グラフ、印刷。
	応用	関数、データの並べ替え、ピボットテーブル。

❶表の枠線をクリックして、表全体を選択し、

❷＜表ツール＞＜レイアウト＞タブの＜セルの余白＞をクリックして、

❸目的の余白の大きさ（ここでは＜広い＞）をクリックすると、

❹セルの余白が変わります。

セルの余白が変わった

MEMO 余白を数値で指定する

セルの余白を数値で指定するには、手順❸で＜ユーザー設定の余白＞をクリックします。＜セルのテキストのレイアウト＞ダイアログボックスが表示されるので、＜左＞＜右＞＜上＞＜下＞のボックスに、それぞれ数値を入力します。

表 第5章 第6章 第7章 第8章 第9章

SECTION 150 表

表全体の色や罫線を簡単に変更する

表全体の色や罫線、縞模様は、「表のスタイル」を利用すると、簡単に変更できます。文字の書式やセルの色（P.186参照）を変更している場合は、スタイル変更後に書式を保持することも可能です。

第5章 表
第6章
第7章
第8章
第9章

表のスタイルのオプションを設定する

店舗別来店者数

		7月	8月	9月
有楽町店	男性	8033	8416	7049
	女性	10368	10115	10591
池袋店	男性	5951	6240	6464
	女性	6683	6015	7007
新宿店	男性	5056	4767	5121
	女性	5823	5664	6847

❶表の枠線をクリックして、表全体を選択し、

MEMO 表スタイルのオプション

＜表ツール＞＜デザイン＞タブの＜表スタイルのオプション＞グループでは、表を縞模様にしたり、最初や最後の行・列を他と区別したりすることができます。既定では、＜タイトル行＞と＜縞模様（行）＞がオンになっています。

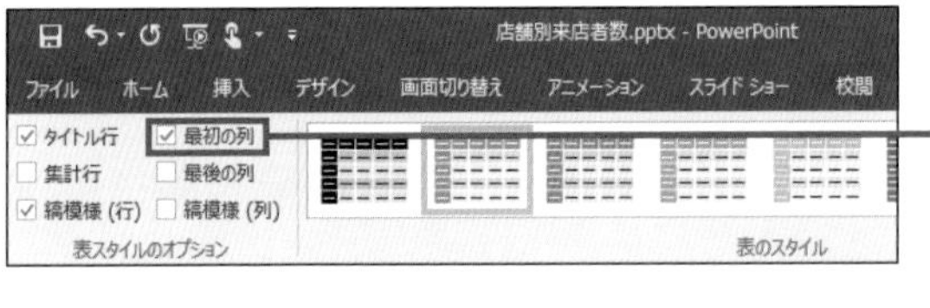

❷＜表ツール＞＜デザイン＞タブの＜最初の列＞をクリックしてチェックを付けると、

		7月	8月	9月
有楽町店	男性	8033	8416	7049
	女性	10368	10115	10591
池袋店	男性	5951	6240	6464
	女性	6683	6015	7007
新宿店	男性	5056	4767	5121
	女性	5823	5664	6847

最初の列の書式が変わった

❸最初の列の書式が変わります。

表のスタイルを変更する

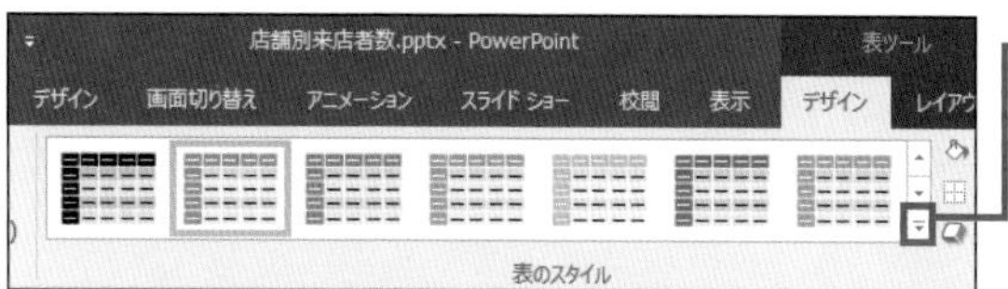

❶＜表ツール＞＜デザイン＞タブの＜表のスタイル＞グループのここをクリックし、

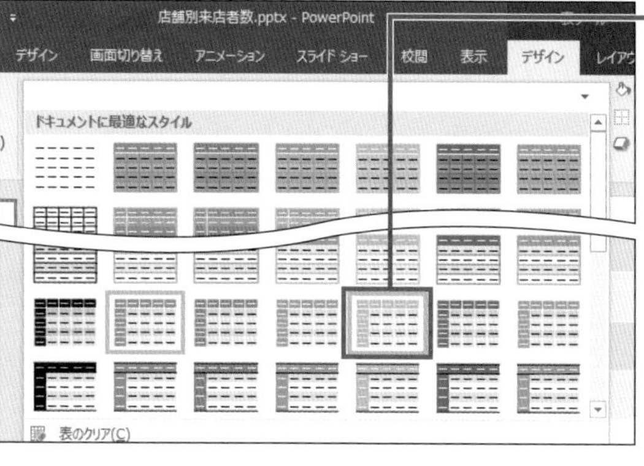

❷目的の表のスタイル（ここでは＜中間スタイル2-アクセント4＞）をクリックすると、

MEMO 色は変更できる

罫線の色や種類（P.196参照）、セルの塗りつぶしの色（P.186参照）などは、後から変更することも可能です。

		7月	8月	9月
有楽町店	男性	8033	8416	7049
	女性	10368	10115	10591
池袋店	男性	5951	6240	6464
	女性	6683	6015	7007
新宿店	男性	5056	4767	5121
	女性	5823	5664	6847

表のスタイルが変わった

❸表のスタイルが変わります。

COLUMN

変更した書式を保持する

セルの塗りつぶしの色や文字の書式を変更した後に、上の手順で表のスタイルを設定し直すと、変更した書式は取り消されます。書式を保持したまま、スタイルを変更したい場合は、上の手順❷で目的の表のスタイルを右クリックし、＜適用（書式を保持）＞をクリックします。

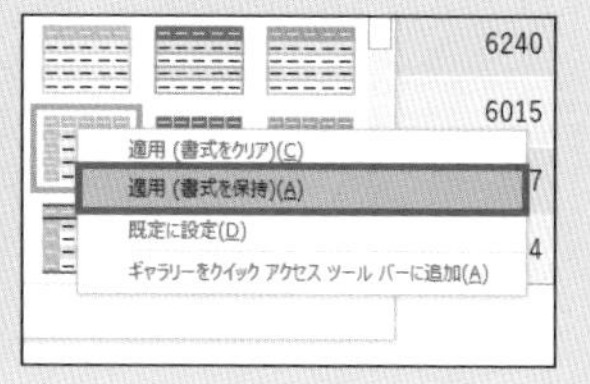

表を立体的にして目立たせる

表に<セルの面取り>の効果を設定すると、セル1つ1つが立体的になり、表を目立たせてインパクトを与えることができます。また、表全体に影や反射の効果も設定することができます。表に効果を設定するには、<表ツール><デザイン>タブの<効果>を利用します。

表に<セルの面取り>を設定する

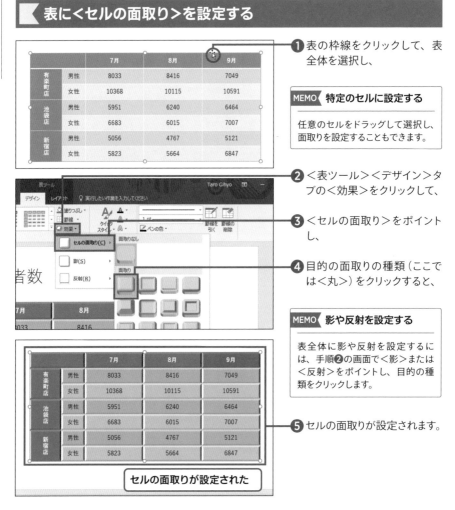

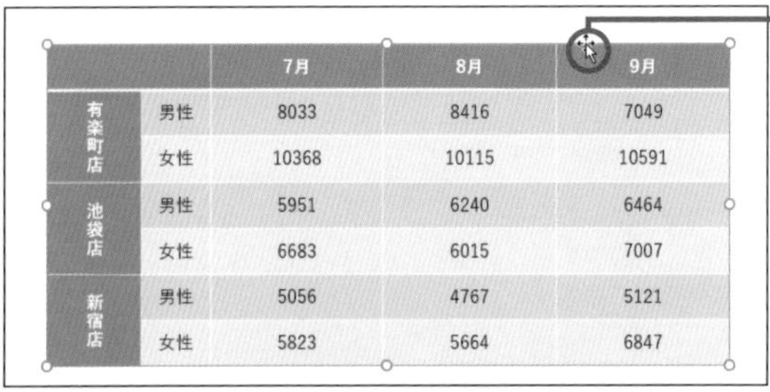

		7月	8月	9月
有楽町店	男性	8033	8416	7049
	女性	10368	10115	10591
池袋店	男性	5951	6240	6464
	女性	6683	6015	7007
新宿店	男性	5056	4767	5121
	女性	5823	5664	6847

❶表の枠線をクリックして、表全体を選択し、

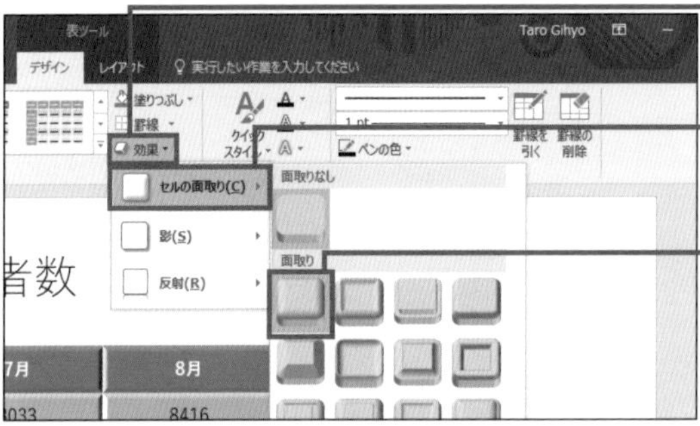

MEMO 特定のセルに設定する

任意のセルをドラッグして選択し、面取りを設定することもできます。

❷<表ツール><デザイン>タブの<効果>をクリックして、

❸<セルの面取り>をポイントし、

❹目的の面取りの種類（ここでは<丸>）をクリックすると、

MEMO 影や反射を設定する

表全体に影や反射を設定するには、手順❷の画面で<影>または<反射>をポイントし、目的の種類をクリックします。

		7月	8月	9月
有楽町店	男性	8033	8416	7049
	女性	10368	10115	10591
池袋店	男性	5951	6240	6464
	女性	6683	6015	7007
新宿店	男性	5056	4767	5121
	女性	5823	5664	6847

セルの面取りが設定された

❺セルの面取りが設定されます。

表の罫線を非表示にする

表のすべてのセルが罫線で区切られていると、表が見づらくなることがあります。この場合は、表のセルの区切りはそのままで、罫線が表示されないようにすると、見やすくなります。罫線を非表示にするには、<表ツール><デザイン>タブの<罫線>を利用します。

表の罫線が見えないようにする

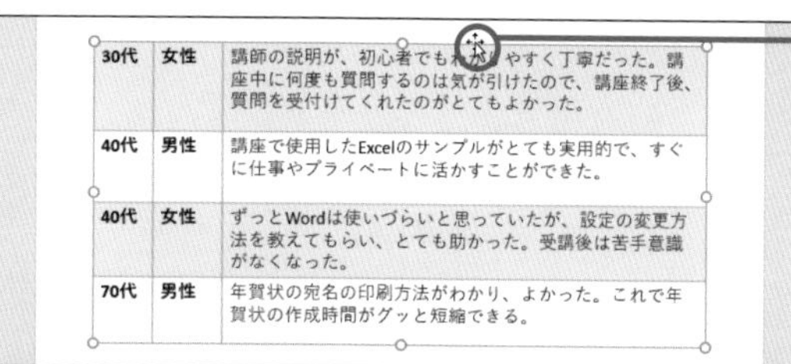

30代	女性	講師の説明が、初心者でもわかりやすく丁寧だった。講座中に何度も質問するのは気が引けたので、講座終了後、質問を受付けてくれたのがとてもよかった。
40代	男性	講座で使用したExcelのサンプルがとても実用的で、すぐに仕事やプライベートに活かすことができた。
40代	女性	ずっとWordは使いづらいと思っていたが、設定の変更方法を教えてもらい、とても助かった。受講後は苦手意識がなくなった。
70代	男性	年賀状の宛名の印刷方法がわかり、よかった。これで年賀状の作成時間がグッと短縮できる。

❶表の枠線をクリックして、表全体を選択し、

❷<表ツール><デザイン>タブの<罫線>の▾をクリックして、

❸<枠なし>をクリックすると、

❹表の罫線が非表示になります。

罫線が非表示になった

MEMO 塗りつぶしも削除する

罫線を非表示にするだけでなく、セルの塗りつぶしも削除したい場合は、<表のスタイル>で、<スタイルなし、表のグリッド線なし>をクリックします（P.193参照）。

MEMO 非表示でも罫線がある？

罫線を<枠なし>に設定したにもかかわらず、表に罫線が表示されている場合は、<表ツール><レイアウト>タブの<グリッド線の表示>のチェックが外れているかどうかを確認します。グリッド線は、表のセルの区切りを示す線で、スライドショーや印刷では表示されません。

罫線の色や種類を変更する

表の罫線の色や太さ、種類は、変更することができます。<表ツール><デザイン>タブの<罫線の作成>グループで、罫線の書式を設定すると、マウスポインターの形が変わるので、変更したい罫線をドラッグします。

罫線の書式を変更する

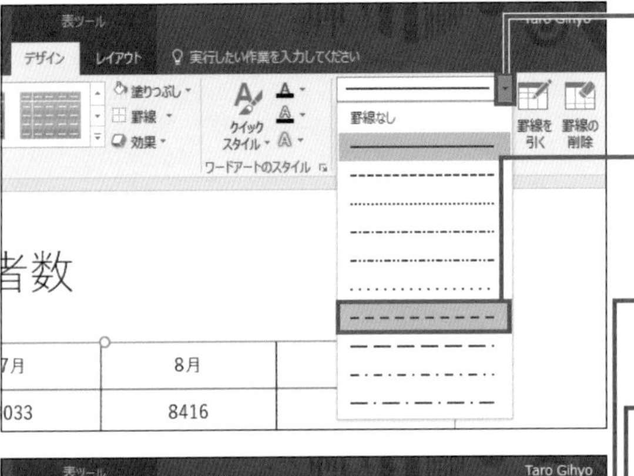

❶表を選択し、<表ツール><デザイン>タブの<ペンのスタイル>の▾をクリックして、

❷目的の罫線の種類をクリックし、

❸<ペンの太さ>で罫線の太さを設定して、

❹<ペンの色>で罫線の色を設定します。

❺マウスポインターの形が自動的に✎に変わるので、変更したい罫線をドラッグすると、

> **MEMO 罫線を追加する**
>
> 手順❺で、セルの罫線のない部分をドラッグすると、罫線が追加され、セルが分割されます。

❻罫線の書式が変更されます。Escキーを押すか、<表ツール><デザイン>タブの<罫線を引く>をクリックすると、マウスポインターの形が元に戻ります。

SECTION 154 表

セルに斜めの罫線を引く

セルに斜めの罫線を引くには、＜表ツール＞＜デザイン＞タブの＜罫線＞から、＜斜め罫線＞をクリックします。また、罫線の色や種類を変更する方法で（P.196参照）、セルに斜め罫線を引くこともできます。

斜め罫線を引く

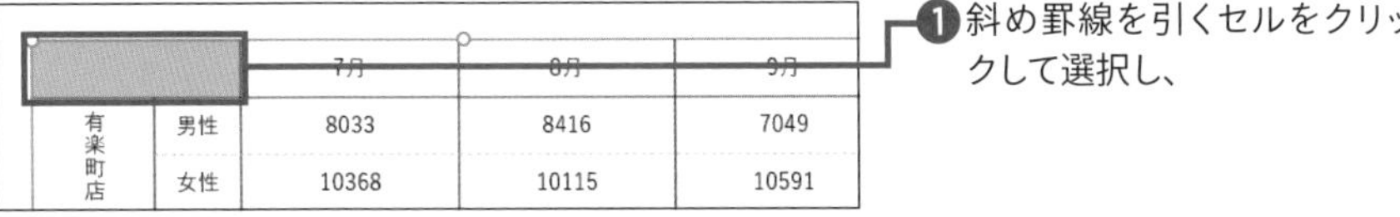

❶斜め罫線を引くセルをクリックして選択し、

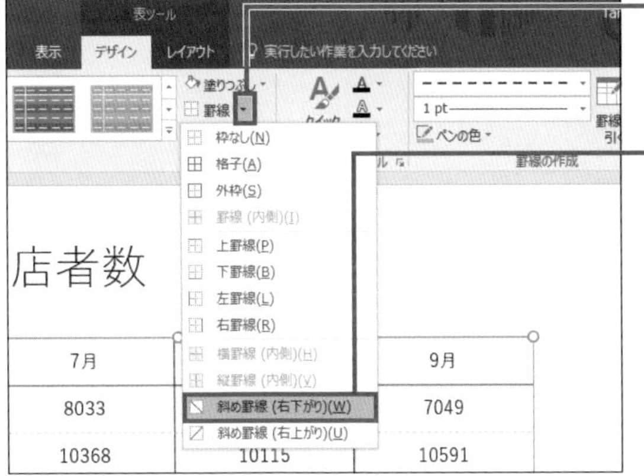

❷＜表ツール＞＜デザイン＞タブの＜罫線＞の▾をクリックして、

❸＜斜め罫線（右下がり）＞または＜斜め罫線（右上がり）＞をクリックすると、

❹セルに斜め罫線が引かれます。

COLUMN

＜罫線を引く＞の利用

P.196の方法で罫線の書式を設定し、セルを斜めにドラッグしても、斜め罫線を引くことができます。

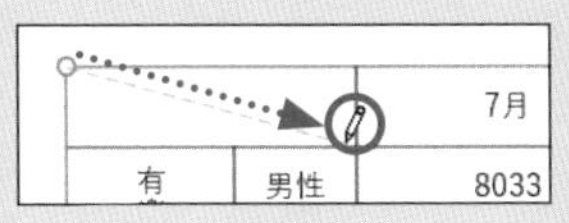

表　第5章　第6章　第7章　第8章　第9章

SECTION 155 表

Excelの表を使って簡単に表を作成する

プレゼンテーションに利用したい表が、既にExcelで作成してある場合は、コピーしてスライドに貼り付けることができます。Excelワークシートオブジェクトやリッチテキスト形式、図など、さまざまな形式から選択できます。

Excelの表をコピーする

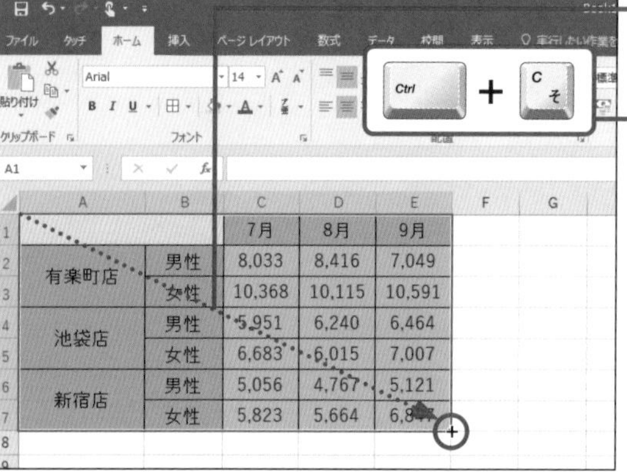

❶コピーするExcelの表をドラッグして選択し、

❷ Ctrl ＋ C キーを押して表をコピーします。

❸PowerPointに切り替えて、表を挿入するスライドを表示し、

❹＜ホーム＞タブの＜貼り付け＞のここをクリックして、

❺＜形式を選択して貼り付け＞をクリックします。

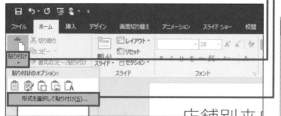

MEMO PowerPointの表として貼り付け

PowerPointで作成した表と同じ方法で編集できるようにするには、手順❺で、＜貼り付け先のスタイルを用＞または＜元の書式を保持＞のアイコンをクリックします。

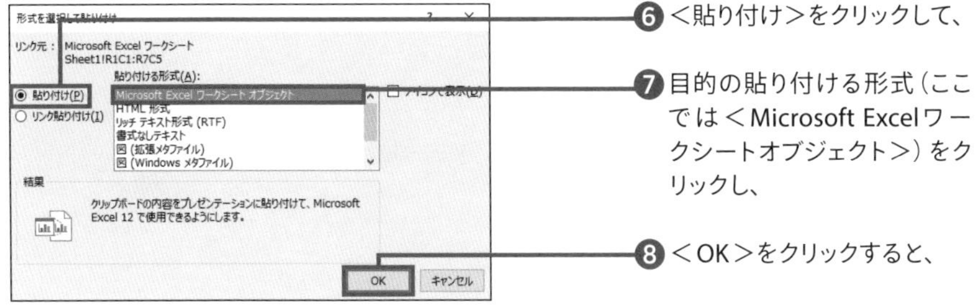

❻<貼り付け>をクリックして、

❼目的の貼り付ける形式（ここでは<Microsoft Excelワークシートオブジェクト>）をクリックし、

❽<OK>をクリックすると、

店舗別来店者数

表が貼り付けられた

		7月	8月	9月
有楽町店	男性	8,033	8,416	7,049
	女性	10,368	10,115	10,591
池袋店	男性	5,951	6,240	6,464
	女性	6,683	6,015	7,007
新宿店	男性	5,056	4,767	5,121
	女性	5,823	5,664	6,847

❾Excelの表が貼り付けられます。

MEMO リンク貼り付けをする

手順❻で<リンク貼り付け>をクリックして、リンク貼り付けにすると、コピー元のファイルを修正したときに、貼り付け先のデータも更新させることができます。

Excelワークシートオブジェクト形式の表を編集する

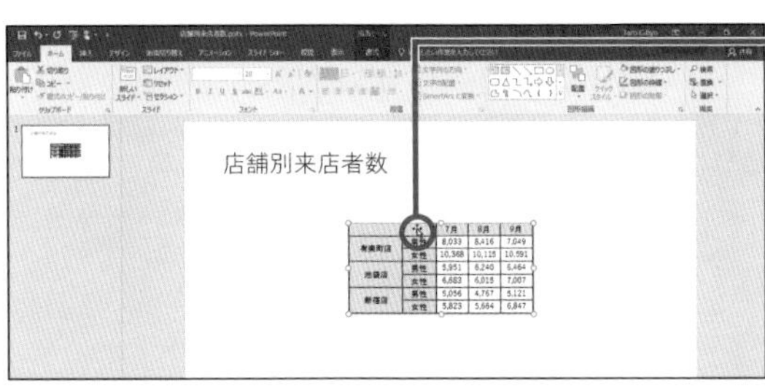

❶Microsoft Excelワークシートオブジェクト形式で貼り付けた表をダブルクリックすると、

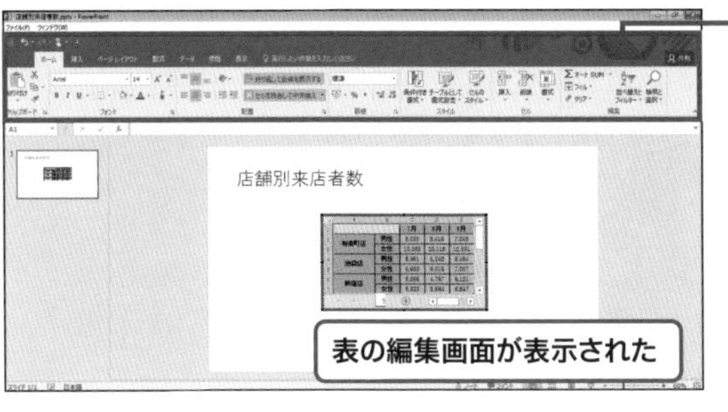

❷リボンがExcelのものに変わり、Excelの機能を使って編集できます。表以外の部分をクリックすると、スライド編集画面に戻ります。

SECTION 156 グラフ

グラフを挿入する

スライドには、棒グラフや折れ線グラフ、円グラフ、散布図など、さまざまな種類のグラフを挿入することができます。グラフの種類を選択した後、ワークシートが表示されるので、グラフの元になるデータを入力します。

グラフの種類を選択する

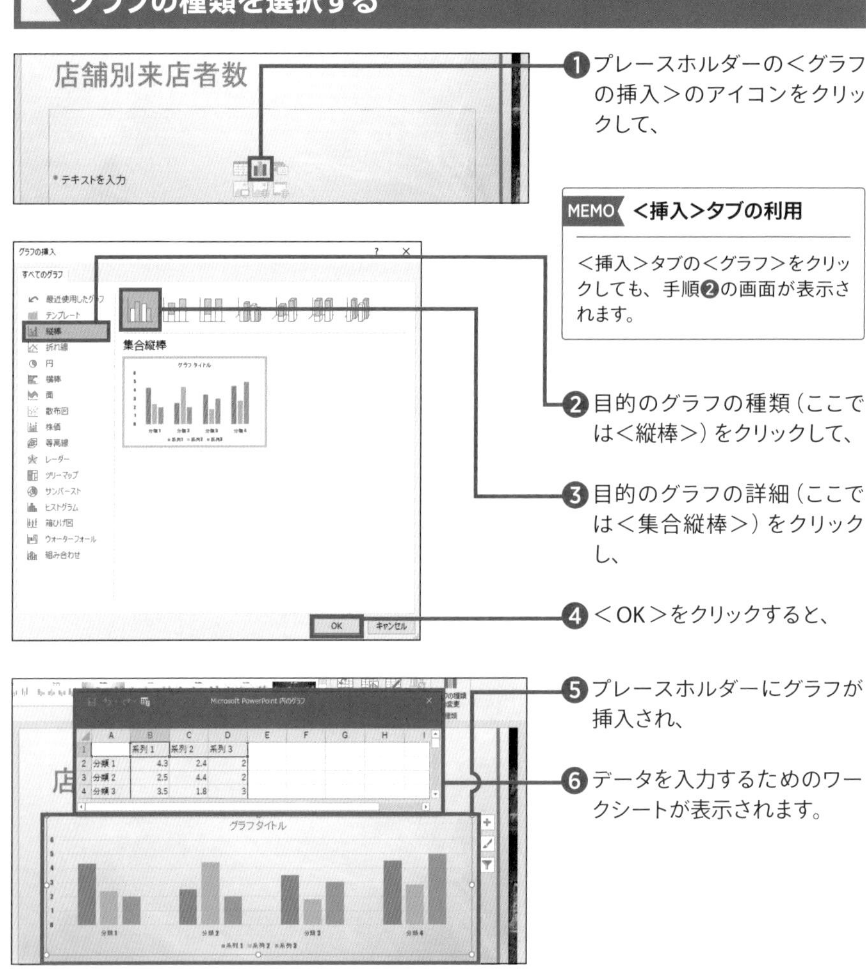

❶プレースホルダーの＜グラフの挿入＞のアイコンをクリックして、

❷目的のグラフの種類（ここでは＜縦棒＞）をクリックして、

❸目的のグラフの詳細（ここでは＜集合縦棒＞）をクリックし、

❹＜OK＞をクリックすると、

❺プレースホルダーにグラフが挿入され、

❻データを入力するためのワークシートが表示されます。

MEMO ＜挿入＞タブの利用

＜挿入＞タブの＜グラフ＞をクリックしても、手順❷の画面が表示されます。

グラフのデータを入力する

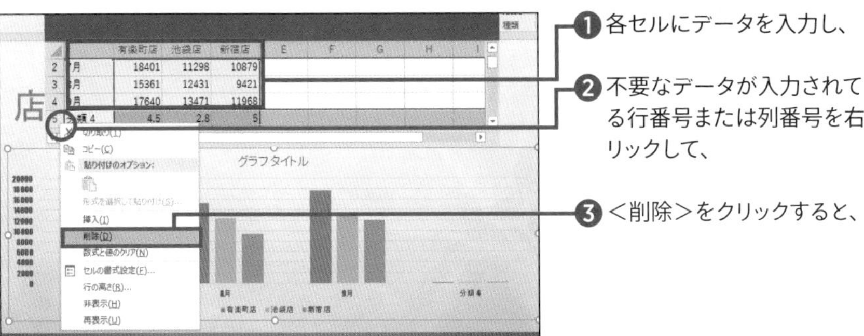

❶ 各セルにデータを入力し、

❷ 不要なデータが入力されている行番号または列番号を右クリックして、

❸ ＜削除＞をクリックすると、

❹ 不要なデータが削除されます。

❺ データの入力が終わったら、＜閉じる＞をクリックすると、

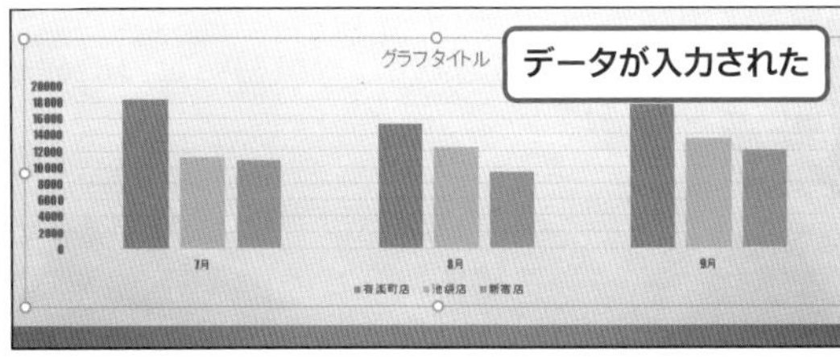

❻ ワークシートが閉じます。

COLUMN

データを編集する

ワークシートを閉じた後に、再度グラフのデータを表示する場合は、グラフをクリックして選択し、＜グラフツール＞＜デザイン＞タブの＜データの編集＞をクリックして、＜データの編集＞をクリックすると、ワークシートが表示されます。また、＜Excelでデータを編集＞をクリックすると、Excel 2019が起動してワークシートが表示されるので、編集できます。

グラフの種類を変更する

作成したグラフが見づらい、他の種類にしたいというときは、後からグラフの種類を変更することができます。グラフの種類は、＜グラフツール＞＜デザイン＞タブの＜グラフの種類の変更＞から変更します。

グラフの種類を変更する

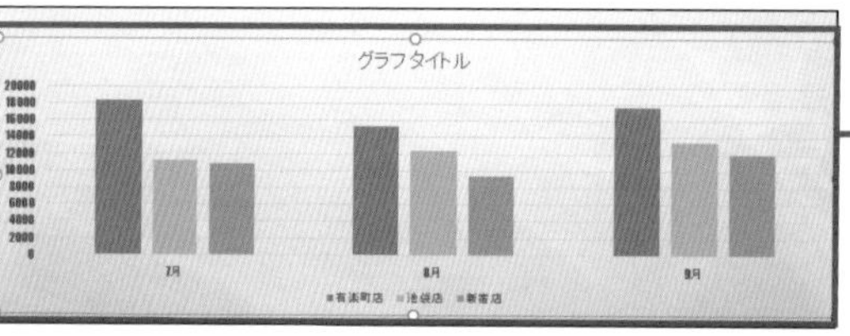

❶グラフをクリックして選択し、

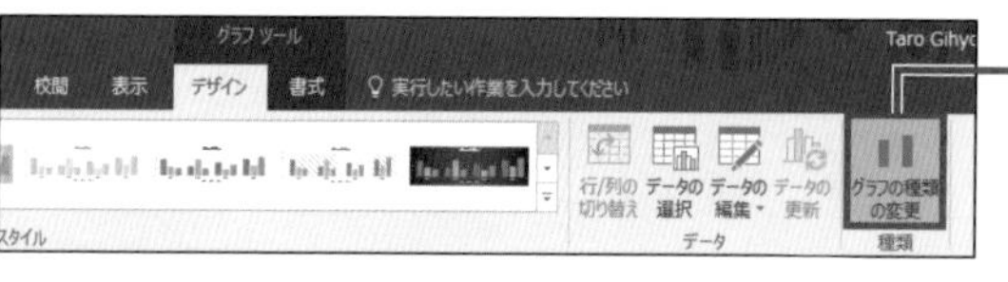

❷＜グラフツール＞＜デザイン＞タブの＜グラフの種類の変更＞をクリックします。

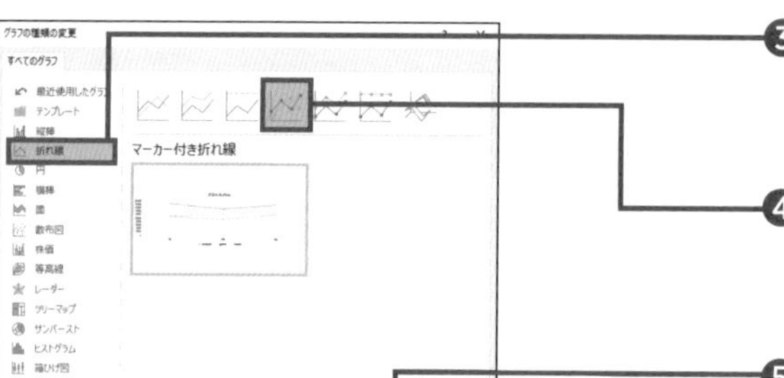

❸変更後のグラフの種類（ここでは＜折れ線＞）をクリックして、

❹目的のグラフの詳細（ここでは＜マーカー付き折れ線＞）をクリックし、

❺＜OK＞をクリックすると、

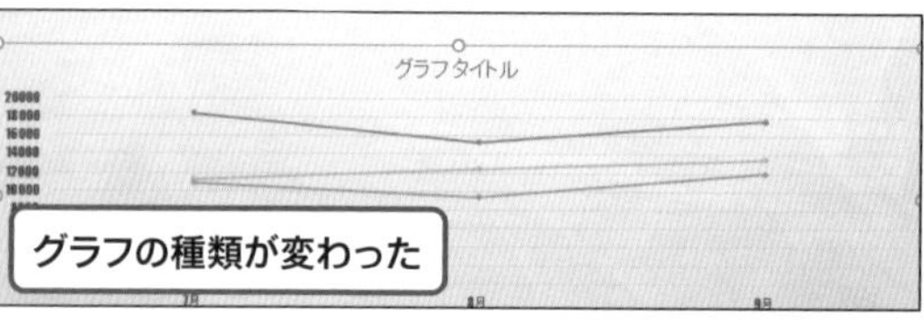

❻グラフの種類が変更されます。

SECTION 158 グラフ

棒グラフと折れ線グラフを組み合わせたグラフを作成する

異なる種類のグラフを組み合わせたグラフを、「複合グラフ」といいます。複合グラフは、数値が大きく異なるデータや、種類の異なるデータを表示するときに利用します。ここでは、縦棒グラフを複合グラフに変更する方法を解説します。

複合グラフを作成する

❶グラフを選択し、<グラフツール><デザイン>タブの<グラフの種類の変更>をクリックします。

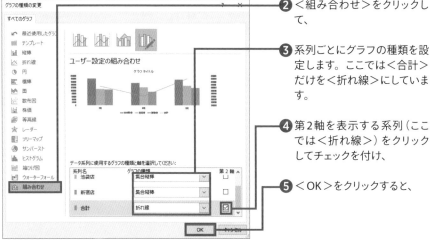

❷<組み合わせ>をクリックして、

❸系列ごとにグラフの種類を設定します。ここでは<合計>だけを<折れ線>にしています。

❹第2軸を表示する系列（ここでは<折れ線>）をクリックしてチェックを付け、

❺<OK>をクリックすると、

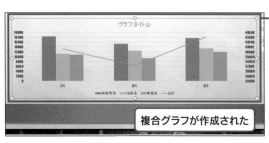

❻複合グラフが作成されます。

複合グラフが作成された

グラフのタイトルを表示しない

グラフを作成すると、グラフの上部にグラフタイトルが表示されます。「グラフタイトル」の文字をドラッグして、文字を入力すると、書き換えることができます。また不要な場合は、非表示にすることができます。

グラフタイトルを非表示にする

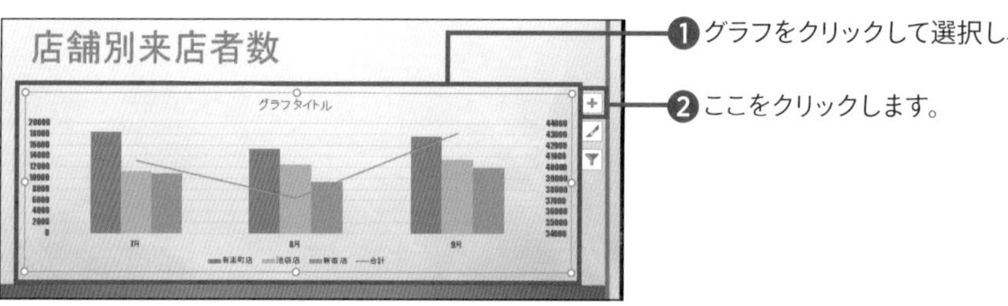

❶グラフをクリックして選択し、

❷ここをクリックします。

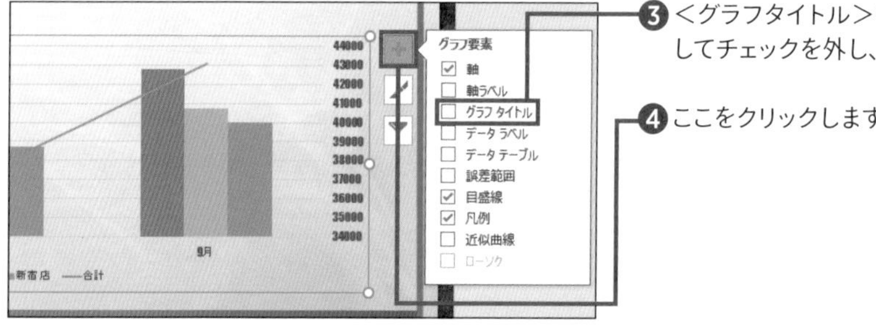

❸<グラフタイトル>をクリックしてチェックを外し、

❹ここをクリックします。

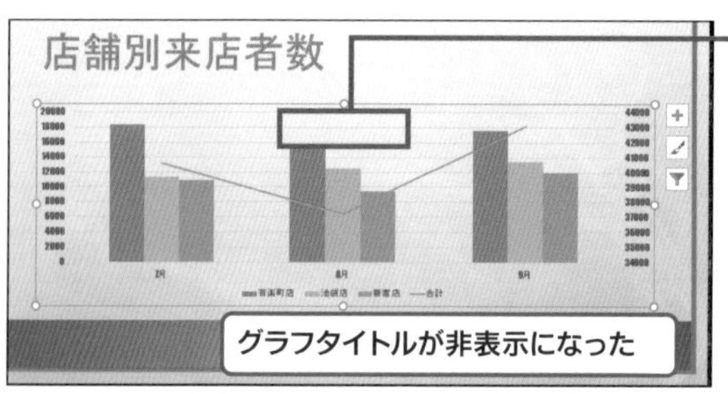

❺グラフタイトルが非表示になります。

MEMO グラフ要素の表示／非表示

他のグラフ要素も、手順❸の画面で表示／非表示を切り替えることができます。

グラフにデータの数値を表示する

グラフの各項目にデータの数値を表示したい場合は、「データラベル」を利用します。データラベルの位置は、グラフの中央、内側、外側などから選択できる他に、吹き出しにして表示させることもできます。

データラベルを表示する

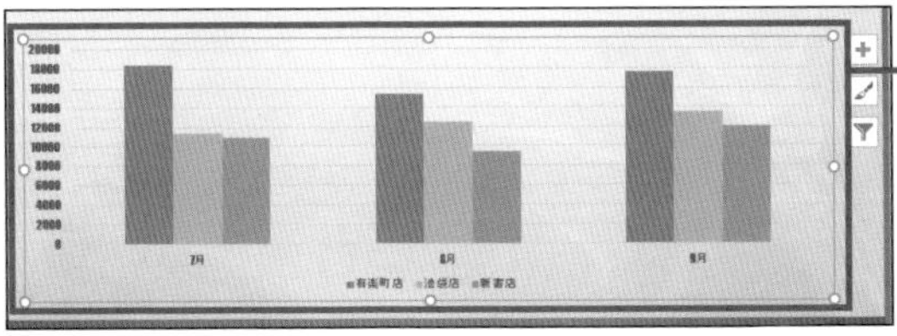

❶グラフをクリックして選択し、

MEMO グラフ右側のボタンを利用

グラフ右側に表示されるグラフ要素を追加するボタン（P.204の手順❸の画面参照）からも、データラベルを表示できます。

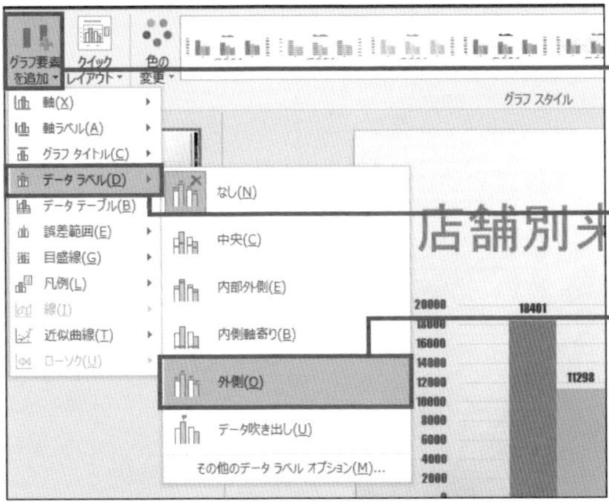

❷＜グラフツール＞＜デザイン＞タブの＜グラフ要素を追加＞をクリックして、

❸＜データラベル＞をポイントし、

❹目的の位置（ここでは＜外側＞）をクリックすると、

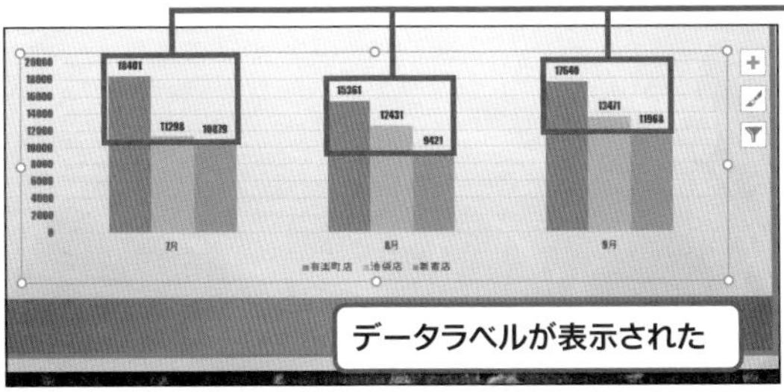

❺各グラフ要素にデータラベルが表示されます。

データラベルが表示された

円グラフの項目名と比率を表示する

円グラフのデータラベルをP.205の方法で表示すると、入力した数値が表示されます。グラフの各項目に項目名や%を表示するには、データラベルオプションで、表示する項目を設定します。

データラベルオプションを設定する

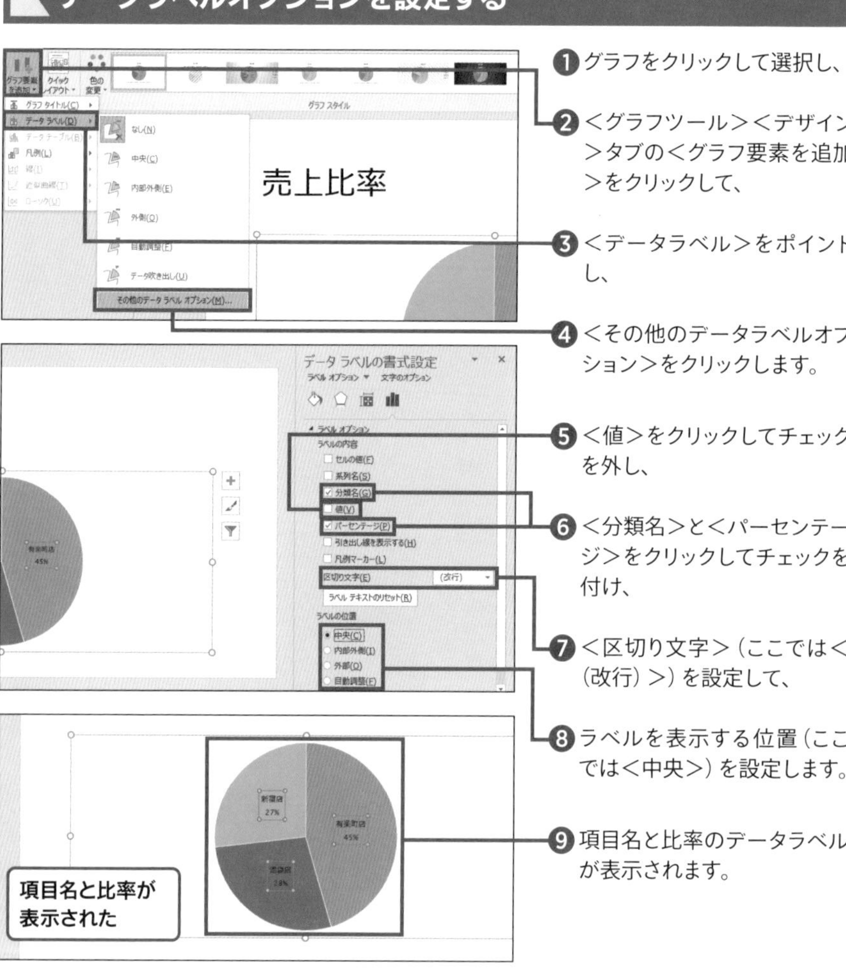

❶グラフをクリックして選択し、

❷<グラフツール><デザイン>タブの<グラフ要素を追加>をクリックして、

❸<データラベル>をポイントし、

❹<その他のデータラベルオプション>をクリックします。

❺<値>をクリックしてチェックを外し、

❻<分類名>と<パーセンテージ>をクリックしてチェックを付け、

❼<区切り文字>（ここでは<（改行）>）を設定して、

❽ラベルを表示する位置（ここでは<中央>）を設定します。

❾項目名と比率のデータラベルが表示されます。

SECTION 162 グラフ

軸の目盛の最小値や間隔を変更する

グラフの軸の目盛の最小値や最大値、間隔は、数値によって自動的に設定されますが、変更することもできます。データの違いや推移がわかりづらいときは、＜軸のオプション＞でこれらの設定を変更します。

軸のオプションを変更する

❶軸をダブルクリックします。

❷＜最小値＞と＜最大値＞に数値を入力して、

❸＜主＞に数値を入力して Enter キーを押すと、

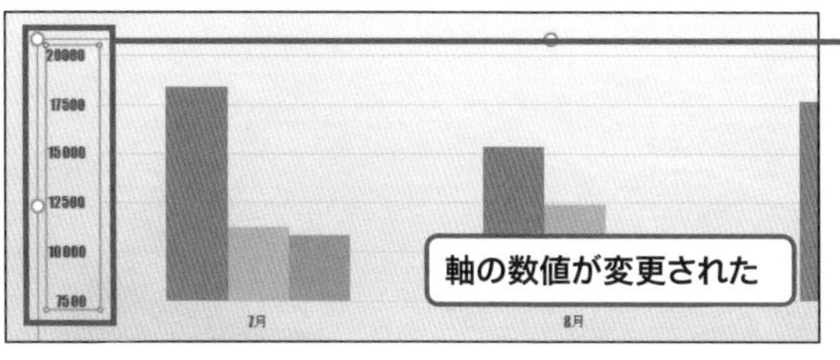

❹軸の数値が変更されます。

SECTION 163 グラフ

テーマに合わせて グラフ全体の色を変更する

グラフ全体の色は、<グラフツール><デザイン>タブの<色の変更>から変更できます。一覧に表示される色の組み合わせは、プレゼンテーションに設定しているデザインテーマの配色（P.103、122参照）によって異なります。

グラフ全体の色を変更する

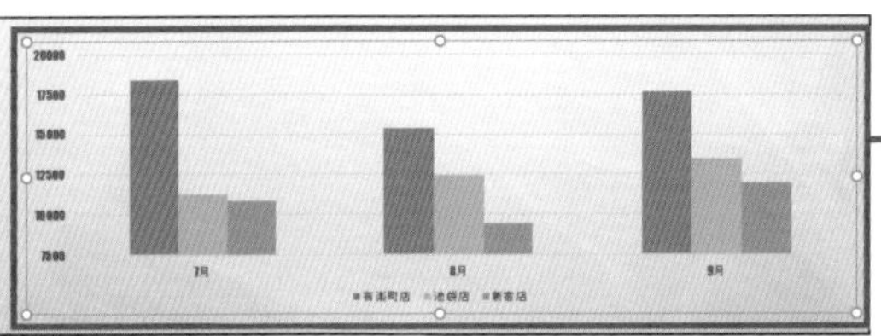

❶グラフをクリックして選択し、

❷<グラフツール><デザイン>タブの<色の変更>をクリックして、

❸目的の色（ここでは<カラフルなパレット2>）をクリックすると、

❹グラフ全体の色が変更されます。

グラフの色が変更された

COLUMN

グラフにスタイルを設定する

<グラフツール><デザイン>タブの<グラフスタイル>では、グラフのパターンやグラデーション、グラフエリアの色などをまとめて変更できます。

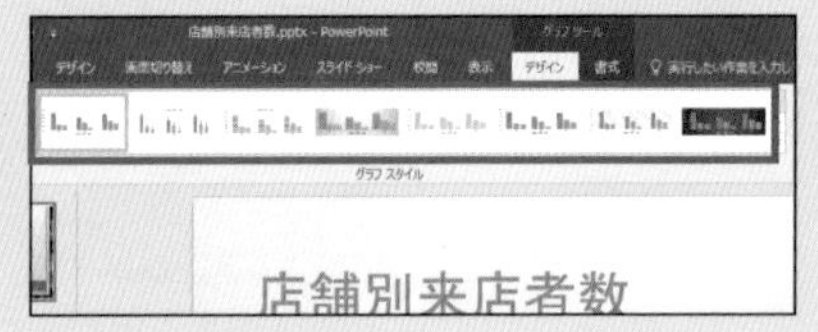

SECTION 164 グラフ

棒グラフの1本だけ色を変更する

既定では、同じ系列のグラフには、同じ色が設定されます。同じ系列の中でも、特に目立たせたいデータがあるときは、その部分だけ色を変更して、注目させることができます。色の変更は、＜グラフツール＞＜書式＞タブの＜図形の塗りつぶし＞から行います。

データ要素の色を変更する

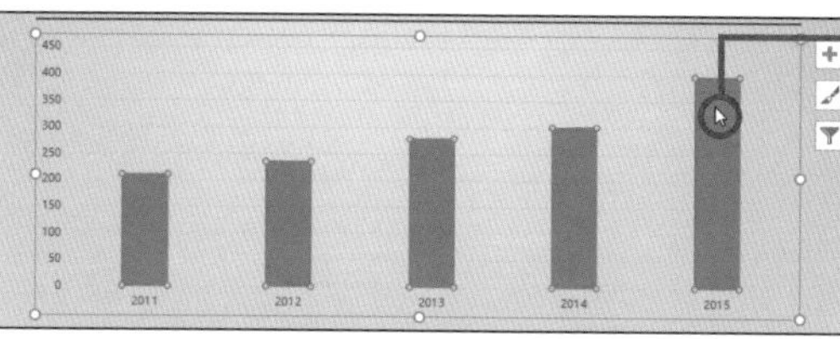

❶目的のデータ要素をクリックすると、データ系列が選択されます。

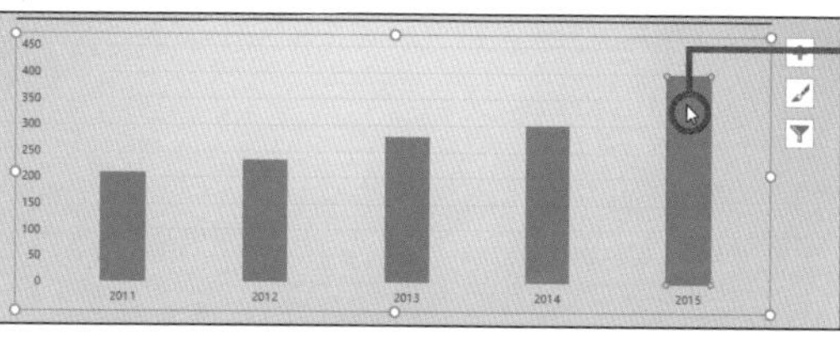

❷再度目的のデータ要素をクリックすると、そのデータ要素だけが選択されます。

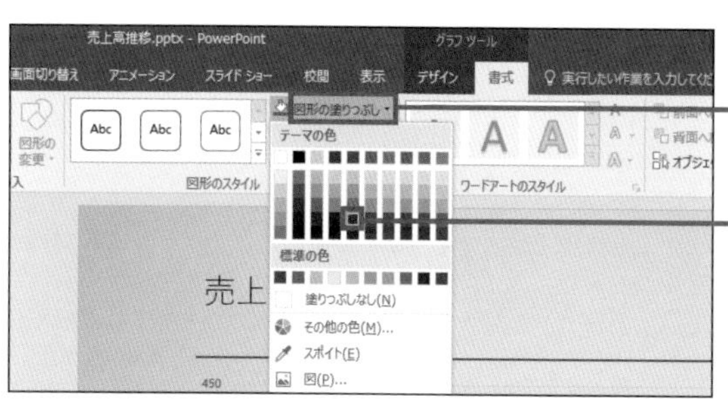

❸＜グラフツール＞＜書式＞タブの＜図形の塗りつぶし＞のここをクリックして、

❹目的の色（ここでは＜赤、アクセント1＞）をクリックすると、

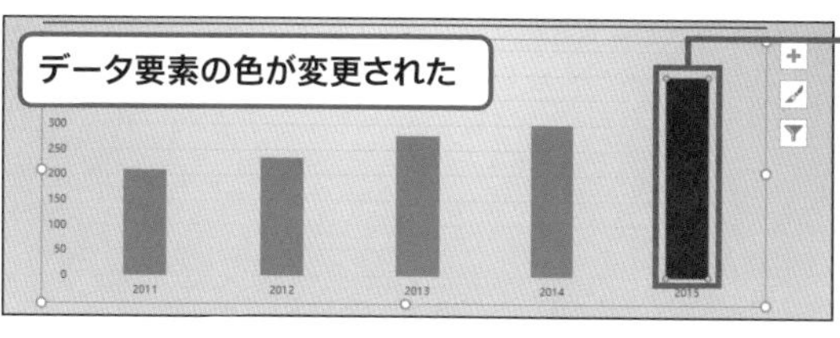

❺選択したデータ要素の色が変更されます。

SECTION 165 グラフ

棒グラフの要素の間隔を変更して見やすくする

棒グラフの要素の間隔が広すぎると、余白が大きくなってバランスが悪く、見づらくなります。要素の間隔を小さくすると、棒グラフの横幅が大きくなり、棒と棒の間隔が小さくなります。要素の間隔は、＜データ系列の書式設定＞ウィンドウで設定できます。

要素の間隔を変更する

❶棒グラフのデータ系列をダブルクリックして、

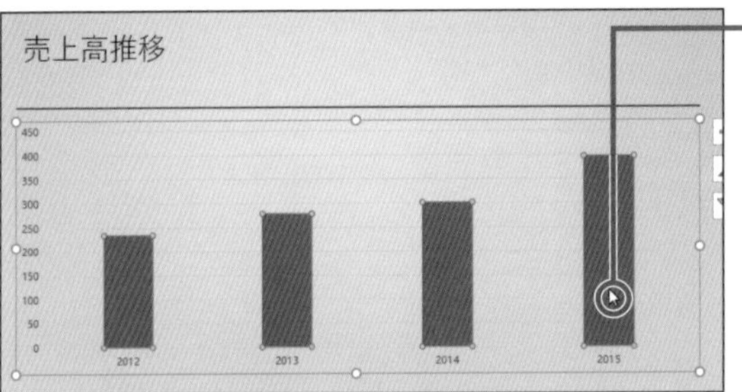

❷＜系列のオプション＞をクリックし、

❸＜要素の間隔＞（ここでは＜80%＞）を変更すると、

> **MEMO 要素の間隔の変更**
>
> ＜要素の間隔＞で数値を小さくすると、棒グラフの横幅が広くなり、要素の間隔が狭くなります。

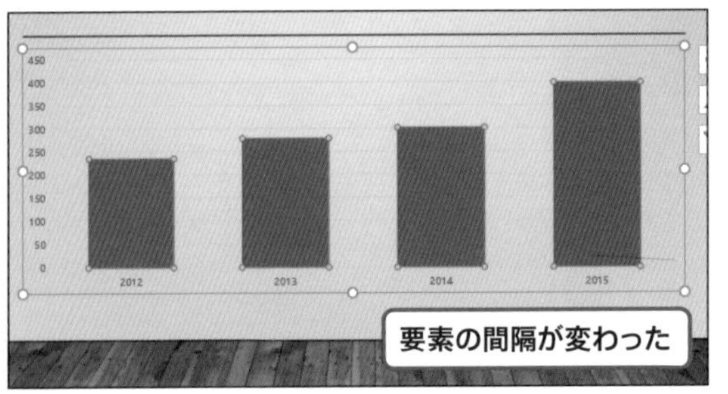

❹要素の間隔が変わります。

円グラフの1項目を切り離して強調する

円グラフは、すべての項目が中心に集まって隣接していますが、項目ごとに切り離すことができます。1つの項目だけを切り離すと、そのデータを目立たせることができます。項目を切り離すには、図形と同様にドラッグして移動します。

円グラフの1項目を切り出す

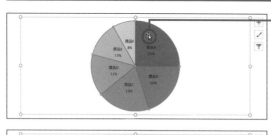

❶ 項目をクリックすると、すべての項目が選択されます。

> **MEMO すべての項目を切り離す**
>
> 円グラフのすべての項目を切り離すには、手順❶のすべての項目が選択された状態で、いずれかの項目を外側にドラッグします。

❷ 再度目的の項目をクリックすると、その項目だけが選択されます。

❸ 項目を外側に向かってドラッグすると、

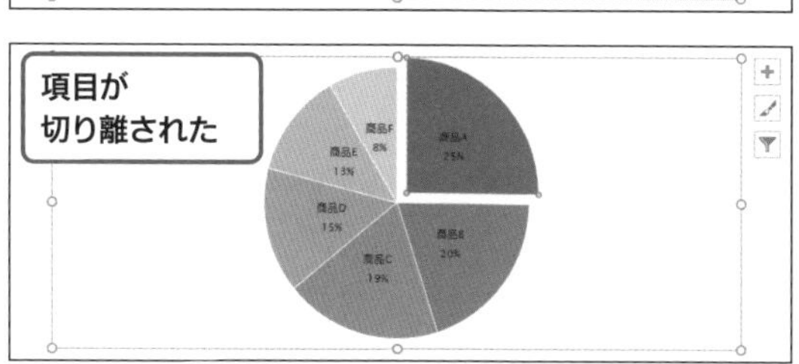

❹ 選択した項目が切り離されます。

SECTION 167 グラフ

Excelのグラフを貼り付ける

プレゼンテーションに利用したいグラフが、既にExcelで作成してある場合は、コピーしてスライドに貼り付けることができます。貼り付けるときは、Excelグラフオブジェクトや図などの形式から選択します。

Excelのグラフをコピーする

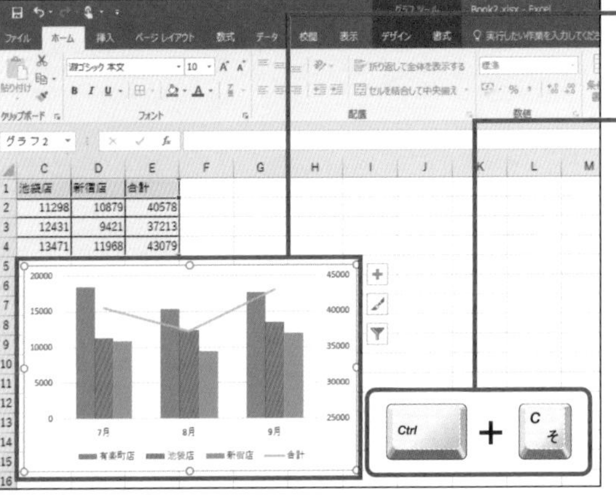

❶コピーするExcelのグラフをクリックして選択し、

❷Ctrl＋Cキーを押してグラフをコピーします。

❸PowerPointに切り替えて、グラフを挿入するスライドを表示し、

❹＜ホーム＞タブの＜貼り付け＞のここをクリックして、

❺＜形式を選択して貼り付け＞をクリックします。

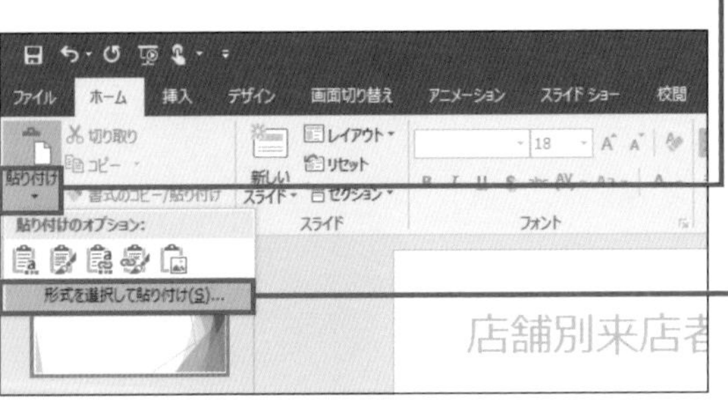

MEMO PowerPointのグラフとして

PowerPointで作成したグラフと同じ方法で編集できるようにするには、手順❺で、＜貼り付け先のテーマを使用しブックを埋め込む＞または＜元の書式を保持しブックを埋め込む＞のアイコンをクリックします。

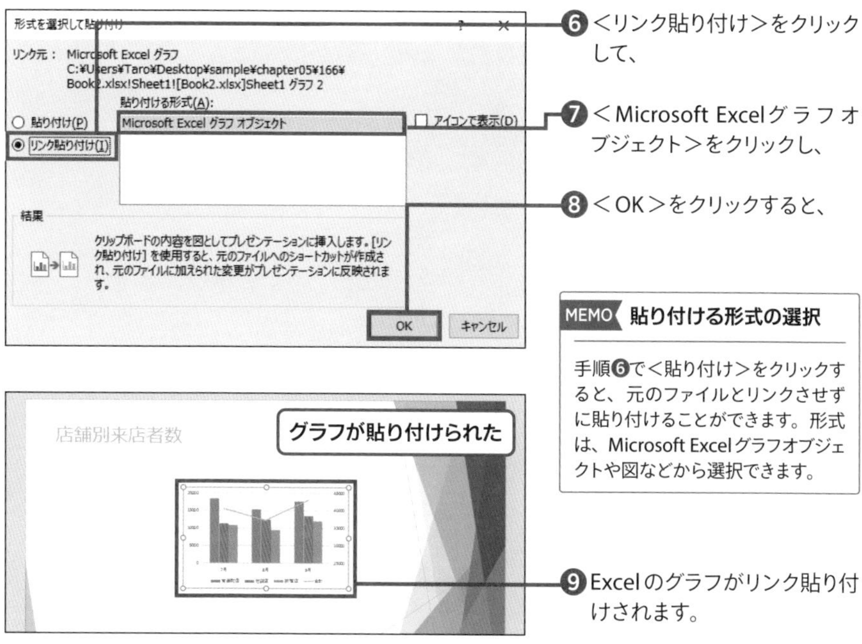

❻ <リンク貼り付け>をクリックして、

❼ <Microsoft Excelグラフオブジェクト>をクリックし、

❽ <OK>をクリックすると、

❾ Excelのグラフがリンク貼り付けされます。

> **MEMO 貼り付ける形式の選択**
>
> 手順❻で<貼り付け>をクリックすると、元のファイルとリンクさせずに貼り付けることができます。形式は、Microsoft Excelグラフオブジェクトや図などから選択できます。

Excelグラフオブジェクトのグラフを編集する

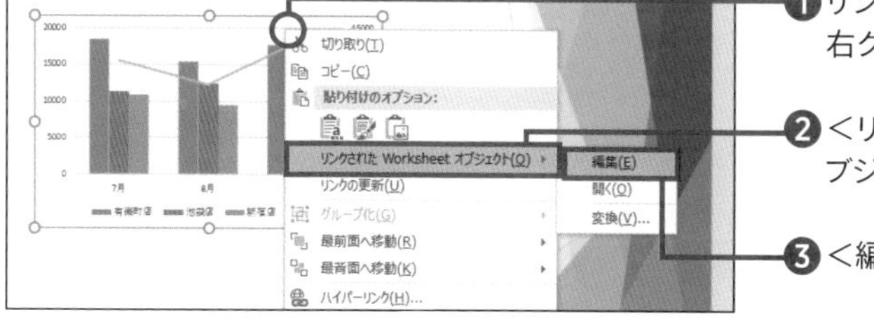

❶ リンク貼り付けしたグラフを右クリックして、

❷ <リンクされたWorksheetオブジェクト>をポイントし、

❸ <編集>をクリックすると、

グラフの元のファイルが表示された

❹ Excelが起動し、元のファイルが表示されます。

COLUMN

グラフの構成要素

グラフは、さまざまな要素から構成されています。各要素の名称を覚えておくと、スムーズにグラフを編集できます。

構成要素の名称は、Office共通なので、PowerPointだけでなく、ExcelやWordでも利用できます。

各要素を編集するときは、その要素をクリックして選択します。うまく選択できないときは、＜グラフツール＞＜書式＞タブの＜グラフ要素＞の一覧から、目的の要素を選択します。

要素を選択して、ダブルクリックするか、＜グラフツール＞＜書式＞タブの＜選択対象の書式設定＞をクリックすると、各要素の＜書式設定＞ウィンドウが表示されるので、書式やオプションを設定できます。

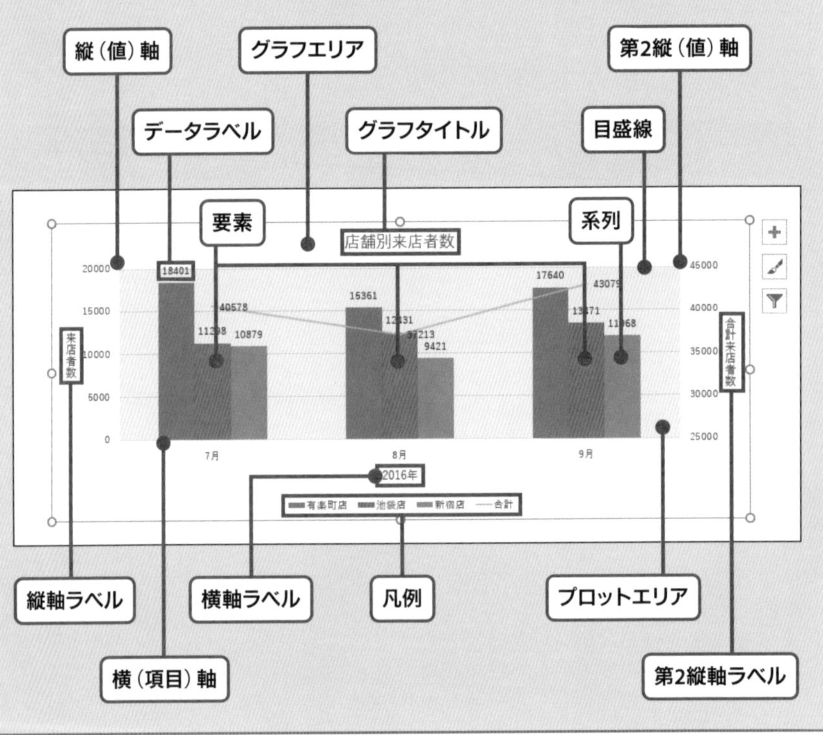

第 6 章

動きで魅せる！
アニメーションの
テクニック

プレゼンテーションに動きを付ける

アニメーションを設定すると、動きが出て注意を引きつけることができます。アニメーションには、スライドを切り替えるときの「画面切り替え効果」と、テキストなどのオブジェクトに設定する「アニメーション効果」があります。

画面切り替え効果

スライドが切り替わるときに設定する効果を、「画面切り替え効果」といいます。PowerPoint 2019には、48種類の画面切り替え効果が用意されており、<画面切り替え>タブの<画面切り替え>グループで設定することができます。

あかね町
フェスティバル
2021年版企画案

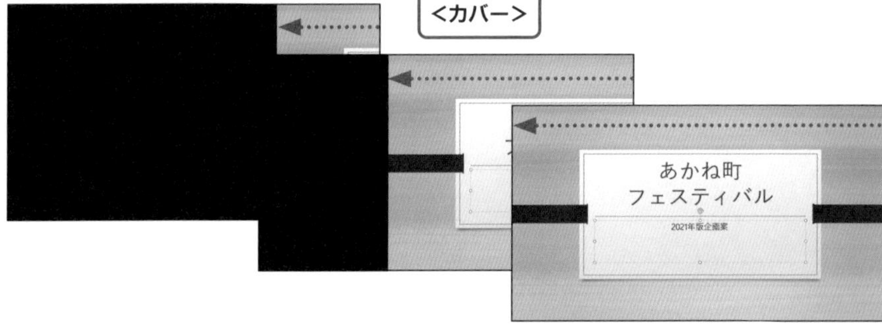
<カバー>
あかね町
フェスティバル
2021年版企画案

アニメーション効果

テキストや図形、グラフなどのオブジェクトに設定する効果を「アニメーション効果」といいます。アニメーション効果は、<アニメーション>タブの<アニメーション>グループで設定することができます。

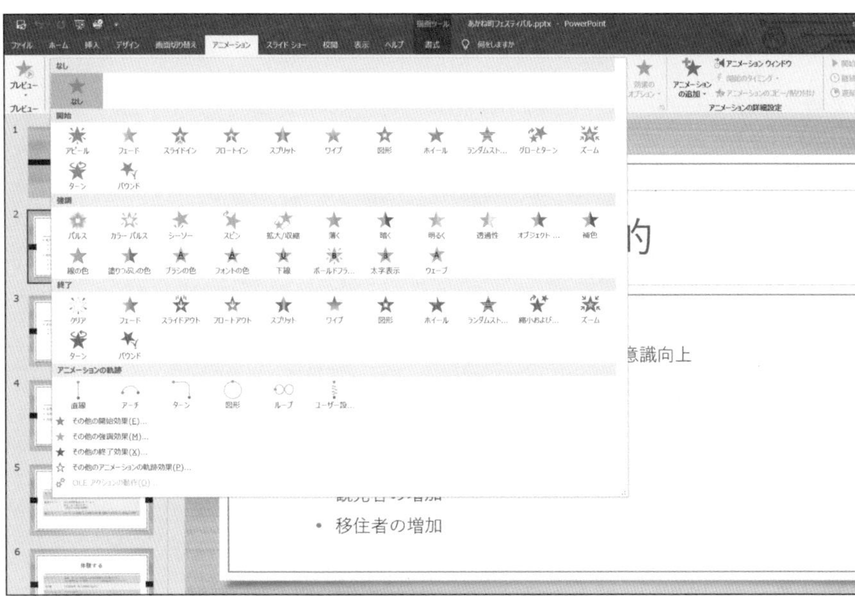

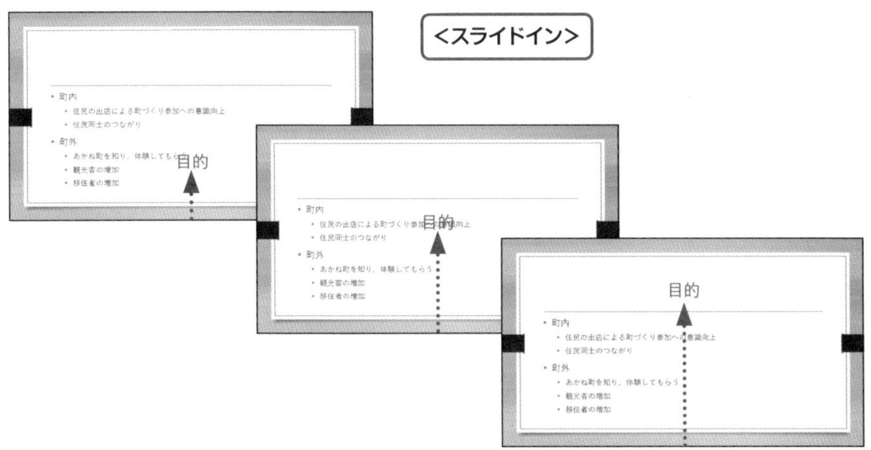

SECTION 169 画面切り替え

スライドが変わるときに動きを付ける

スライドの切り替え時にアニメーションのような動きを設定するには、画面切り替え効果を利用します。画面切り替え効果には、「カバー」や「ワイプ」といったシンプルなものだけでなく、「ハチの巣」や「ディゾルブ」などのはなやかなものも用意されています。

画面切り替え効果を設定する

❶画面切り替え効果を設定するスライドを表示して、＜画面切り替え＞タブの＜画面切り替え＞グループのここをクリックすると、

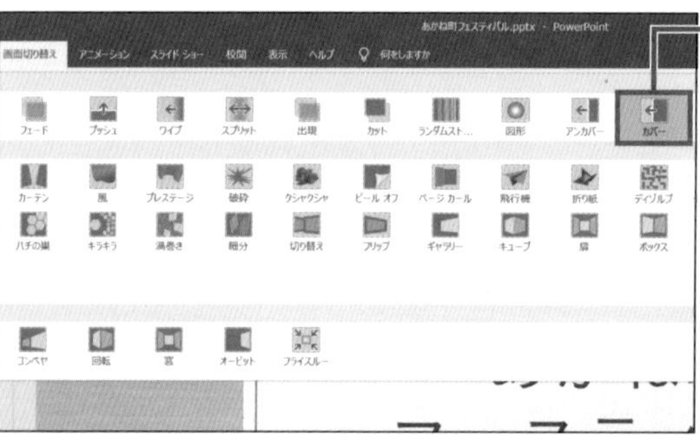

❷画面切り替え効果の一覧が表示されるので、目的の画面切り替え効果（ここでは＜カバー＞）をクリックします。

❸画面切り替え効果が設定され、スライドのサムネイルにアイコン★が表示されます。

MEMO 複数のスライドの場合

複数のスライドに同じ画面切り替え効果を設定したい場合は、サムネイルウィンドウで目的のスライドをすべて選択してから、画面切り替え効果を設定します。

画面切り替え効果を確認する

画面切り替え効果を設定すると、直後に画面切り替え効果が再生され、スライドの動きを確認できます。また、＜画面切り替え＞タブの＜プレビュー＞をクリックすると、いつでも画面切り替え効果を確認することができます。

画面切り替え効果をプレビューする

❶画面切り替え効果を確認するスライドを表示して、＜画面切り替え＞タブの＜プレビュー＞をクリックすると、

MEMO スライドショーで確認

＜スライドショー＞タブの＜最初から＞をクリックすると、最初のスライドからスライドショーが開始され、画面切り替え効果を確認できます（P.274参照）。

❷画面切り替え効果が再生され、スライドの動きを確認できます。

画面切り替え効果が再生された

画面切り替え効果を削除する

一度設定した画面切り替え効果が不要になった場合は、削除することができます。画面切り替え効果を無効にするには、＜画面切り替え＞タブの＜画面切り替え＞の一覧から、＜なし＞をクリックします。

画面切り替え効果を無効にする

❶画面切り替え効果を削除するスライドを表示して、＜画面切り替え＞タブの＜画面切り替え＞グループのここをクリックすると、

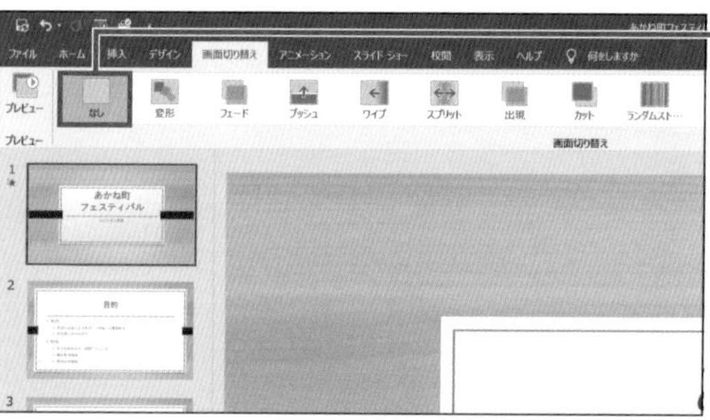

❷画面切り替え効果の一覧が表示されるので、＜なし＞をクリックします。

MEMO 複数のスライドの場合

複数のスライドの画面切り替え効果を削除したい場合は、サムネイルで目的のスライドをすべて選択してから、画面切り替え効果を＜なし＞に設定します。

❸画面切り替え効果が削除され、スライドのサムネイルに表示されていたアイコンがなくなります。

SECTION 172 画面切り替え

スライドが切り替わる方向を設定する

画面切り替え効果は、<効果のオプション>を利用すると、スライドが切り替わる方向などを変更することができます。なお、一覧に表示される項目は、設定している画面切り替え効果の種類によって異なります。

効果のオプションを設定する

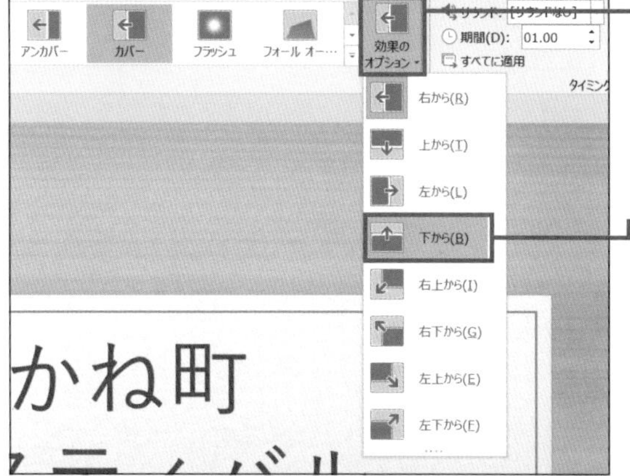

❶スライドが切り替わる方向を変更するスライドを表示して、<画面切り替え>タブの<効果のオプション>をクリックし、

❷目的の方向（ここでは<下から>）をクリックすると、

❸スライドの切り替わる方向が変更されます。

あかね町
フェスティバル
2021年版企画案

スライドの切り替わる方向が変わった

SECTION 173 画面切り替え

スライドが切り替わるスピードを設定する

スライドの切り替えが速すぎると、見づらくなってしまいます。画面切り替え効果のスピードは、遅くしたり、速くしたりして、調整することができます。<画面切り替え>タブの<期間>のボックスに、秒数を入力して指定します。

画面切り替え効果のスピードを変更する

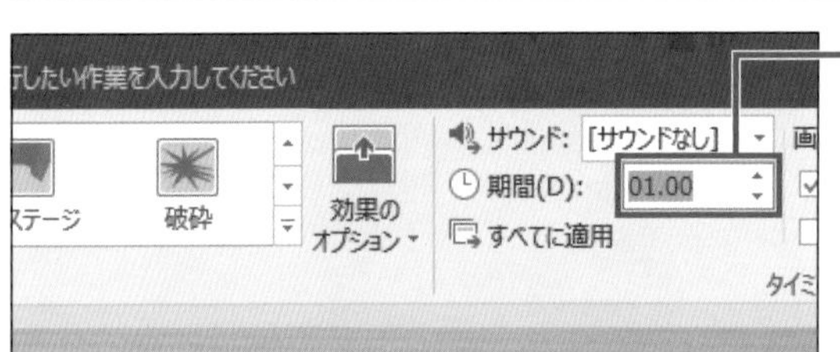

❶ スライドが切り替わるスピードを変更するスライドを表示して、<画面切り替え>タブの<期間>の数値をクリックして選択し、

❷ 秒数を入力すると、スライドが切り替わるスピードが変更されます。数字を大きくするとゆっくりに、小さくすると速くなります。

スライドの切り替わるスピードが変わった

COLUMN

ボタンでスピードを設定する

画面切り替え効果のスピードは、<画面切り替え>タブの<期間>の右側にあるボタンをクリックして変更することも可能です。

SECTION 174
画面切り替え

指定した時間で自動的にスライドが切り替わるようにする

スライドショーを実行する際、初期設定ではスライドの切り替えはクリックで行います。自動的にスライドが切り替わるようにするには、＜画面切り替え＞タブの＜自動的に切り替え＞で、スライドが切り替わるまでの時間を指定します。

画面切り替えのタイミングを設定する

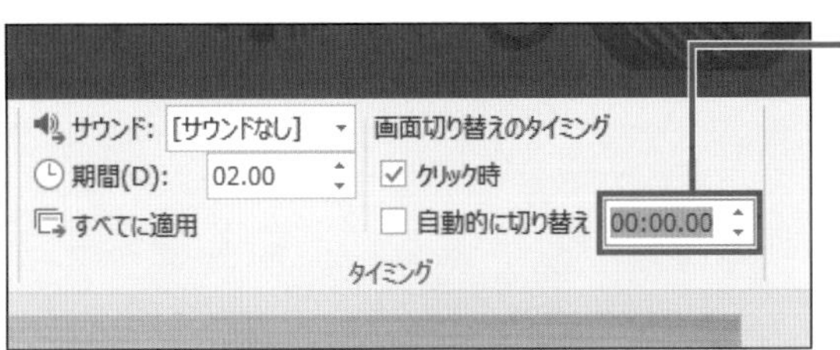

❶ 画面切り替えのタイミングを設定するスライドを表示し、＜画面切り替え＞タブの＜自動的に切り替え＞の数値をクリックして選択し、

❷ 秒数を入力すると、自動的にスライドが切り替わるまでの時間が設定されます。

サウンド: [サウンドなし]
期間(D): 02.00
すべてに適用
画面切り替えのタイミング
クリック時
自動的に切り替え 5
タイミング

指定した時間でスライドが自動的に切り替わるように設定された

MEMO 自動的にオンになる

＜自動的に切り替え＞のボックスに時間を入力して確定すると、自動的に＜自動的に切り替え＞がオンになります。

COLUMN

スライド一覧表示モードで確認できる

スライド一覧表示モードに切り替えると（P.52参照）、各スライドの右下に、自動的に切り替わるまでの時間が表示されます。

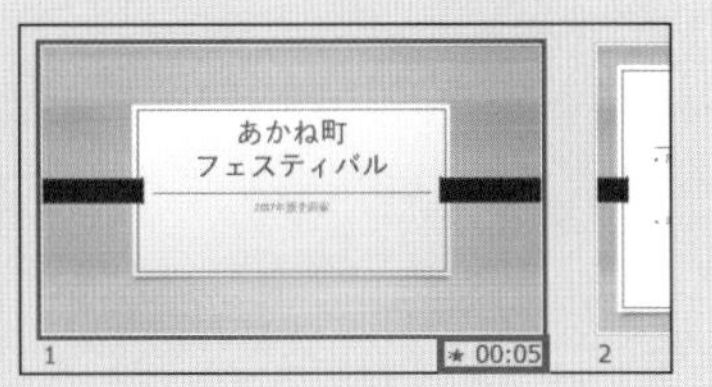

第5章
画面切り替え
第6章
第7章
第8章
第9章

スライドが切り替わるときの効果音を設定する

スライドを切り替えるときに、アクセントを付けるための効果音を設定することができます。PowerPointにはあらかじめ19種類の効果音が用意されていますが、パソコンに保存されている音声ファイルを指定することもできます。

画面切り替え時のサウンドを設定する

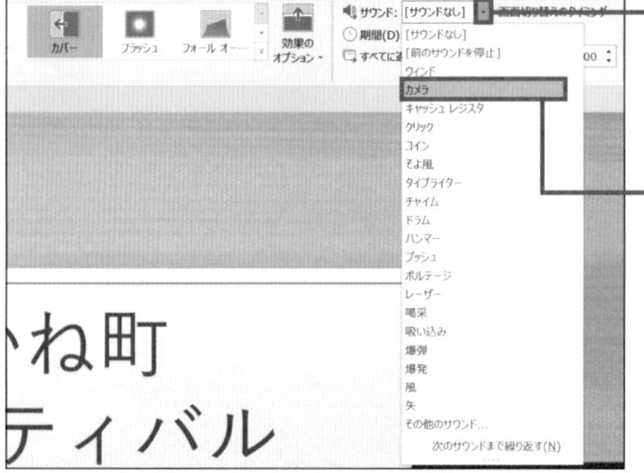

❶画面切り替え時の効果音を設定するスライドを表示して、<画面切り替え>タブの<サウンド>の▾をクリックし、

❷目的の効果音（ここでは<カメラ>）をクリックすると、

❸効果音が設定されます。

効果音が設定された

COLUMN

音声ファイルを指定する

パソコンに保存されている音声ファイルを効果音に指定するには、手順❷で<その他のサウンド>をクリックします。<オーディオの追加>ダイアログボックスが表示されるので、目的のファイルを指定し、<OK>をクリックします。

同じ切り替え効果を設定して統一感を出す

スライドごとに異なる画面切り替え効果を設定すると、見づらくなってしまうため、なるべく同じ画面切り替え効果を設定して、統一感を出しましょう。その場合は、<画面切り替え>タブの<すべてに適用>を利用します。

すべてのスライドに同じ画面切り替え効果を設定する

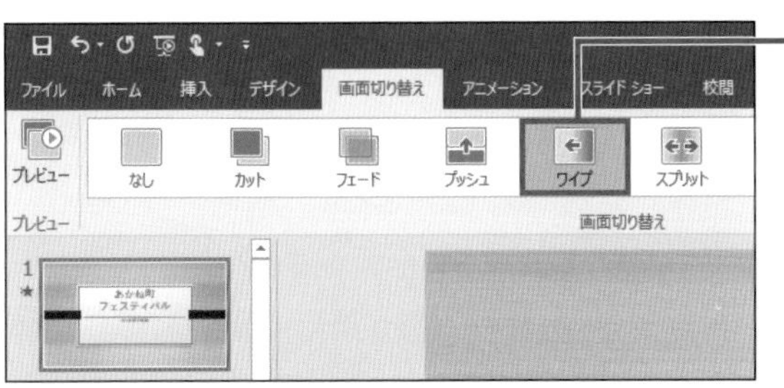

❶<画面切り替え>タブの<画面切り替え>で目的の画面切り替え効果（ここでは<ワイプ>）をクリックし、

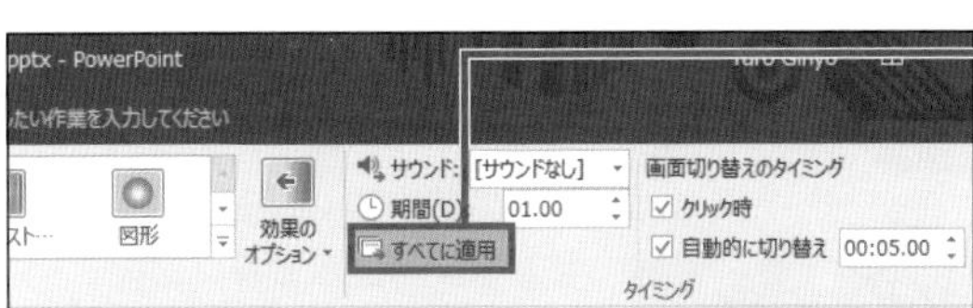

❷<画面切り替え>タブの<すべてに適用>をクリックすると、

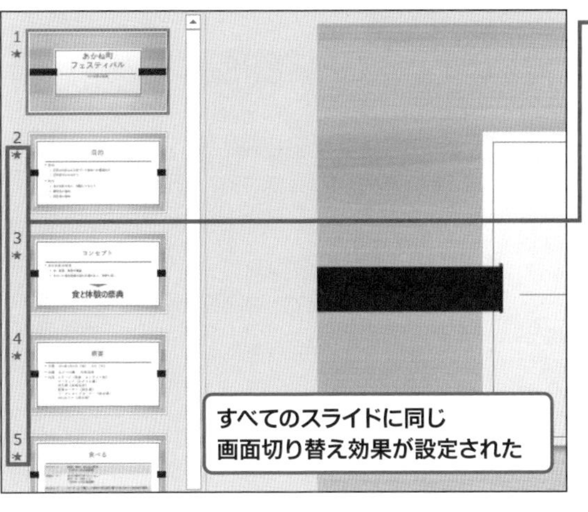

❸すべてのスライドに同じ画面切り替え効果が設定されます。

MEMO すべての設定が適用される

<すべてに適用>をクリックすると、画面切り替え効果の種類だけでなく、効果のオプションやサウンド、期間、スライドが自動的に切り替わるタイミングといった、画面切り替え効果に関するすべての設定が全スライドに適用されます。

暗い画面から次のスライドに切り替わるようにする

次のスライドに切り替わる前に、一度暗い画面が表示されると、期待感が高まります。このような画面切り替え効果を適用するには、＜フェード＞を利用し、効果のオプションを＜黒いスクリーンから＞に設定します。

＜フェード＞を設定する

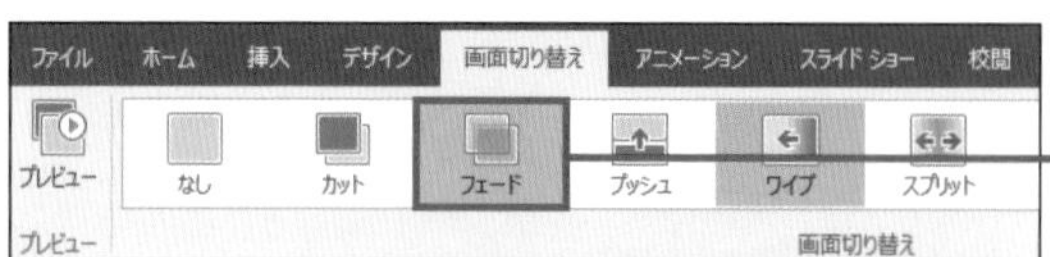

❶画面切り替え効果を設定するスライドを表示して、＜画面切り替え＞タブの＜画面切り替え＞で＜フェード＞をクリックし、

❷＜効果のオプション＞をクリックして、

❸＜黒いスクリーンから＞をクリックすると、

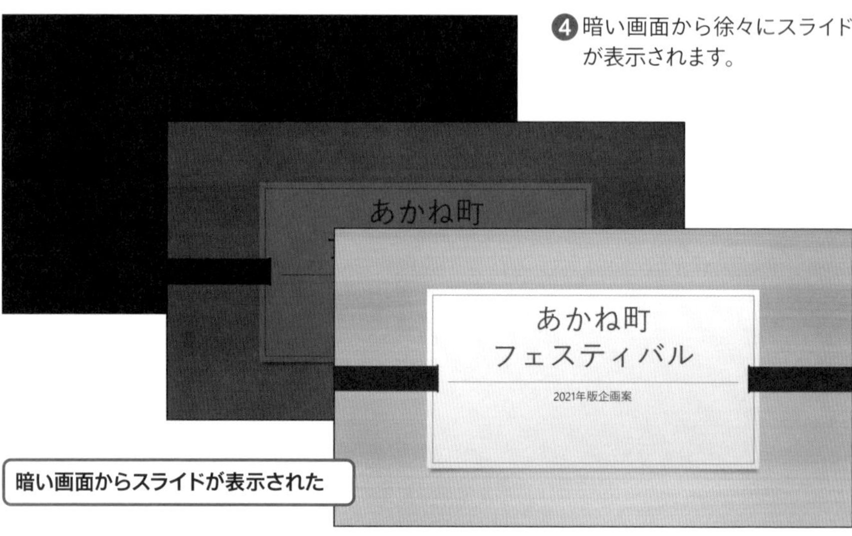

暗い画面からスライドが表示された

❹暗い画面から徐々にスライドが表示されます。

テキストや図形に設定できるアニメーション

テキストや図形などのオブジェクトに設定できるアニメーションには、オブジェクトが表示される「開始」、「強調」、オブジェクトが非表示になる「終了」、そして動きを自由に設定できる「アニメーションの軌跡」の4種類があります。

アニメーション効果の種類

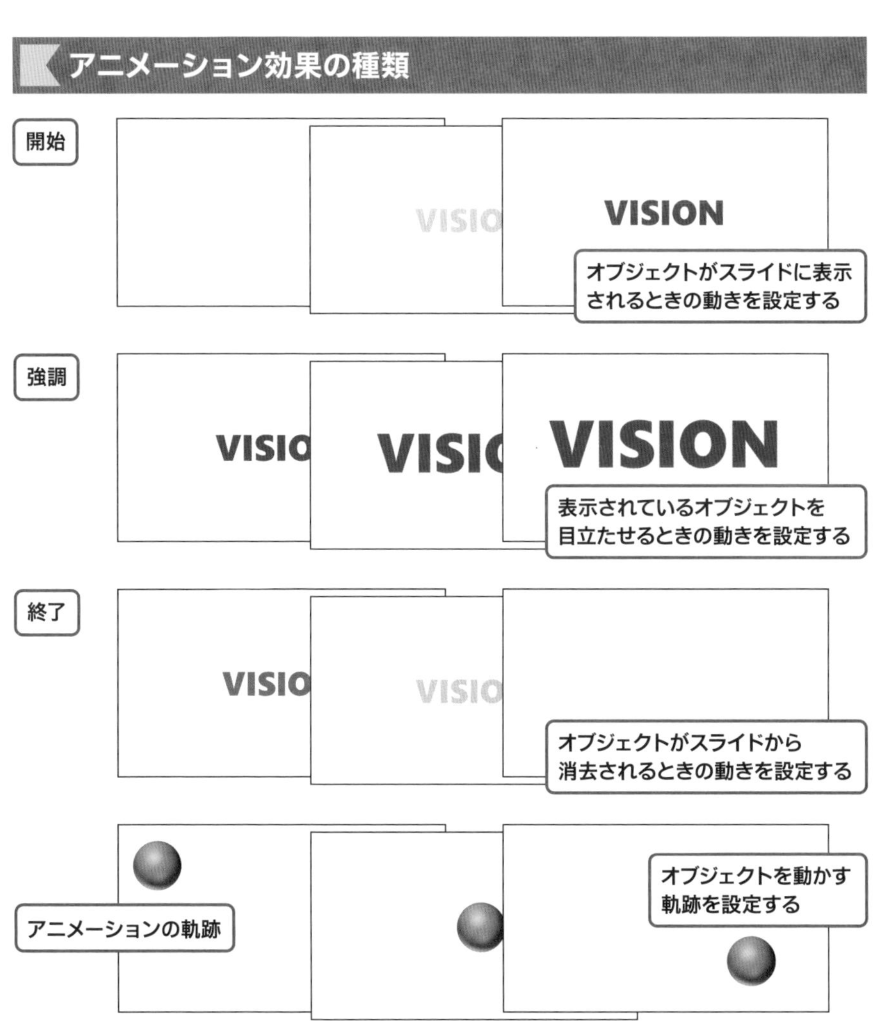
開始
VISIO
VISION
オブジェクトがスライドに表示されるときの動きを設定する
強調
VISIO
VISIO
VISION
表示されているオブジェクトを目立たせるときの動きを設定する
終了
VISIO
VISIO
オブジェクトがスライドから消去されるときの動きを設定する
アニメーションの軌跡
オブジェクトを動かす軌跡を設定する

シーン別使えるアニメーション

このセクションでは、どのようなシーンでどのアニメーションを設定すると効果的なのか、いくつか具体例を紹介します。また、P.251～253でも、おすすめのアニメーションを紹介しています。

おすすめのアニメーション

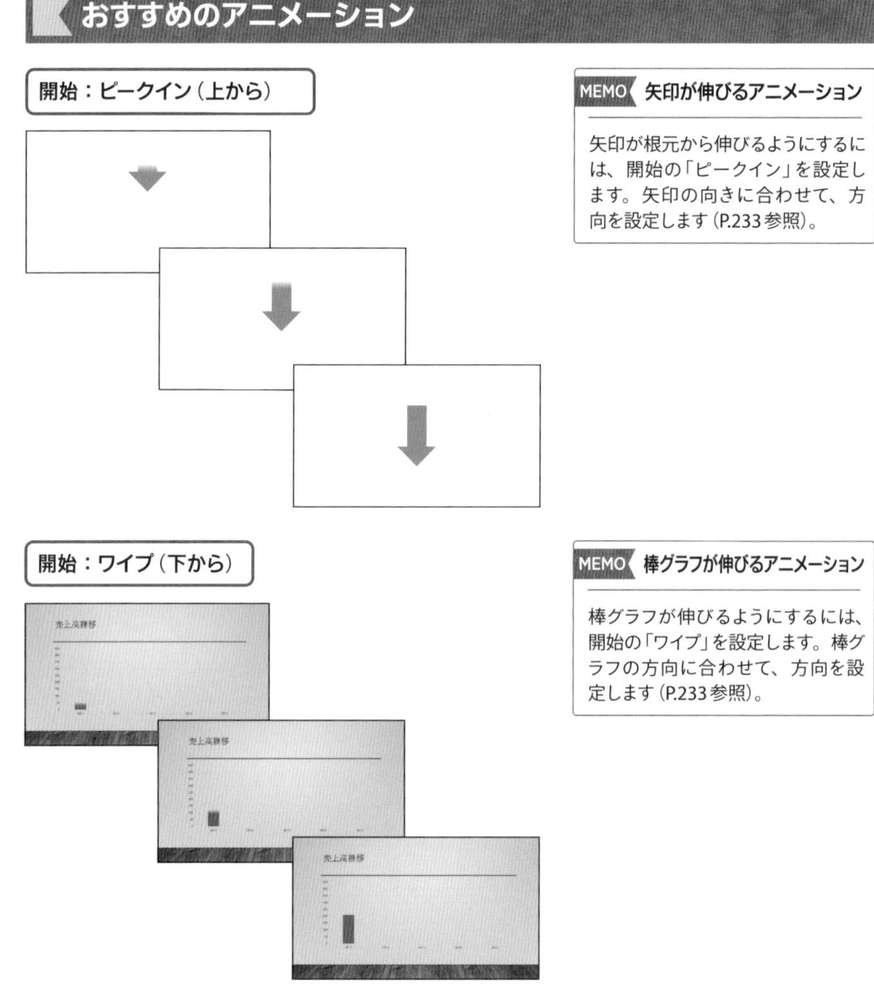

MEMO 矢印が伸びるアニメーション

矢印が根元から伸びるようにするには、開始の「ピークイン」を設定します。矢印の向きに合わせて、方向を設定します（P.233参照）。

MEMO 棒グラフが伸びるアニメーション

棒グラフが伸びるようにするには、開始の「ワイプ」を設定します。棒グラフの方向に合わせて、方向を設定します（P.233参照）。

SECTION 180 アニメーション

テキストや図形に動きを付ける

テキストや図形などのオブジェクトにアニメーションを設定するには、オブジェクトを選択して、＜アニメーション＞タブの＜アニメーション＞の一覧から目的のアニメーションをクリックします。

アニメーションを設定する

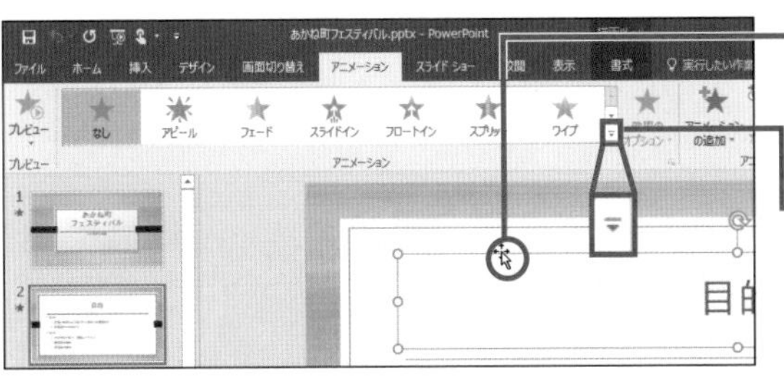

❶アニメーションを設定するオブジェクトをクリックして選択し、

❷＜アニメーション＞タブの＜アニメーション＞グループのここをクリックします。

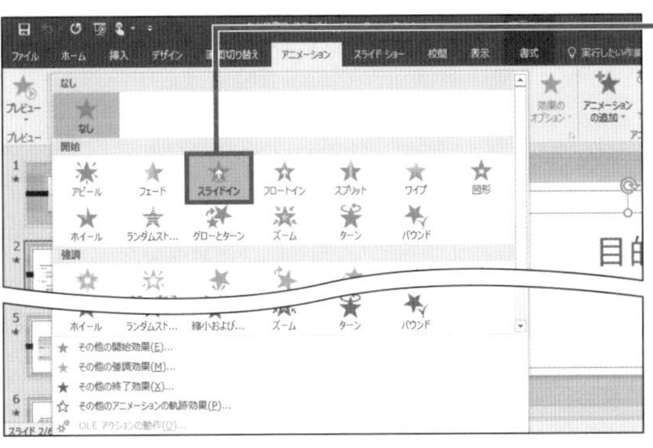

❸アニメーションの一覧が表示されるので、目的のアニメーション（ここでは＜スライドイン＞）をクリックすると、

❹オブジェクトにアニメーションが設定され、

❺オブジェクトの左上には再生順序を示す数字が表示されます。

MEMO 一覧にない場合は？

目的のアニメーションが一覧にない場合は、手順❸の画面で＜その他の開始効果＞（＜その他の強調効果＞または＜その他の終了効果＞）をクリックします。ダイアログボックスが表示されるので、目的のアニメーションをクリックし、＜OK＞をクリックします。

アニメーションを確認する

アニメーションを設定すると、直後にアニメーションが再生され、オブジェクトの動きを確認できます。また、＜アニメーション＞タブの＜プレビュー＞をクリックすると、いつでもアニメーションを確認することができます。

アニメーションをプレビューする

❶アニメーションを確認するスライドを表示し、＜アニメーション＞タブの＜プレビュー＞のここをクリックすると、

> **MEMO スライドショーで確認する**
>
> ＜スライドショー＞タブの＜現在のスライドから＞をクリックすると、現在のスライドからスライドショーが開始され、アニメーション効果を確認できます（P.274参照）。

❷アニメーションが再生され、オブジェクトの動きを確認できます。

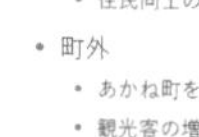
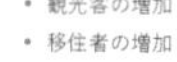

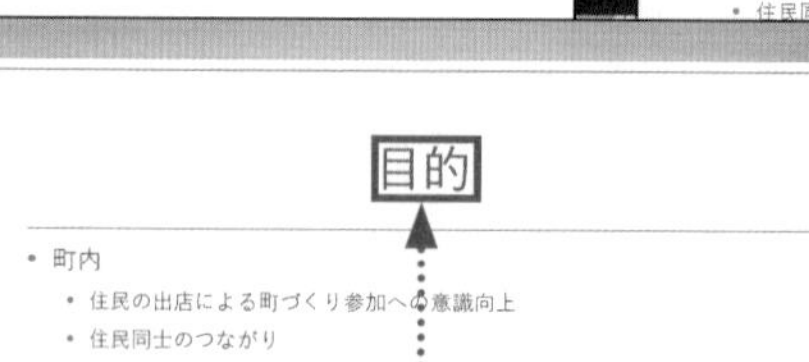

アニメーションが再生された

アニメーションを削除する

一度設定したアニメーションが不要になった場合は、削除することができます。その場合は、オブジェクトをクリックし、＜アニメーション＞タブの＜アニメーション＞の一覧から＜なし＞をクリックします。

アニメーションを無効にする

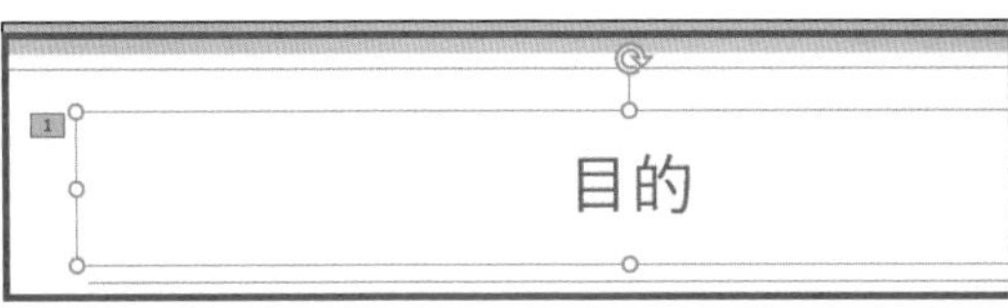

❶アニメーションを削除するオブジェクトを選択し、

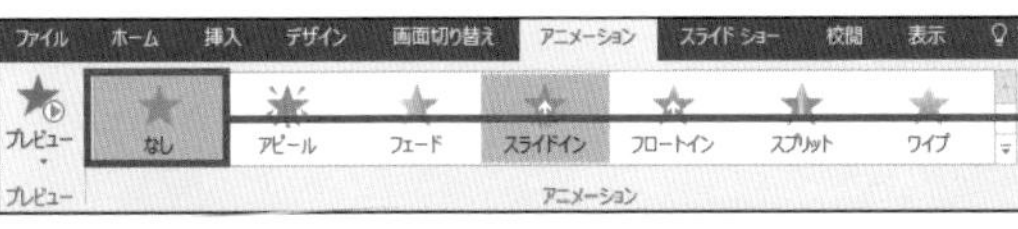

❷＜アニメーション＞タブの＜アニメーション＞で＜なし＞をクリックすると、

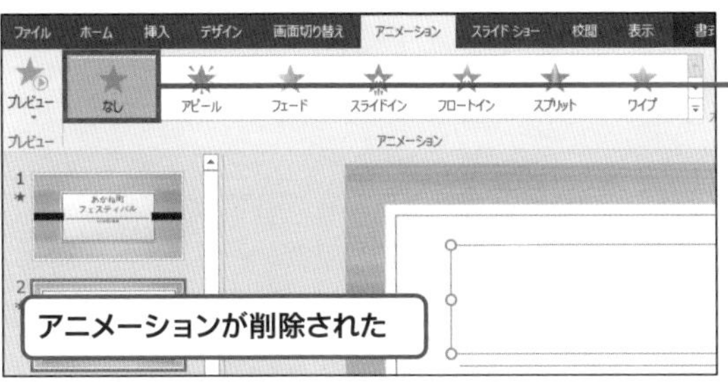

❸アニメーションが削除されます。

COLUMN

複数のアニメーションの場合は？

1つのオブジェクトに複数のアニメーションを設定していて（P.232参照）、そのうちの1つのアニメーションを削除したい場合は、再生順序を示す数字をクリックして選択し、上記の手順と同じ操作を行います。なお、再生順序を示す数字は、＜アニメーション＞タブでのみ表示されます。

SECTION 183 アニメーション

1つのオブジェクトに複数のアニメーションを設定する

1つのオブジェクトには、複数のアニメーションを設定することができます。たとえば、「開始」の効果でスライドにオブジェクトを表示させてから、「強調」の効果でオブジェクトを目立たせるといったことが可能です。

アニメーションを追加する

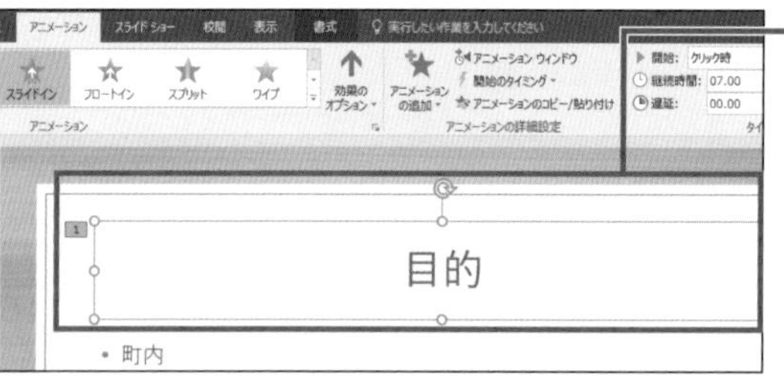

❶アニメーションを追加するオブジェクトをクリックし、

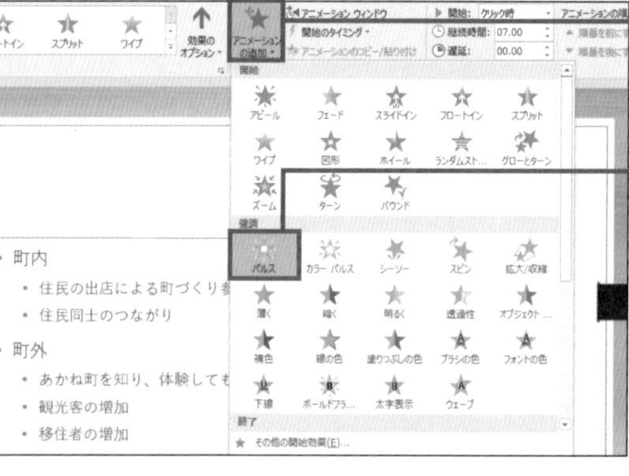

❷<アニメーション>タブの<アニメーションの追加>をクリックして、

❸目的のアニメーション（ここでは<パルス>）をクリックすると、

> **MEMO　変更された？**
>
> 複数のアニメーションを設定したい場合に、<アニメーション>の一覧から目的のアニメーションをクリックすると、設定済みのアニメーションが変更されてしまうので、必ず<アニメーションの追加>から行います。

アニメーションが追加された

❹アニメーションが複数設定されます。

アニメーションの方向を変更する

開始や終了のアニメーションは、＜効果のオプション＞を利用すると、オブジェクトが動く方向を変更することができます。なお、一覧に表示される項目は、設定しているアニメーションの種類によって異なります。

効果のオプションを設定する

❶ ＜アニメーション＞タブをクリックします。

❷ 方向を変更するアニメーションの、再生順序を示す数字をクリックし、

❸ ＜アニメーション＞タブの＜効果のオプション＞をクリックして、

❹ 目的の方向（ここでは＜右から＞）をクリックすると、

MEMO ＜効果のオプション＞

＜アニメーション＞タブの＜効果のオプション＞のアイコンの矢印の向きは、現在設定されているアニメーションの方向を示しています。

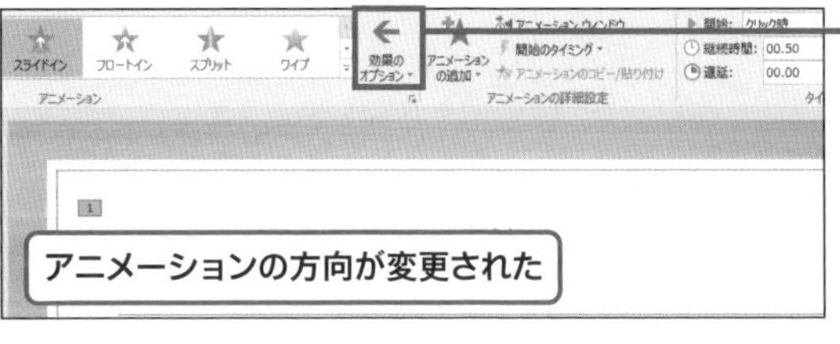

❺ 方向が変更されます。

SECTION 185 アニメーション

アニメーションのスピードをゆっくりにする

アニメーションの動きのスピードは、ゆっくりにしたり、速くしたりして、調整することができます。アニメーションのスピードは、<アニメーション>タブの<継続時間>に、秒数を入力して設定します。

アニメーションの継続時間を変更する

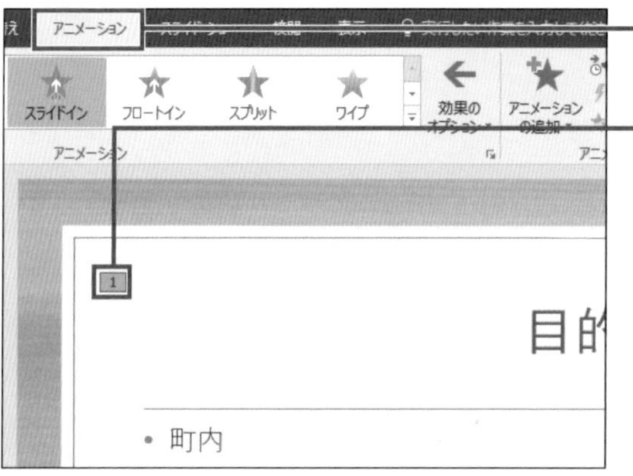

❶ <アニメーション>タブをクリックします。

❷ スピードを変更するアニメーションの再生順序を示す数字をクリックし、

❸ <アニメーション>タブの<継続時間>の数値をクリックして選択し、

MEMO ボタンの利用

アニメーションのスピードは、<アニメーション>タブの<継続時間>の右側にあるボタンをクリックして変更することも可能です。

アニメーションのスピードが変わった

❹ 秒数を入力すると、アニメーションのスピードが変更されます。数字を大きくするとゆっくりに、小さくすると速くなります。

SECTION 186 アニメーション

アニメーションが自動的に再生されるようにする

スライドショーを実行する際、アニメーションは、通常クリックすると再生されますが、指定した時間が経過した後、自動的に再生するように設定することも可能です。アニメーションのタイミングは、＜アニメーション＞タブの＜開始＞で設定します。

アニメーションのタイミングを設定する

❶＜アニメーション＞タブをクリックします。

❷再生のタイミングを設定するアニメーションの再生順序を示す数字をクリックし、

❸＜開始＞の▾をクリックして、

❹目的の開始のタイミング（ここでは＜直前の動作の後＞）をクリックし、

❺＜遅延＞に、直前のアニメーションの再生後から、選択したアニメーションを再生するまでの時間を秒数で指定すると、アニメーションのタイミングが変更されます。

MEMO 直前と同時に再生

直前に再生されるアニメーションと同じタイミングで再生させる場合は、手順❹で＜直前の動作と同時＞をクリックします。

アニメーションの再生順序を入れ替える

アニメーションは、設定した順序に再生され、オブジェクトの左上に再生順序を示す数字が表示されます。アニメーションの再生順序は、後から<アニメーション>タブで変更することができます。

アニメーションの再生順序を前にする

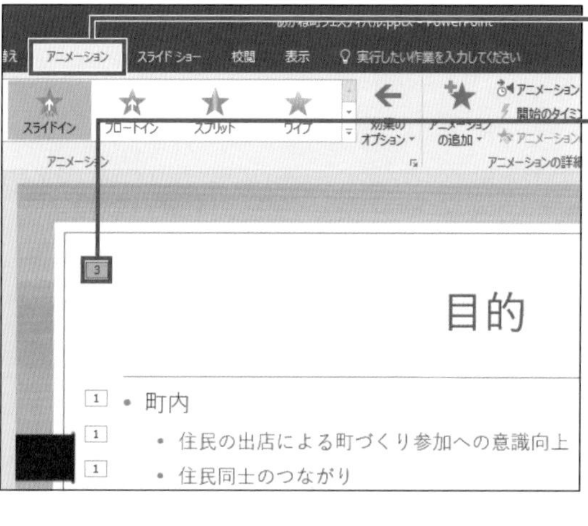

1 <アニメーション>タブをクリックし、

2 再生順序を変更するアニメーションの、再生順序を示す数字をクリックして、

3 <アニメーション>タブの<順番を前にする>をクリックすると、

4 アニメーションの再生順序が前になります。

再生順序が変更された

MEMO 再生順序を後にする

アニメーションの再生順序を後にするには、<アニメーション>タブの<順番を後にする>をクリックします。

MEMO アニメーションウィンドウの利用

アニメーションの再生順序は、アニメーションウィンドウでも確認したり、変更したりすることができます（P.264参照）。

SECTION 188 アニメーション

アニメーションが再生されるときの効果音を設定する

アニメーションの効果のオプションのダイアログボックスを利用すると、アニメーションが再生されるときの効果音を設定できます。効果音には、用意されているサウンドの他、自分で用意したサウンドファイルも指定できます。

アニメーションの効果音を設定する

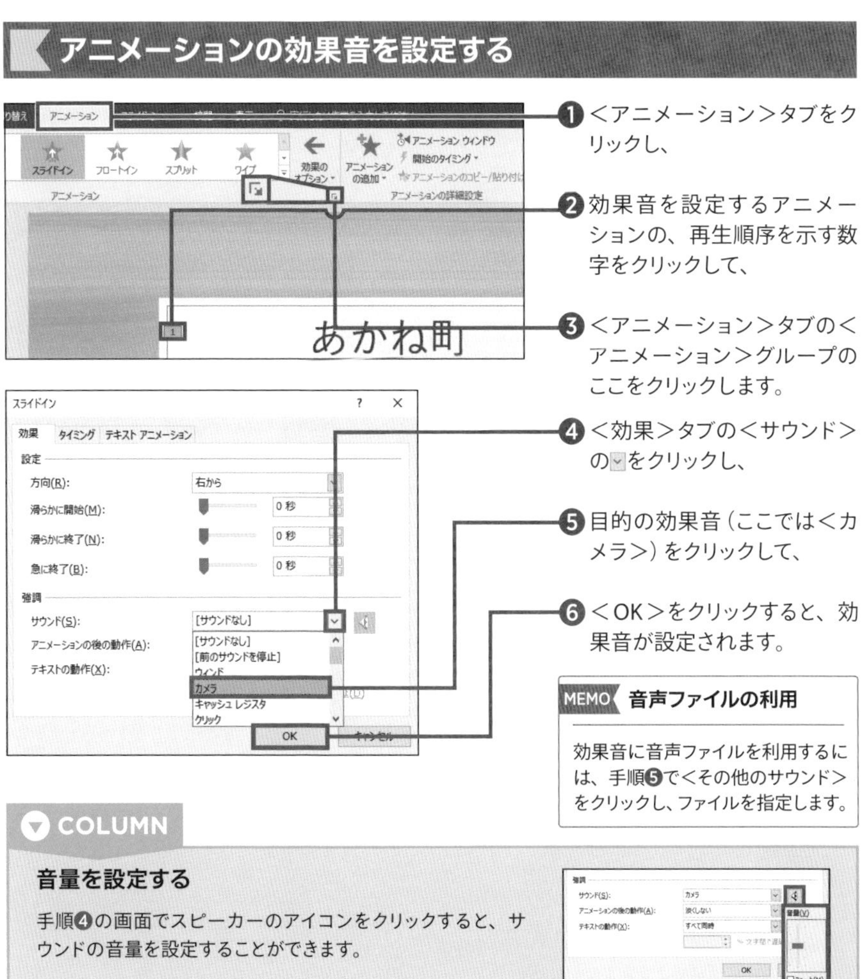

❶ <アニメーション>タブをクリックし、

❷ 効果音を設定するアニメーションの、再生順序を示す数字をクリックして、

❸ <アニメーション>タブの<アニメーション>グループのここをクリックします。

❹ <効果>タブの<サウンド>のをクリックし、

❺ 目的の効果音（ここでは<カメラ>）をクリックして、

❻ <OK>をクリックすると、効果音が設定されます。

MEMO 音声ファイルの利用

効果音に音声ファイルを利用するには、手順❺で<その他のサウンド>をクリックし、ファイルを指定します。

COLUMN

音量を設定する

手順❹の画面でスピーカーのアイコンをクリックすると、サウンドの音量を設定することができます。

第5章
第6章 アニメーション
第7章
第8章
第9章

アニメーションを繰り返し再生させる

設定したアニメーションの種類によっては、回数を指定して繰り返し再生させることができます。その場合は、効果のオプションのダイアログボックスの<タイミング>タブで回数を設定します。

アニメーションの再生回数を設定する

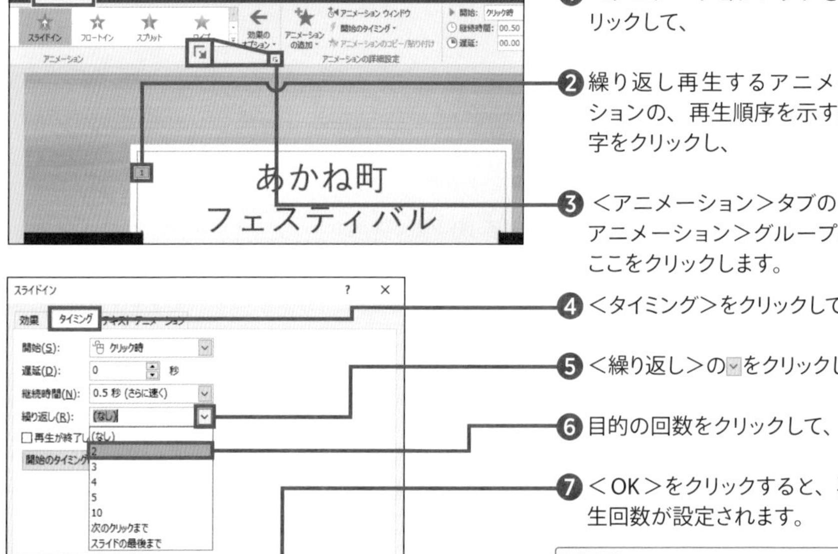
あかね町
フェスティバル
再生回数が
設定された

❶ <アニメーション>タブをクリックして、

❷ 繰り返し再生するアニメーションの、再生順序を示す数字をクリックし、

❸ <アニメーション>タブの<アニメーション>グループのここをクリックします。

❹ <タイミング>をクリックして、

❺ <繰り返し>のをクリックし、

❻ 目的の回数をクリックして、

❼ <OK>をクリックすると、再生回数が設定されます。

MEMO 再生回数の指定

手順❺で、<繰り返し>に直接数値を入力して、再生回数を指定することもできます。

COLUMN

繰り返しが設定できない？

<開始>のアニメーションの<アピール>や、<終了>のアニメーションの<クリア>のように、<繰り返し>を設定できないアニメーションもあります。

複数のオブジェクトが同時に動くようにアニメーションを設定する

複数のオブジェクトが、同じアニメーションで同時に動くようにするには、複数のオブジェクトを Shift キーを押しながらクリックして選択してから、<アニメーション>タブでアニメーションを設定します。

同時に動くアニメーションを設定する

❶アニメーションを設定する複数のオブジェクトを Shift キーを押しながらクリックして選択し、

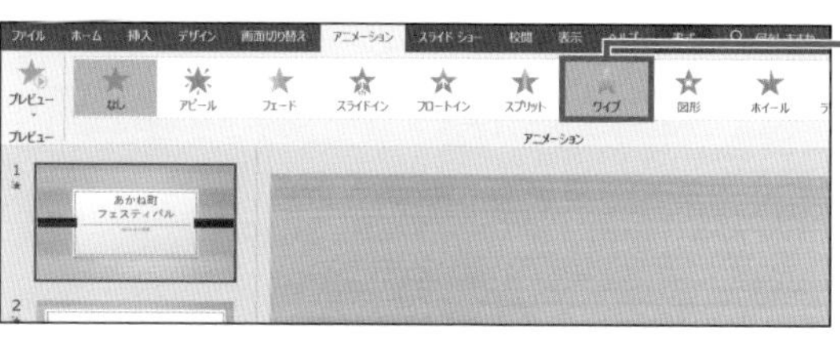

❷<アニメーション>タブの<アニメーション>から目的のアニメーション（ここでは<ワイプ>）をクリックすると、

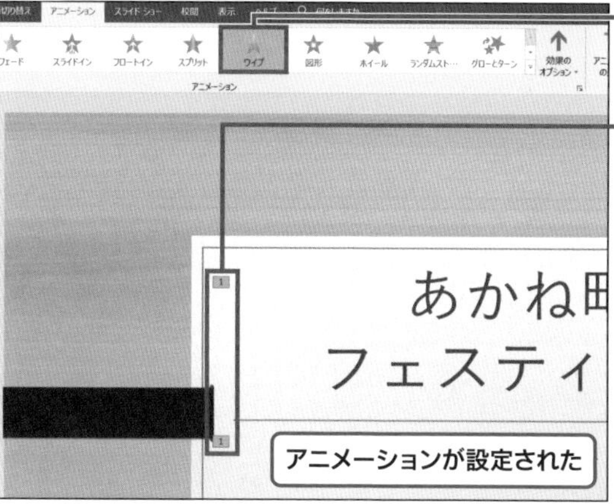

❸選択したオブジェクトにアニメーションが設定され、

❹オブジェクトの左上には、同じ数字が表示されます。

アニメーションの再生後に色が変わるようにする

アニメーションの再生後にテキストや図形の色が変わるように設定することができます。薄い色に変えて目立たなくしたり、逆に目立つ色に変えてインパクトを与えたりすることが可能です。

アニメーション後の色を設定する

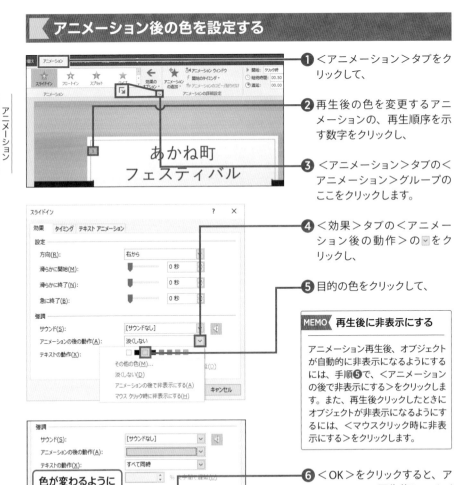

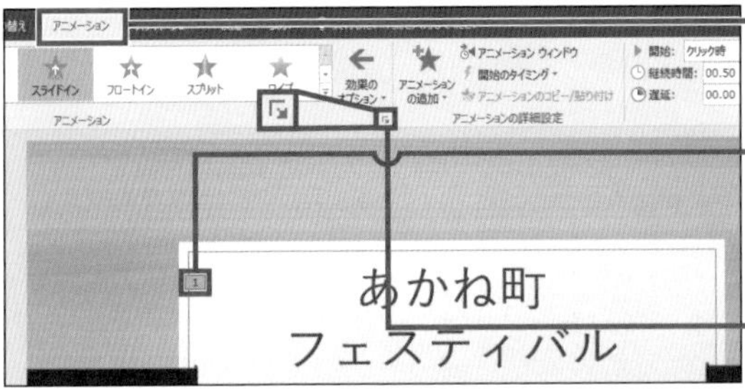

❶ ＜アニメーション＞タブをクリックして、

❷ 再生後の色を変更するアニメーションの、再生順序を示す数字をクリックし、

❸ ＜アニメーション＞タブの＜アニメーション＞グループのここをクリックします。

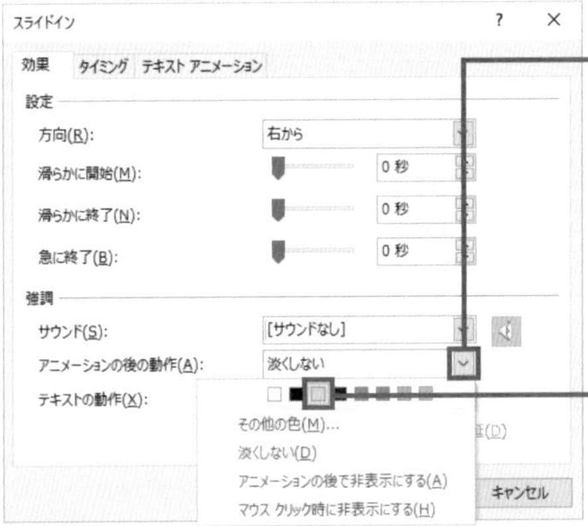

❹ ＜効果＞タブの＜アニメーション後の動作＞の▼をクリックし、

❺ 目的の色をクリックして、

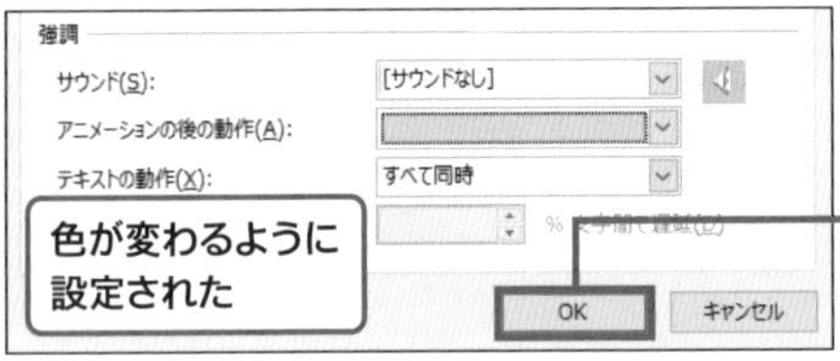

❻ ＜OK＞をクリックすると、アニメーション再生後に、オブジェクトの色が変わります。

色が変わるように設定された

MEMO 再生後に非表示にする

アニメーション再生後、オブジェクトが自動的に非表示になるようにするには、手順❺で、＜アニメーションの後で非表示にする＞をクリックします。また、再生後クリックしたときにオブジェクトが非表示になるようにするには、＜マウスクリック時に非表示にする＞をクリックします。

テキストを1文字ずつ表示して注目させる

テキストにアニメーション効果を設定すると、初期設定では、オブジェクト全体または段落ごとに同時に表示されます。重要なキーワードは1文字ずつ表示されるように設定すると、期待感が高まり、注意を引きつけることができます。

文字単位で表示させる

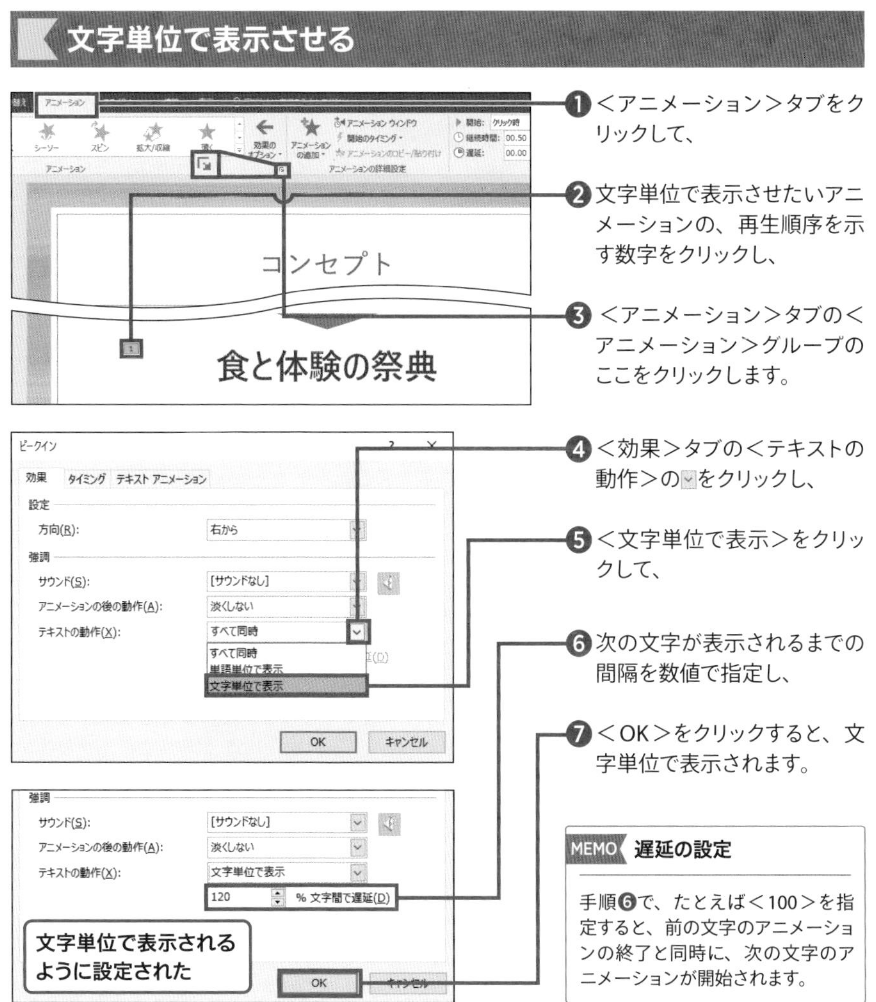

❶ ＜アニメーション＞タブをクリックして、

❷ 文字単位で表示させたいアニメーションの、再生順序を示す数字をクリックし、

❸ ＜アニメーション＞タブの＜アニメーション＞グループのここをクリックします。

❹ ＜効果＞タブの＜テキストの動作＞のをクリックし、

❺ ＜文字単位で表示＞をクリックして、

❻ 次の文字が表示されるまでの間隔を数値で指定し、

❼ ＜OK＞をクリックすると、文字単位で表示されます。

MEMO 遅延の設定

手順❻で、たとえば＜100＞を指定すると、前の文字のアニメーションの終了と同時に、次の文字のアニメーションが開始されます。

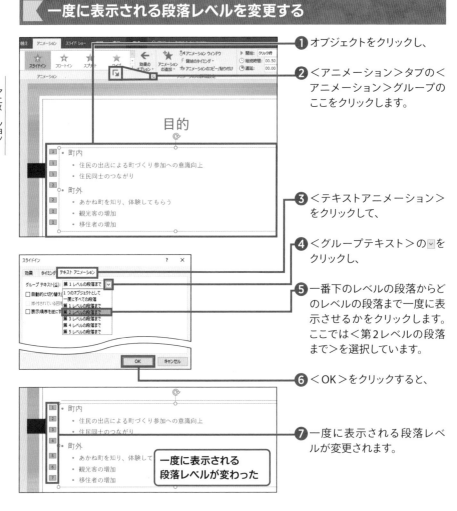

レベルごとにテキストが表示されるようにする

レベルの設定されたテキスト（P.95参照）のアニメーションを再生すると、第1レベルと第2レベル以下のテキストが同時に表示されます。第1レベルのテキストが表示された後、第2レベルのテキストが表示されるように設定を変更できます。

一度に表示される段落レベルを変更する

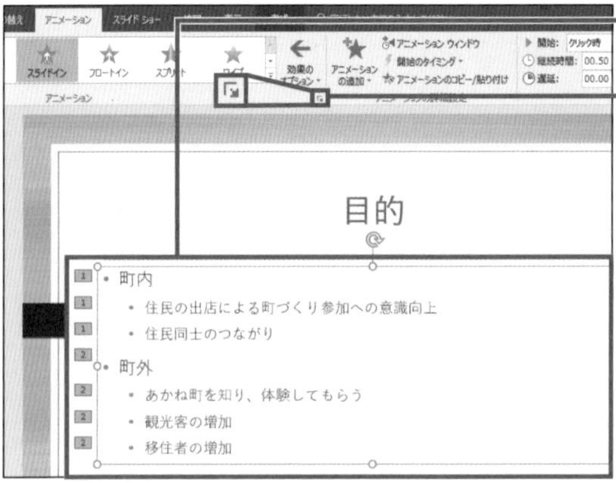

❶オブジェクトをクリックし、

❷＜アニメーション＞タブの＜アニメーション＞グループのここをクリックします。

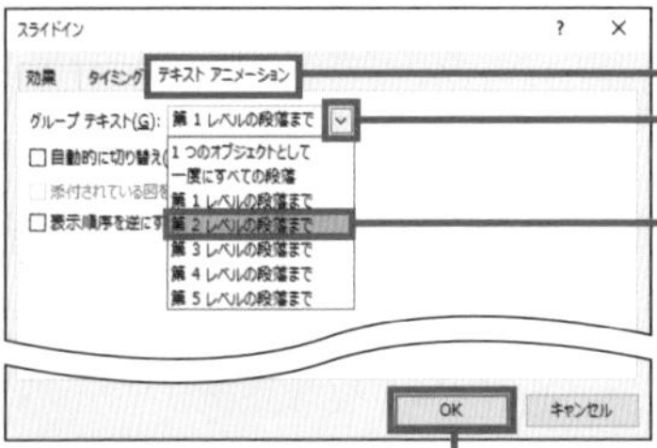

❸＜テキストアニメーション＞をクリックして、

❹＜グループテキスト＞のをクリックし、

❺一番下のレベルの段落からどのレベルの段落まで一度に表示させるかをクリックします。ここでは＜第2レベルの段落まで＞を選択しています。

❻＜OK＞をクリックすると、

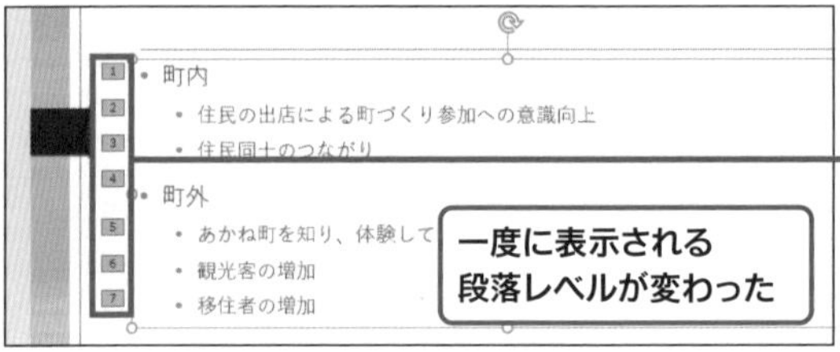

❼一度に表示される段落レベルが変更されます。

一度に表示される段落レベルが変わった

図形と文字が別々に表示されるようにする

文字の入力された図形にアニメーションを設定すると、図形と文字が同時に動きます。<効果のオプション>で<段落別>に設定すると、図形が再生された後に、文字が再生されるようになります。

図形と文字を別々に再生する

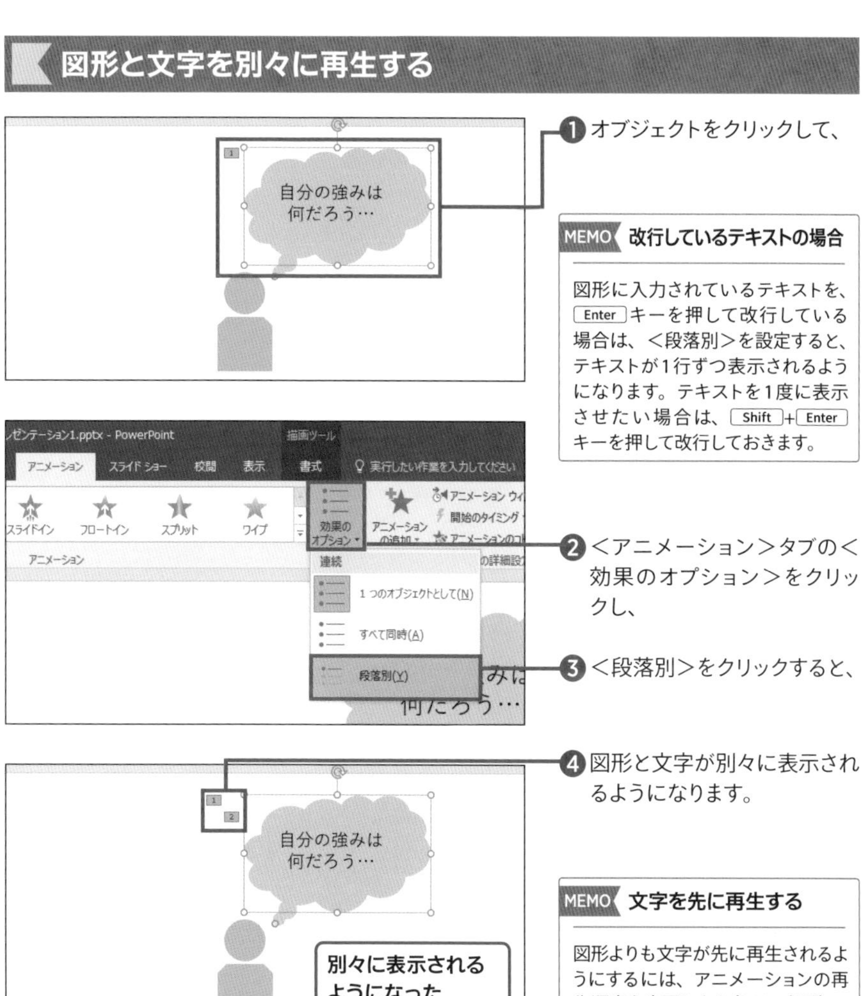

❶オブジェクトをクリックして、

❷<アニメーション>タブの<効果のオプション>をクリックし、

❸<段落別>をクリックすると、

❹図形と文字が別々に表示されるようになります。

MEMO 改行しているテキストの場合

図形に入力されているテキストを、Enterキーを押して改行している場合は、<段落別>を設定すると、テキストが1行ずつ表示されるようになります。テキストを1度に表示させたい場合は、Shift+Enterキーを押して改行しておきます。

MEMO 文字を先に再生する

図形よりも文字が先に再生されるようにするには、アニメーションの再生順序を変更します(P.236参照)。

テキストボックスの文字だけが動くようにする

文字の入力された図形にアニメーションを設定すると、図形と文字両方に適用されます。効果のオプションのダイアログボックスを利用すると、図形はそのままで、文字にだけアニメーションを設定することも可能です。

文字だけにアニメーションを設定する

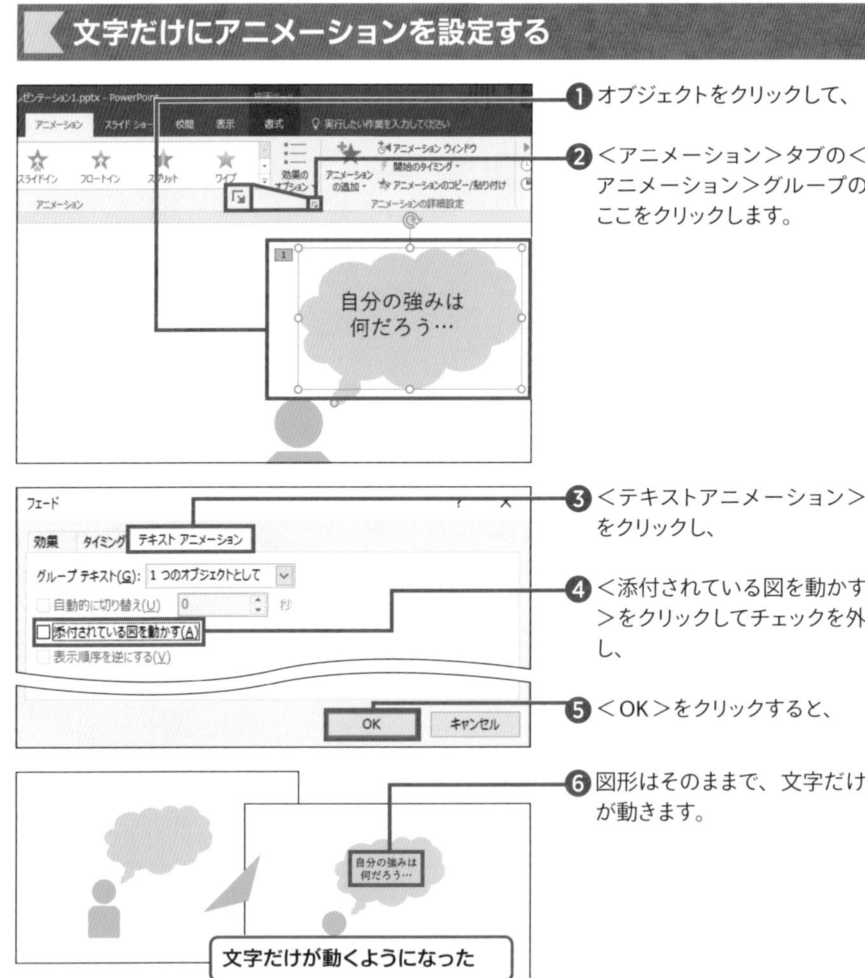

❶オブジェクトをクリックして、

❷＜アニメーション＞タブの＜アニメーション＞グループのここをクリックします。

❸＜テキストアニメーション＞をクリックし、

❹＜添付されている図を動かす＞をクリックしてチェックを外し、

❺＜OK＞をクリックすると、

❻図形はそのままで、文字だけが動きます。

グラフの項目ごとにアニメーションを再生させる

グラフにアニメーションを設定すると、アニメーション全体が1つのオブジェクトとして同時に再生されます。グラフを項目別に再生させたい場合は、<効果のオプション>で設定を変更します。

グラフを項目別に表示させる

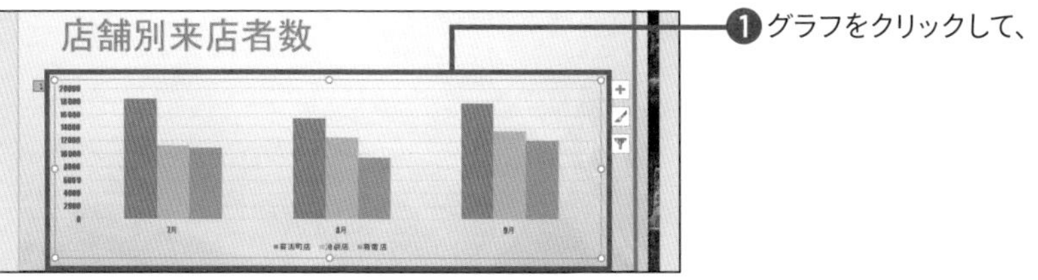

❶グラフをクリックして、

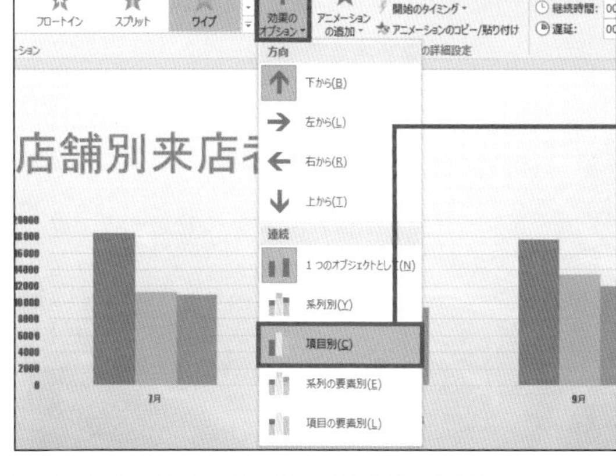

❷<アニメーション>タブの<効果のオプション>をクリックし、

❸<項目別>をクリックすると、

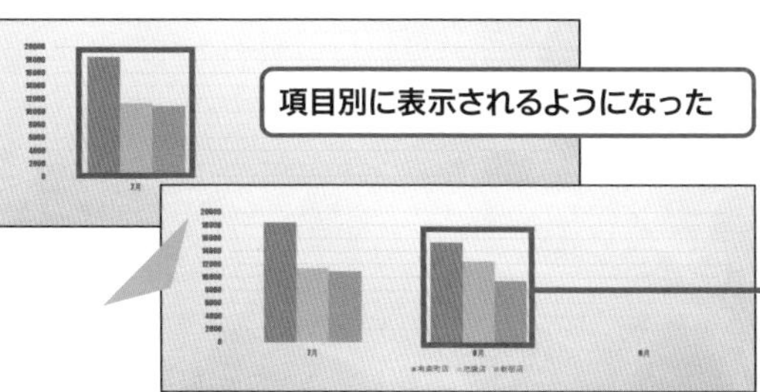

❹グラフの項目別(左図の場合は月別)にアニメーションが再生されます。

MEMO 系列別に表示させる

グラフを系列別(左図の場合は店舗別)に表示させるには、手順❸で<系列別>をクリックします。
また、<系列の要素別>や<項目の要素別>をクリックすると、棒グラフが1本ずつ表示されます。

SECTION 197 アニメーション

グラフの背景にアニメーションを設定しない

グラフにアニメーションを設定すると、既定ではグラフの背景にもアニメーションが設定されます。グラフの背景は動かさずに、グラフ本体だけを動かすには、効果のオプションのダイアログボックスで、設定を変更します。

グラフの背景を動かさないようにする

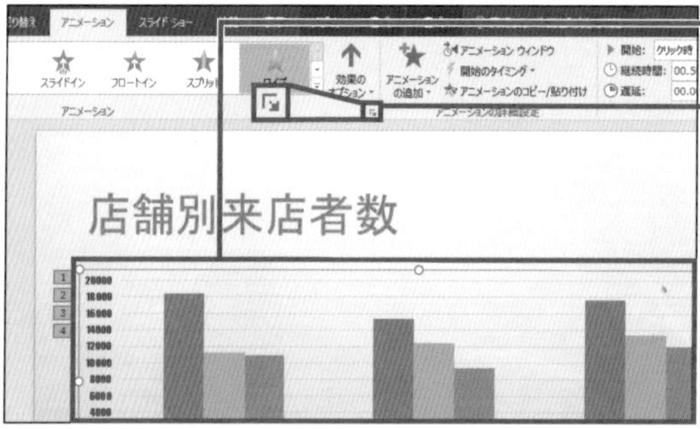

❶グラフをクリックして、

❷＜アニメーション＞タブの＜アニメーション＞グループのここをクリックします。

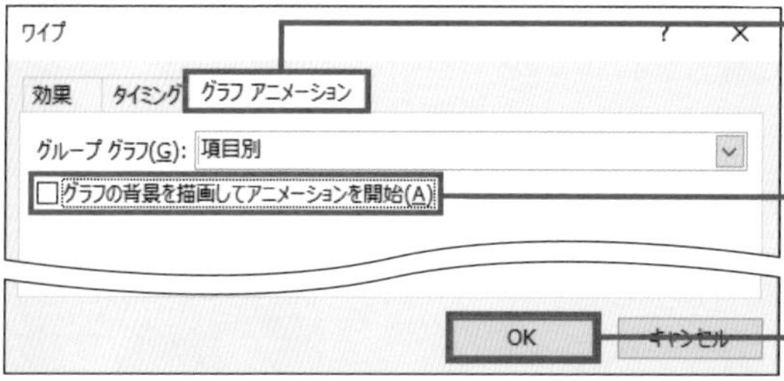

❸＜グラフアニメーション＞をクリックし、

❹＜グラフの背景を描画してアニメーションを開始＞をクリックしてチェックを外し、

❺＜OK＞をクリックすると、

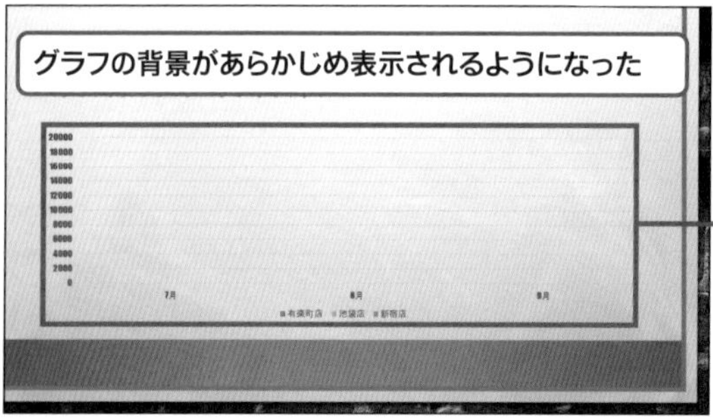

❻グラフの背景が最初から表示されるようになります。

グラフの背景があらかじめ表示されるようになった

軌跡効果を設定してアニメーションの動きをわかりやすくする

「アニメーションの軌跡」を利用すると、描かれた軌跡に沿って、オブジェクトを動かすことができます。ハートや波線、スパイラルなど、さまざまな種類の軌跡があらかじめ用意されているので、複雑な動きも簡単に設定できます。

アニメーションの軌跡を設定する

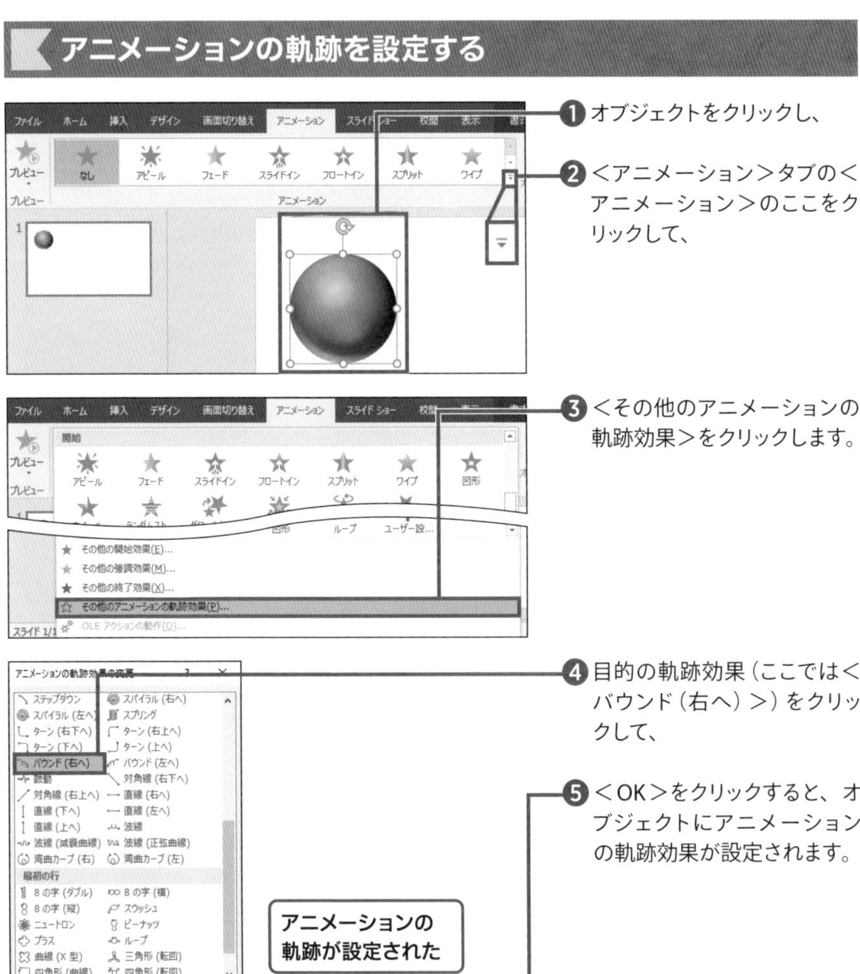

1. オブジェクトをクリックし、
2. <アニメーション>タブの<アニメーション>のここをクリックして、
3. <その他のアニメーションの軌跡効果>をクリックします。
4. 目的の軌跡効果（ここでは<バウンド（右へ）>）をクリックして、
5. <OK>をクリックすると、オブジェクトにアニメーションの軌跡効果が設定されます。

派手に動くように軌跡効果を編集する

アニメーションの軌跡を設定すると、オブジェクトに軌跡を示す破線が表示されます。この軌跡は、拡大・縮小したり、頂点を編集したりできるので、動きをさらに派手にすることも可能です。

軌跡を拡大する

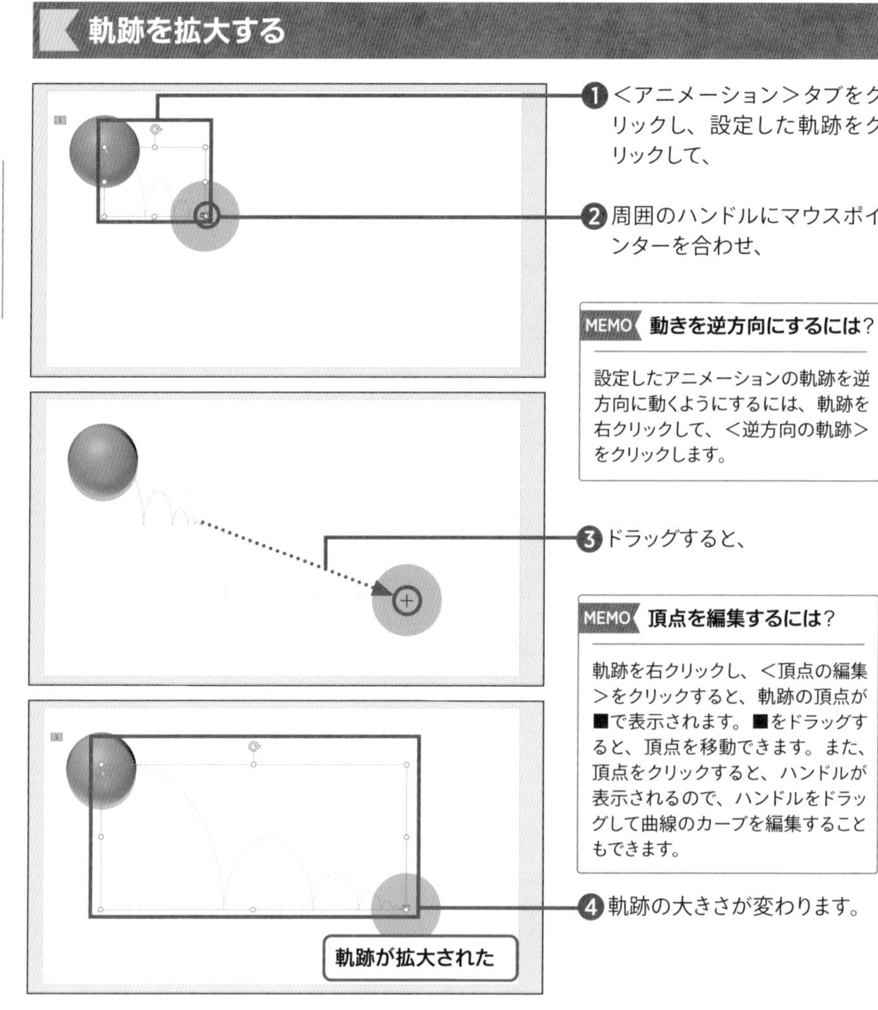

❶ <アニメーション>タブをクリックし、設定した軌跡をクリックして、

❷ 周囲のハンドルにマウスポインターを合わせ、

❸ ドラッグすると、

❹ 軌跡の大きさが変わります。

MEMO 動きを逆方向にするには?

設定したアニメーションの軌跡を逆方向に動くようにするには、軌跡を右クリックして、<逆方向の軌跡>をクリックします。

MEMO 頂点を編集するには?

軌跡を右クリックし、<頂点の編集>をクリックすると、軌跡の頂点が■で表示されます。■をドラッグすると、頂点を移動できます。また、頂点をクリックすると、ハンドルが表示されるので、ハンドルをドラッグして曲線のカーブを編集することもできます。

SECTION 200 アニメーション

アニメーションの軌跡を自由に描く

アニメーションの軌跡を自由に描きたい場合は、アニメーションの軌跡の＜ユーザー設定パス＞を利用します。スライドをドラッグしたとおりに軌跡を描くことができます。描いた軌跡は、頂点の編集で、後から修正することができます。

ユーザー設定の軌跡を描く

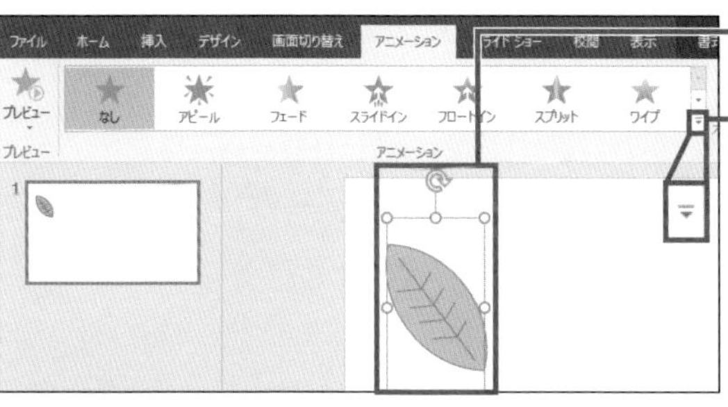

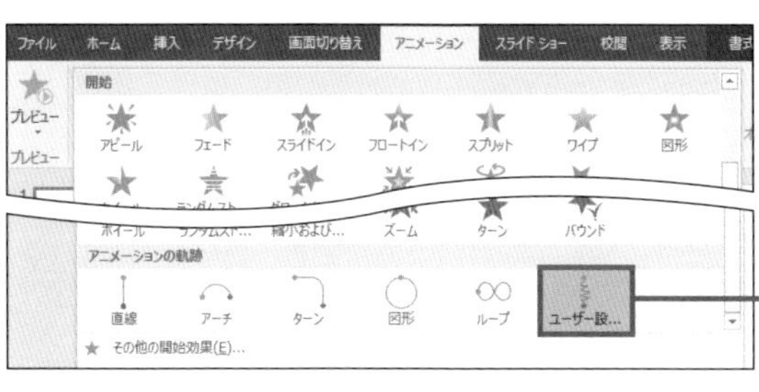

❶オブジェクトをクリックし、

❷＜アニメーション＞タブの＜アニメーション＞のここをクリックして、

❸一覧から＜アニメーションの軌跡＞の＜ユーザー設定パス＞をクリックします。

❹スライド上をドラッグし、終点でダブルクリックすると、ドラッグしたとおりにアニメーションの軌跡が設定されます。

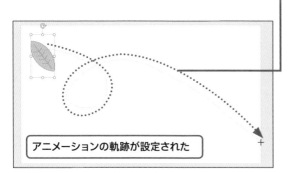

アニメーションの軌跡が設定された

MEMO 直線で結ばれた軌跡を描く

直線で結ばれた軌跡を描くには、手順❹で頂点になる部分をクリックし、終点でダブルクリックします。

MEMO 頂点を編集するには？

軌跡を右クリックし、＜頂点の編集＞をクリックすると、軌跡の頂点が■で表示されます。■をドラッグすると、頂点を移動できます。また、頂点をクリックすると、ハンドルが表示されるので、ハンドルをドラッグして曲線のカーブを編集することもできます。

第5章
アニメーション 第6章
第7章
第8章
第9章

SECTION 201 アニメーション

アニメーション効果をコピーして効率的に作業する

複数のオブジェクトに同じアニメーションを設定する場合、同じ操作を何度も繰り返すのは非常に面倒です。＜アニメーションのコピー/貼り付け＞を利用すると、アニメーションを他のオブジェクトにコピーできるので、効率的です。

アニメーション効果をコピーする

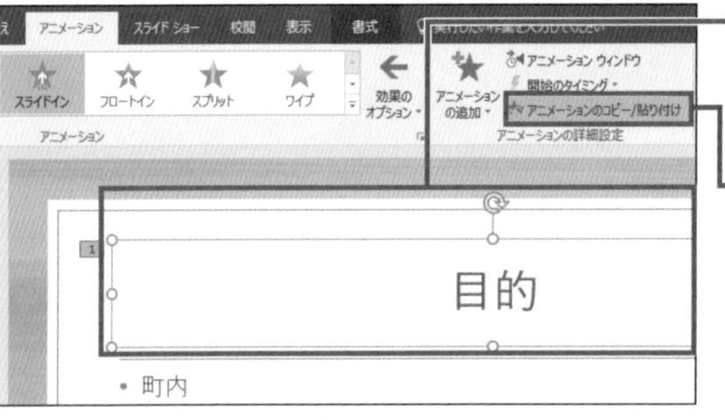

❶コピー元のアニメーション効果が設定されているオブジェクトをクリックし、

❷＜アニメーション＞タブの＜アニメーションのコピー/貼り付け＞をクリックして、コピーします。

MEMO 貼り付け先が複数の場合

複数のオブジェクトにアニメーション効果をコピーする場合は、手順❷で＜アニメーションのコピー/貼り付け＞をダブルクリックします。貼り付け先のオブジェクトをすべてクリックした後、Escキーを押すと、マウスポインターの形が元に戻ります。

❸マウスポインターの形が変わるので、貼り付け先のスライドを表示して、目的のオブジェクトをクリックすると、

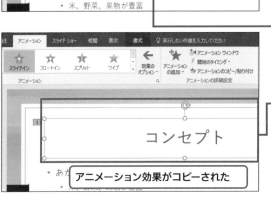

❹アニメーション効果が貼り付けられ、マウスポインターの形が元に戻ります。

アニメーション効果がコピーされた

SECTION 202 アニメーション

写真や文字を ゆっくり拡大して強調させる

特に注目させたいキーワードは、オブジェクトをゆっくり拡大させるアニメーションを設定して目立たせましょう。強調のアニメーション＜拡大/収縮＞を利用すると、テキストを拡大させることができます。

＜拡大/収縮＞のアニメーションを設定する

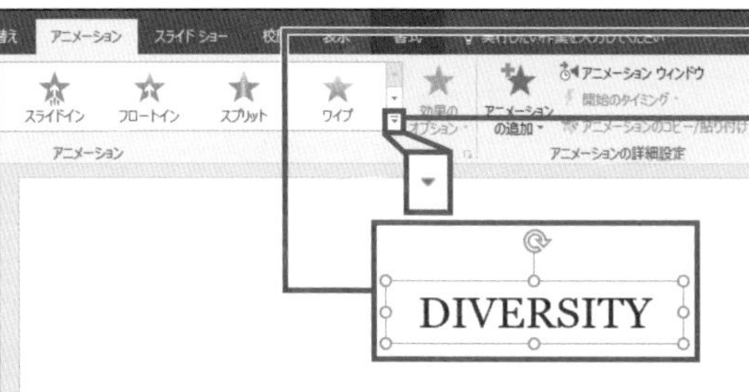

❶ オブジェクトをクリックし、

❷ ＜アニメーション＞タブの＜アニメーション＞のここをクリックして、

❸ ＜拡大/収縮＞をクリックすると、オブジェクトが拡大するアニメーションが設定されるので、スピードを設定します（P.234参照）。

拡大のアニメーションが設定された

MEMO スピードはゆっくりめに

テキストを拡大させるときは、ゆっくりめのほうが期待感が高まるので、＜アニメーション＞タブの＜継続時間＞で時間を調整します（P.234参照）。

COLUMN

拡大率を設定する

＜アニメーション＞タブの＜アニメーション＞グループの をクリックし、＜拡大/収縮＞ダイアログボックスを表示して、＜効果＞タブの＜サイズ＞の一覧から、目的のサイズをクリックします。また、＜ユーザー設定＞に数値を入力すると、倍率を指定できます。

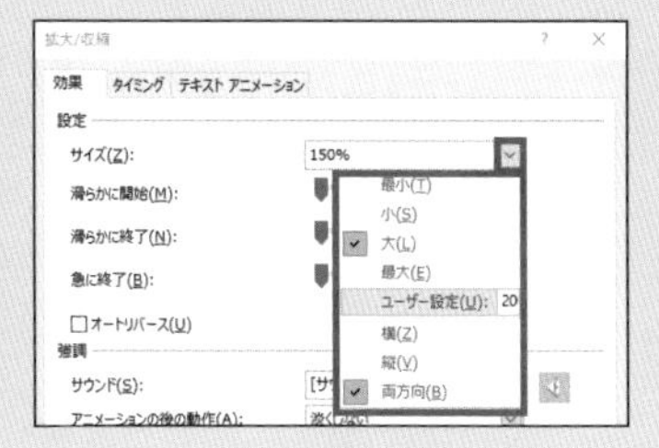

第5章
第6章 アニメーション
第7章
第8章
第9章

円グラフが時計回りに表示されるアニメーションを設定する

円グラフが時計回りに徐々に表示されるようなアニメーションを設定したい場合は、<開始>の<ホイール>を利用します。さらに<効果のオプション>で<項目別>を設定すると、1項目ずつ表示されます。

<ホイール>を設定する

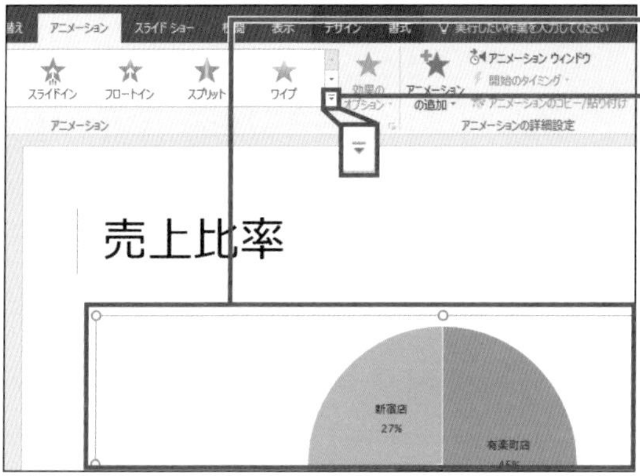

❶グラフをクリックし、

❷<アニメーション>タブの<アニメーション>のここをクリックして、

❸<ホイール>をクリックすると、

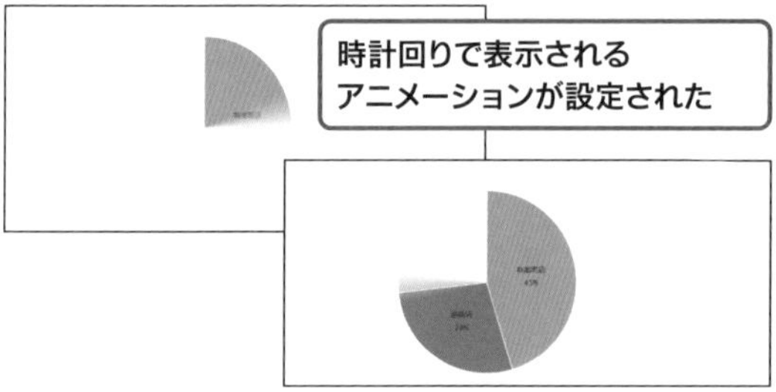

❹円グラフが時計回りで表示されるアニメーションが設定されます。

時計回りで表示される
アニメーションが設定された

MEMO 項目別に表示させる

グラフを項目別に表示させるには、グラフを選択して、<アニメーション>タブの<効果のオプション>をクリックし、<項目別>をクリックします。

オブジェクトを表示させた後に半透明にする

オブジェクトを表示させた後、半透明にすると、視線をそのオブジェクトから次のオブジェクトへ移動させることができます。＜開始＞のアニメーションを設定してから、＜強調＞の＜透過性＞を追加で設定します。

＜透過性＞を追加する

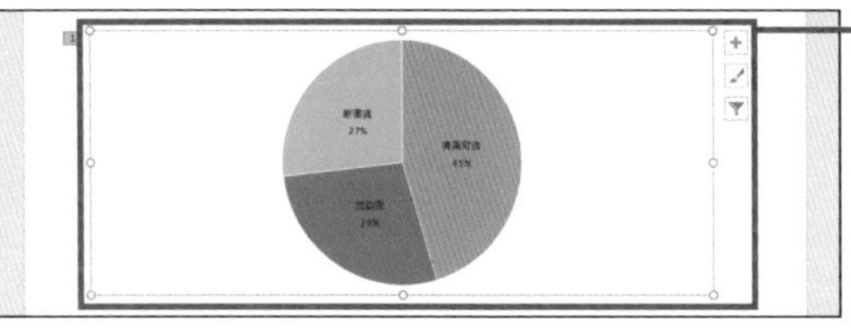

❶＜開始＞（左図では＜ホイール＞）のアニメーションを設定したオブジェクトをクリックして、

❷＜アニメーション＞タブの＜アニメーションの追加＞をクリックし、

❸＜透過性＞をクリックすると、半透明になるアニメーションが追加で設定されます。

COLUMN

透明度を変更する

＜透過性＞のアニメーション効果の透明度を設定するには、＜アニメーション＞タブの＜アニメーション＞グループの⧉をクリックし、＜透過性＞ダイアログボックスを表示して、＜効果＞タブの＜量＞の一覧から、目的の透明度をクリックします。また、＜ユーザー設定＞に数値を入力すると、透明度を指定できます。数値が大きいほど薄くなります。

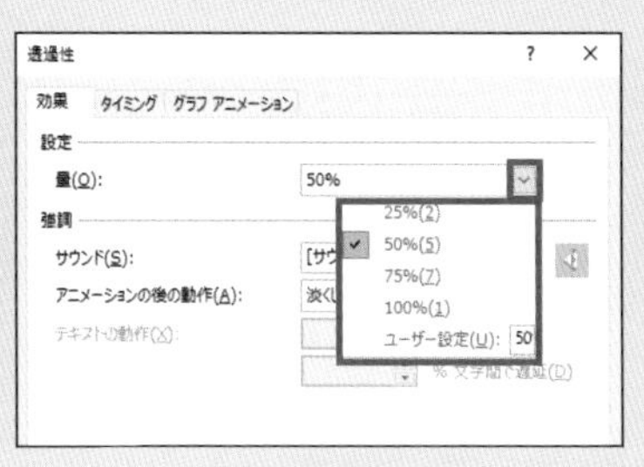

SECTION 205 オーディオ

音声を挿入してメリハリをつける

プレゼンテーションには、音声ファイルを挿入することができます。音声ファイルを挿入すると、オーディオのアイコンが表示されるので、スライドショーの実行中に、そのアイコンをクリックすると、音声が再生されます。

パソコンに保存されている音声ファイルを挿入する

❶音声を挿入するスライドを表示して、

❷＜挿入＞タブの＜オーディオ＞をクリックし、

❸＜このコンピューター上のオーディオ＞をクリックします。

MEMO 音声を録音する場合

音声を録音する場合は、手順❸で＜オーディオの録音＞をクリックします。

❹音声ファイルの保存場所を指定して、

❺目的の音声ファイル（ここでは＜sound.mp3＞）をクリックし、

❻＜挿入＞をクリックすると、

音声ファイルが挿入された

❼音声ファイルが挿入され、オーディオのアイコンが表示されます。アイコンは、画像と同じ方法でサイズを変更したり（P.126参照）、移動したり（P.127参照）できます。

次のスライドでも音声を流し続ける

音声ファイルを挿入した直後の状態では、スライドショー実行中に音声ファイルを挿入したスライドから次のスライドに切り替わると、音声の再生が停止します。スライドが切り替わっても再生されるようにすることができます。

スライド切り替え後も再生する

❶オーディオのアイコンをクリックして選択し、

切り替え後も再生されるように設定された

❷＜オーディオツール＞＜再生＞タブの＜スライド切り替え後も再生＞をクリックしてチェックを付けると、スライドが切り替わった後も音声が再生されます。

COLUMN リピート再生する

音声が繰り返し再生されるようにするには、音声ファイルのアイコンをクリックして選択し、＜オーディオツール＞＜再生＞タブの＜停止するまで繰り返す＞にチェックを付けます。

SECTION 207 オーディオ

オーディオのアイコンを表示させない

音声ファイルを挿入すると表示されるアイコンは、スライドショーの実行中に非表示にすることができます。この場合、アイコンをクリックして再生を開始することができなくなるので、再生開始のタイミングを＜自動＞にしておきます。

第5章 第6章 オーディオ 第7章 第8章 第9章

オーディオのアイコンを隠す

❶ オーディオのアイコンをクリックして選択し、

❷ ＜オーディオツール＞＜再生＞タブの＜開始＞の▼をクリックして、

❸ ＜自動＞をクリックし、

❹ ＜スライドショーを実行中にサウンドのアイコンを隠す＞をクリックしてチェックを付けます。

MEMO BGMとして利用する

音声ファイルをBGMとして利用する場合は、＜オーディオツール＞＜再生＞タブの＜バックグラウンドで再生＞をクリックすると、再生を開始するタイミングが＜自動＞に設定され、＜スライド切り替え後も再生＞と＜停止するまで繰り返す＞と＜スライドショーを実行中にサウンドのアイコンを隠す＞にすべてチェックが付きます。

❺ F5 キーを押してスライドショーを実行すると、アイコンが非表示になっていることを確認できます。

音声をトリミングして使いやすくする

挿入した音声ファイルは、PowerPoint上でトリミングして、再生を開始する箇所と終了する箇所を設定できるので、音声ファイルの一部を利用することが可能です。音声ファイルのトリミングは、＜オーディオツール＞＜再生＞タブの＜オーディオのトリミング＞から行います。

音声をトリミングする

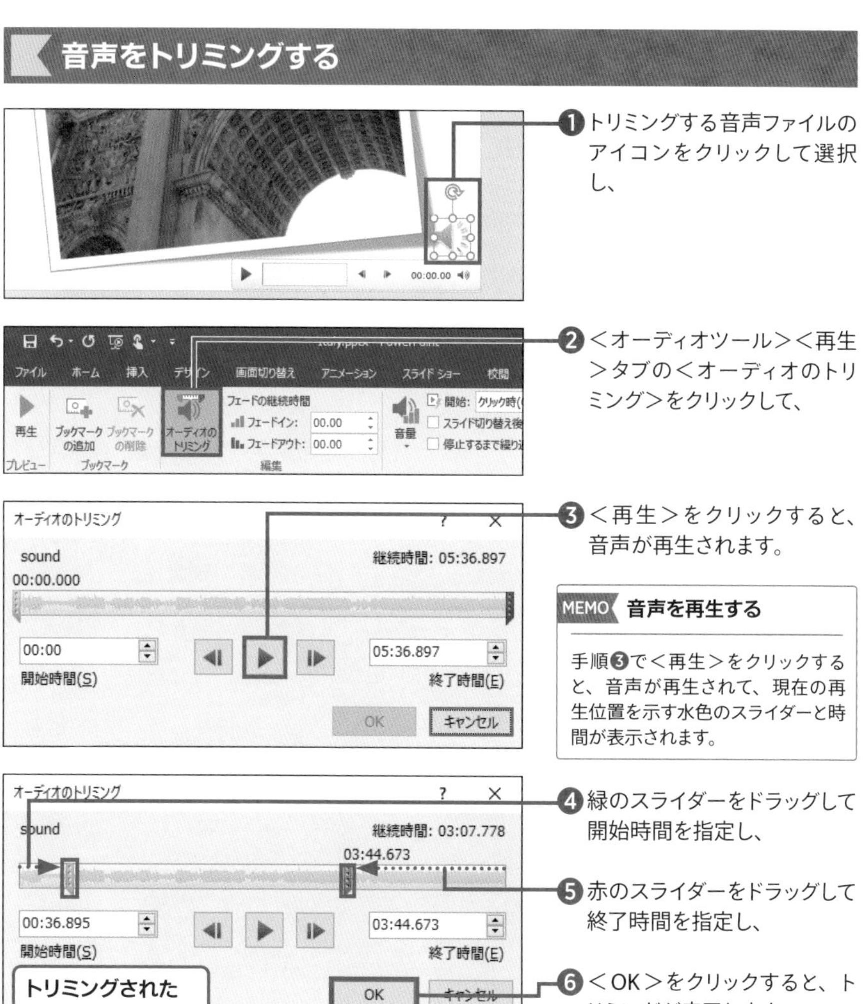

❶トリミングする音声ファイルのアイコンをクリックして選択し、

❷＜オーディオツール＞＜再生＞タブの＜オーディオのトリミング＞をクリックして、

❸＜再生＞をクリックすると、音声が再生されます。

MEMO 音声を再生する

手順❸で＜再生＞をクリックすると、音声が再生されて、現在の再生位置を示す水色のスライダーと時間が表示されます。

❹緑のスライダーをドラッグして開始時間を指定し、

❺赤のスライダーをドラッグして終了時間を指定し、

❻＜OK＞をクリックすると、トリミングが完了します。

ビデオを挿入して動画で伝える

スライドに、ビデオファイルを挿入すると、スライドショー実行中に動画を再生することができます。文字と画像だけでは伝わりにくい内容も、動画なら効果的に伝えることができます。ビデオの挿入は、<挿入>タブの<ビデオ>から行います。

パソコンに保存されているビデオを挿入する

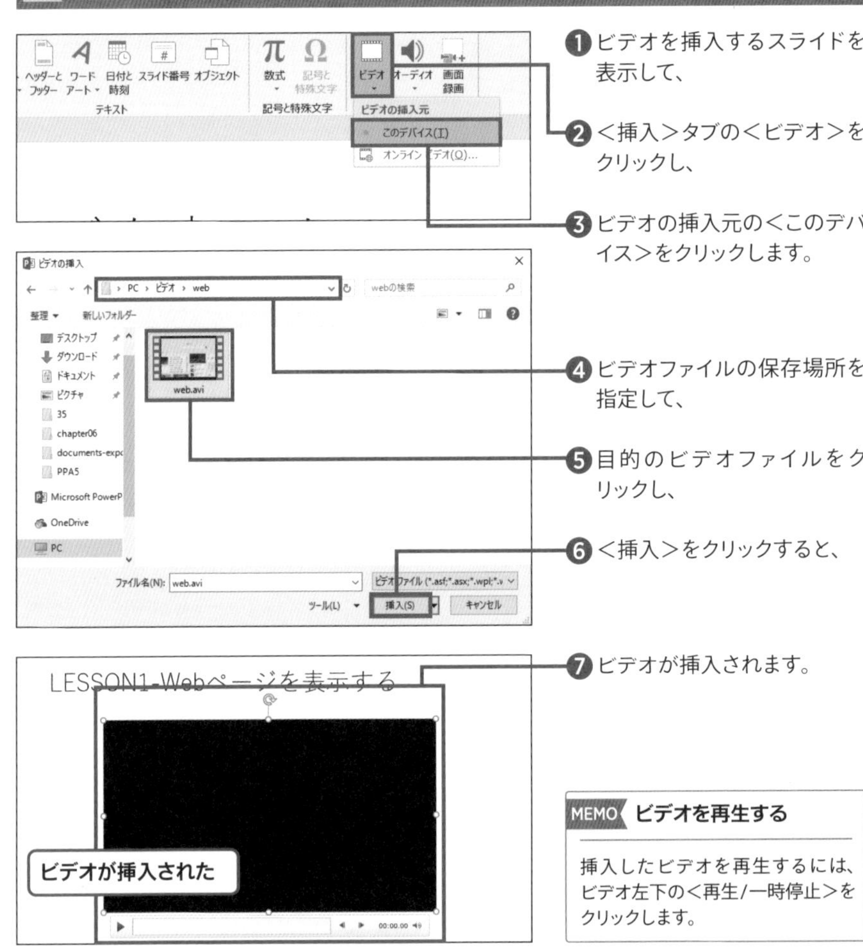

❶ビデオを挿入するスライドを表示して、

❷<挿入>タブの<ビデオ>をクリックし、

❸ビデオの挿入元の<このデバイス>をクリックします。

❹ビデオファイルの保存場所を指定して、

❺目的のビデオファイルをクリックし、

❻<挿入>をクリックすると、

❼ビデオが挿入されます。

MEMO ビデオを再生する

挿入したビデオを再生するには、ビデオ左下の<再生/一時停止>をクリックします。

YouTubeの動画を挿入する

YouTubeに公開されているインターネット上の動画をキーワードを検索して、スライドに挿入できます。なお、オンラインの動画を挿入するときと再生するときには、インターネットに接続している必要があります。

YouTubeの動画を検索して挿入する

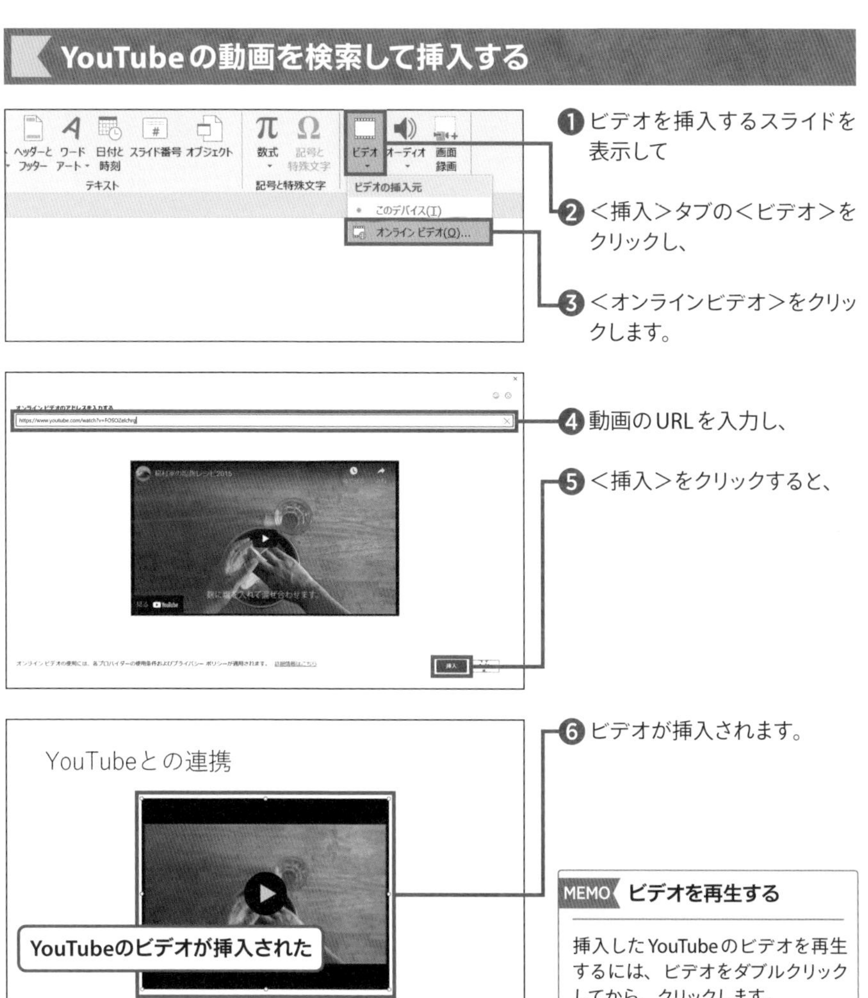

1 ビデオを挿入するスライドを表示して
2 <挿入>タブの<ビデオ>をクリックし、
3 <オンラインビデオ>をクリックします。
4 動画のURLを入力し、
5 <挿入>をクリックすると、
6 ビデオが挿入されます。

MEMO ビデオを再生する

挿入したYouTubeのビデオを再生するには、ビデオをダブルクリックしてから、クリックします。

ビデオの最初に表示される表紙画像を挿入する

ビデオの最初に表示される表紙画像を挿入できます。表紙画像には、ビデオのタイトルを入れた別の画像ファイルや、ビデオの中の象徴的なワンシーンを利用することができます。表紙画像は、<ビデオツール><書式>タブの<表紙画像>から挿入します。

ビデオの表紙画像を挿入する

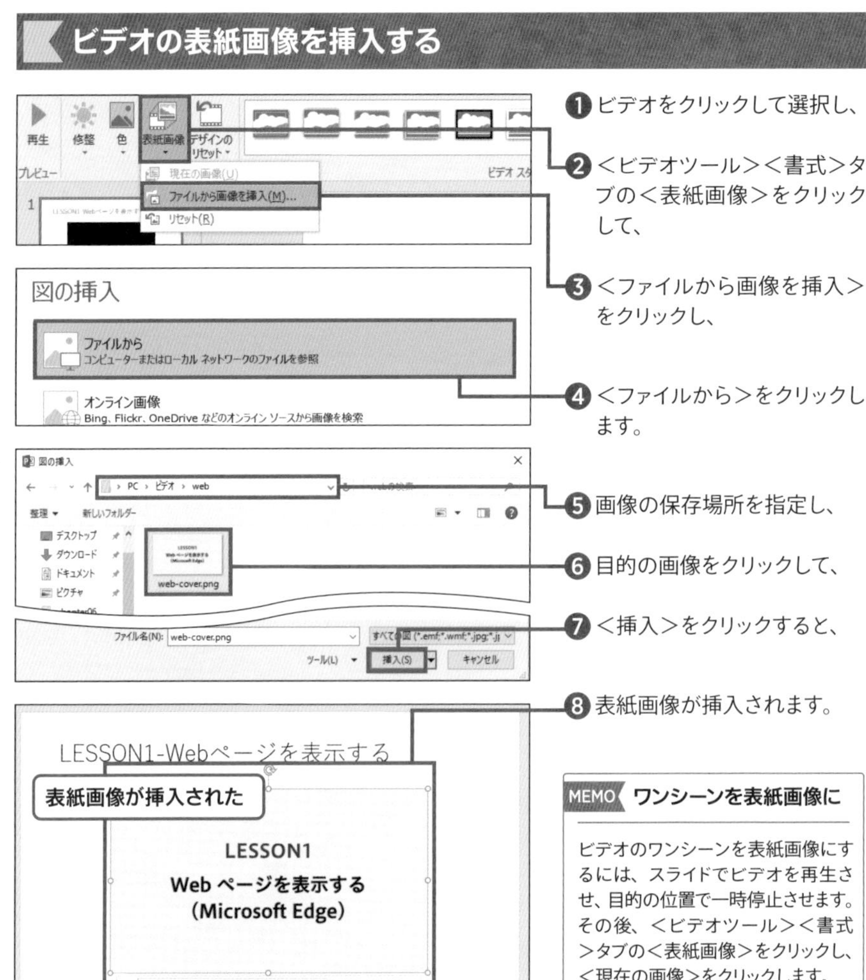

❶ビデオをクリックして選択し、

❷<ビデオツール><書式>タブの<表紙画像>をクリックして、

❸<ファイルから画像を挿入>をクリックし、

❹<ファイルから>をクリックします。

❺画像の保存場所を指定し、

❻目的の画像をクリックして、

❼<挿入>をクリックすると、

❽表紙画像が挿入されます。

MEMO ワンシーンを表紙画像に

ビデオのワンシーンを表紙画像にするには、スライドでビデオを再生させ、目的の位置で一時停止させます。その後、<ビデオツール><書式>タブの<表紙画像>をクリックし、<現在の画像>をクリックします。

動画をトリミングして使いやすくする

挿入したビデオの前後に、不要な部分が映っている場合は、PowerPoint上でトリミングして、再生を開始する箇所と終了する箇所を指定し、必要な部分だけを再生させることができます。ビデオのトリミングは、<ビデオツール><再生>タブの<ビデオのトリミング>から行います。

ビデオをトリミングする

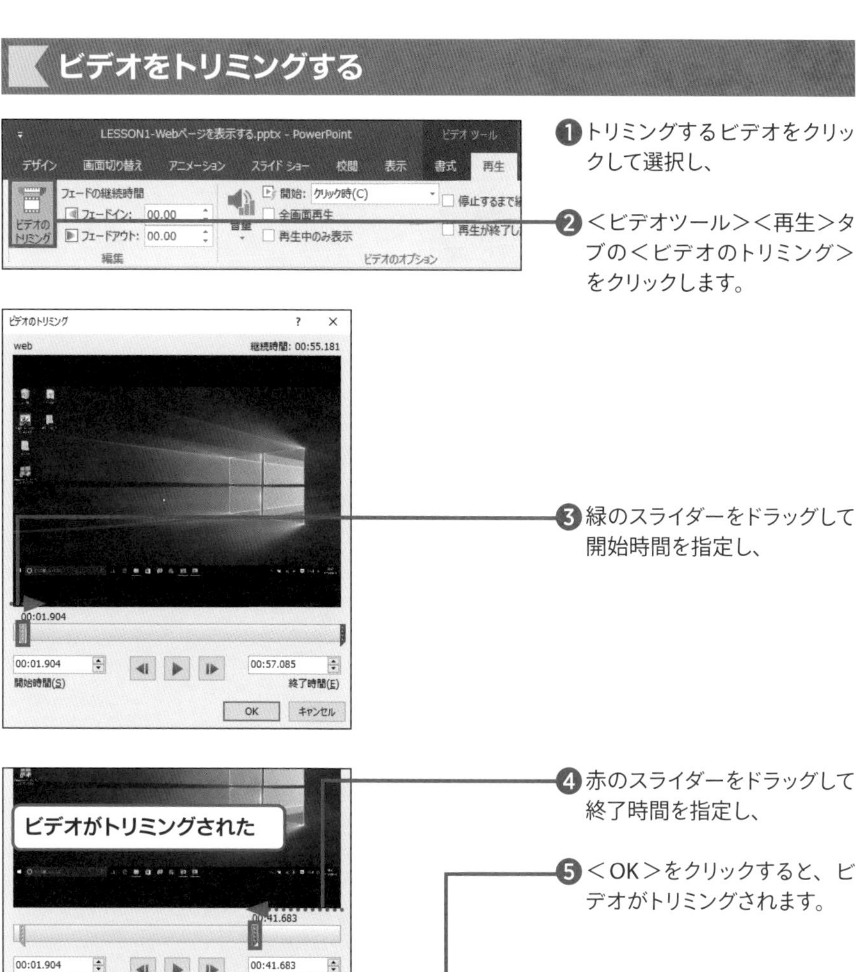

❶トリミングするビデオをクリックして選択し、

❷<ビデオツール><再生>タブの<ビデオのトリミング>をクリックします。

❸緑のスライダーをドラッグして開始時間を指定し、

❹赤のスライダーをドラッグして終了時間を指定し、

❺<OK>をクリックすると、ビデオがトリミングされます。

SECTION 213 動画

プレゼンの途中で全画面のビデオを再生する

ビデオは、スライドに挿入したサイズで再生されます。サイズは、画像と同じ方法で変更することができます（P.126参照）。また、＜ビデオツール＞＜再生＞タブで設定を変更すると、全画面で表示することも可能です。

第5章
第6章 動画
第7章
第8章
第9章

ビデオを全画面で再生する

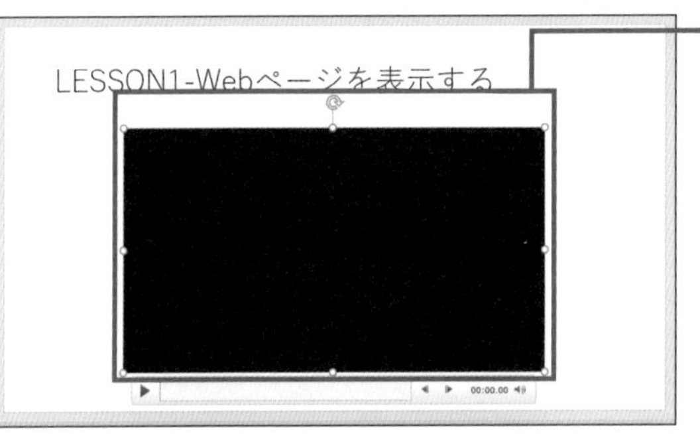

❶ビデオをクリックして選択し、

MEMO 再生後に巻き戻す

ビデオを再生後巻き戻すには、＜ビデオツール＞＜再生＞タブで、＜再生が終了したら巻き戻す＞をクリックして、チェックを入れます。

❷＜ビデオツール＞＜再生＞タブの＜全画面再生＞をクリックしてチェックを付けます。

全画面で再生された

❸ F5 キーを押してスライドショーを実行し、再生すると、ビデオが全画面で表示されることを確認できます。

MEMO ビデオの再生

スライドショーを実行しているときにビデオを再生するには、初期設定では、ビデオ画面をクリックします。スライドが切り替わったときに自動で再生されるようにするには、＜ビデオツール＞＜再生＞タブで、＜開始＞を＜自動＞に設定します。

配布のことを考えて音声・動画ファイルのサイズを小さくする

スライドにオーディオやビデオを挿入すると、ファイルサイズが非常に大きくなります。データをインターネットで配布するときやディスク領域を節約したい場合は、圧縮するとファイルサイズが小さくなります。

オーディオやビデオを圧縮する

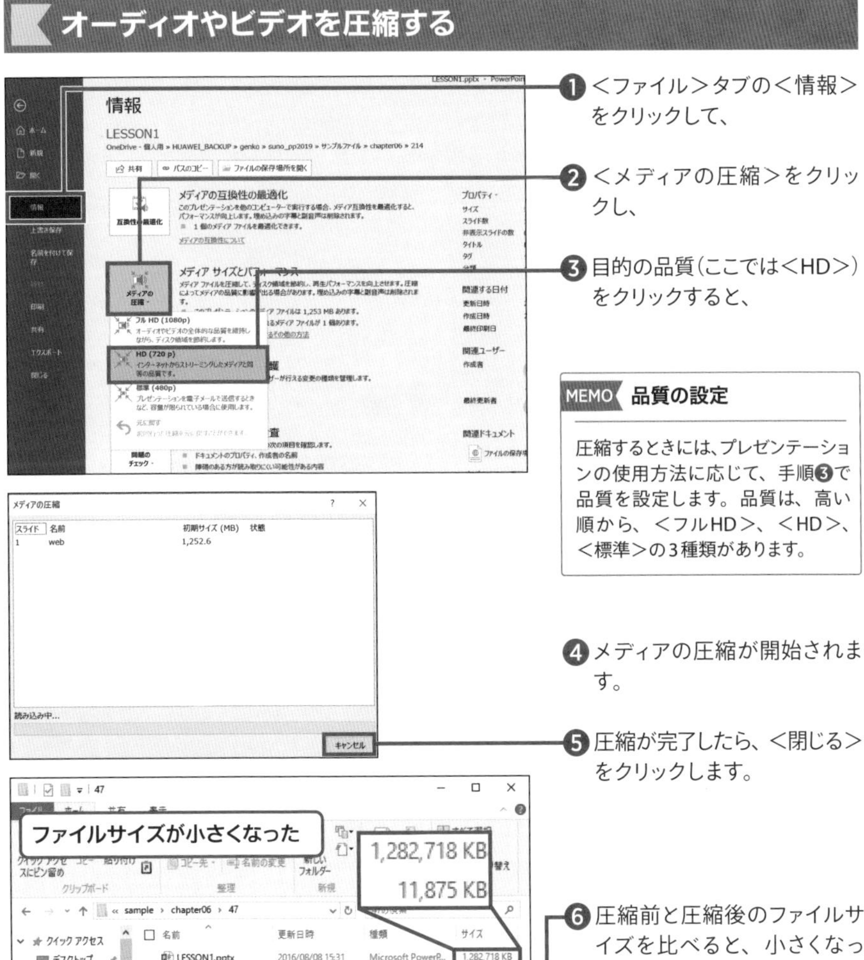

❶ <ファイル>タブの<情報>をクリックして、

❷ <メディアの圧縮>をクリックし、

❸ 目的の品質（ここでは<HD>）をクリックすると、

MEMO 品質の設定

圧縮するときには、プレゼンテーションの使用方法に応じて、手順❸で品質を設定します。品質は、高い順から、<フルHD>、<HD>、<標準>の3種類があります。

❹ メディアの圧縮が開始されます。

❺ 圧縮が完了したら、<閉じる>をクリックします。

❻ 圧縮前と圧縮後のファイルサイズを比べると、小さくなっていることを確認できます。

COLUMN

アニメーションウィンドウを利用する

アニメーションウィンドウを表示すると、そのスライドに設定されているアニメーション効果を確認できます。
アニメーションウィンドウを表示するには、＜アニメーション＞タブの＜アニメーションウィンドウ＞をクリックします。閉じる場合は、再度＜アニメーション＞タブの＜アニメーションウィンドウ＞をクリックするか、アニメーションウィンドウ右上の＜閉じる＞ ☒ をクリックします。

プレビューで確認する場合は、スライドの最初からアニメーションの再生が開始されますが、アニメーションウィンドウでアニメーション効果をクリックして、＜ここから再生＞をクリックすると、そのアニメーション効果から再生されます。アニメーションを多く設定しているときは、目的のアニメーション効果の動きだけを確認できるので、作業時間を短縮できます。

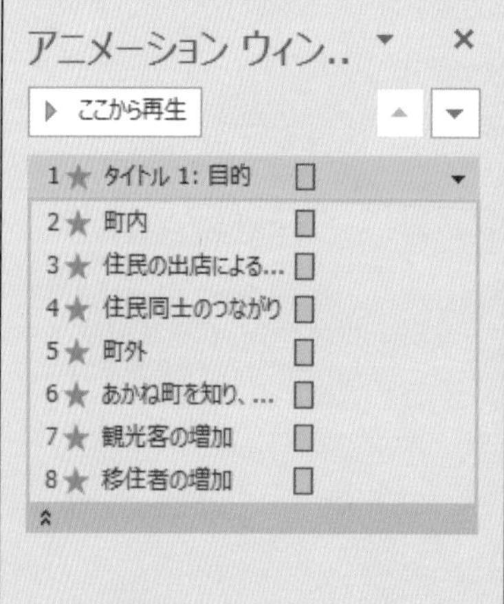

スライドに設定されているアニメーション効果が一覧で表示されます。
左端の数字は再生順序、右側のグラフは時間配分を示しています。

各アニメーション効果をクリックして、右端のボタンをクリックすると、アニメーションを再生するタイミングを変更したり、アニメーション効果を削除したりすることができます。

第7章

本番もスマートに！プレゼンテーションのテクニック

SECTION 215 プレゼン準備

プレゼンテーションの準備をする

プレゼンテーションを行うときに、デスクトップにショートカットがずらりと並んでいたり、スリープに切り替わったりするのは、見映えのいいものではありません。「プレゼンテーション設定」を利用すると、デスクトップをプレゼンテーション用の環境に整えられます。

プレゼンテーション設定を行う

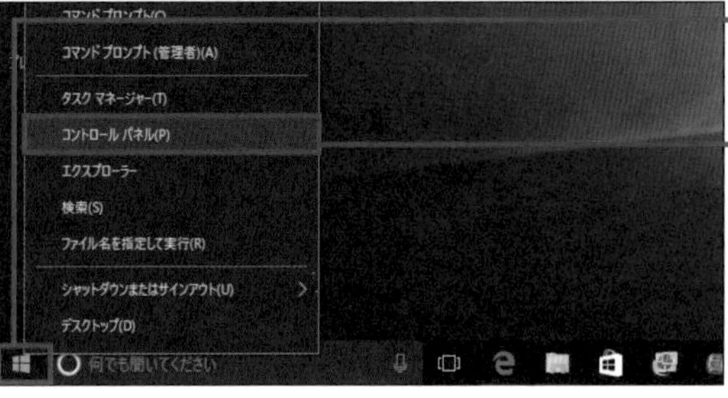

❶＜スタート＞を右クリックして、

❷＜コントロールパネル＞をクリックすると、

❸コントロールパネルが表示されます。

❹＜ハードウェアとサウンド＞をクリックして、

❺＜Windowsモビリティセンター＞をクリックし、

> **MEMO　Windows 10 Proのみ**
>
> 「プレゼンテーション設定」の機能は、Windows 10 Proのノートパソコンにのみ搭載されています。デスクトップパソコンや、Windows 10 Homeには搭載されていません。

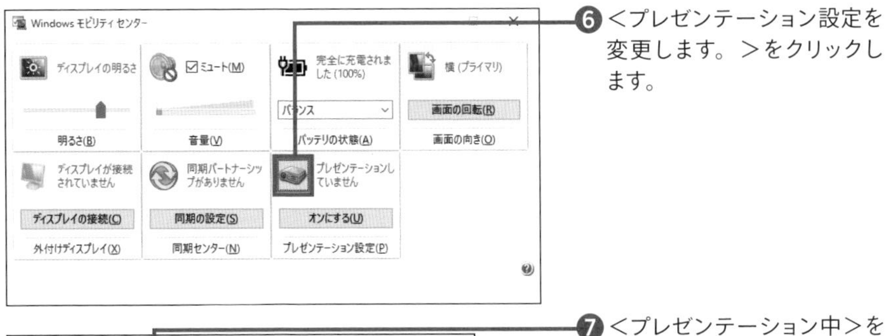

❻＜プレゼンテーション設定を変更します。＞をクリックします。

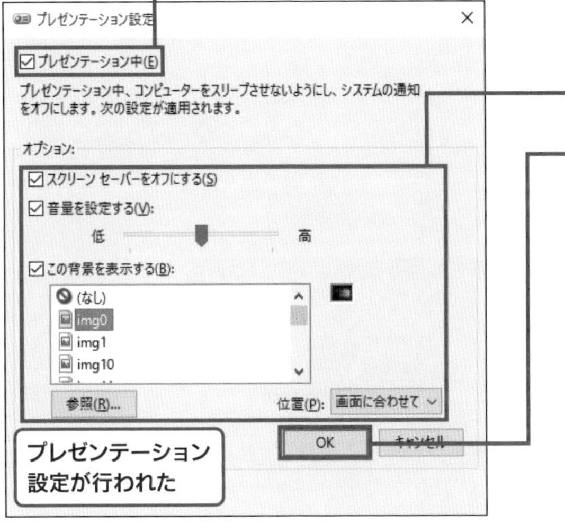

❼＜プレゼンテーション中＞をクリックしてチェックを付け、

❽オプションを設定して、

❾＜OK＞をクリックすると、プレゼンテーション設定が保存されます。

> **MEMO　プレゼンテーション設定**
>
> ＜プレゼンテーショ中＞にチェックを付けると、プレゼンテーションにスリープになりません。＜スクリーンセーバーをオフにする＞にチェックを付けると、スクリーンセーバーが無効になります。また、＜音量を設定する＞ではパソコンの音量を、＜この背景を表示する＞ではデスクトップの背景画像を設定できます。

プレゼンテーション設定をオンにする

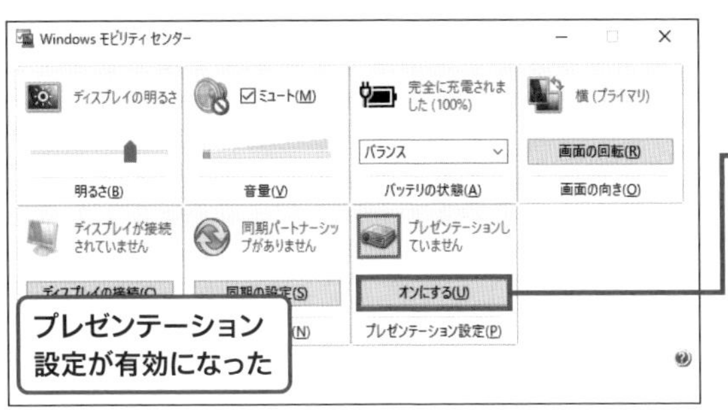

❶上の手順❻の画面を表示して、

❷＜オンにする＞をクリックすると、プレゼンテーション設定が有効になり、デスクトップが切り替わります。

SECTION 216 プレゼン準備

プレゼンテーションの流れを考える

どのようなプレゼンテーションを行うかによって、ナレーションの録音や、スライドの切り替えのタイミングの設定などの準備が必要になります。また、プレゼンテーションをどのような流れで行うのかも考えておきましょう。

プレゼンテーションの準備を行う

ナレーションは録音しておくのか、スライドの切り替えは自動で行うのか、その場で行うのか、参加者への配布資料の有無など、プレゼンテーション本番をイメージして、必要な準備を行いましょう。

発表者用のメモの作成（P.277参照）

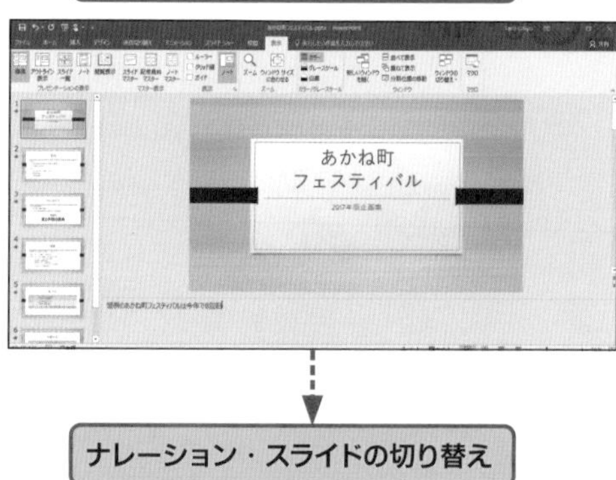

ナレーション・スライドの切り替え

その場で行う場合

あらかじめ設定する場合（P.278参照）

配布資料の用意（第8章参照）

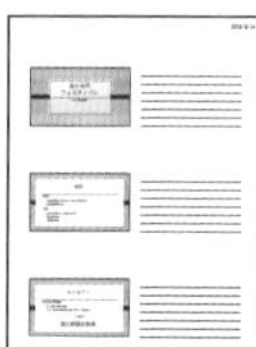

プレゼンテーションの流れ

一般的なプレゼンテーションの流れの一例は、下記のとおりです。プレゼンテーションだけでなく、あいさつなども事前に練習しておきましょう。

① あいさつ・自己紹介

発表者の会社名（所属）、氏名、略歴を述べます。

↓

② イントロ

プレゼンテーションの時間の目安、プレゼンテーションの流れなどを説明します。

↓

③ プレゼン

プレゼンテーションを行います。

↓

④ 質疑応答

参加者の方からの質問に答えます。

↓

⑤ クロージング

プレゼンテーションのポイントを繰り返し、参加者にとってほしい具体的な行動を伝えます。

MEMO **イントロ**

イントロでは、持ち時間が決まっていない場合、プレゼンテーションにどのくらい時間がかかるのかを伝えておくと、参加者に気持ちの準備ができます。
また、最後に質疑応答の時間をとるのであれば、その旨をあらかじめ伝えておくと、プレゼンテーションの途中で質問が入るということもありません。

MEMO **質疑応答**

質疑応答では、質問が質問者以外の人にも聞こえるように、また、確認の意味も込めてリフレクションします。応答後、質問者に「よろしいでしょうか」などと確認してから、次の質問に移ります。

MEMO **クロージング**

「クロージング」とは、終わり、締めくくりといった意味です。
最後にプレゼンテーションの重要なポイントを繰り返します。その後、プレゼンテーションの目的（P.20参照）に沿って、参加者にとってほしい具体的な行動（商品の購入、セミナーの申込みなど）を伝えます。

SECTION 217 ハイパーリンク

クリックするとWebページが表示されるようにする

プレゼンテーション中にブラウザーを起動して、お気に入りを表示して…といった操作は、スマートさに欠けます。「ハイパーリンク」を利用すると、文字をクリックすることでWebページを表示させることができます。

Webページへのハイパーリンクを設定する

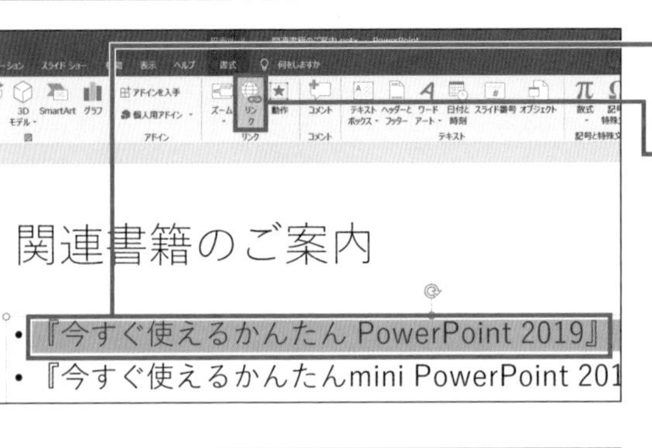

❶ハイパーリンクを設定する文字をドラッグして選択し、

❷<挿入>タブの<リンク>をクリックして、

MEMO 図形に設定する

ハイパーリンクは、図形や画像にも設定することができます。その場合は、図形や画像をクリックして選択してから、手順❷以降の操作を行います。

❸<ファイル、Webページ>をクリックし、

❹<アドレス>に、表示するWebページのURLを入力し、

❺<OK>をクリックすると、

❻文字にハイパーリンクが設定されます。P.271のMEMOの方法で、リンク先を確認することができます。

ハイパーリンクが設定された

MEMO ハイパーリンクの色の変更

ハイパーリンクが設定された文字の色を変更するには、配色パターンを変更します（P.103、104参照）。

クリックすると他のファイルが開くようにする

プレゼンテーション中に別のファイルを表示したい場合は、「ハイパーリンク」を利用して、文字や図形などをクリックすると、目的のファイルが開くように設定しておくと便利です。その場合は、ハイパーリンクのリンク先として、ファイルを指定します。

ファイルへのハイパーリンクを設定する

❶ハイパーリンクを設定する文字をドラッグして選択し、

❷＜挿入＞タブの＜リンク＞をクリックして、

❸＜ファイル、Webページ＞をクリックし、

❹＜検索先＞でリンク先のファイルが保存されているフォルダーを指定して、

❺リンク先のファイルをクリックし、

❻＜OK＞をクリックすると、

❼文字にファイルへのハイパーリンクが設定されます。

MEMO リンク先の確認

ハイパーリンクが正しく設定されていることを確認するには、ハイパーリンクが設定された文字を右クリックして、＜ハイパーリンクを開く＞をクリックします。

SECTION 219 ハイパーリンク

スライドを行き来できるようなボタンを配置する

クリックすると他のスライドを表示する「動作設定ボタン」を配置することができます。動作設定ボタンを利用すると、スライドだけでなく、他のファイルやWebページへも簡単に移動することができます。

動作設定ボタンを配置する

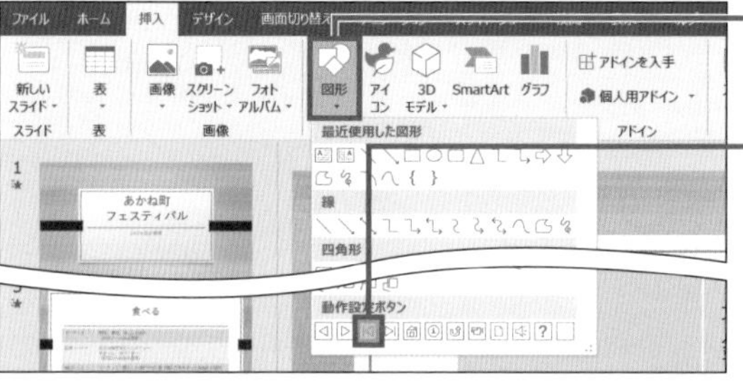

❶<挿入>タブの<図形>をクリックして、

❷<動作設定ボタン>から目的のボタン（ここでは<動作設定ボタン：⏮>）をクリックし、

❸スライド上のボタンを配置したい場所で斜めにドラッグすると、

❹<オブジェクトの動作設定>ダイアログボックスが表示されます。<マウスのクリック>が表示されていることを確認し、

❺<ハイパーリンク>をクリックして、

❻<ハイパーリンク>の⌄をクリックし、

❼リンク先をクリックして、

❽<OK>をクリックすると、動作設定ボタンが作成されます。スライドショーを実行すると、動作を確認できます。

オブジェクトの動作設定
マウスのクリック　マウスの通過
クリック時の動作
○ なし(N)
◉ ハイパーリンク(H):
最初のスライド
次のスライド
前のスライド
最初のスライド
最後のスライド
最後に表示したスライド
スライド ショーの終了
目的別スライド ショー...
スライド...
URL...
その他の PowerPoint プレゼンテーション...
その他のファイル...
クリック時に強調表示する(C)
OK　キャンセル

動作設定ボタンが作成された

SECTION 220 ハイパーリンク

スライドショーを実行中に他のアプリが起動できるようにする

スライドショーの実行中に他のアプリを起動したいとき、アプリの一覧を表示するのは時間がかかり、見栄えもよくありません。「動作」を設定すると、文字や図形をクリックしたときにアプリを起動させることができます。

クリックしたときにアプリが起動するように設定する

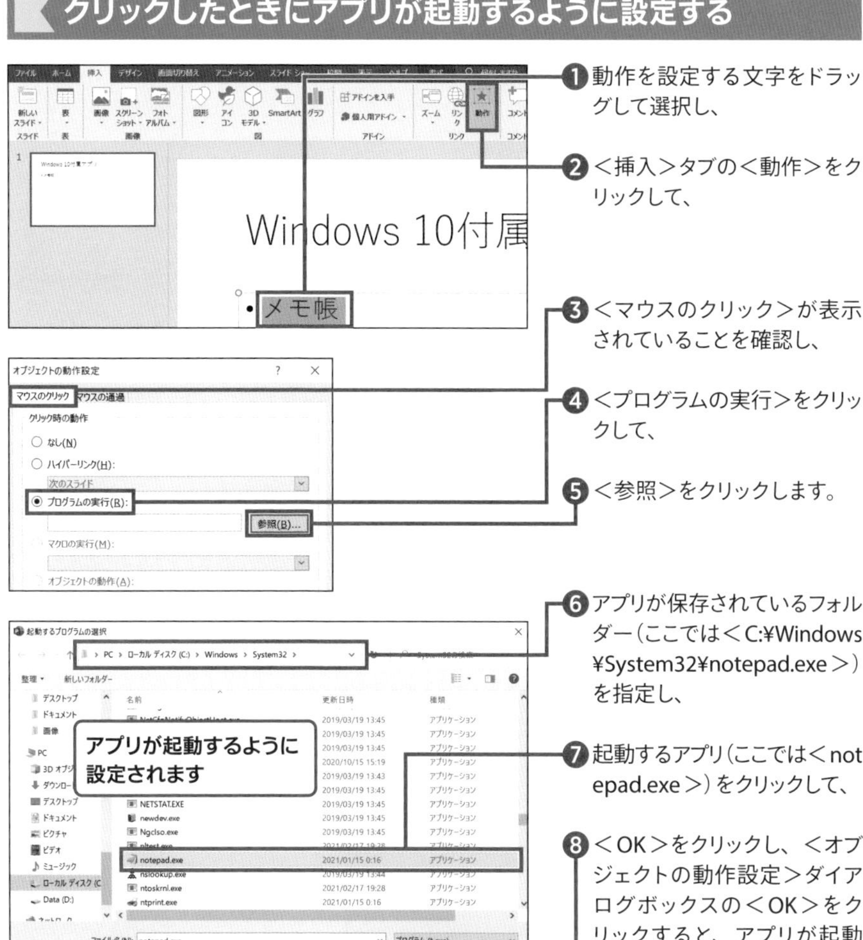

❶動作を設定する文字をドラッグして選択し、

❷＜挿入＞タブの＜動作＞をクリックして、

❸＜マウスのクリック＞が表示されていることを確認し、

❹＜プログラムの実行＞をクリックして、

❺＜参照＞をクリックします。

❻アプリが保存されているフォルダー（ここでは＜C:¥Windows¥System32¥notepad.exe＞）を指定し、

❼起動するアプリ（ここでは＜notepad.exe＞）をクリックして、

❽＜OK＞をクリックし、＜オブジェクトの動作設定＞ダイアログボックスの＜OK＞をクリックすると、アプリが起動するように設定されます。

スライドショーを開始する・終了する

プレゼンテーションが完成したら、スライドショーを実行して、スライドを1枚1枚表示してみましょう。スライドショーは、最初のスライドから開始することも、任意のスライドから開始することも可能です。

スライドショーを実行する

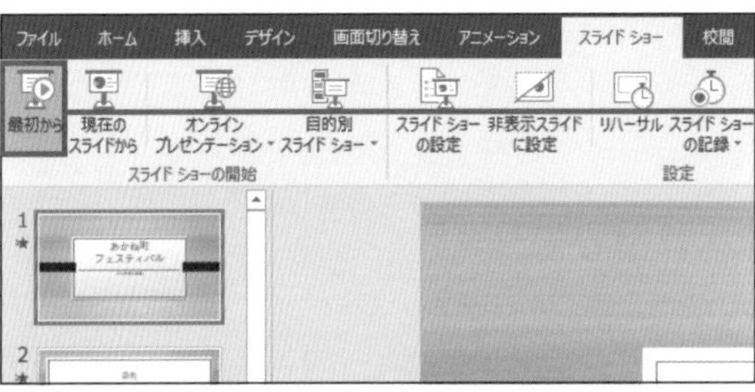

❶ <スライドショー>タブの<最初から>をクリックすると、

MEMO 任意のスライドから開始

特定のスライドからスライドショーを開始するには、目的のスライドを表示し、<スライドショー>タブの<現在のスライドから>をクリックするか、画面右下のステータスバーの<スライドショー>をクリックします。

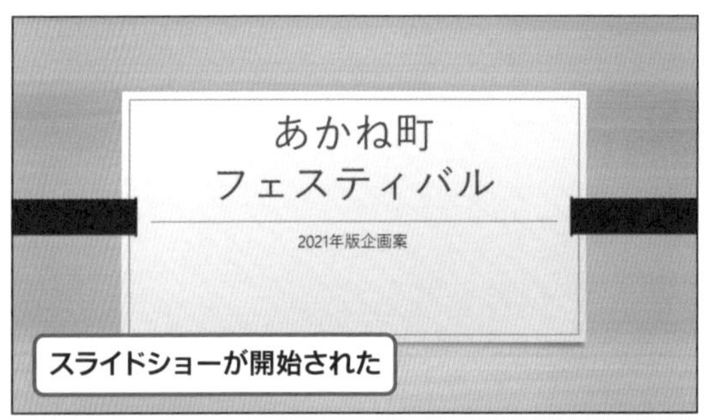

❷ 最初のスライドからスライドショーが開始されます。自動での画面切り替えを設定している場合（P.223、278参照）は、指定した時間が経過すると、次のスライドに切り替わります。

MEMO 手動で切り替える

自動での画面切り替えを設定していない場合は、手動で画面を切り替えます。

❸ スライドショーが終了すると、黒い画面が表示されるので、画面をクリックすると、スライドショーが終了します。

プレゼンテーションを開いたときにスライドショーを実行する

プレゼンテーションを「PowerPointスライドショー」形式で保存すると、プレゼンテーションを開いたときにスライドショーが実行されます。スライドの編集画面を表示せずにスライドショーを実行したい場合に利用すると便利です。

PowerPointスライドショー形式で保存する

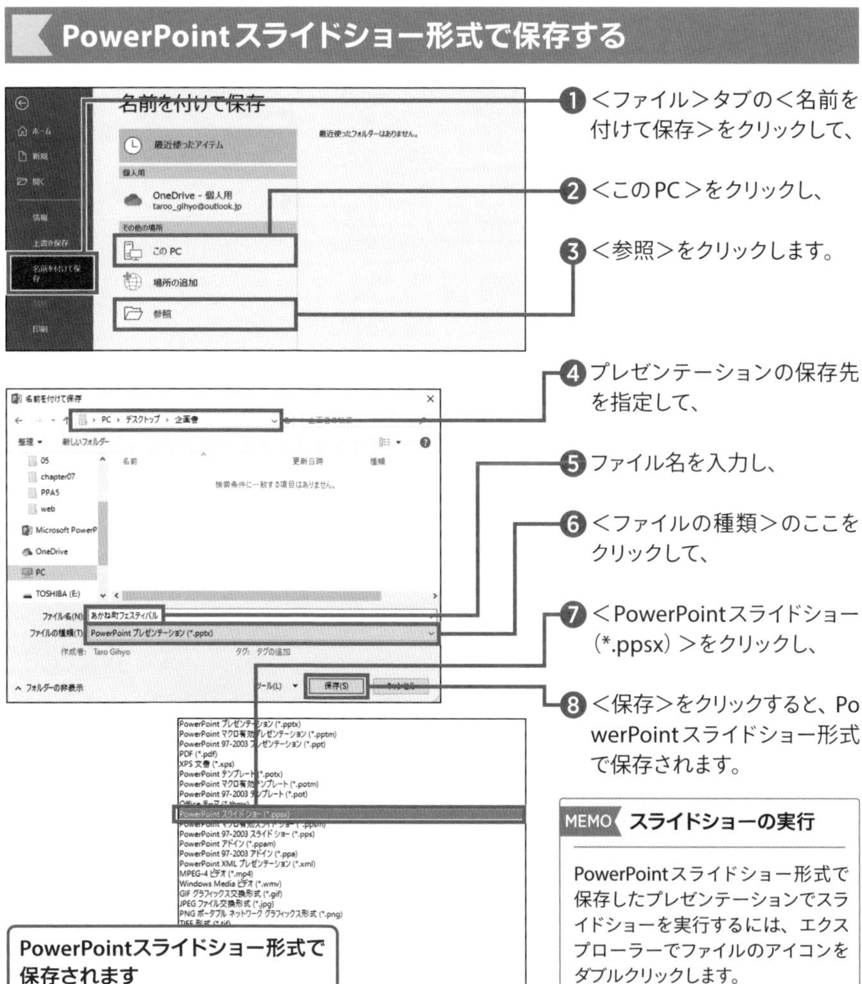

1. ＜ファイル＞タブの＜名前を付けて保存＞をクリックして、
2. ＜このPC＞をクリックし、
3. ＜参照＞をクリックします。
4. プレゼンテーションの保存先を指定して、
5. ファイル名を入力し、
6. ＜ファイルの種類＞のここをクリックして、
7. ＜PowerPointスライドショー（*.ppsx）＞をクリックし、
8. ＜保存＞をクリックすると、PowerPointスライドショー形式で保存されます。

PowerPointスライドショー形式で保存されます

MEMO スライドショーの実行

PowerPointスライドショー形式で保存したプレゼンテーションでスライドショーを実行するには、エクスプローラーでファイルのアイコンをダブルクリックします。

スライドを素早く切り替える

スライドの切り替えるタイミングをあらかじめ設定している場合（P.223、278参照）は、スライドショーを開始した後、自動でスライドが切り替わります。手動でスライドを切り替える場合は、スライド上をクリックします。

スライドを手動で切り替える

P.274の方法で、スライドショーを開始しています。

あかね町
フェスティバル
2021年版企画案

❶スライドを切り替えたいタイミングで、スライド上をクリックすると、

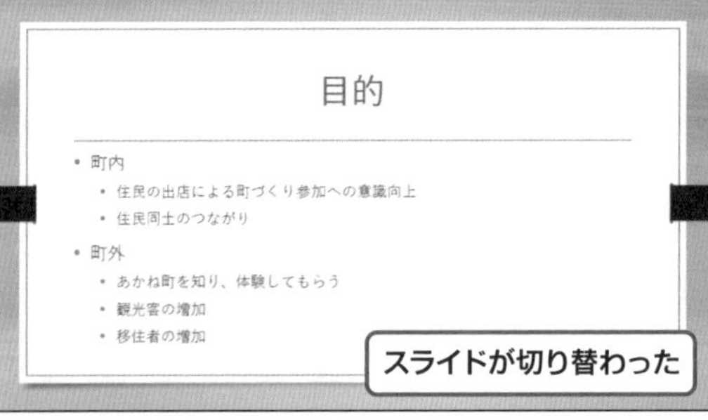
目的
町内
住民の出店による町づくり参加への意識向上
住民同士のつながり
町外
あかね町を知り、体験してもらう
観光客の増加
移住者の増加
スライドが切り替わった

❷次のスライドに切り替わるので、最後のスライドが表示されるまでクリックします。

> **MEMO アニメーションの再生**
>
> オブジェクトにアニメーション効果が設定されている場合は、スライドをクリックすると、アニメーションが再生されます。表示されているスライドのすべてのアニメーションの再生されてから、さらにクリックすると、次のスライドに切り替わります。

スライド ショーの最後です。クリックすると終了します。

❸スライドショーが終了すると、黒い画面が表示されるので、クリックすると、編集画面に戻ります。

プレゼン用のメモを作成する

プレゼンテーションを行うときの発表者用のメモは、「ノート」に入力します。発表者用の画面でスライドとノートを一緒に表示したり（P.279参照）、スライドとセットで印刷したり（P.292MEMO参照）することができます。

ノートを利用する

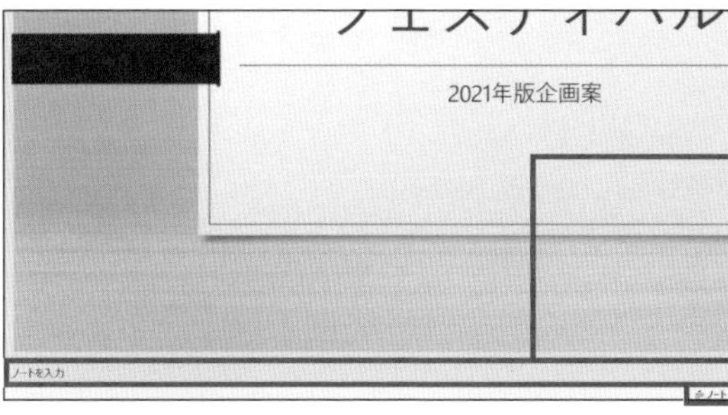

❶ステータスバーの＜ノート＞をクリックすると、

❷ノートウィンドウが表示されます。

> **MEMO ＜表示＞タブの利用**
>
> ＜表示＞タブの＜表示＞グループの＜ノート＞をクリックしても、ノートウィンドウを表示できます。

❸境界線にマウスポインターを合わせ、マウスポインターの形が⇕になったら、ドラッグすると、ノートウィンドウの領域が広がります。

❹ノートウィンドウをクリックして、文字を入力します。

ノートが入力された

リハーサル機能で切り替えのタイミングを設定する

プレゼンテーションのときに、アニメーションの再生やスライドの切り替えを自動的に行いたい場合は、「リハーサル」機能を利用すると、それらのタイミングをあらかじめ設定しておくことができます。

スライドが自動で切り替わるタイミングを設定する

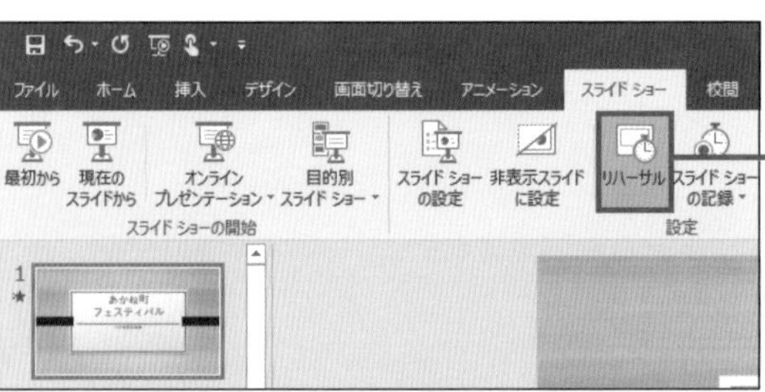

❶＜スライドショー＞タブの＜リハーサル＞をクリックすると、

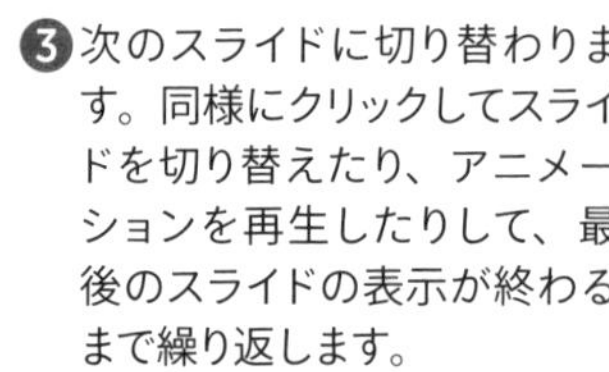

MEMO 時間で指定する

スライドの切り替えのタイミングは、各スライドの表示時間で指定することもできます（P.223参照）。

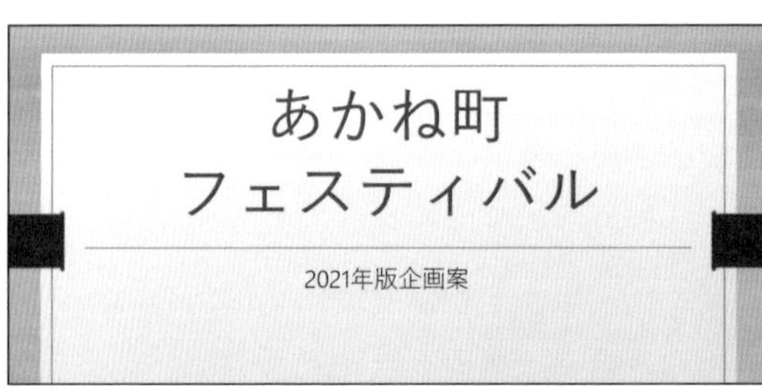

❷スライドショーのリハーサルが開始されるので、必要な時間が経過したら、スライドをクリックすると、

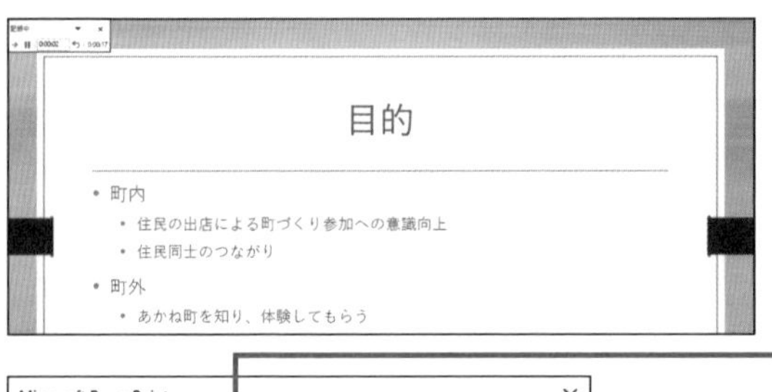

❸次のスライドに切り替わります。同様にクリックしてスライドを切り替えたり、アニメーションを再生したりして、最後のスライドの表示が終わるまで繰り返します。

❹最後のスライドのタイミングを設定した後、この画面が表示されるので、＜はい＞をクリックすると、タイミングが保存されます。

SECTION 226 スライドショー

発表者用の画面を活用する

プロジェクターにパソコンを接続してプレゼンテーションを行う場合は、「発表者ツール」を利用して、スライドと発表者用のメモをパソコンで確認しながら、プレゼンテーションを進めることができます。

発表者ツールを利用する

プロジェクターとパソコンを接続します。

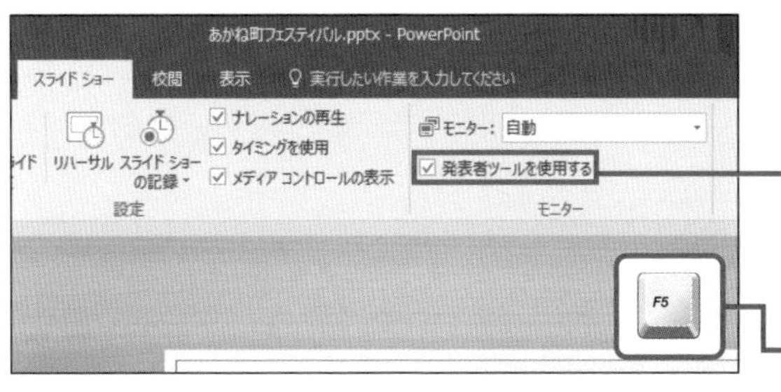

❶＜スライドショー＞タブの＜発表者ツールを使用する＞にチェックを付け、

❷ F5 キーを押すと、

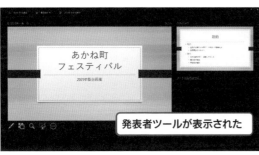

❸スライドショーが開始されます。パソコンには発表者ツールが表示され、プロジェクターからスクリーンにスライドショーが投影されます。

あかね町
フェスティバル
2021年度企画案

発表者ツールが表示された

MEMO スライドを切り替える

発表者ツールの ◀ または ▶ をクリックすると、スライドを切り替えることができます。

COLUMN

スライドショーが表示された？

プロジェクターに発表者ツール、パソコンにスライドショーが表示されてしまった場合は、画面左下の … をクリックして、＜表示設定＞をクリックし、＜発表者ビューとスライドショーの切り替え＞をクリックします。また、プロジェクターを接続していないときに、発表者ツールを表示させるには、右の画面で＜発表者ビューを表示＞をクリックします。

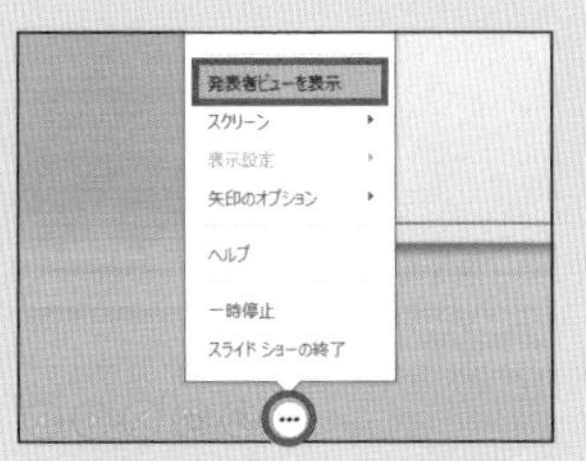

SECTION 227 スライドショー

スライドショー実行中に特定のスライドに切り替える

スライドショーの実行中に、離れたスライドに移動したいときは、発表者ツールですべてのスライドを表示して、目的のスライドをクリックすると移動できます。スライドショー画面では、操作中も通常のスライドが表示されたままです。

スライドの一覧から他のスライドへ移動する

P.279の方法で、発表者ツールを利用してスライドショーを実行しています。

❶<すべてのスライドを表示します>をクリックすると、

❷すべてのスライドの一覧が表示されるので、目的のスライドをクリックすると、

MEMO スライドショー画面に表示されない

発表者ツールでスライドの一覧を表示しても、スライドショー画面にはスライドの一覧は表示されず、手順❶のスライドが全画面で表示されています。

❸そのスライドが表示されます。

スライドが表示された

MEMO スライドショー画面での操作

スライドショー画面で画面左下の をクリックすると、スライドの一覧が表示されるので、目的のスライドをクリックします。

番号指定で瞬時にスライドを切り替える

スライドショー実行中に、特定のスライドに切り替えたい場合、P.280の方法の他に、スライド番号を指定して切り替える方法もあります。あらかじめスライド番号を覚えておく必要がありますが、一瞬で切り替えることができます。

スライド番号で特定のスライドに切り替える

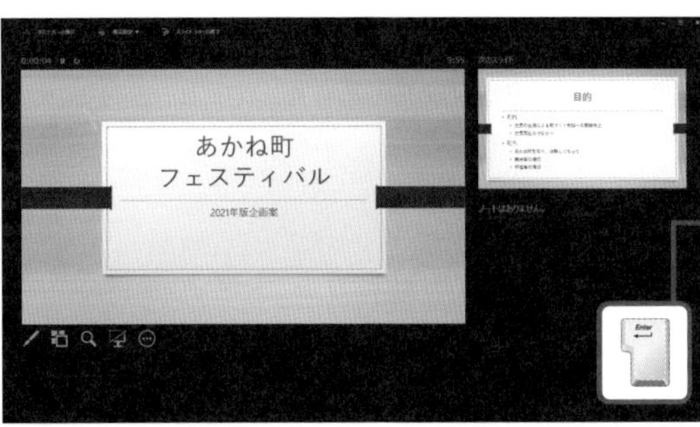

P.279の方法で、発表者ツールを利用してスライドショーを実行しています。

❶切り替えたいスライド番号を入力して（ここでは「4」）、Enter キーを押すと、

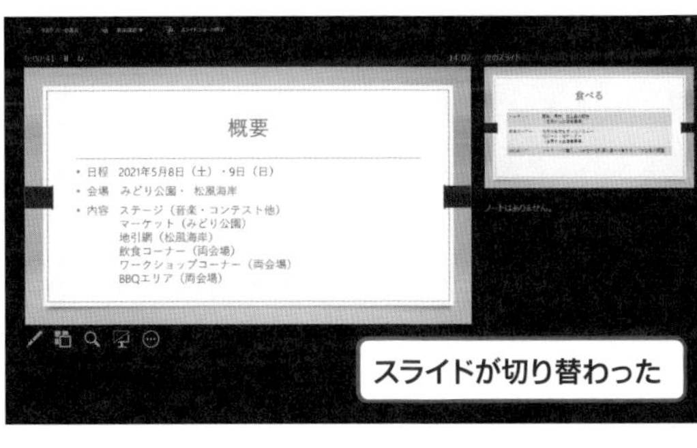

❷スライドが切り替わります。

COLUMN

スライドショー画面での操作

スライドショー画面でも、同様の操作で特定のスライドに切り替えることができます。

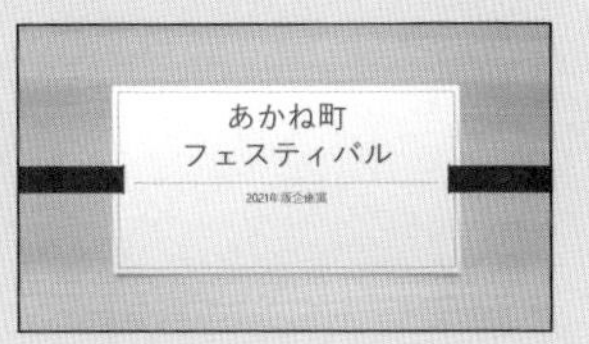

スライドショー実行中に黒または白の画面を表示する

スライドショーを一時停止して、黒または白の画面を表示させることができます。プレゼンテーション中に、スライドではなく発表者に注目してもらいたいときなどに使うと有効です。ショートカットキーを利用すると、素早く切り替えることができます。

スライドショー中に黒い画面を表示する

P.274の方法で、スライドショーを実行しています。

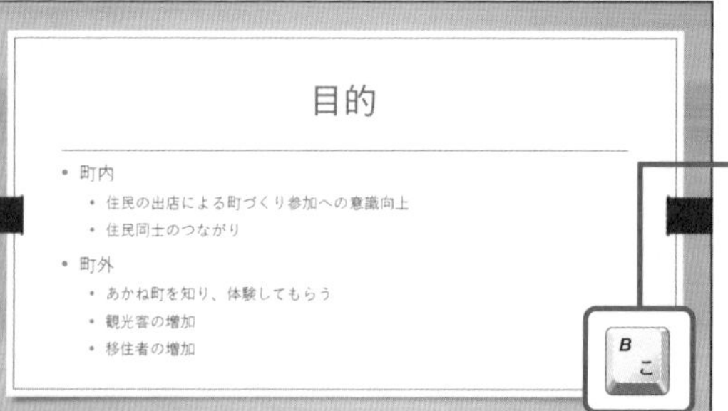
目的
町内
住民の出店による町づくり参加への意識向上
住民同士のつながり
町外
あかね町を知り、体験してもらう
観光客の増加
移住者の増加

❶ B（または.）キーを押すと、

> **MEMO 白い画面を表示する**
>
> スライドショー中にW（または,）キーを押すと、白い画面が表示されます。再度W（または,）キーを押すと、スライドショーが再開されます。

❷ スライドショーが一時停止し、黒い画面が表示されます。

❸ 再度B（または.）キーを押すと、スライドショーが再開されます。

COLUMN

発表者ツールで黒い画面を表示する

発表者ツールを利用している場合は、スライド下の<スライドショーをカットアウト/カットイン（ブラック）します>をクリックしても、黒い画面を表示することができます。再度<スライドショーをカットアウト/カットイン（ブラック）します>をクリックすると、スライドショーが再開します。

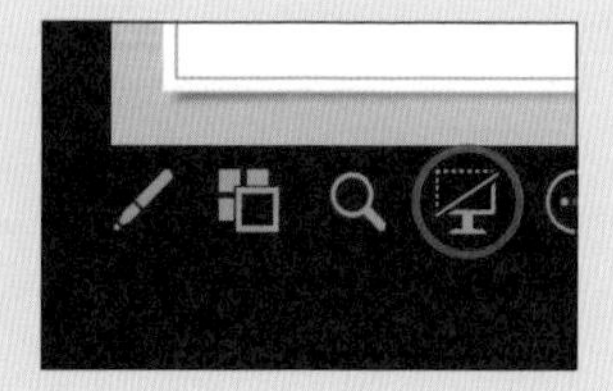

SECTION 230 スライドショー

強調したい部分を拡大表示して注目させる

スライドショーの途中で、スライドの一部を拡大して表示することができます。重要なテキストや図を強調したいとき、文字などが小さくて見づらいときなどに利用できます。スライドノ拡大は、発表者ツールだけでなく、スライドショー画面からも行えます。

スライドの一部を拡大する

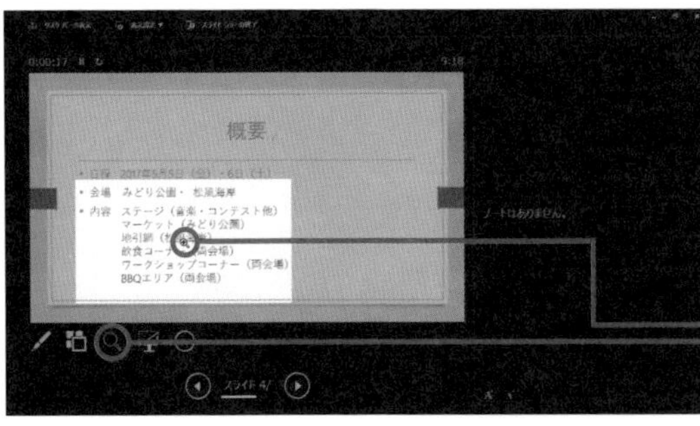

P.279の方法で、発表者ツールを利用してスライドショーを実行しています。

❶ <スライドを拡大します>をクリックして、

❷ 拡大したい部分をクリックすると、

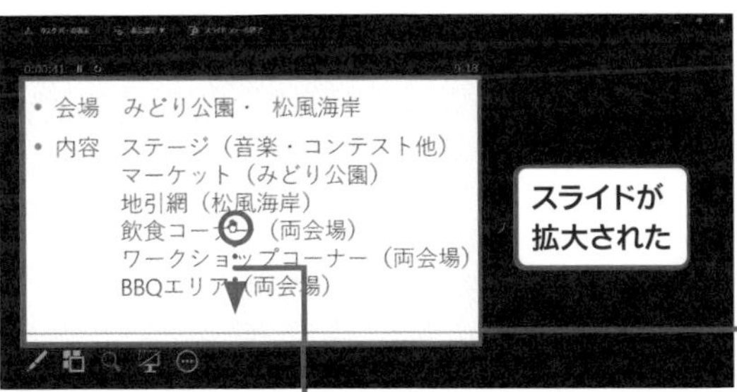

❸ スライドが拡大表示されます。

❹ スライドをドラッグすると、

❺ 表示される領域が移動します。

❻ <縮小>をクリックすると、元の表示に戻ります。

> **MEMO スライドショー表示の場合**
>
> スライドショー表示の場合は、画面左下の虫メガネのアイコン をクリックして、スライドの拡大したい部分をクリックします。Esc キーを押すと、元の表示に戻ります。

スライドショー中にペンでスライドに書き込む

スライドショーの実行中に、スライドをドラッグして、ペンで強調したい部分を囲んだり、線を引いたりすることができます。ペンには通常の「ペン」と「蛍光ペン」があり、インクの色も選択できます。

スライドにペンで書き込む

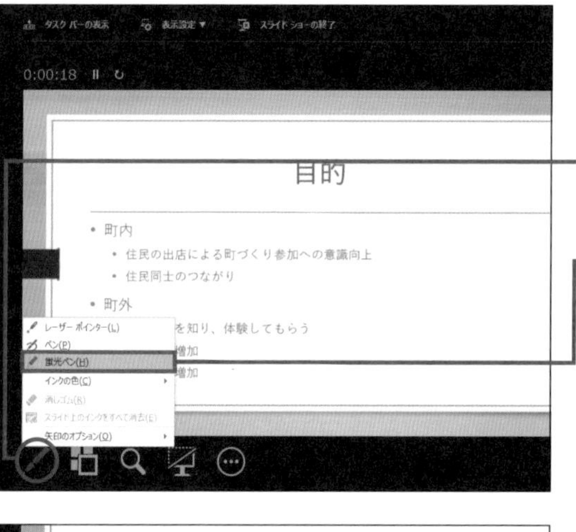

P.279の方法で、発表者ツールを利用してスライドショーを実行しています。

1 <ペンとレーザーポインターツール>をクリックして、

2 目的のペンの種類(ここでは<蛍光ペン>)をクリックし、

MEMO スライドショー画面での操作

スライドショー画面で操作する場合は、左下の🖉をクリックし、<ペン>または<蛍光ペン>をクリックします。

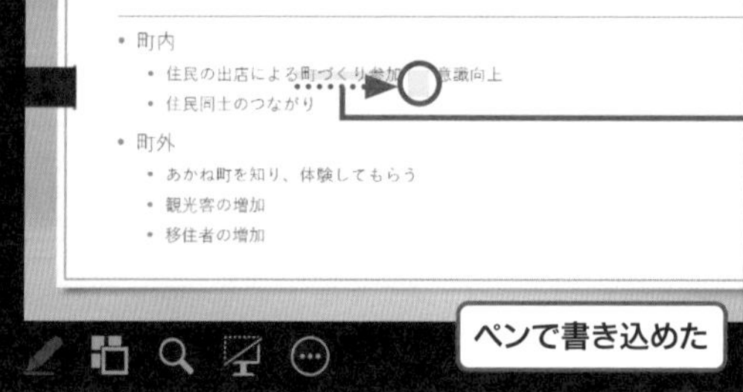

3 スライド上をドラッグすると、書き込めます。

4 ペンを使い終わったら、Esc キーを押すと、マウスポインターの形が元に戻ります。

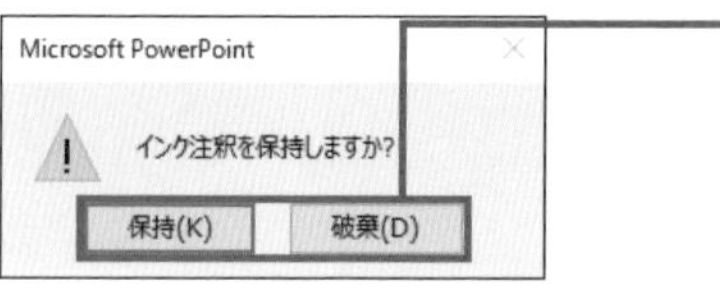

5 スライドショーが終わると、メッセージが表示されるので、書き込みを保存する場合は<保持>を、保存しない場合は<破棄>をクリックします。

SECTION 232 スライドショー

レーザーポインターで聞き手の視線を集める

注目してほしいが、スライドに書き込みはしたくない…そんなときは、「レーザーポインター」を利用すると、マウスポインターの形が色の丸に変わるので、重要な部分に視線を集めることができます。

レーザーポインターを使用する

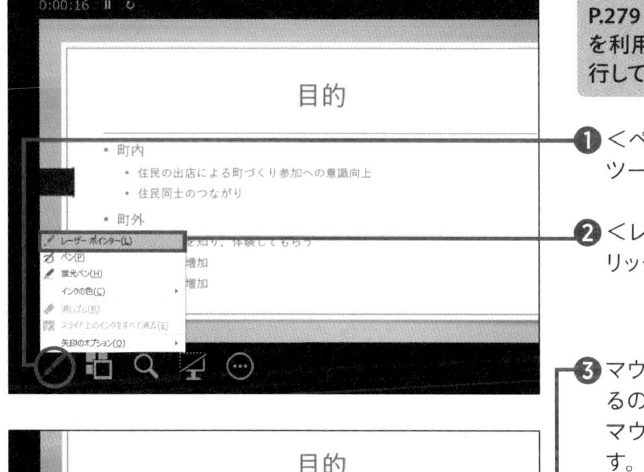

P.279の方法で、発表者ツールを利用してスライドショーを実行しています。

❶ ＜ペンとレーザーポインターツール＞をクリックして、

❷ ＜レーザーポインター＞をクリックすると、

❸ マウスポインターの形が変わるので、指し示したい部分にマウスポインターを移動します。

❹ レーザーポインターを使い終わったら、Esc キーを押すと、マウスポインターの形が元に戻ります。

COLUMN

レーザーポインターの色を変更する

レーザーポインターの色を変更するには、＜スライドショー＞タブの＜スライドショーの設定＞をクリックします。＜スライドショーの設定＞ダイアログボックスで＜レーザーポインターの色＞から目的の色をクリックし、＜OK＞をクリックします。

SECTION 233 スライドショー

発表中の音声を録音する

プレゼンテーションで話した内容は、録音しておくことができます。音声と一緒に、アニメーションの再生や、スライドの切り替えのタイミングも保存できるので、自動プレゼンテーションとして再利用することも可能です。

ナレーションを録音する

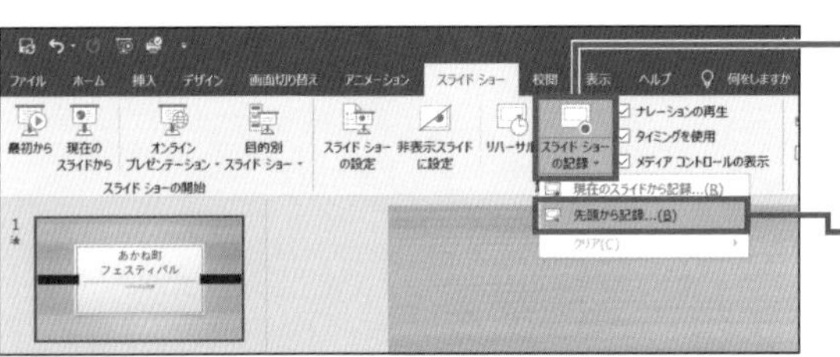

❶<スライドショー>タブの<スライドショーの記録>をクリックして、

❷<先頭から記録>をクリックします。

あかね町
フェスティバル
2021年版企画案

❸<記録を開始>をクリックすると、

❹スライドショーが開始されるので、プレゼンテーションを行います。

音声が録音された

❺スライドショーが終了すると、録音が終了し、すべてのスライドの右下に、音声ファイルが保存されたことを住めすアイコンが表示されます。

MEMO カメラが接続されている場合

パソコンにカメラが接続されている場合は、右下にプレゼンテーション中の映像が一緒に記録されます。必要ない場合は、<カメラを無効にする>をクリックします。

SECTION 234 スライドショー

スライドショーを自動的に繰り返す

スライドを切り替えるタイミングを保存して（P.223、278参照）、「自動プレゼンテーション」を利用すれば、人がいなくても、スライドショーを繰り返し実行することができます。展示場やイベント会場などで利用すると便利です。

自動プレゼンテーションを利用する

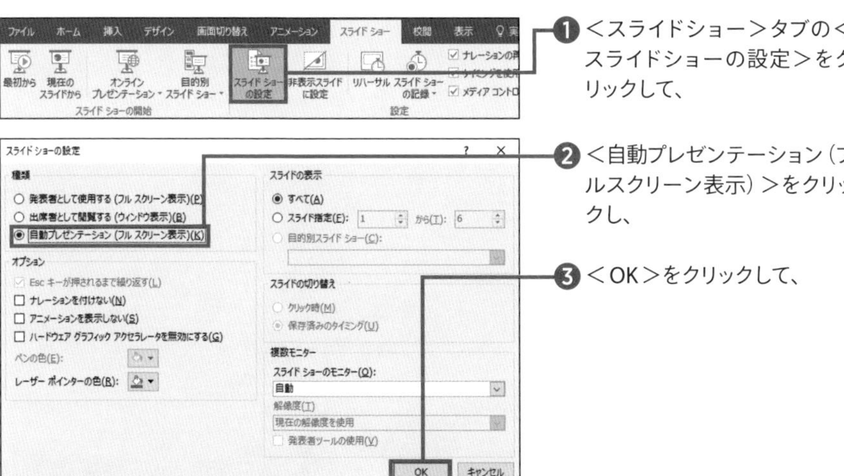

❶＜スライドショー＞タブの＜スライドショーの設定＞をクリックして、

❷＜自動プレゼンテーション（フルスクリーン表示）＞をクリックし、

❸＜OK＞をクリックして、

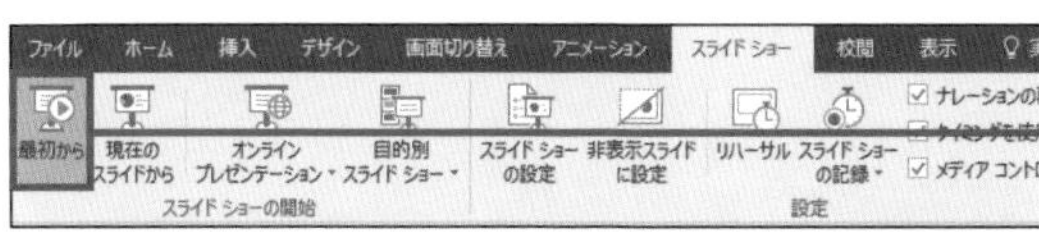

❹＜スライドショー＞タブの＜最初から＞をクリックすると、

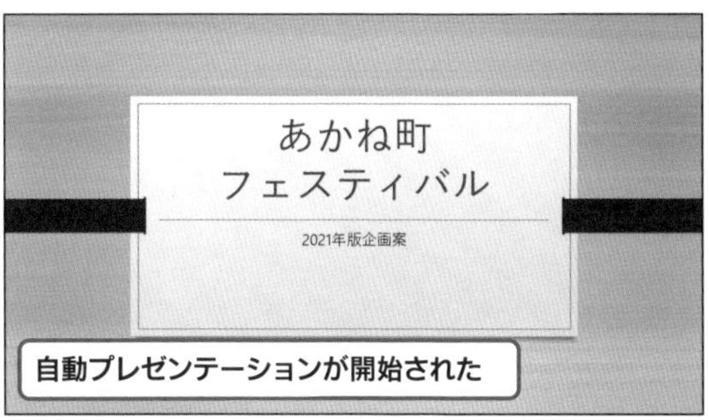

❺自動プレゼンテーションが開始されます。

MEMO 自動プレゼンテーションの停止

自動プレゼンテーションを停止するには、Esc キーを押します。

第5章
第6章
スライドショー 第7章
第8章
第9章

COLUMN

質疑応答時のポイント

プレゼンテーションの質疑応答は、その場にならないとどんな質問が出てくるのかわからないため、準備万端にととのえておくのは難しいかもしれません。しかし、ある程度事前に準備できることはありますし、質疑応答時のポイントをおさえておけば、多少緊張感もやわらぐでしょう。

●事前に質問を想定しておく

出てきそうな質問を、あらかじめ自分自身で考え、その回答を準備しておきます。また、聞き手のいるリハーサルを行い、聞き手から実際に質問を出してもらって、回答のリハーサルを行うのもよいでしょう。

●広い会場では質問もマイクを使う

会場の広さ、用意されているマイクの本数にもよりますが、質問のときにマイクを使うと、他の聞き手にも質問内容がよく聞こえます。似たような質問が出ないようにするためにも有効です。

●質問内容を発表者が繰り返す

質問内容が他の聞き手にもよく聞こえるように、質問内容を正しく理解しているか質問者に確認するためにも、質問内容は発表者が繰り返します。質問内容が長い場合は、他の聞き手のためにも、要約して繰り返します。

●質問がわかりにくい場合は聞き返す

質問内容がわかりづらかった場合は、質問者に「申し訳ございません。もう一度お聞かせ願えますか」と聞き返してかまいません。よくわからないまま、質問に沿わない回答をするほうが、よっぽど失礼で無駄になります。

●質問の意図に沿った回答をする

質問者がききたいことをきちんと理解し、質問の意図にしっかりと合った回答をします。質問と回答が合っていないと、話を理解できない、正しく回答できないという評価になります。

●後で改めて回答する

手元に資料がない、その場にいない担当者に確認しないとわからないなど、すぐに回答できない場合は、曖昧な回答をしたり、誤魔化したりするのではなく、後ほど改めて連絡し、しっかりと回答します。

●次の質問の前に質問者に確認する

回答後、質問者に「このような回答でよろしいでしょうか?」と、質問者の疑問が解消されたことを確認してから、次の質問を受け付けます。

第8章

見やすく・コンパクトに！印刷と配布のテクニック

スライドを1枚ずつ印刷する

用紙1枚にスライドを1枚ずつ印刷する場合は、＜設定＞で＜フルページサイズのスライド＞を指定します。＜ファイル＞タブの＜印刷＞では、画面右側に印刷プレビューが表示されるので、印刷結果を事前に確認することができます。

スライドを印刷する

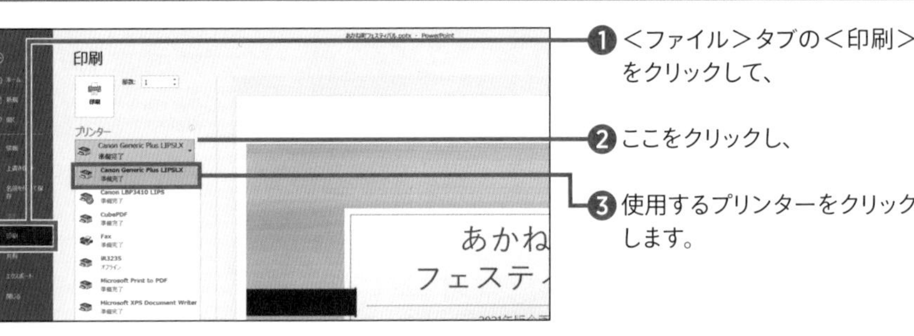

❶＜ファイル＞タブの＜印刷＞をクリックして、

❷ここをクリックし、

❸使用するプリンターをクリックします。

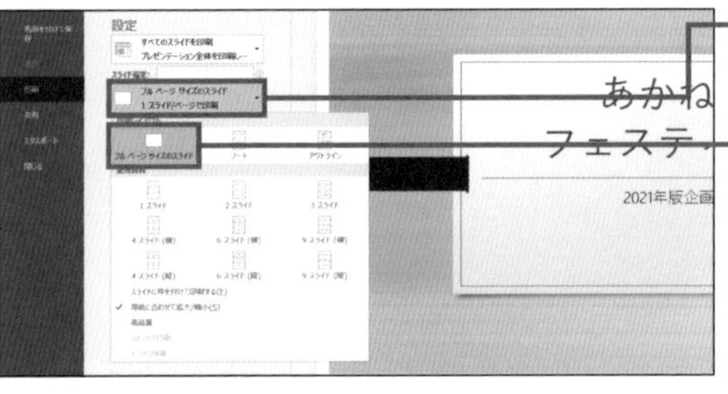

❹ここをクリックして、

❺＜フルページサイズのスライド＞をクリックすると、

> **MEMO スライドの端が印刷されない**
>
> スライドの端に配置したオブジェクトが印刷されない場合は、手順❹の画面で＜用紙に合わせて拡大/縮小＞をクリックしてチェックを入れます。

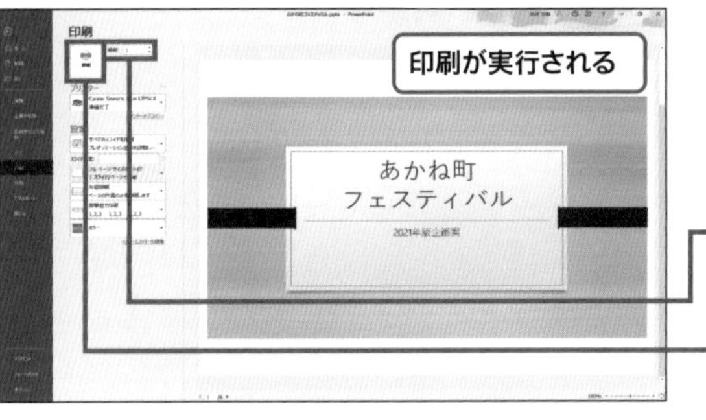

❻印刷結果を確認できます。

❼＜部数＞に印刷部数を入力し、

❽＜印刷＞をクリックすると、印刷が実行されます。

モノクロで印刷する

印刷コストを削減したい場合は、グレースケールで印刷しましょう。なお、グレースケールで見やすく印刷できるように、あらかじめオブジェクトの色を調整しておくことをおすすめします。

グレースケールで印刷する

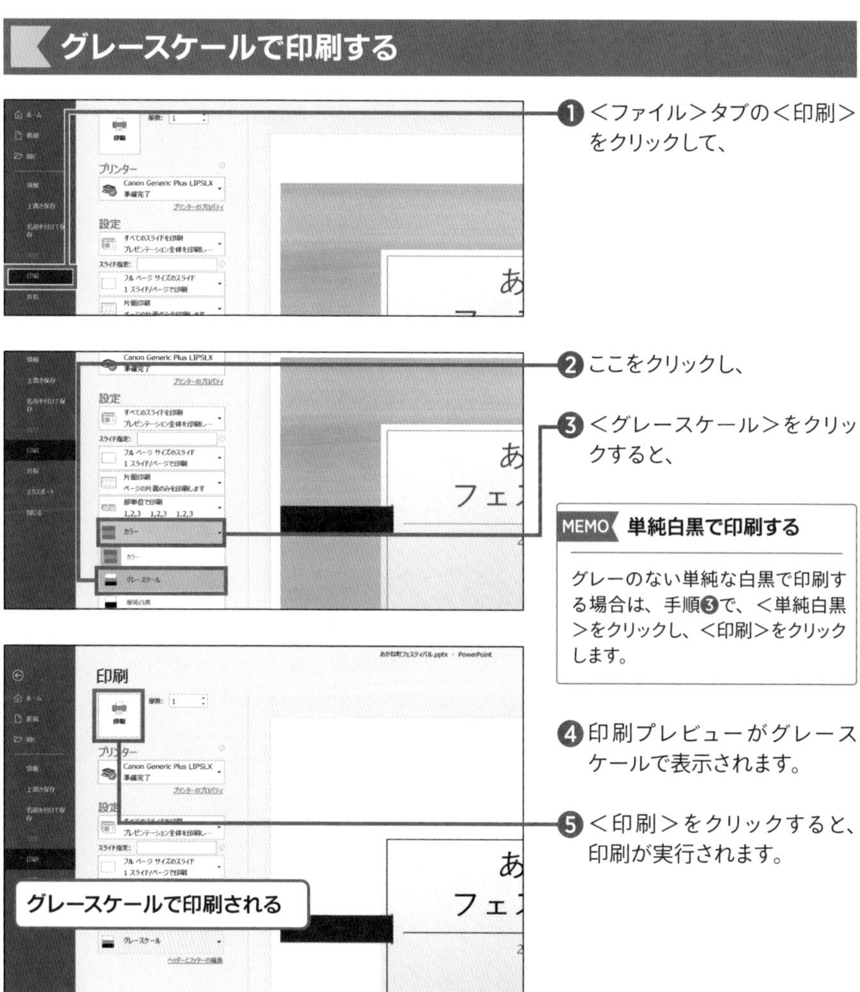

❶＜ファイル＞タブの＜印刷＞をクリックして、

❷ここをクリックし、

❸＜グレースケール＞をクリックすると、

❹印刷プレビューがグレースケールで表示されます。

❺＜印刷＞をクリックすると、印刷が実行されます。

MEMO　単純白黒で印刷する

グレーのない単純な白黒で印刷する場合は、手順❸で、＜単純白黒＞をクリックし、＜印刷＞をクリックします。

SECTION 237 印刷

複数のスライドを配置して印刷する

なるべく用紙を節約して印刷したい場合は、「配布資料」として1枚の用紙に複数のスライドを配置して印刷することができます。1ページあたりのスライドの枚数は、1、2、3、4、6、9枚から選択できます。

1枚の用紙に複数のスライドを印刷する

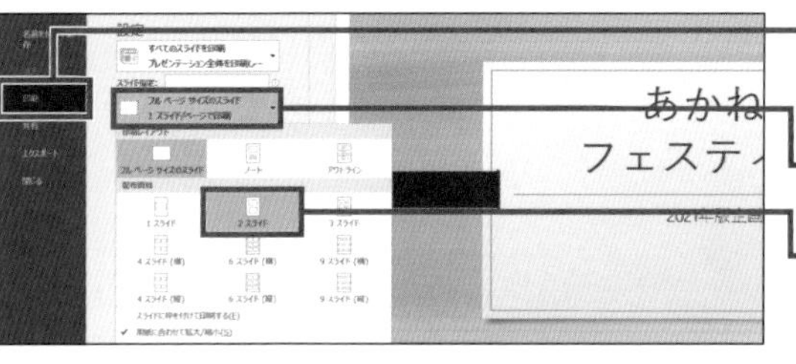

❶ ＜ファイル＞タブの＜印刷＞をクリックして、

❷ ここをクリックし、

❸ ＜配布資料＞から、1ページあたりに配置するスライドの枚数（ここでは＜2スライド＞）をクリックすると、

複数のスライドが配置された

❹ 複数のスライドが配置されます。

❺ ＜印刷＞をクリックすると、印刷が実行されます。

MEMO ノートの印刷

スライドとノート（P.277参照）を印刷するには、手順❸で＜ノート＞をクリックします。

COLUMN

プリンターのプロパティの利用

プリンターの機種によっては、プリンターのプロパティを利用して、複数のスライドを配置して印刷することができます。その場合は、手順❹の画面で＜プリンターのプロパティ＞をクリックし、配置するスライドの数を指定します。

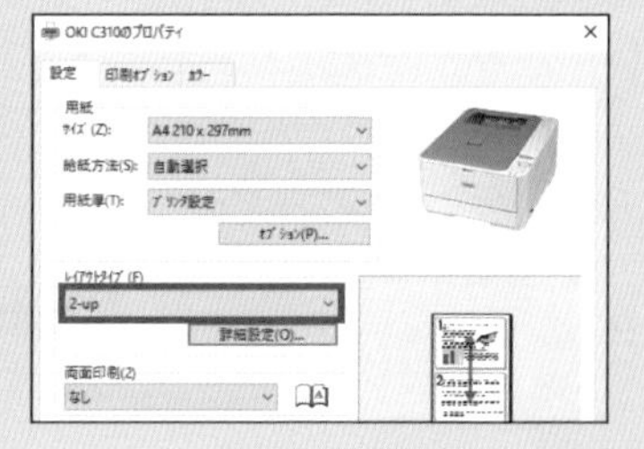

配布資料のヘッダー・フッターを設定する

スライドを複数配置して印刷する「配布資料」にも、ヘッダー・フッターで、会社名やファイル名などの任意の文字列を入れることができます。また、日付やページ番号の表示・非表示や日付の表示形式を設定することも可能です。

配布資料のヘッダー・フッターを利用する

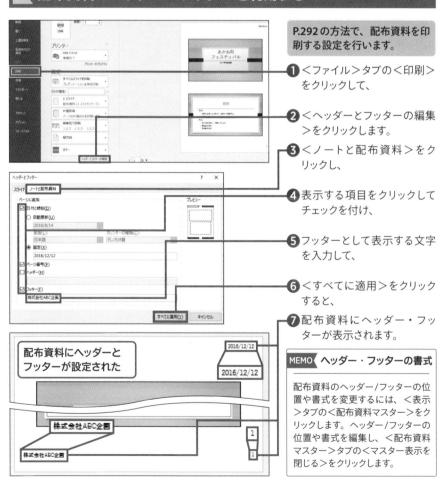

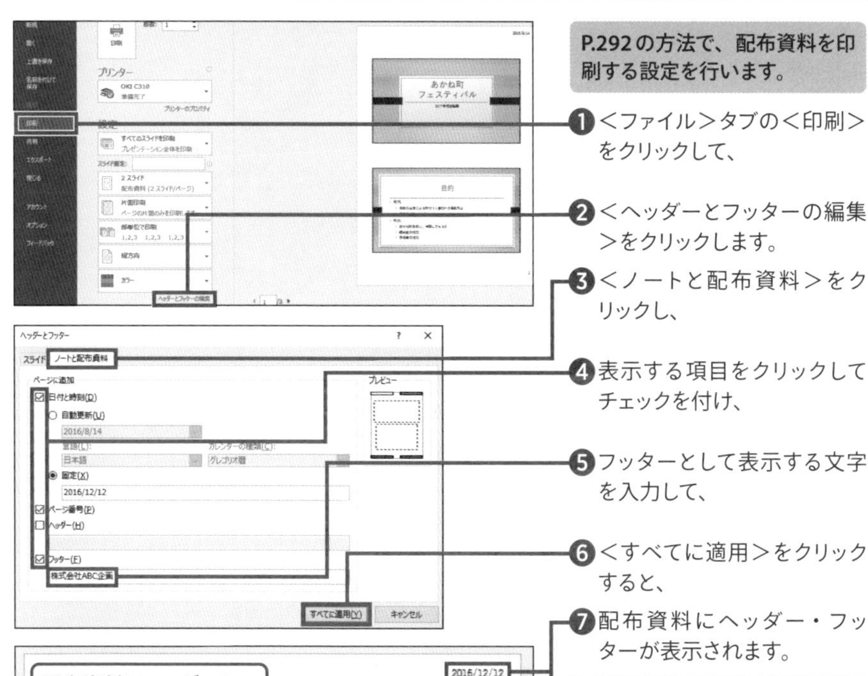

P.292の方法で、配布資料を印刷する設定を行います。

1. ＜ファイル＞タブの＜印刷＞をクリックして、
2. ＜ヘッダーとフッターの編集＞をクリックします。
3. ＜ノートと配布資料＞をクリックし、
4. 表示する項目をクリックしてチェックを付け、
5. フッターとして表示する文字を入力して、
6. ＜すべてに適用＞をクリックすると、
7. 配布資料にヘッダー・フッターが表示されます。

MEMO ヘッダー・フッターの書式

配布資料のヘッダー/フッターの位置や書式を変更するには、＜表示＞タブの＜配布資料マスター＞をクリックします。ヘッダー/フッターの位置や書式を編集し、＜配布資料マスター＞タブの＜マスター表示を閉じる＞をクリックします。

印刷資料の背景を設定する

カラーで資料を印刷するときなどは、あらかじめ用意された背景のスタイルに変更することによって、より華やかな配布資料にすることができます。

印刷資料の背景を設定する

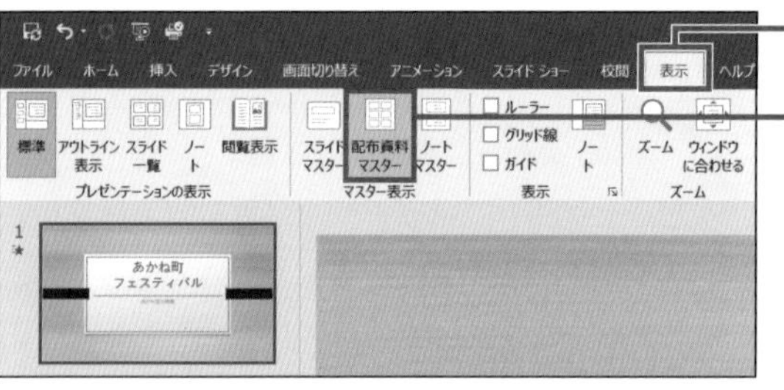

❶ <表示>タブをクリックして、

❷ <配布資料マスター>をクリックします。

❸ <背景のスタイル>をクリックして、

❹ 目的のスタイルを選択します。

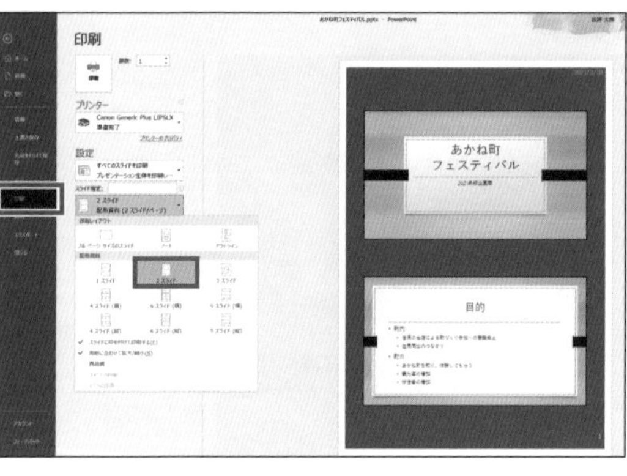

❺ <ファイル>タブで<印刷>を選択して、印刷レイアウトで<2スライド>などを指定すると、背景のスタイルが変更されています。

SECTION 240 印刷

印刷用紙の大きさを変更する

スライドを複数配置して印刷する「配布資料」にも、ヘッダー・フッターで、会社名やファイル名などの任意の文字列を入れることができます。また、日付やページ番号の表示・非表示や日付の表示形式を設定することも可能です。

印刷用紙の大きさを変更する

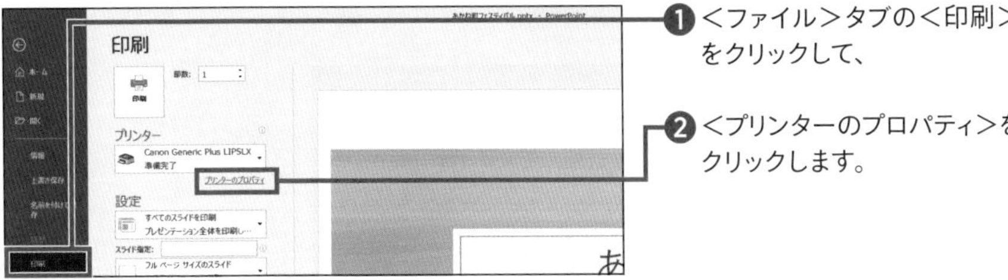

❶＜ファイル＞タブの＜印刷＞をクリックして、

❷＜プリンターのプロパティ＞をクリックします。

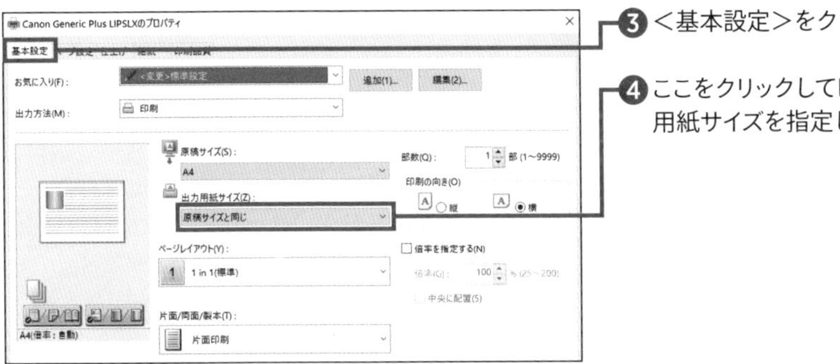

❸＜基本設定＞をクリックし、

❹ここをクリックして印刷したい用紙サイズを指定します。

COLUMN

プリンターのダイアログボックス画面

使用しているプリンターによって表示されるダイアログボックス画面が異なります。以下のプリンターでは、＜ページ設定＞で印刷用紙の変更を行います。

SECTION 241 印刷

印刷する資料に日付やページ番号を追加する

配布資料を印刷する際、ページの決められた位置に日付とページ番号を入れることができます。日付については、自分で設定した日付か、PowerPointを操作している時点の日付のどちらかを選択することが可能です。

印刷する資料に日付やページ番号を追加する

❶＜ファイル＞タブの＜印刷＞をクリックして、

❷＜ヘッダーとフッターの編集＞をクリックします。

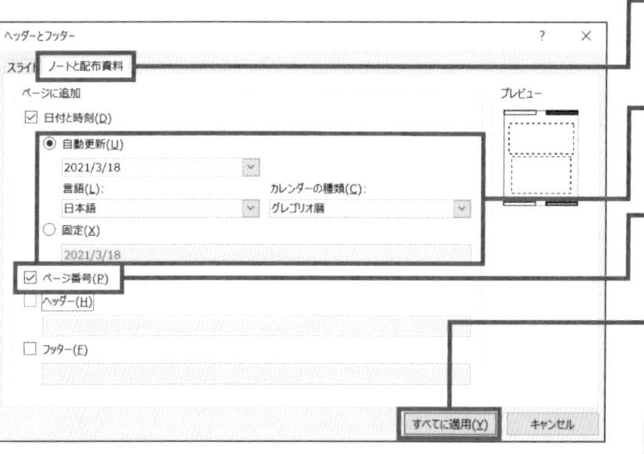

❸＜ノートと配布資料＞をクリックして、

❹＜自動更新＞もしくは＜固定＞を選択します。

❺＜ページ番号＞をクリックしてチェックを付け、

❻＜すべてに適用＞をクリックします。

MEMO スライドに追加する

上記の手順ではノートと印刷する配布資料のみに反映されます。スライド画面に反映するには、手順❸で＜スライド＞をクリックし、手順❹以降の操作を行う必要があります。

SECTION 242 印刷

印刷する資料に会社名を入れる

P.296では配布資料の決められ位置に日付やページ番号を入れて印刷する手順について説明しました。ヘッダーやフッターを利用すれば、会社名などの文字も決められた位置に入れて印刷することができます。

印刷する資料に会社名を入れる

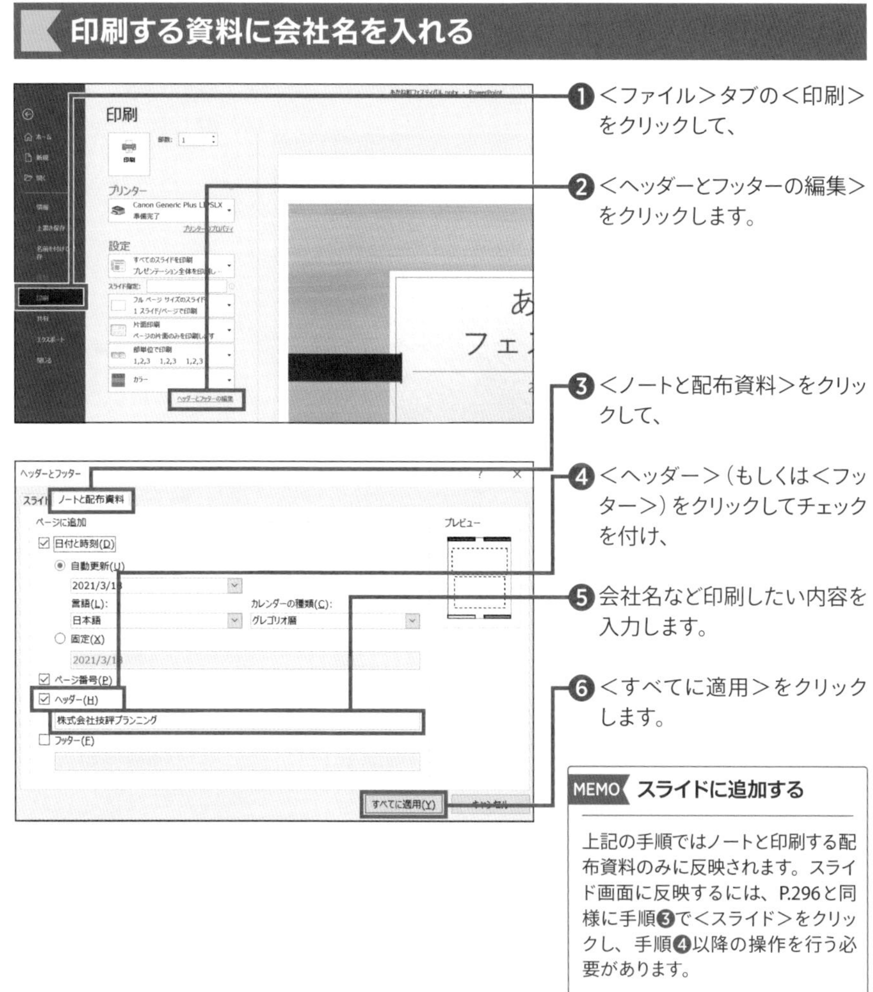

❶ <ファイル>タブの<印刷>をクリックして、

❷ <ヘッダーとフッターの編集>をクリックします。

❸ <ノートと配布資料>をクリックして、

❹ <ヘッダー>（もしくは<フッター>）をクリックしてチェックを付け、

❺ 会社名など印刷したい内容を入力します。

❻ <すべてに適用>をクリックします。

MEMO スライドに追加する

上記の手順ではノートと印刷する配布資料のみに反映されます。スライド画面に反映するには、P.296と同様に手順❸で<スライド>をクリックし、手順❹以降の操作を行う必要があります。

SECTION 243 印刷

資料に補足説明を入れて印刷する

配布資料にプレゼンとともにそのページに関するメモを同じページに入れて印刷することもできます。参加者には通常のプレゼンを印刷した資料、プレゼンを行う人には発表に必要なメモを入れた資料というように使い分けることもできます。

資料に補足説明を入れて印刷する

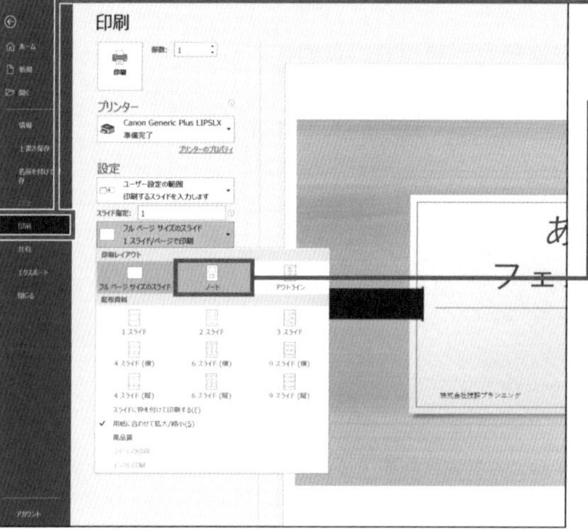

❶ ＜ファイル＞タブの＜印刷＞をクリックして、

❷ 印刷レイアウトで＜ノート＞を選択します。

MEMO　1枚あたりのスライドを指定する

配布資料で＜2スライド＞や＜4スライド＞などを選択すると、用紙1枚あたりに印刷されるスライドを指定できます。

❸ ＜印刷＞をクリックすると、メモ付きスライドが印刷されます。

印刷プレビューが上部スライド、下部がメモになっている

メモ欄付きの配布資料を作成する

配布資料の印刷設定で（P.293参照）、＜3スライド＞を指定すると、スライドの横に罫線の入ったメモ欄付きで印刷されます。参加者がプレゼンテーションを聞きながら配布資料にメモすることができます。

スライドとメモ欄を印刷する

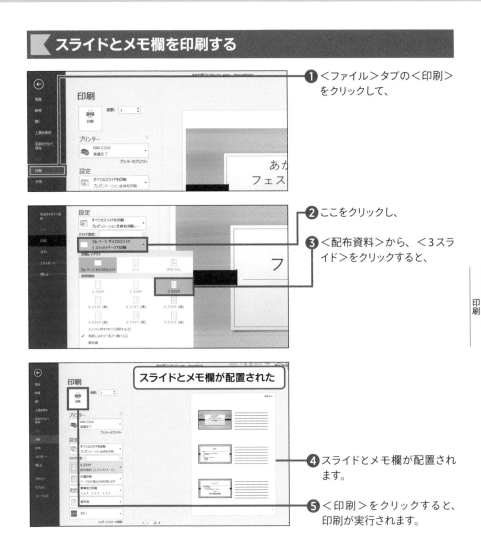

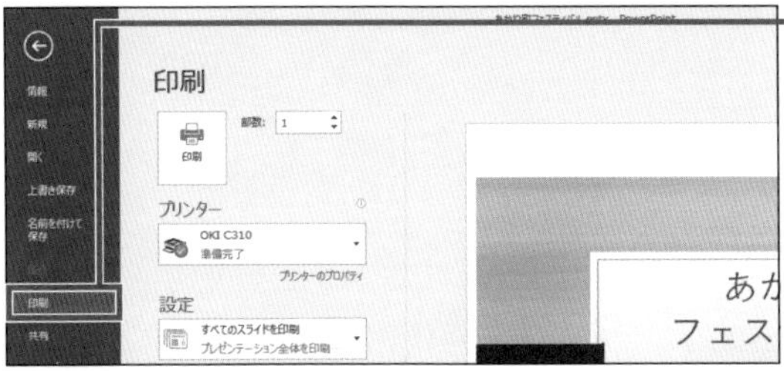

❶＜ファイル＞タブの＜印刷＞をクリックして、

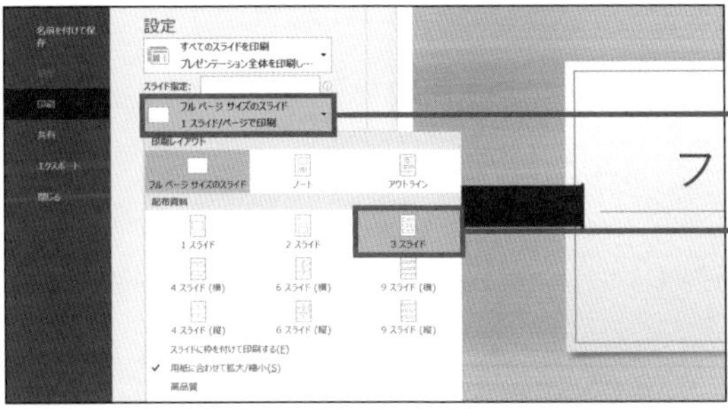

❷ここをクリックし、

❸＜配布資料＞から、＜3スライド＞をクリックすると、

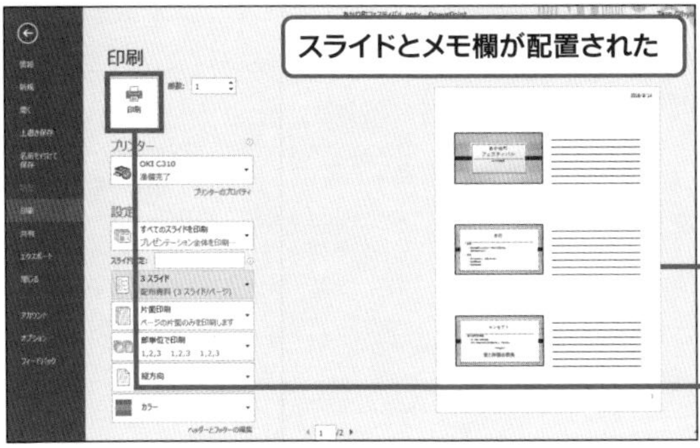

スライドとメモ欄が配置された

❹スライドとメモ欄が配置されます。

❺＜印刷＞をクリックすると、印刷が実行されます。

スライドに枠線を付けて印刷する

ワイド画面サイズのスライドをA4用紙に印刷すると、上下の余白が大きくなります。特に白い背景のスライドの場合は、スライドの余白と用紙の余白の境界線がなくなるので、スライドの枠線を付けて印刷すると、見栄えがよくなります。

スライドの枠線付きで印刷する

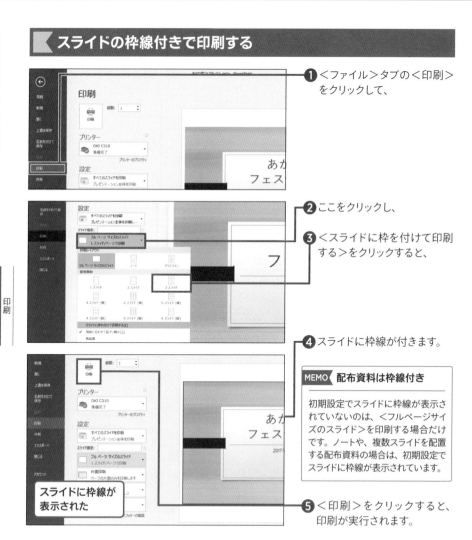

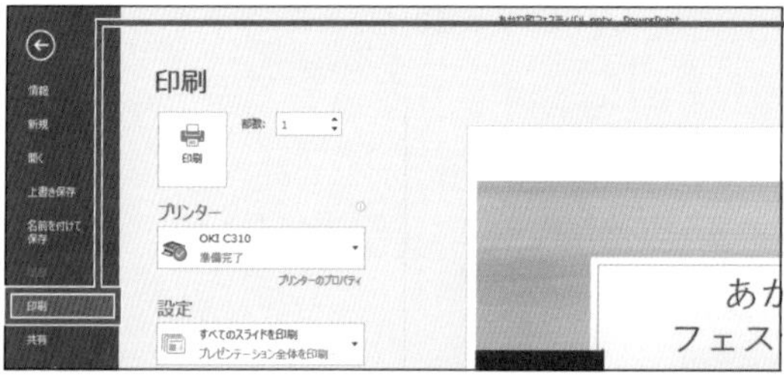

❶ ＜ファイル＞タブの＜印刷＞をクリックして、

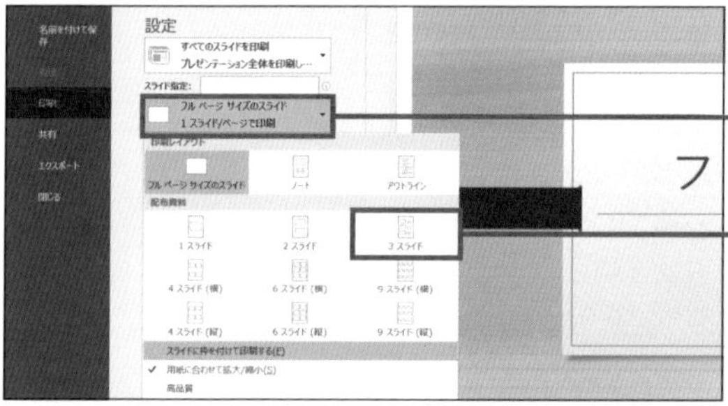

❷ ここをクリックし、

❸ ＜スライドに枠を付けて印刷する＞をクリックすると、

❹ スライドに枠線が付きます。

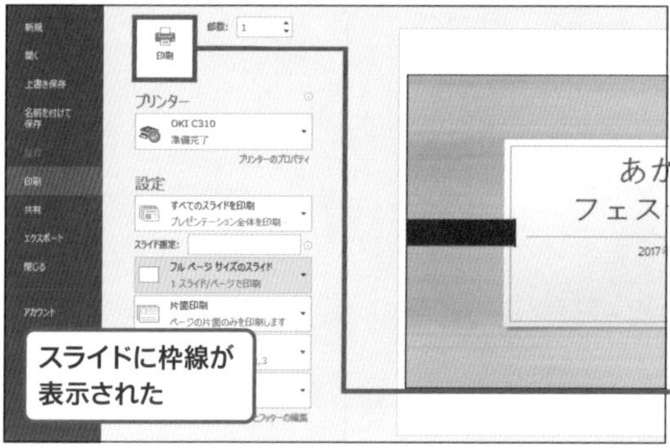

スライドに枠線が表示された

❺ ＜印刷＞をクリックすると、印刷が実行されます。

MEMO 配布資料は枠線付き

初期設定でスライドに枠線が表示されていないのは、＜フルページサイズのスライド＞を印刷する場合だけです。ノートや、複数スライドを配置する配布資料の場合は、初期設定でスライドに枠線が表示されています。

スライドのアウトラインを印刷する

P.298で説明したように、配布資料に補足説明を入れた形で印刷することができますが、アウトライン自体を印刷して配布することもできます。これによってプレゼン全体の流れを参加者が把握し、スムーズな会議の進行を図ることもできます。

スライドのアウトラインを印刷する

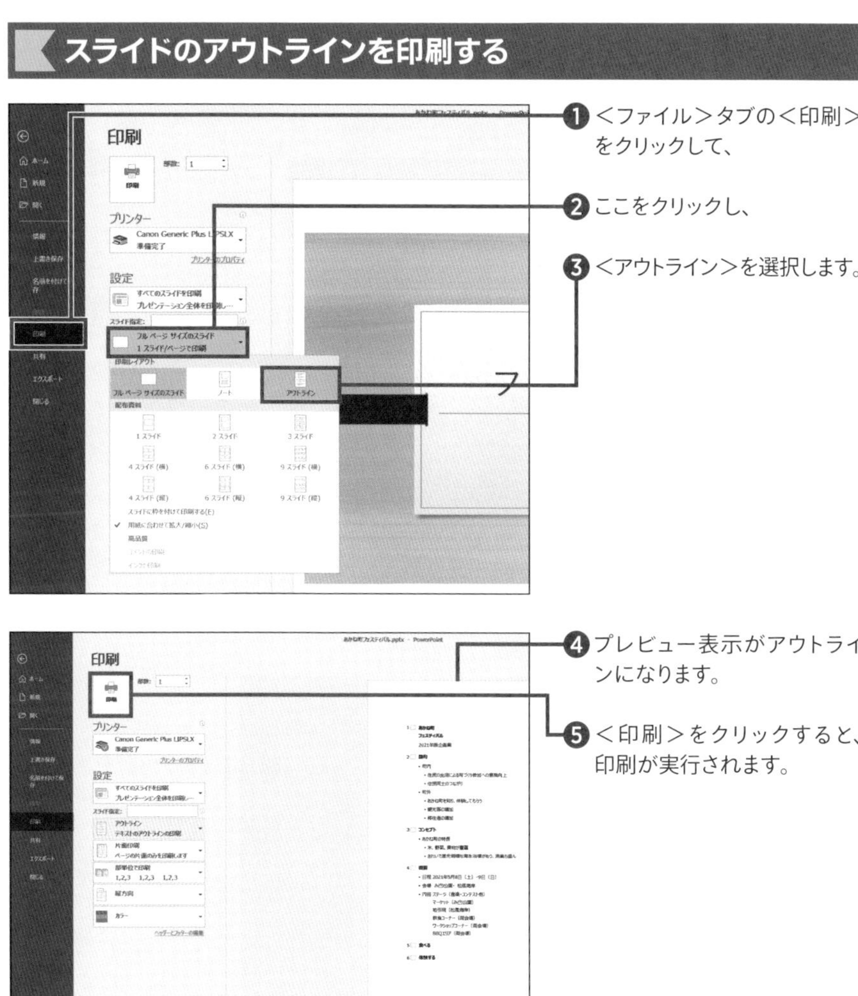

❶ <ファイル>タブの<印刷>をクリックして、

❷ ここをクリックし、

❸ <アウトライン>を選択します。

❹ プレビュー表示がアウトラインになります。

❺ <印刷>をクリックすると、印刷が実行されます。

ノート付き配布資料のレイアウトを設定する

ノート付き配布資料（P.298参照）の初期設定では、ヘッダーやフッターなどを入れるようになっていますが、これらについても不要なものは印刷しないように設定で変更することができます。

ノート付き配布資料のレイアウトを設定する

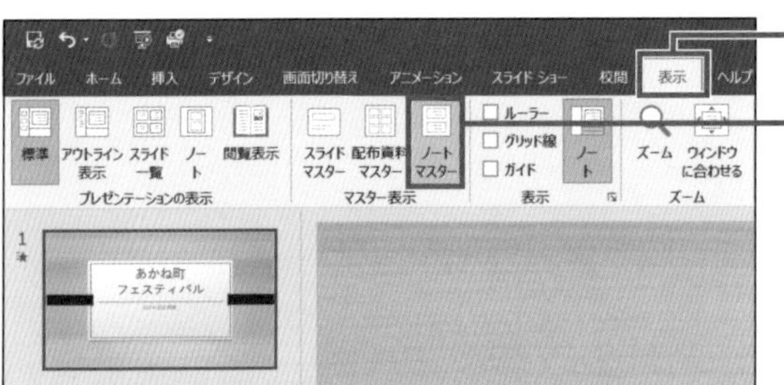

❶＜表示＞タブをクリックして、

❷＜ノートマスター＞をクリックします。

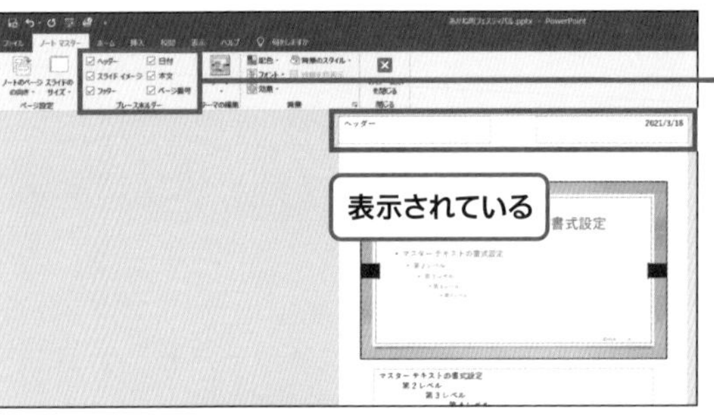

❸表示するプレースホルダーを選択します（ここでは＜ヘッダー＞と＜日付＞のチェックを外しています）。

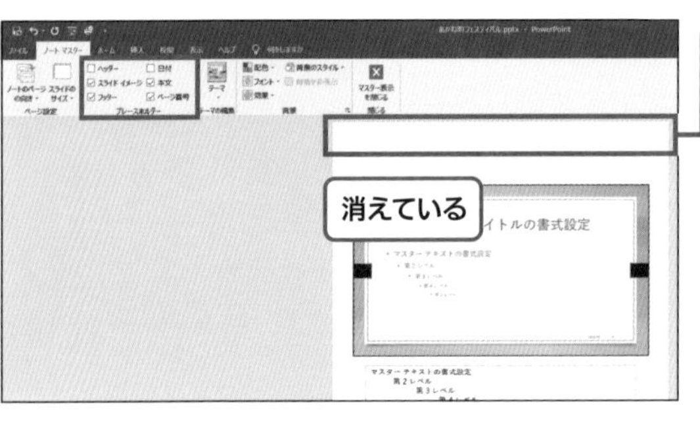

❹表示されなくなったことが確認できます。

ノートの書式を編集する

ノートマスターでの設定変更によって、ノート付き配布資料（P.298参照）のマスターのレイアウトやフォントサイズ、文字色などを変えることができます。

ノートの書式を編集する

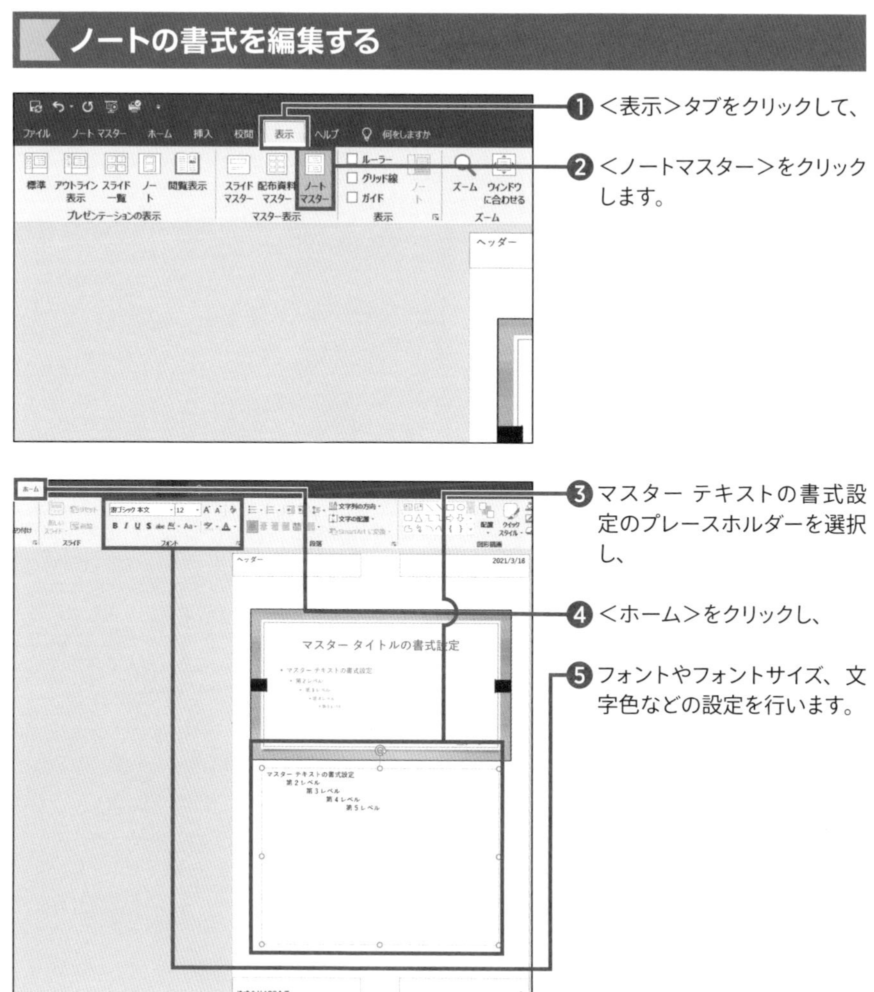

①＜表示＞タブをクリックして、
②＜ノートマスター＞をクリックします。
③マスター テキストの書式設定のプレースホルダーを選択し、
④＜ホーム＞をクリックし、
⑤フォントやフォントサイズ、文字色などの設定を行います。

配布資料をWordで編集または印刷する

配布資料をPowerPointから印刷するのではなく、Wordにエクスポートしてから編集や印刷を行うことができます。

ノート付き配布資料のレイアウトを設定する

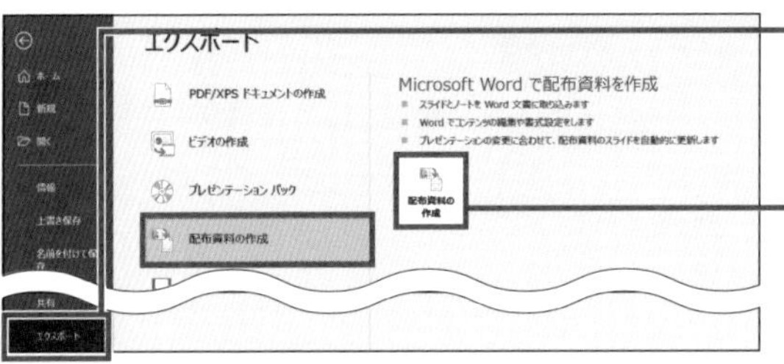

❶＜ファイル＞タブをクリックして、＜エクスポート＞をクリックし、

❷＜配布資料の作成＞を選択し、＜配布資料の作成＞をクリックします。

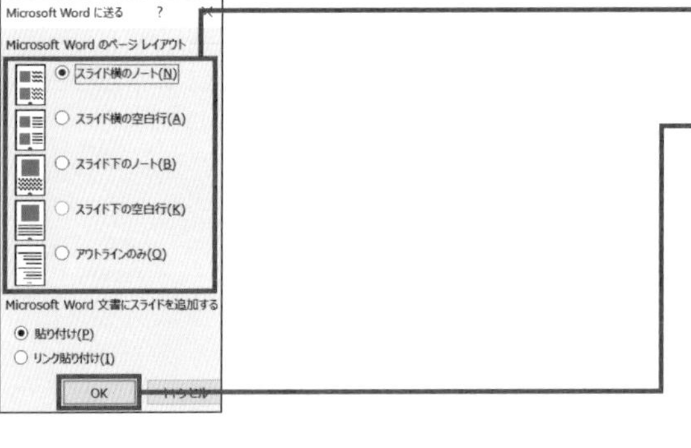

❸目的のページレイアウトを選択し、

❹＜OK＞をクリックします。

MEMO 貼り付けとリンク貼り付け

PowerPointの内容が変更された場合も、その変更を反映しない場合は＜貼り付け＞、変更されたときにその内容を反映する場合は＜リンク貼り付け＞を選択します。

❺WordにPowerPointのスライドとメモがエクスポートされました。

SECTION 250 データ出力

プレゼンテーションを PDF形式で保存する

プレゼンテーションファイルを取引先などにデータで渡すとき、先方でレイアウトが崩れたり、フォントが変わってしまったりする場合があります。PDFファイルで送れば、レイアウトも崩れず、PowerPointがなくても表示できます。

PDF形式で保存する

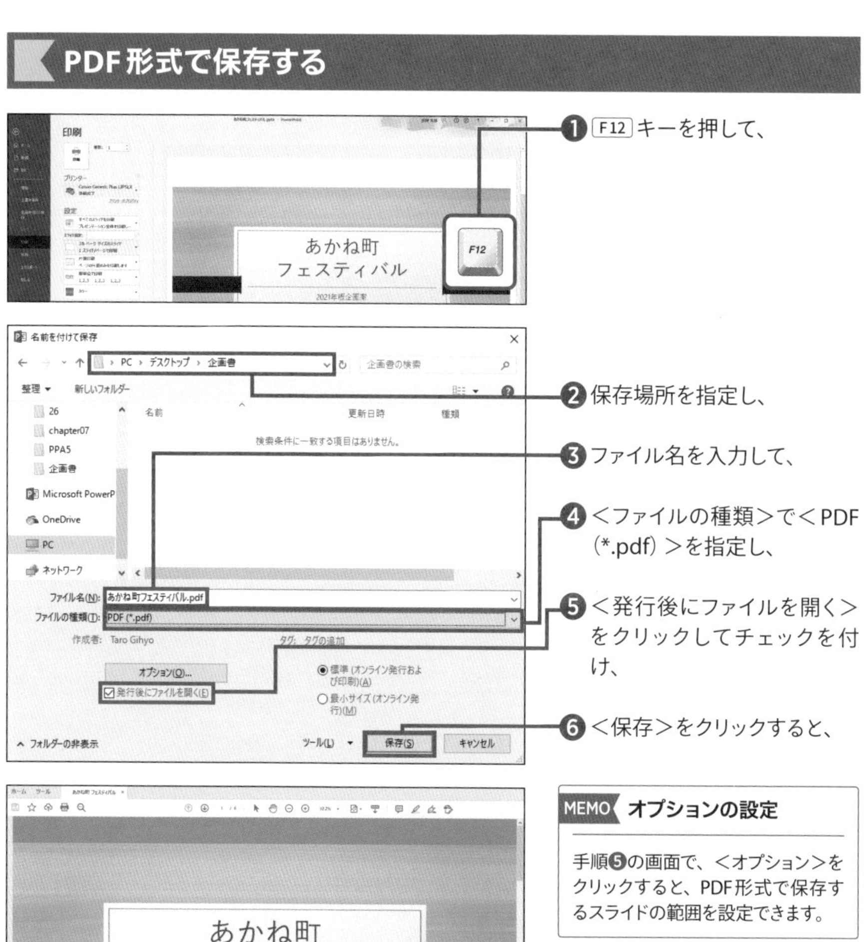

❶ F12 キーを押して、

❷ 保存場所を指定し、

❸ ファイル名を入力して、

❹ ＜ファイルの種類＞で＜PDF (*.pdf) ＞を指定し、

❺ ＜発行後にファイルを開く＞をクリックしてチェックを付け、

❻ ＜保存＞をクリックすると、

❼ PDF形式で保存され、PDFファイルが開きます。

MEMO オプションの設定

手順❺の画面で、＜オプション＞をクリックすると、PDF形式で保存するスライドの範囲を設定できます。

SECTION 251 データ出力

プレゼンテーションを動画ファイルに変換する

プレゼンテーションは動画ファイルに変換することができます。PowerPointがインストールされていないパソコンでも、動画を再生できるアプリがあればプレゼンテーションを閲覧することができます。

プレゼンテーションのビデオを作成する

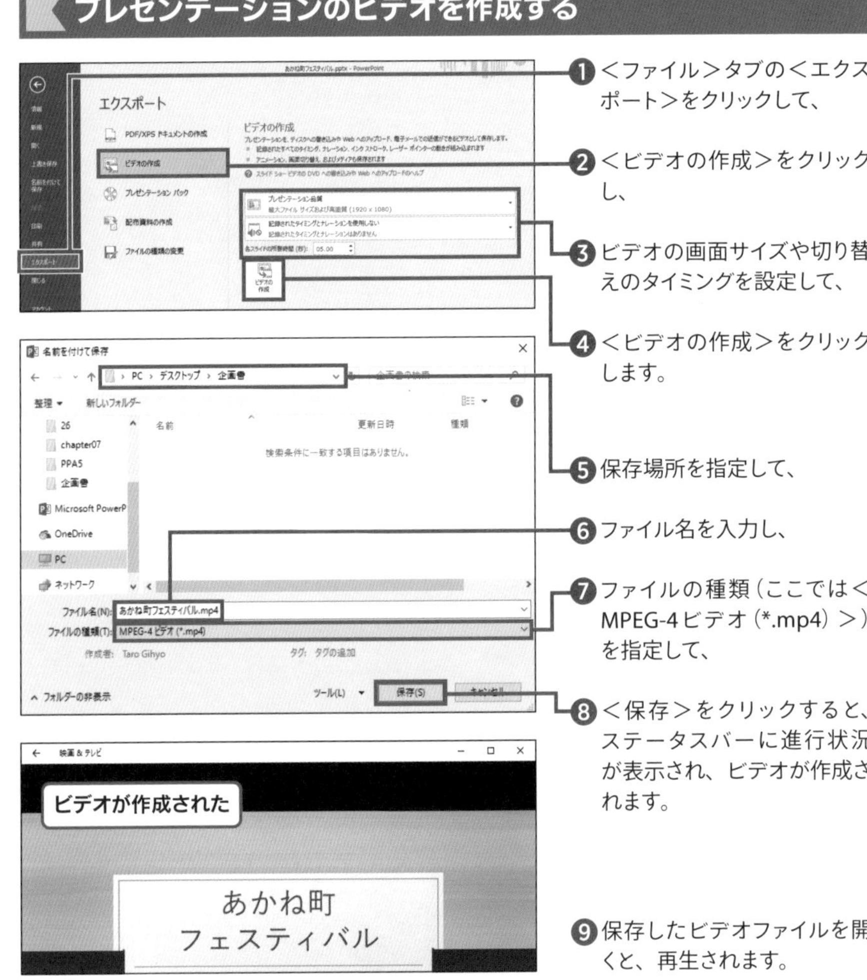

❶ <ファイル>タブの<エクスポート>をクリックして、

❷ <ビデオの作成>をクリックし、

❸ ビデオの画面サイズや切り替えのタイミングを設定して、

❹ <ビデオの作成>をクリックします。

❺ 保存場所を指定して、

❻ ファイル名を入力し、

❼ ファイルの種類（ここでは<MPEG-4ビデオ（*.mp4）>）を指定して、

❽ <保存>をクリックすると、ステータスバーに進行状況が表示され、ビデオが作成されます。

❾ 保存したビデオファイルを開くと、再生されます。

第 9 章

キチンと管理！ 共有と保存のテクニック

OneDriveでできること

「OneDrive」は、マイクロソフトが提供しているオンラインストレージサービスで、ドキュメントや写真、動画などのファイルをインターネット上に保存することができます。なお、OneDriveのサービスを利用するには、Microsoftアカウントを取得する必要があります。

OneDriveの利用

OneDriveにプレゼンテーションを保存すると（P.309参照）、ブラウザーで表示・編集することができるので、他のデバイスからファイルにアクセスすることが可能になります。

また、他のユーザーとプレゼンテーションを共有すれば（P.310参照）、複数のユーザーで編集して（P.315参照）共同作業を行うこともできます。

■ブラウザーからアクセス

OneDriveには、ブラウザーからアクセスできます。ファイルのダウンロード、他のユーザーとの共有の設定も行えます。

■エクスプローラーからアクセス

OneDriveのフォルダーやファイルは、ローカルフォルダーと同じようにエクスプローラーからもアクセスできます。

■ブラウザーで編集

ブラウザーでプレゼンテーションを表示するだけでなく、編集することも可能です。

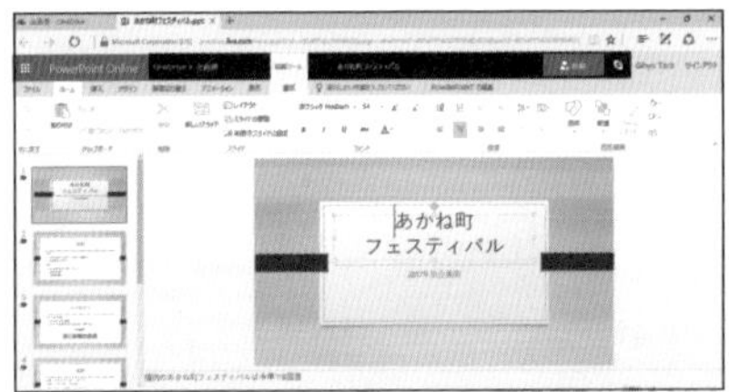

プレゼンテーションを OneDriveに保存する

OneDriveにプレゼンテーションを保存しておけば、ブラウザーから閲覧・編集することができるので、他のデバイスからファイルにアクセスすることが可能になります。また、複数のユーザーと共有することもできます。

OneDriveに保存する

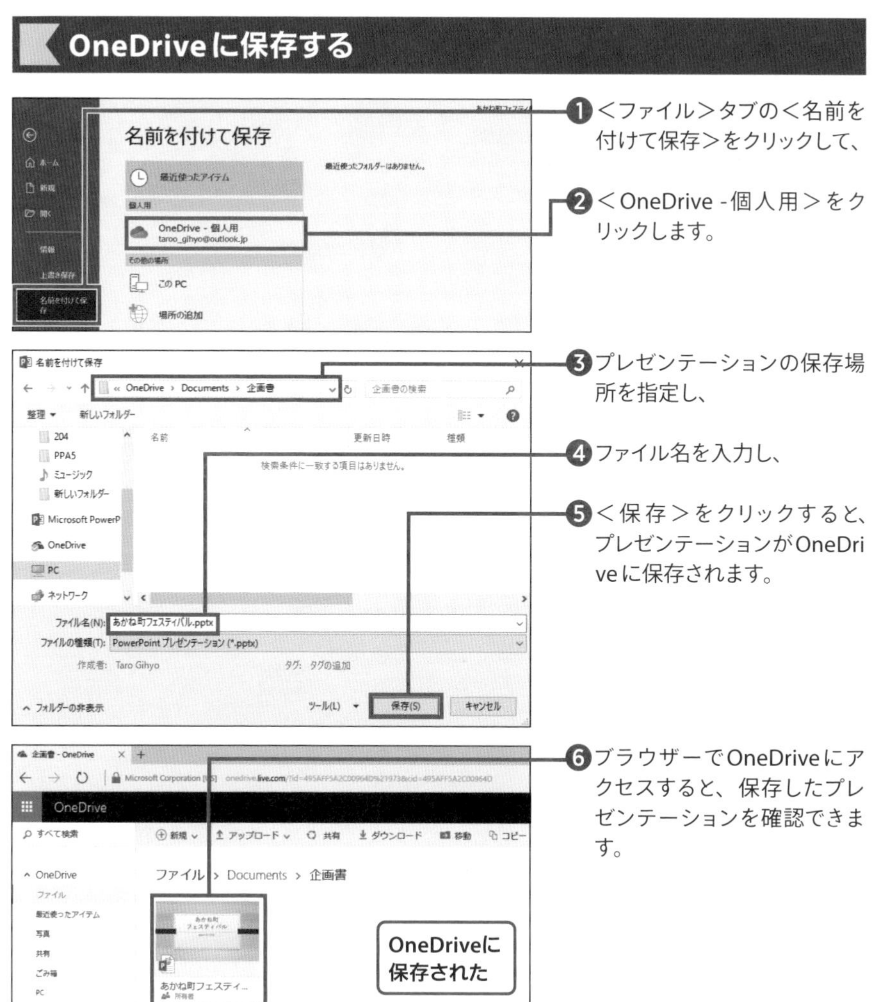

❶ ＜ファイル＞タブの＜名前を付けて保存＞をクリックして、

❷ ＜OneDrive - 個人用＞をクリックします。

❸ プレゼンテーションの保存場所を指定し、

❹ ファイル名を入力し、

❺ ＜保存＞をクリックすると、プレゼンテーションがOneDriveに保存されます。

❻ ブラウザーでOneDriveにアクセスすると、保存したプレゼンテーションを確認できます。

SECTION 254 共有

他のユーザーとプレゼンテーションを共有する

OneDriveに保存したプレゼンテーションファイルは、他のユーザーと共有して、閲覧・編集してもらうことができます。共有の設定は、＜共有＞ウィンドウから行い、OneDriveのプレゼンテーションのURLをメールで通知します。

ユーザーを招待する

P.309の方法で、プレゼンテーションをOneDriveに保存しておきます。

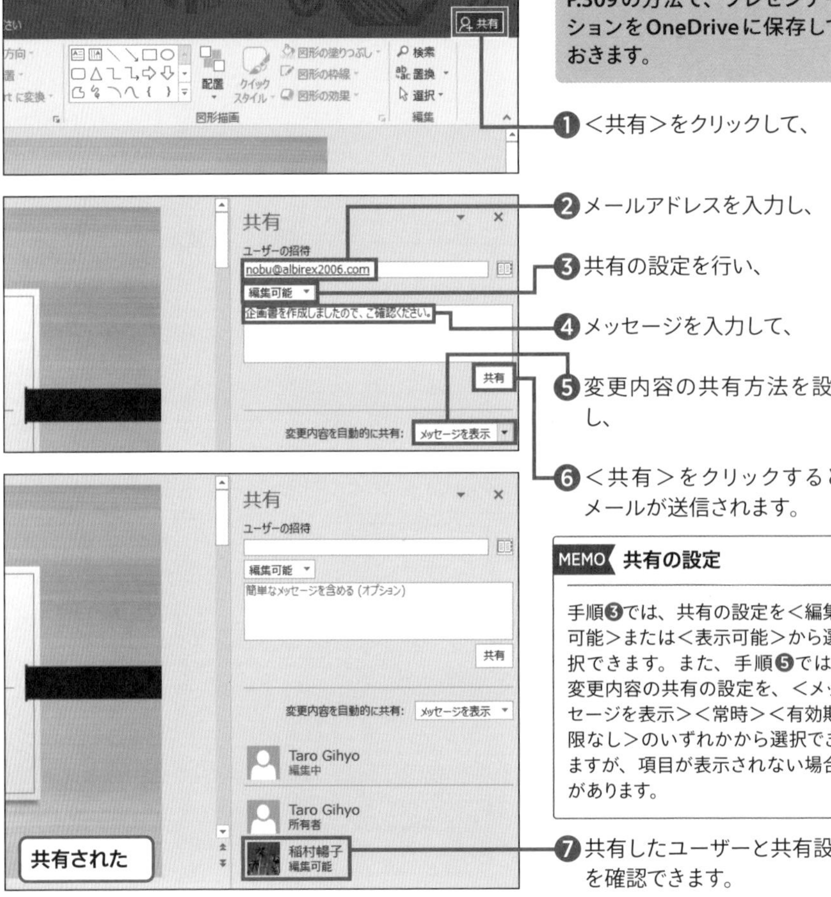

❶＜共有＞をクリックして、

❷メールアドレスを入力し、

❸共有の設定を行い、

❹メッセージを入力して、

❺変更内容の共有方法を設定し、

❻＜共有＞をクリックすると、メールが送信されます。

❼共有したユーザーと共有設定を確認できます。

MEMO 共有の設定

手順❸では、共有の設定を＜編集可能＞または＜表示可能＞から選択できます。また、手順❺では、変更内容の共有の設定を、＜メッセージを表示＞＜常時＞＜有効期限なし＞のいずれかから選択できますが、項目が表示されない場合があります。

よく使うプレゼンテーションをすぐに開けるようにする

<ファイル>タブの<開く>の<最近使ったアイテム>には、任意のプレゼンテーションを常に表示させるように設定できます。よく使うプレゼンテーションを表示しておくと、すぐに開くことができます。

<最近使ったアイテム>に常に表示させる

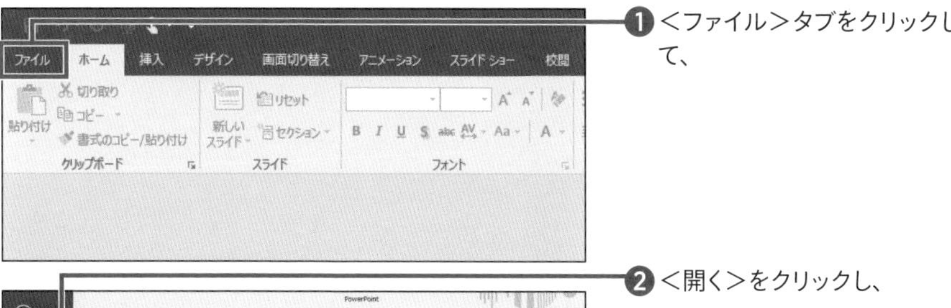

1 <ファイル>タブをクリックして、

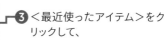

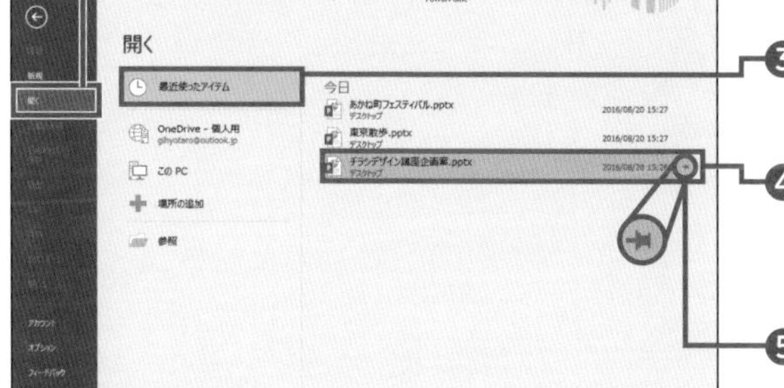

2 <開く>をクリックし、

3 <最近使ったアイテム>をクリックして、

4 目的のプレゼンテーションにマウスポインターを合わせます。

5 ピンのアイコンが表示されるので、クリックすると、

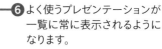

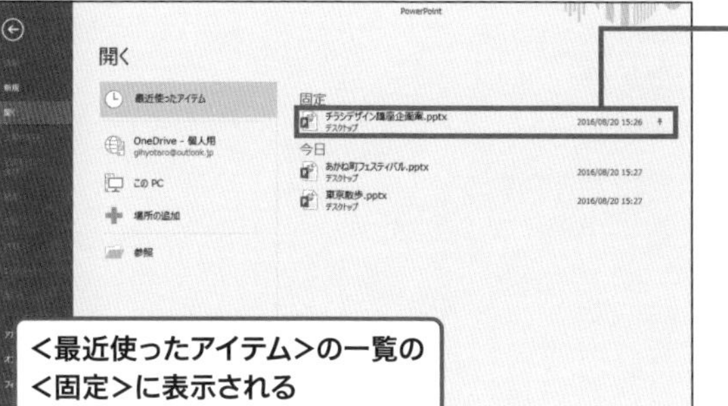

6 よく使うプレゼンテーションが一覧に常に表示されるようになります。

MEMO 設定を解除する

<最近使ったアイテム>の一覧に常に表示させる設定を解除するには、目的のプレゼンテーションのピンのアイコンをクリックします。

インターネットでプレゼンテーションを閲覧してもらう

「オンラインプレゼンテーション」を利用すると、インターネット環境があれば、離れた場所にいる人にもプレゼンテーションを閲覧してもらうことができます。プレゼンテーションの閲覧には、ブラウザーを利用します。

オンラインプレゼンテーションの準備をする

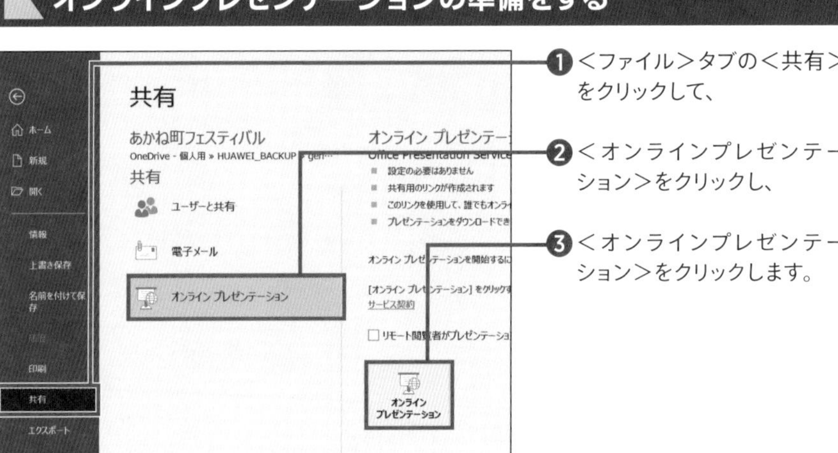

❶<ファイル>タブの<共有>をクリックして、

❷<オンラインプレゼンテーション>をクリックし、

❸<オンラインプレゼンテーション>をクリックします。

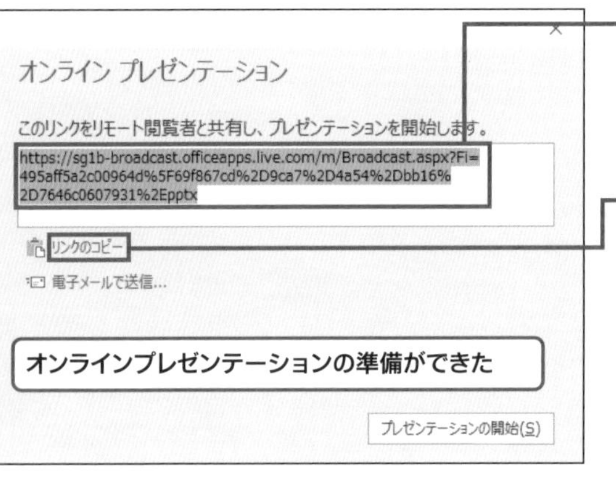
オンラインプレゼンテーションの準備ができた

❹オンラインプレゼンテーションを閲覧するためのURLが表示されるので、URLが選択されていることを確認して、

❺<リンクのコピー>をクリックすると、URLがコピーされます。

❻オンラインプレゼンテーション閲覧者に、メールなどでURLを通知します。

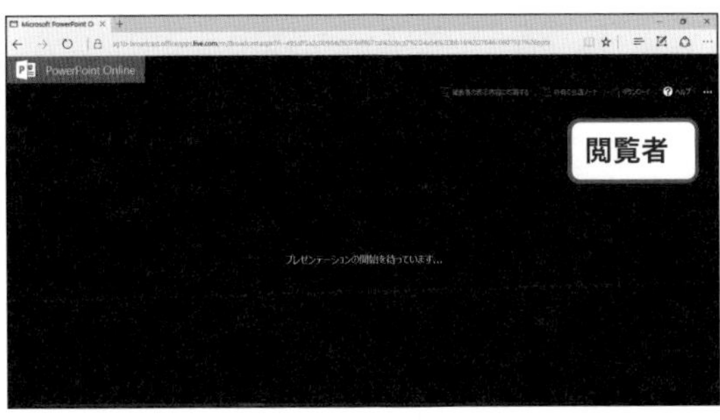

❼閲覧者は、発表者から通知されたリンク先をブラウザーで表示します。

オンラインプレゼンテーションを開始する

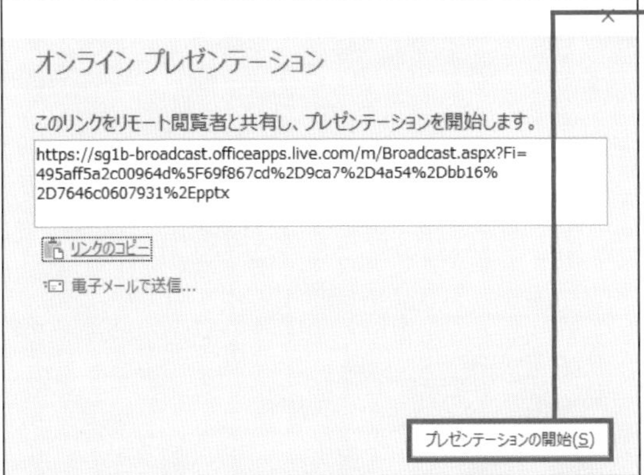

❶閲覧者の準備が整ったら、<プレゼンテーションの開始>をクリックすると、

MEMO URLの画面を閉じた

オンラインプレゼンテーションを開始する前に手順❶の画面を閉じてしまった場合は、<オンラインプレゼンテーション>タブの<最初から>をクリックすると、オンラインスライドショーを開始できます。また、<オンラインプレゼンテーション>タブの<招待の送信>をクリックすると、URLが表示されます。

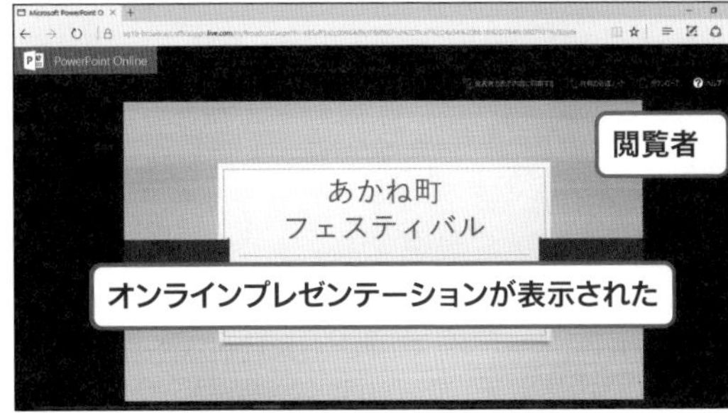

❷オンラインプレゼンテーションが開始されます。

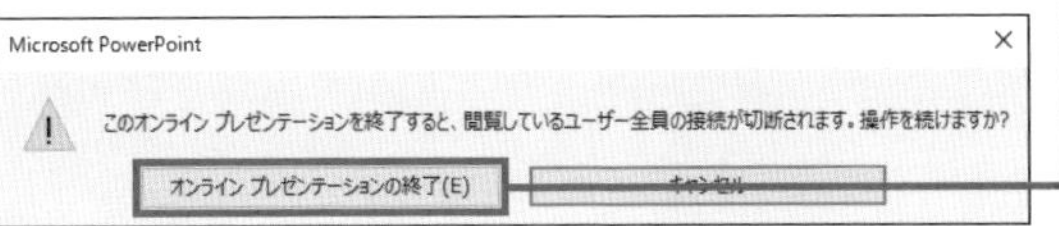

❸スライドショーが終了すると、メッセージが表示されるので、<オンラインプレゼンテーションの終了>をクリックすると、閲覧者の接続が切断されます。

SECTION 257 共有

共有されたプレゼンテーションをブラウザー上で表示する

共有ファイルへの招待メールを受信したユーザーは、メールに記載されているリンクをクリックすると、ブラウザーで「PowerPoint Online」を利用してファイルを表示することができます。「PowerPoint Online」は、無料で利用できるオンラインアプリケーションです。

PowerPoint Onlineでプレゼンテーションを表示する

❶受信した招待メールを表示して、

❷リンクをクリックすると、

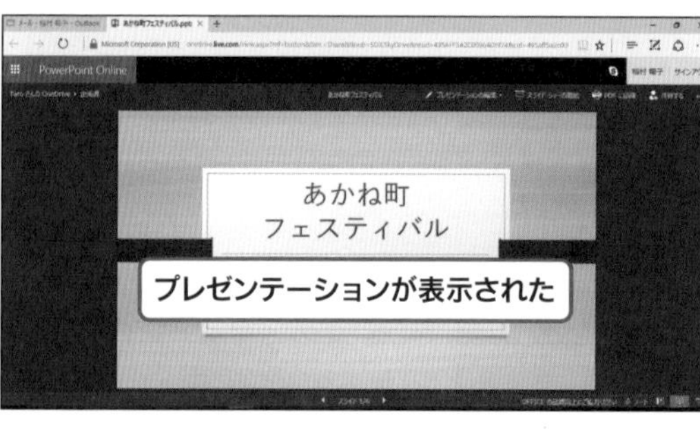

❸プレゼンテーションが表示されます。

❹スライドをクリックすると、

❺次のスライドに切り替わります。

MEMO スライドショーの実行

手順❹の画面で、<スライドショーの開始>をクリックすると、全画面表示に切り替わり、スライドショーが開始されます。

共有されたプレゼンテーションをブラウザー上で編集する

P.310で＜編集可能＞の設定で共有されたプレゼンテーションは、他のユーザーも編集することができます。オンラインアプリケーションの「PowerPoint Online」は、デスクトップアプリにくらべると機能は限定されますが、同様の操作で編集が可能です。

PowerPoint Onlineでプレゼンテーションを編集する

P.314の方法で、共有されたファイルを表示しています。

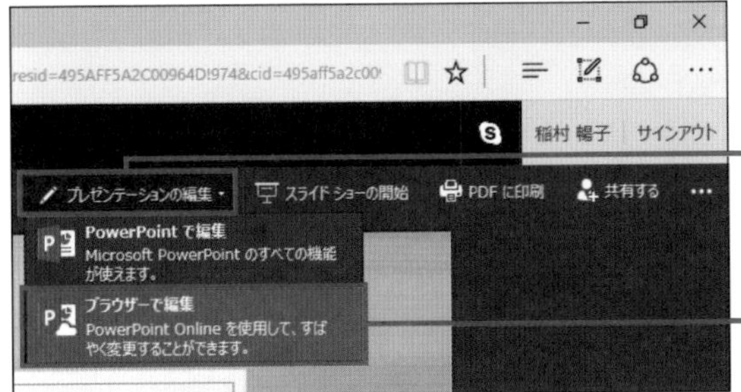

❶＜プレゼンテーションの編集＞をクリックして、

❷＜ブラウザーで編集＞をクリックすると、

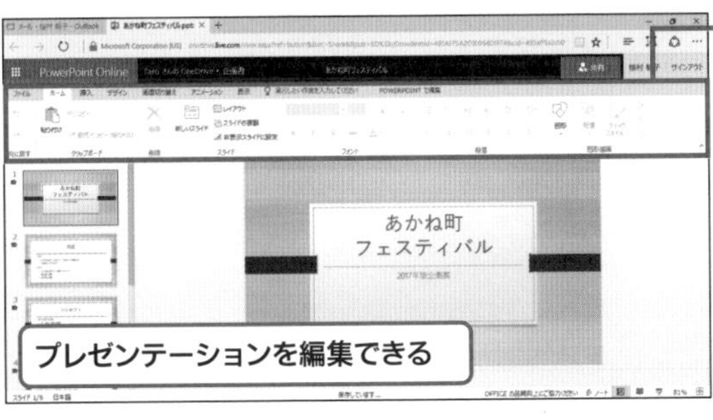

❸コマンドが表示され、プレゼンテーションを編集できます。

MEMO PowerPoint Onlineの機能

PowerPoint Onlineでは、＜ファイル＞、＜ホーム＞、＜挿入＞、＜デザイン＞、＜画面切り替え＞、＜アニメーション＞、＜表示＞の7種類のタブが用意されています。

COLUMN

PowerPointで編集する

ブラウザーで表示したプレゼンテーションを、デスクトップアプリのPowerPointで編集したい場合は、手順❷で＜PowerPointで編集＞をクリックします。

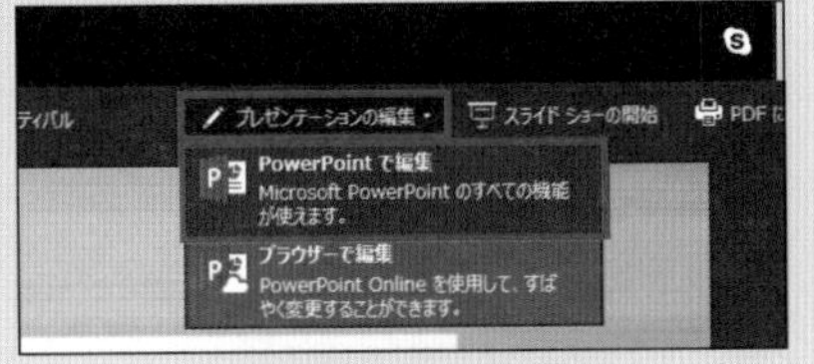

最近使ったアイテムの一覧に表示される数を変更する

＜ファイル＞タブの＜開く＞の＜最近使ったアイテム＞に表示されるプレゼンテーションの数は、変更することができます。その場合は、＜PowerPointのオプション＞の＜詳細設定＞を利用します。

＜最近使ったアイテム＞の表示数を変更する

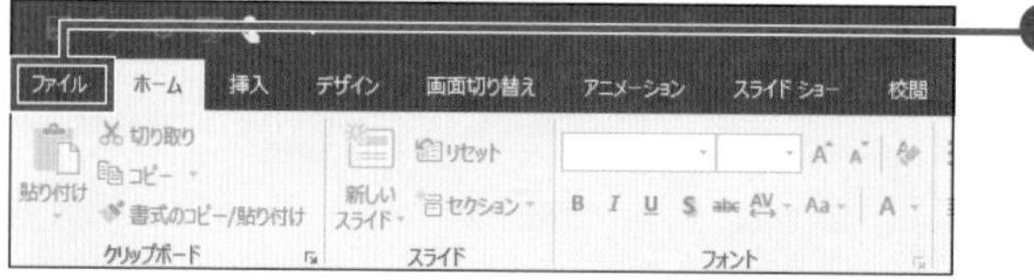

❶＜ファイル＞タブをクリックして、

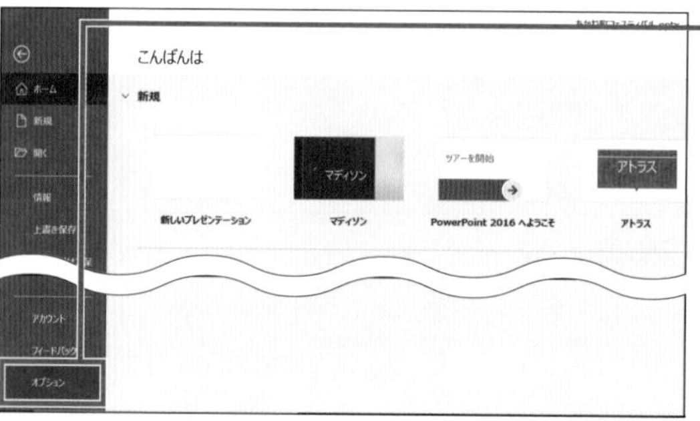

❷＜オプション＞をクリックし、

❸＜詳細設定＞をクリックして、

❹＜最近使ったプレゼンテーションの一覧に表示するプレゼンテーションの数＞に数値（ここでは＜10＞）を入力し、

❺＜OK＞をクリックすると、一覧に表示される数が変わります。

＜最近使ったアイテム＞に表示される数が変わった

プレゼンテーションをコピーして開く

既存のプレゼンテーションを編集して、新しく資料を作成するとき、名前を付けて保存するつもりが、ついうっかり元のプレゼンテーションを上書き保存しまうことがあります。そんな事態を避けるため、コピーして開くことができます。

プレゼンテーションをコピーとして開く

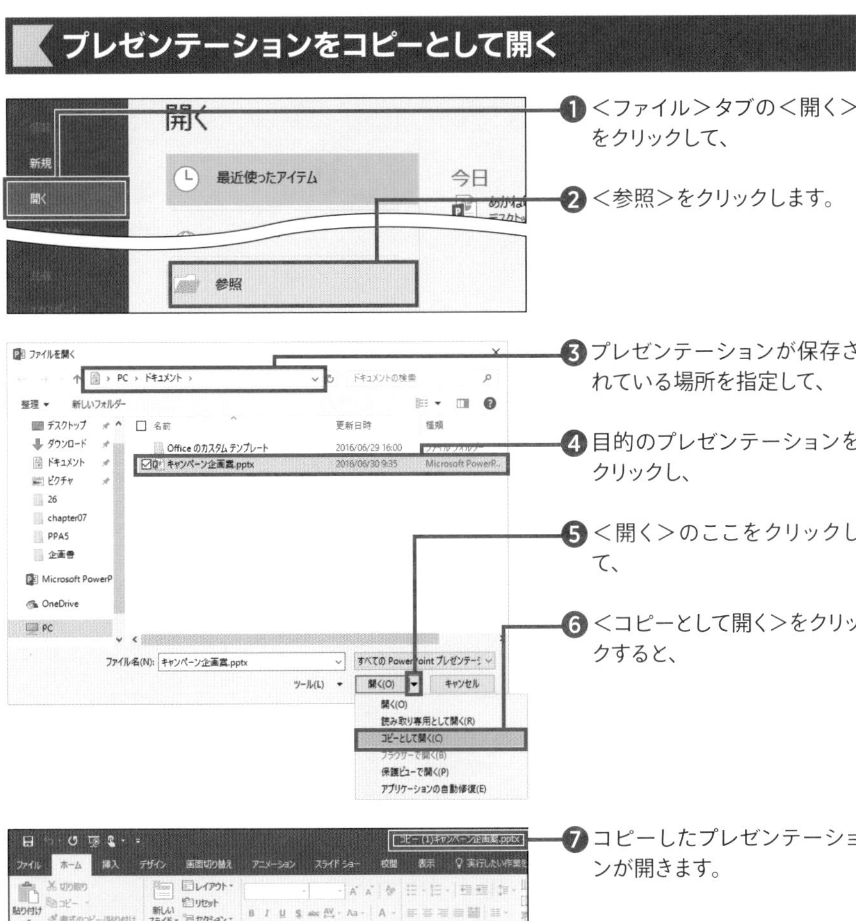

❶ ＜ファイル＞タブの＜開く＞をクリックして、

❷ ＜参照＞をクリックします。

❸ プレゼンテーションが保存されている場所を指定して、

❹ 目的のプレゼンテーションをクリックし、

❺ ＜開く＞のここをクリックして、

❻ ＜コピーとして開く＞をクリックすると、

❼ コピーしたプレゼンテーションが開きます。

プレゼンテーションが自動的に保存されるように設定する

PowerPointが予期せず終了してしまったときや、プレゼンテーションを保存せずに閉じてしまったときなどに備えて、PowerPointでは、一定の時間が経過すると、自動的に保存されるように設定できます。

プレゼンテーションが自動で保存されるようにする

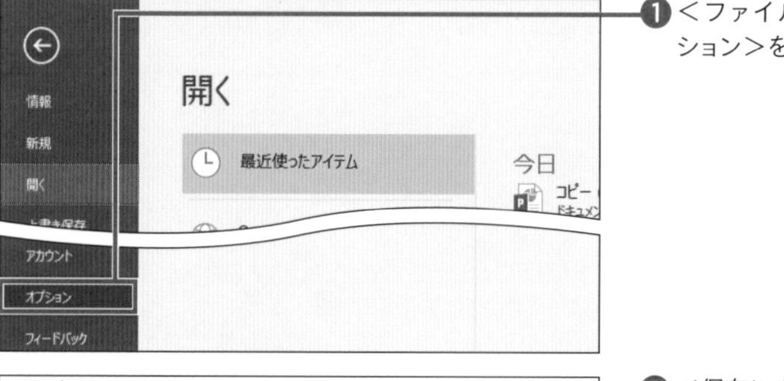

❶ <ファイル>タブの<オプション>をクリックして、

❷ <保存>をクリックし、

❸ <次の間隔で自動回復用データを保存する>をクリックしてチェックを付け、

❹ 自動で保存する間隔（ここでは<5>）を指定します。

❺ <保存しないで終了する場合、最後に自動保存されたバージョンを残す>をクリックしてチェックを付け、

❻ <OK>をクリックすると、自動で保存されるように設定されます。

自動で保存されるように設定された

SECTION 262 保存

保存していなかったプレゼンテーションを回復する

PowerPointが強制終了してしまった場合は、編集内容は破棄されてしまいます。自動保存を有効にしている場合（P.318参照）は、次回PowerPointを起動したときに回復することができます。

プレゼンテーションを回復する

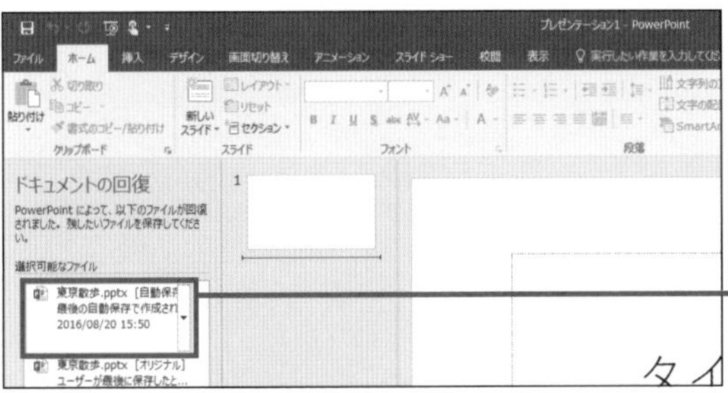

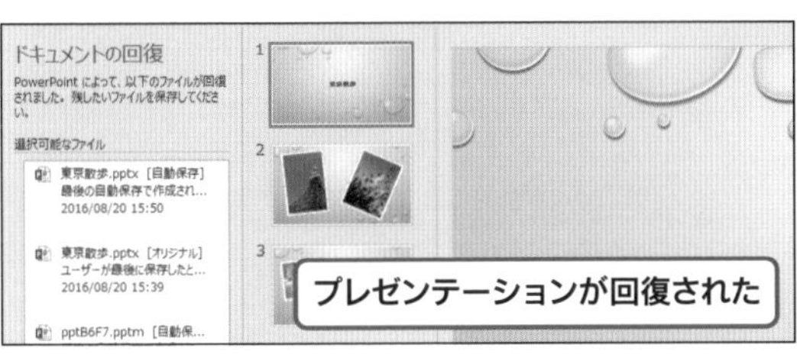

P.318の方法で、自動保存を有効にしておきます。

❶ PowerPointが強制終了してしまったら、再度起動します。

❷ ＜ドキュメントの回復＞ウィンドウに、強制終了時に編集していたプレゼンテーションが表示されるので、クリックすると、

❸ 最後に自動保存された状態でプレゼンテーションが開きます。

COLUMN

保存し忘れたプレゼンテーションを回復する

プレゼンテーションを新規作成して、うっかり保存するのを忘れて閉じてしまった場合も、自動保存を有効にしていれば回復させることができます。＜ファイル＞タブの＜情報＞の＜プレゼンテーションの管理＞をクリックし、＜保存されていないプレゼンテーションの回復＞をクリックします。＜ファイルを開く＞ダイアログボックスが表示されるので、目的のプレゼンテーションをクリックし、＜開く＞をクリックします。

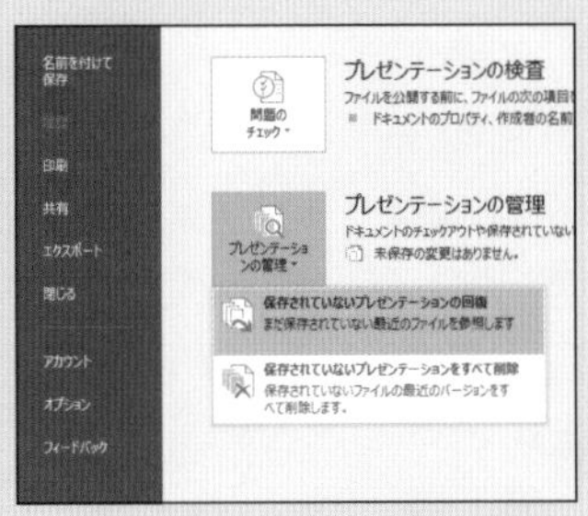

SECTION 263 保存

誤って上書き保存してしまったプレゼンテーションを元に戻す

編集した後に別の名前で保存するつもりが、うっかり上書き保存してしまった場合や、編集したものの、やっぱり前の状態に戻したいという場合は、自動保存を有効にしておけば（P.318参照）、以前の状態に戻すことができます。

プレゼンテーションを以前の状態に戻す

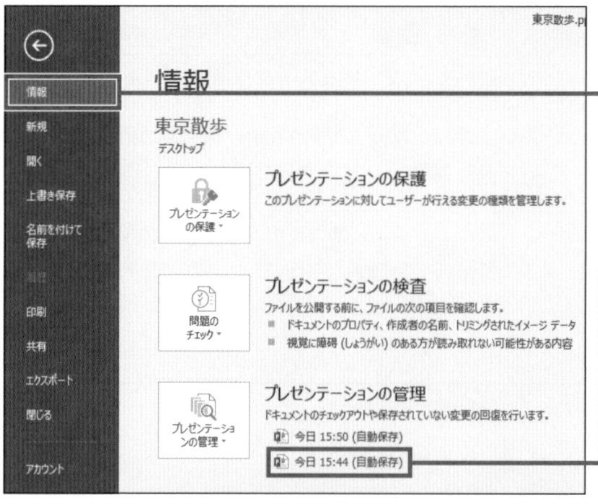

P.318の方法で、自動保存を有効にしておきます。

❶プレゼンテーションを開いた状態で、＜ファイル＞タブの＜情報＞をクリックし、

❷＜プレゼンテーションの管理＞に表示されているプレゼンテーションの一覧から、戻したい状態のプレゼンテーションをクリックします。

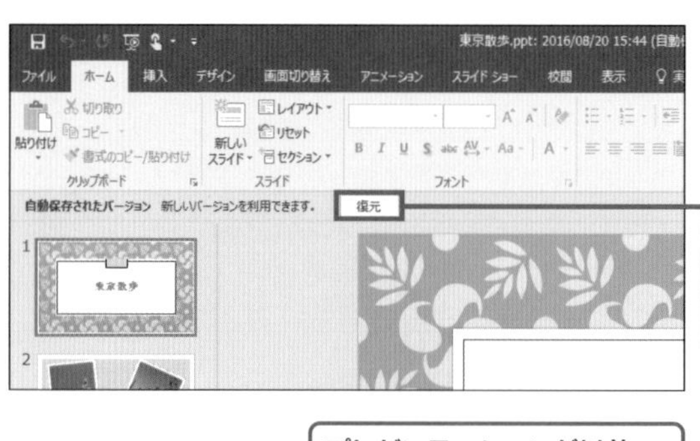

❸以前自動保存された状態のプレゼンテーションが開くので、＜復元＞をクリックして、

Microsoft PowerPoint

前回保存したバージョンを、選択したバージョンで上書きしようとしています。

OK　キャンセル

プレゼンテーションが以前自動保存された状態に戻った

❹＜OK＞をクリックすると、プレゼンテーションが以前自動保存された状態に戻ります。

MEMO　閉じると表示されない

プレゼンテーションを閉じてから再度プレゼンテーションを開いた場合は、閉じる前に自動保存されたプレゼンテーションの一覧は、＜プレゼンテーションの管理＞には表示されません。

SECTION 264 保存

既定の保存先をコンピューターにする

最初にプレゼンテーションを保存するときに<ファイル>タブの<名前を付けて保存>をクリックすると、保存先に<OneDrive>が選択される場合は、<このPC>が選択されるように設定を変更できます。

保存先に<このPC>が指定されるようにする

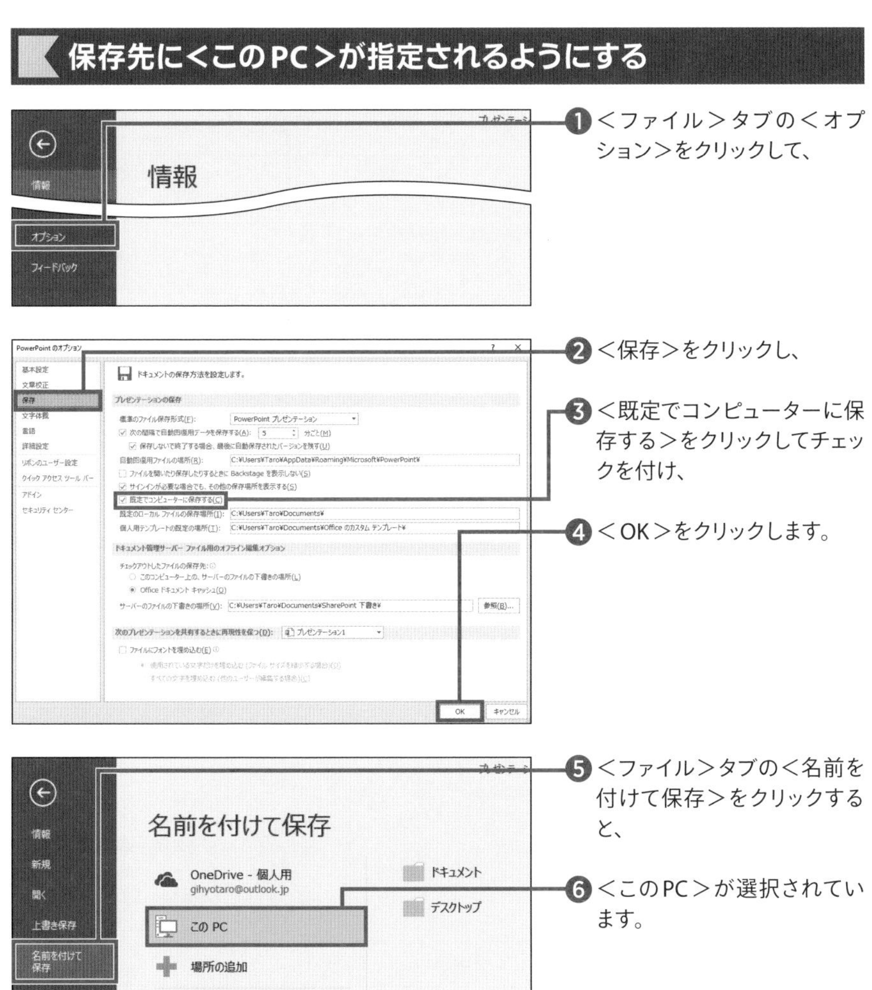

第5章
第6章
第7章
第8章
保存 第9章

SECTION 265 保存

保存先をいつも同じフォルダーに設定する

F12キーを押して<名前を付けて保存>ダイアログボックスを表示すると、初期設定では保存先に<ドキュメント>が指定されます。このフォルダーは、任意のものに変更できるので、よく使うフォルダーを指定することも可能です。

既定の保存先を指定する

保存先に設定するフォルダーを開いておきます。

1. アドレスバーをクリックしてフォルダーのパスを選択し、Ctrl＋Cキーを押してコピーします。
2. P.321の方法で<PowerPointのオプション>を表示し、<保存>をクリックして、
3. <既定のローカルファイルの保存場所>をクリックし、Ctrl＋Vキーを押してパスを貼り付け、
4. <OK>をクリックします。
5. F12キーを押して<名前を付けて保存>ダイアログボックスを表示すると、指定したフォルダーが保存先になります。

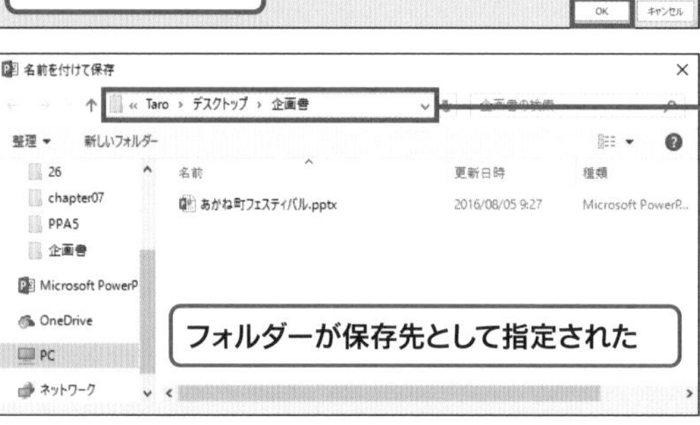

MEMO 新規ファイルの場合のみ

指定したフォルダーが保存先として選択されるのは、新規プレゼンテーションを保存する場合だけです。保存済みの場合は、現在保存されている場所が表示されます。

SECTION 266 テンプレート

テンプレートとして保存する

同じような構成のプレゼンテーションを何度も作成する場合は、共通する部分を入力したプレゼンテーションをテンプレートとして保存しておくと、テンプレートを元に新しいプレゼンテーションを作成することができます。

テンプレート形式で保存する

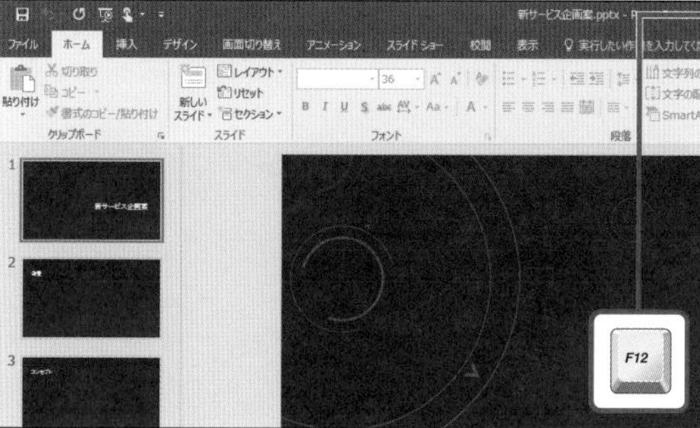

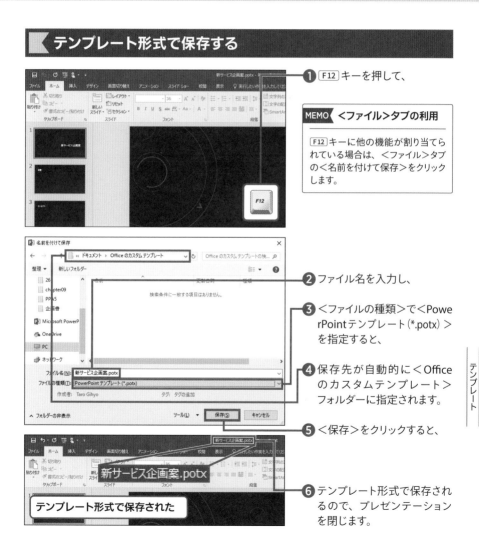

❶ F12 キーを押して、

MEMO <ファイル>タブの利用

F12 キーに他の機能が割り当てられている場合は、<ファイル>タブの<名前を付けて保存>をクリックします。

❷ ファイル名を入力し、

❸ <ファイルの種類>で<PowerPointテンプレート(*.potx)>を指定すると、

❹ 保存先が自動的に<Officeのカスタムテンプレート>フォルダーに指定されます。

❺ <保存>をクリックすると、

新サービス企画案.potx

テンプレート形式で保存された

❻ テンプレート形式で保存されるので、プレゼンテーションを閉じます。

テンプレートから新規プレゼンテーションを作成する

保存したテンプレート（P.323参照）から新規プレゼンテーションを作成するには、新規プレゼンテーションの作成画面で、作成したテンプレートの一覧を表示し、目的のテンプレートをクリックします。

テンプレートを利用してプレゼンテーションを作成する

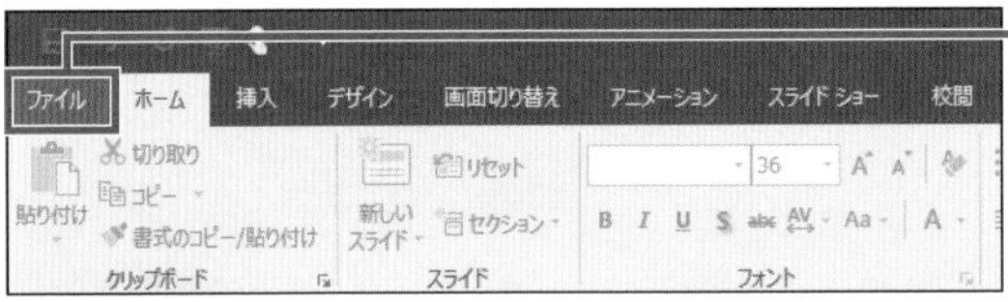

❶ ＜ファイル＞タブをクリックして、

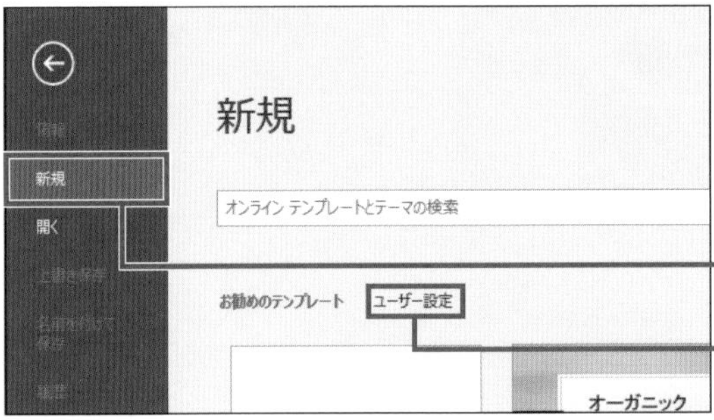

❷ ＜新規＞をクリックし、

❸ ＜ユーザー設定＞をクリックして、

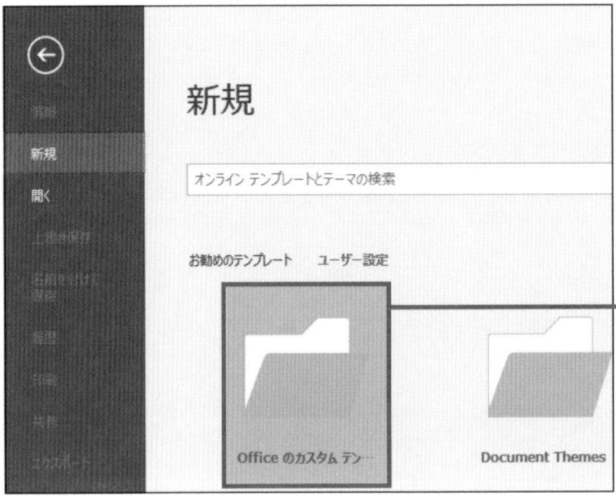

❹ ＜Officeのカスタムテンプレート＞をクリックします。

MEMO 起動時に作成する

PowerPoint起動直後の画面（P.38の手順❶参照）からも、＜ユーザー設定＞をクリックして、テンプレートから新規プレゼンテーションを作成できます。

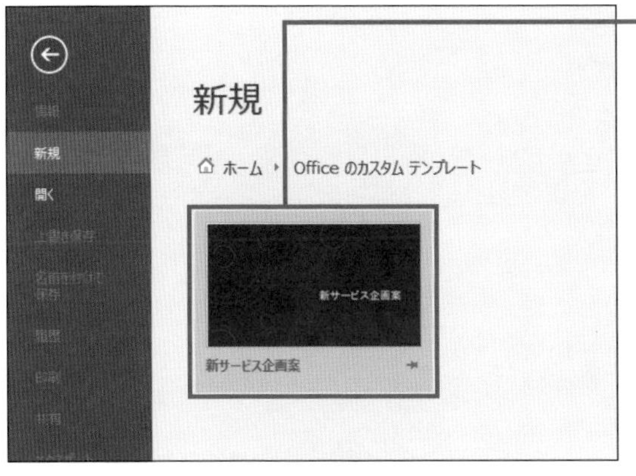

❺オリジナルのテンプレートの一覧が表示されるので、目的のテンプレートをクリックし、

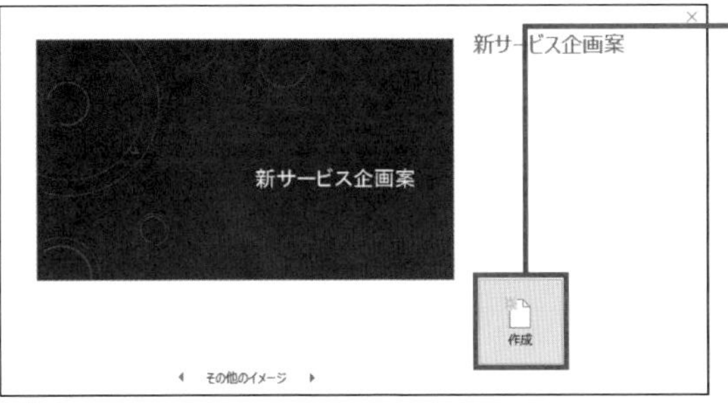

❻<作成>をクリックすると、

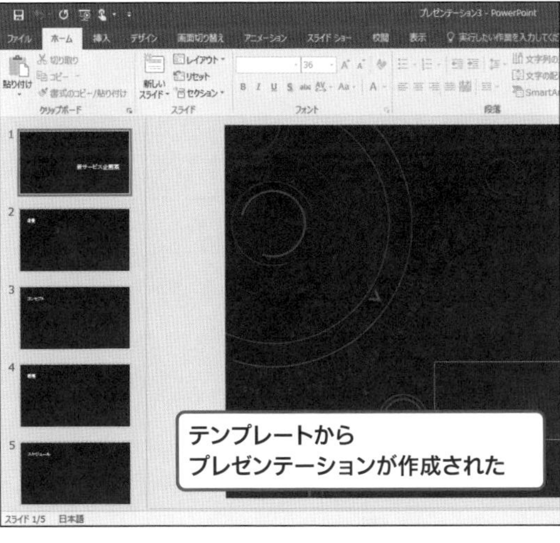

❼テンプレートを元に新規プレゼンテーションが作成されます。

第5章
第6章
第7章
第8章
テンプレート 第9章

SECTION 268 バージョン

旧バージョンでも開けるように保存する

PowerPoint 2003以前と、PowerPoint 2007以降では、ファイル形式が異なります。旧バージョンのPowerPointでも問題なく開けるようにするには、「互換性チェック」を行ってから旧バージョン形式で保存します。

PowerPoint 97-2003プレゼンテーション形式で保存する

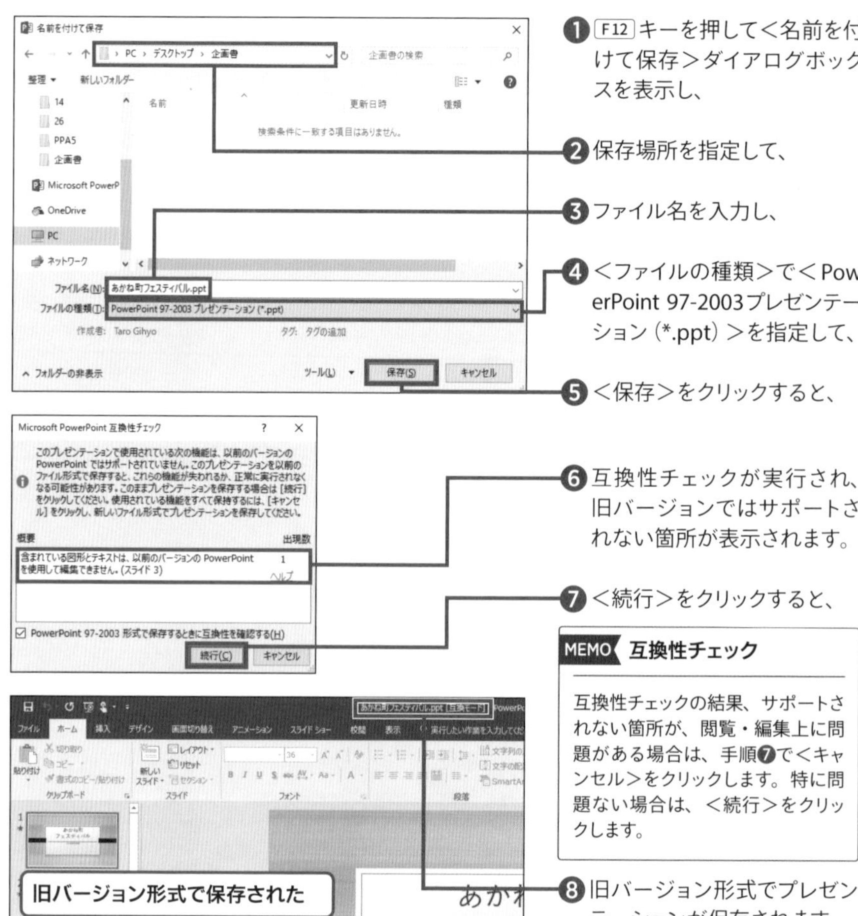

❶ F12 キーを押して<名前を付けて保存>ダイアログボックスを表示し、

❷ 保存場所を指定して、

❸ ファイル名を入力し、

❹ <ファイルの種類>で<PowerPoint 97-2003プレゼンテーション（*.ppt）>を指定して、

❺ <保存>をクリックすると、

❻ 互換性チェックが実行され、旧バージョンではサポートされない箇所が表示されます。

❼ <続行>をクリックすると、

❽ 旧バージョン形式でプレゼンテーションが保存されます。

MEMO 互換性チェック

互換性チェックの結果、サポートされない箇所が、閲覧・編集上に問題がある場合は、手順❼で<キャンセル>をクリックします。特に問題ない場合は、<続行>をクリックします。

旧バージョンで作成されたプレゼンテーションを開く

PowerPoint 2003以前で作成されたプレゼンテーションを開くと、自動的に「互換モード」になり、一部の新しい機能が無効になります。最新の形式に「変換」すると、互換モードが無効になり、すべての機能が利用できるようになります。

互換モードのプレゼンテーションを変換する

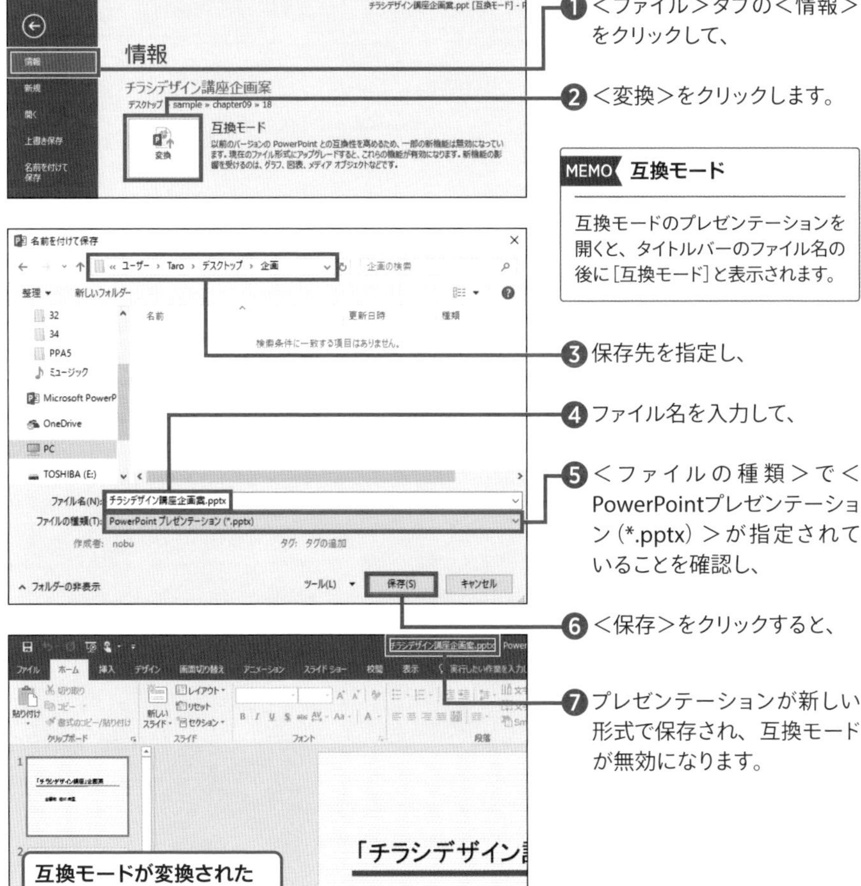

❶＜ファイル＞タブの＜情報＞をクリックして、

❷＜変換＞をクリックします。

❸保存先を指定し、

❹ファイル名を入力して、

❺＜ファイルの種類＞で＜PowerPointプレゼンテーション（*.pptx）＞が指定されていることを確認し、

❻＜保存＞をクリックすると、

❼プレゼンテーションが新しい形式で保存され、互換モードが無効になります。

MEMO 互換モード

互換モードのプレゼンテーションを開くと、タイトルバーのファイル名の後に［互換モード］と表示されます。

SECTION 270 セキュリティ

ファイルを読み取り専用にする

他の人にプレゼンテーションを閲覧してほしいけれども、誤って上書き保存されたくないというときは、ファイルを「読み取り専用」に設定すると、上書き保存ができなくなるので、データが改変されるのを防ぐことができます。

ファイルを読み取り専用に設定する

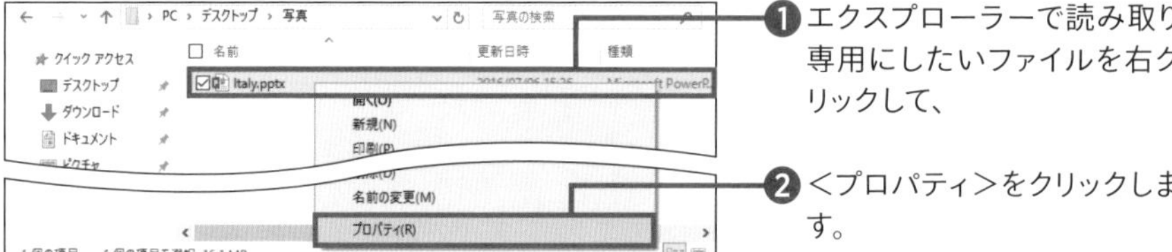

❶エクスプローラーで読み取り専用にしたいファイルを右クリックして、

❷＜プロパティ＞をクリックします。

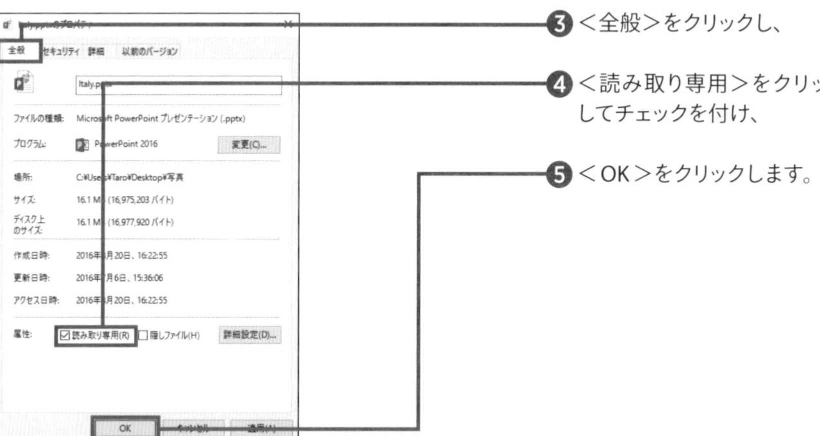

❸＜全般＞をクリックし、

❹＜読み取り専用＞をクリックしてチェックを付け、

❺＜OK＞をクリックします。

❻ファイルを開くと、タイトルバーのファイル名の後に＜[読み取り専用]＞と表示されます。

読み取り専用ファイルを編集する

読み取り専用ファイルは、開いて編集作業を行うことができますが、上書き保存はできません。読み取り専用ファイルに行ったプレゼンテーションの編集内容を保存したい場合は、別のファイルとして保存します。

読み取り専用ファイルを別のファイルとして保存する

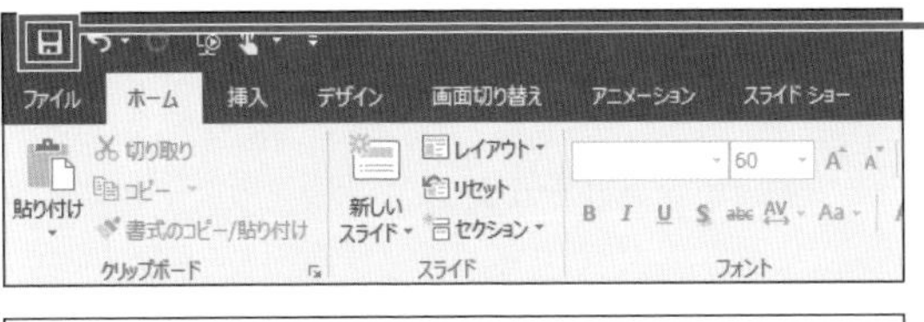

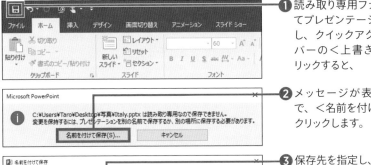

❶読み取り専用ファイルを開いてプレゼンテーションを編集し、クイックアクセスツールバーの<上書き保存>をクリックすると、

Microsoft PowerPoint
C:¥Users¥Taro¥Desktop¥写真¥Italy.pptx は読み取り専用なので保存できません。
変更を保持するには、プレゼンテーションを別の名前で保存するか、別の場所に保存する必要があります。
名前を付けて保存(S)...　キャンセル

❷メッセージが表示されるので、<名前を付けて保存>をクリックします。

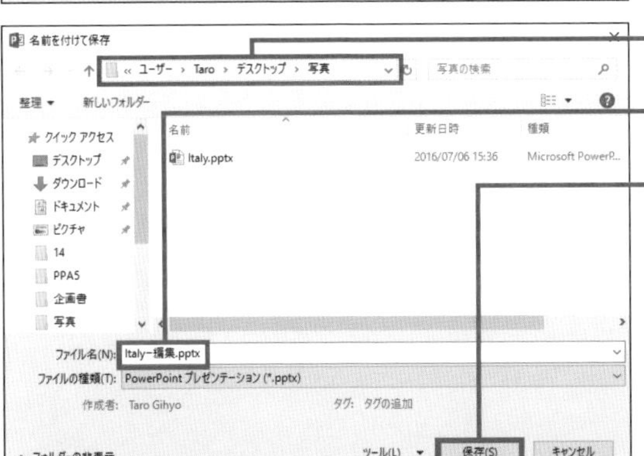

❸保存先を指定し、

❹ファイル名を入力して、

❺<保存>をクリックすると、

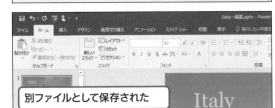

別ファイルとして保存された

❻読み取り専用ファイルに行った編集が、別ファイルとして保存されます。

SECTION 272 セキュリティ

最終版にして編集を防ぐメッセージを表示する

プレゼンテーションを他者に改変されたくない場合は、「最終版」に設定する方法もあります。最終版に設定すると、その旨のメッセージがウィンドウ上部に表示され、編集に関する機能が利用できなくなります。

プレゼンテーションを最終版にする

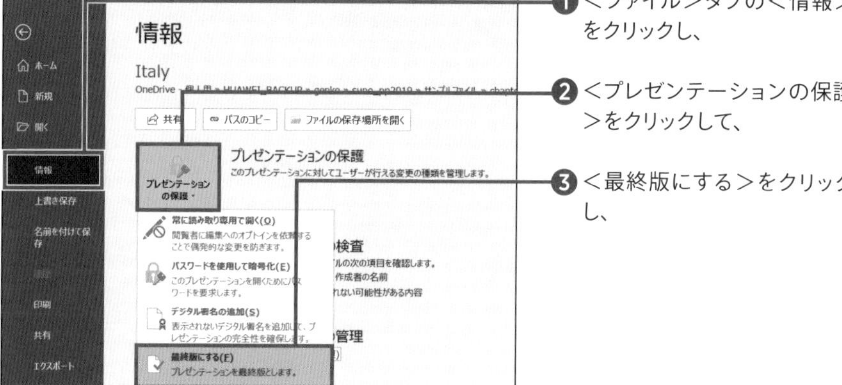

❶＜ファイル＞タブの＜情報＞をクリックし、

❷＜プレゼンテーションの保護＞をクリックして、

❸＜最終版にする＞をクリックし、

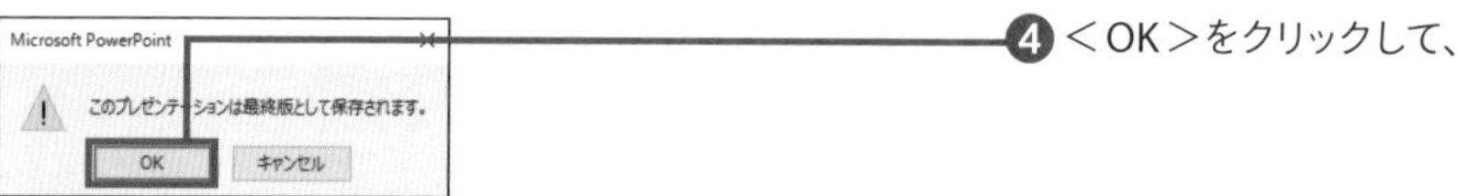

❹＜OK＞をクリックして、

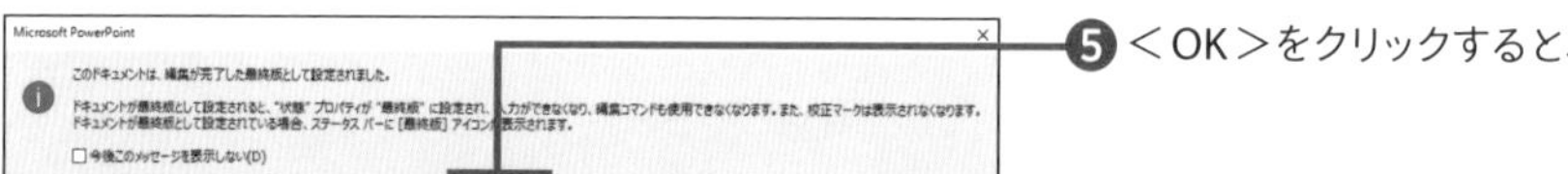

❺＜OK＞をクリックすると、

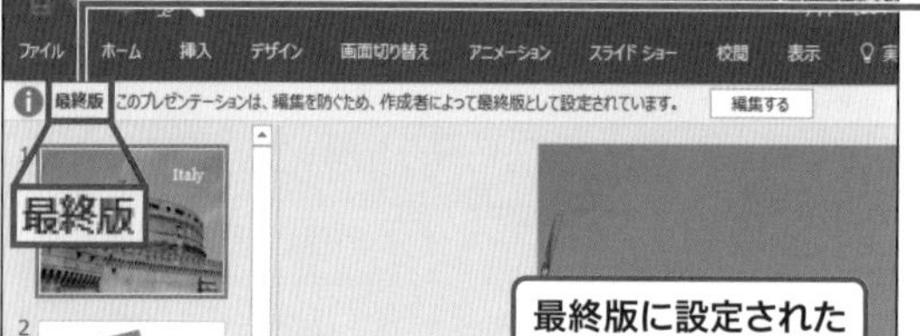

❻最終版として設定されます。

MEMO 最終版

最終版に設定されたプレゼンテーションは、＜ホーム＞タブや＜挿入＞タブなど、プレゼンテーションを編集するための機能は利用できなくなります。

最終版を編集する

最終版として設定したプレゼンテーションを開くと、編集に関するコマンドはグレーで表示され、利用することができません。編集したい場合は、ウィンドウ上部に表示されているメッセージの<編集する>をクリックします。

最終版を編集できるようにする

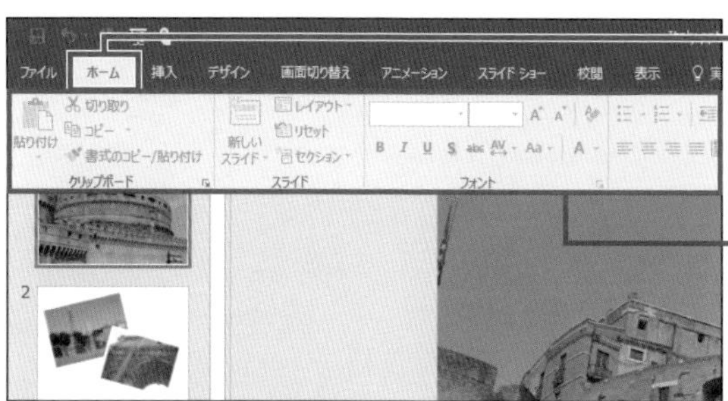

❶最終版に設定されているプレゼンテーションを開き、<ホーム>タブをクリックしてみると、

❷コマンドがグレーで表示され、利用できません。

❸ウィンドウ上部に表示されているメッセージの<編集する>をクリックすると、

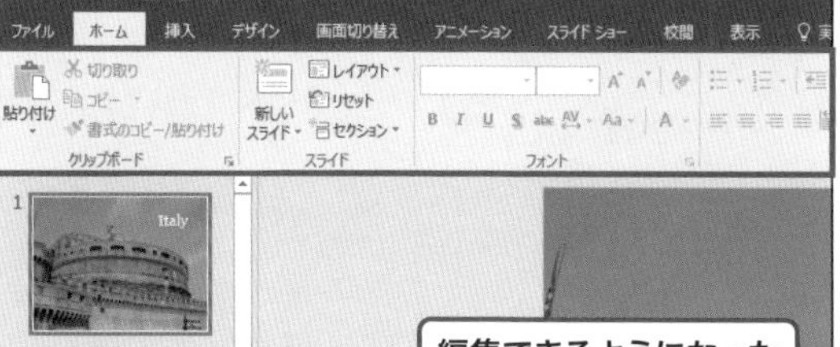

❹コマンドが表示され、編集できるようになります。

MEMO 最終版の解除

再度<ファイル>タブの<情報>をクリックして、<プレゼンテーションの保護>をクリックし、<最終版にする>をクリックしても、最終版を解除して、編集機能を有効にすることができます。

SECTION 274 セキュリティ

パスワードを設定する

関係者以外に閲覧されたくないプレゼンテーションには、パスワードを設定して、セキュリティを高めましょう。パスワードが設定されたプレゼンテーションを開こうとすると、パスワードの入力が要求されます。

パスワードでプレゼンテーションを保護する

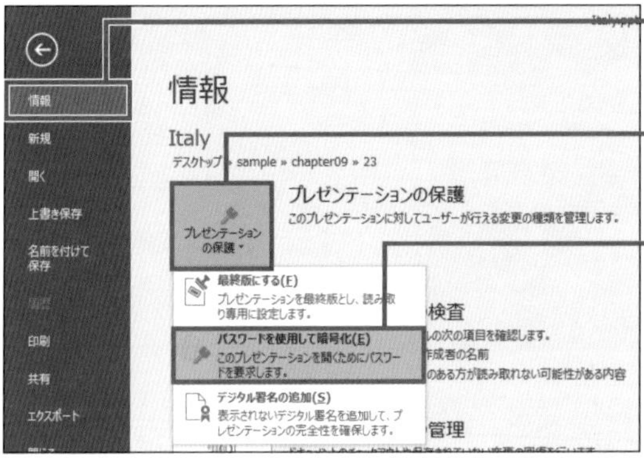

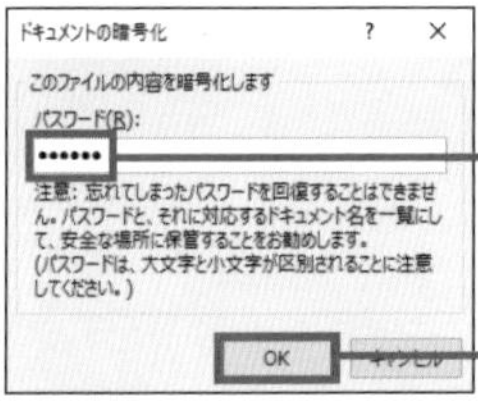

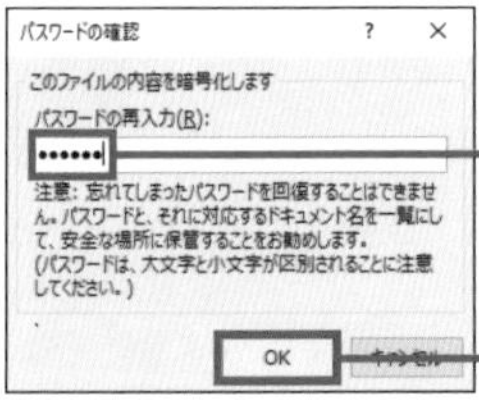

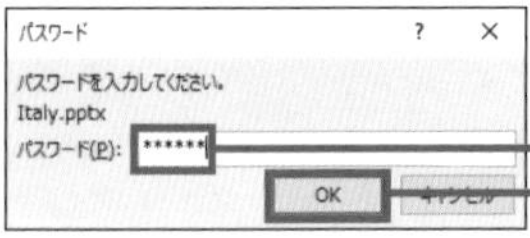

❶<ファイル>タブの<情報>をクリックし、

❷<プレゼンテーションの保護>をクリックして、

❸<パスワードを使用して暗号化>をクリックし、

❹設定するパスワードを入力し、

❺<OK>をクリックします。

❻確認の画面が表示されるので、手順❹と同じパスワードを入力して、

❼<OK>をクリックすると、パスワードが設定されるので、上書き保存して閉じます。

❽プレゼンテーションを開こうとすると、パスワードの入力を要求されるので、手順❹で設定したパスワードを入力し、

❾<OK>をクリックすると、プレゼンテーションが開きます。

パスワードを解除する

パスワードを設定したプレゼンテーション（P.332参照）は、パスワードを知っている人だけが開くことができます。誰でもプレゼンテーションを開けるようにするには、設定したパスワードを削除します。

設定したパスワードを削除する

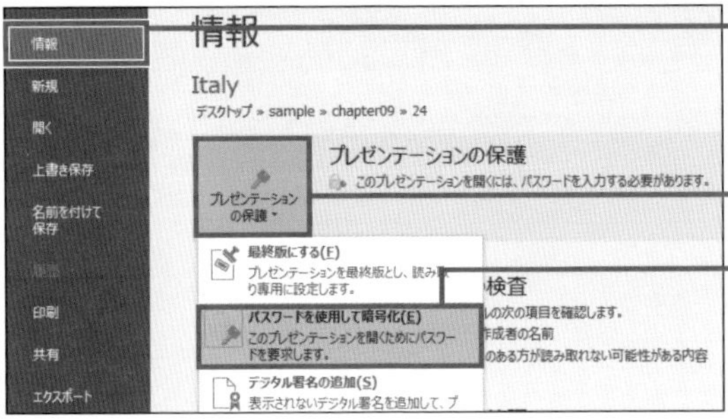

❶ <ファイル>タブの<情報>をクリックし、

❷ <プレゼンテーションの保護>をクリックして、

❸ <パスワードを使用して暗号化>をクリックし、

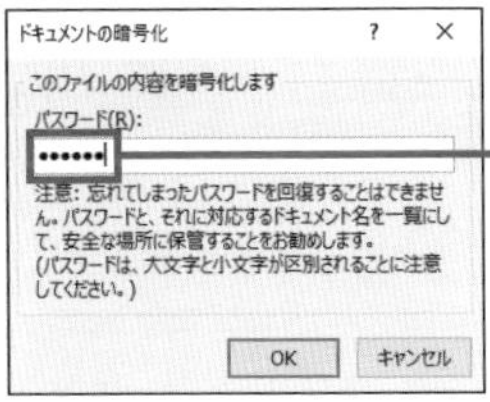

❹ <パスワード>のボックスをクリックして、

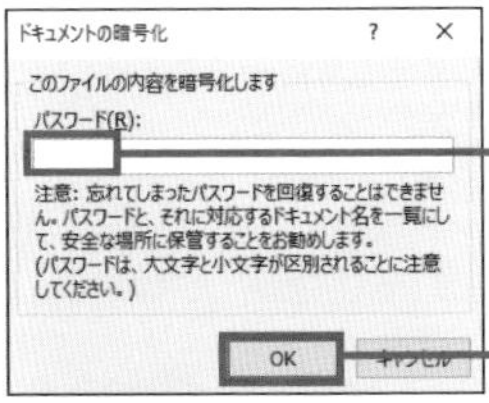

❺ パスワードを削除し、

❻ <OK>をクリックすると、

パスワードが解除された

❼ パスワードが解除されます。上書き保存して閉じると、次回以降はパスワードなしでプレゼンテーションを開くことができます。

MEMO パスワードの設定

パスワードが設定されているプレゼンテーションは、<ファイル>タブの<情報>の<プレゼンテーションの保護>に、<このプレゼンテーションを開くには、パスワードを入力する必要があります。>と表示されます。

▶付録① 準備チェックシート

☑ 事前準備チェックシート

プレゼンテーションの概要	
プレゼンテーションの形式、聞き手の人数の確認	✓
プレゼンテーションの開始時間、持ち時間の確認	✓
プレゼンテーションの目的は何か	✓
プレゼン側の人数とメンバー、役割分担の確認	✓
会場	
会場の場所、広さ、レイアウトの確認	✓
会場のプロジェクターやスクリーン、音響、パソコンなどの設備の確認	✓
会場での事前確認ができるかどうか	✓
プレゼンテーションの内容	
目的に沿ったスライドを作成できているか	✓
聞き手に必要な情報は盛り込まれているか	✓
ストーリー構成はスムーズで、説得力があるか	✓
文字、配色などのデザインは見やすいか	✓
誤字・脱字はないか	✓
配布資料は必要か	✓
リハーサル	
声を出してリハーサルをしたか	✓
他の人の前でリハーサルし、フィードバックをもらったか	✓
質疑応答の内容を想定してリハーサルしたか	✓

☑ 当日準備チェックシート

持ち物・服装	
PCや配布資料など、必要な物は揃っているか	✓
服装や髪型などが乱れていないか	✓
会場・設備	
スクリーンやプロジェクター、マイクなどの必要な設備は揃っているか	✓
スクリーンやプロジェクター、PCを接続しての動作確認	✓
会場のPCを借りる場合は、スライドのレイアウトが崩れていないか、正常に動作するか	✓

付録② プレゼンテーション評価シート

自己評価シート

プレゼンテーション全体	
開始時間に間に合ったか	✓
制限時間内に終わったか	✓
プレゼンテーション中にトラブルはなかったか（あればその原因）	✓
トラブルに冷静に対処できたか	✓
準備から本番までスムーズに行えたか	✓
リハーサルどおりに進めることができたか	✓
落ち着いて進めることができたか	✓
聞き手の反応を確かめながら進めることができたか	✓

他者評価シート

発表者	
スライドは見やすかったか	✓
構成がわかりやすく、スムーズだったか	✓
情報量は適切だったか	✓
データや画像・動画などのビジュアルは効果的だったか	✓
スライドの切り替え・アニメーションのスピートやタイミングは適切だったか	✓
説明	
説明は聞き取りやすかったか（大きさ・スピード・メリハリ）	✓
説明はテーマに沿っていたか	✓
説明はわかりやすかったか	✓
ポイントが強調されていたか	✓
聞き手は理解・集中できていたか	✓
発表者	
表情は明るく柔らかだったか	✓
聞き手とアイコンタクトをとっていたか	✓
ジェスチャーは適切だったか	✓
話し方や動き方で気になる癖が出ていなかったか	✓

付録③ PowerPoint Q&A

プレゼンテーション作成時のQ&A

Q1	プレゼンテーションの流れは、どのように構成したらいいか？	A1	誰に何を伝えるか、プレゼンテーションの目的をはっきりとさせ（P.20参照）、プレゼンテーションのストーリー構成を考えます（P.22参照）。
Q2	PowerPointの画面を使いやすいようにするには？	A2	クイックアクセスツールバーにコマンドを追加したり（P.46参照）、リボンを非表示にして画面を広く使ったりすることができます（P.49参照）。
Q3	改行すると箇条書きになる、先頭のアルファベットが大文字になるなど、勝手に修正されないようにするには？	A3	PowerPointの入力オートフォーマット、オートコレクト機能によるもので、自動的に修正されないように設定を変更することができます（P.66～68、76参照）
Q4	書式だけを他の文字や段落にコピーするには？	A4	＜書式のコピー/貼り付け＞を利用します（P.92参照）。
Q5	用意されている配色が気に入らない場合は？	A5	配色パターンを変更したり（P.103参照）、オリジナルの配色パターンを作成したり（P.104参照）することができます。

Q6 プレゼンテーション全体のタイトルや本文の書式を変更するには？

A6 プレゼンテーション全体にかかわる書式は、スライドマスターを編集します（P.118参照）。

Q7 複数の図形をきれいに並べるには？

A7 複数の図形の端を揃えて整列させたり（P.165参照）、間隔を揃えたり（P.166参照）することができます。

Q8 スライドやテキストに動きを付けるには？

A8 スライドには画面切り替え（P.218～226参照）、テキストにはアニメーションを設定します（P.229～235参照）。方向やスピードは変更できます。

Q9 他のユーザーにプレゼンテーションを編集されないようにするには？

A9 読み取り専用にするか（P.329参照）、最終版にして編集を防ぐメッセージを表示します（P.330参照）。

プレゼンテーション時のQ&A

Q1	発表用のメモを使うには?	A1	「ノート」を利用します(P.277参照)。「発表者ツール」を利用すると、ノートを見ながらスライドショーを実行できます(P.279参照)。
Q2	プレゼンテーションを行うには?	A2	スライドショーを実行すると(P.274参照)、画面全体にスライドが表示され、スライドを切り替えることができます。
Q3	ファイルを開いたときにスライドショーが実行されるようにするには?	A3	PowerPointスライドショー形式でプレゼンテーションを保存します(P.275参照)。
Q4	スライドショーを実行中に、特定のスライドを表示するには?	A4	スライドの一覧から目的のスライドをクリックするか(P.280参照)、スライド番号を指定して切り替えます(P.281参照)。
Q5	スライドショーを実行中に、黒い画面を表示させるには?	A5	発表者ツールやショートカットキーを利用して、スライドショー実行中に黒または白い画面を表示させることができます(P.282参照)。

Q6 スライドショーを実行中に、スライドに書き込みをするには？

A6 ＜ペン＞や＜蛍光ペン＞機能を利用して、スライド上をドラッグして書き込むことができます（P.284参照）。

Q7 発表の音声を録音するには？

A7 ＜スライドショーの記録＞を利用すると、ナレーションを録音したり、スライドとアニメーションのタイミングを保存したりすることができます（P.286参照）。

Q8 展示会などで、自動的にスライドショーを繰り返すようにするには？

A8 ＜スライドショーの設定＞で＜自動プレゼンテーション＞に設定し、Escキーが押されるまで繰り返すようにします（P.287参照）。

Q9 インターネットでプレゼンテーションを閲覧してもらうには？

A9 ＜オンラインプレゼンテーション＞を利用すると、ブラウザーでプレゼンテーションを閲覧することができます（P.312参照）。

Q10 スライドを印刷するには？

A10 印刷は、＜ファイル＞タブの＜印刷＞から行います（P.290～304参照）。用紙1枚に、スライド1枚ずつ印刷することも、複数枚印刷することも可能です。

▶付録④ キーボードショートカットキー

ファイルの操作に役立つキーボードショートカット

キー	内容
Ctrl＋N	プレゼンテーションを新規作成
F12	名前を付けて保存
Ctrl＋S	上書き保存
Ctrl＋W	プレゼンテーションを閉じる
Ctrl＋O	プレゼンテーションを開く
Ctrl＋P	印刷プレビューを表示
Shift＋F9	グリッドの表示／非表示
Alt＋F9	ガイドの表示／非表示
Ctrl＋F6　または Ctrl＋Tab	複数のプレゼンテーションの表示を切り替える
Ctrl＋F1	リボンのタブの名前のところだけを表示する
Ctrl＋Q	PowerPointを終了する

文字入力に役立つキーボードショートカット

キー	内容
Shift＋↑	カーソル位置から1行上の同じ位置までを選択する
Shift＋↓	カーソル位置から1行下の同じ位置までを選択する
Shift＋←	選択範囲を1文字左へ拡張する
Shift＋→	選択範囲を1文字右へ拡張する
Ctrl＋Shift＋←	選択範囲を1単語左へ拡張する
Ctrl＋Shift＋→	選択範囲を1単語右へ拡張する
Ctrl＋A	すべて選択する
F4	直前の操作を繰り返す
Ctrl＋Z	元に戻す
Ctrl＋Y	やり直す
Ctrl＋C	コピー
Ctrl＋X	切り取り
Ctrl＋V	貼り付け
Ctrl＋Alt＋V	形式を選択して貼り付け

Ctrl + F	文字列を検索
Ctrl + H	文字列を置換
Ctrl + K	ハイパーリンクの挿入
F7	スペルチェック
Ctrl + M	新しいスライドの挿入
Ctrl + D	選択したスライドの複製

アウトライン表示モードに役立つキーボードショートカット

キー	内容
Alt + Shift + ←	段落レベルを上げる
Alt + Shift + →	段落レベルを下げる
Alt + Shift + ↑	選択した段落を上に移動する
Alt + Shift + ↓	選択した段落を下に移動する
Alt + Shift + 1	タイトルだけを表示する
Alt + Shift + +	内容を表示する
Alt + Shift + −	内容を非表示にする

書式設定に役立つキーボードショートカット

キー	内容
Ctrl + Shift + >	フォントサイズを拡大
Ctrl + Shift + <	フォントサイズを縮小
Ctrl + B	太字にする
Ctrl + I	斜体にする
Ctrl + U	下線を引く
Ctrl + E	段落を中央揃えにする
Ctrl + J	段落を両端揃えにする
Ctrl + L	段落を左揃えにする
Ctrl + R	段落を右揃えにする
Ctrl + T	＜フォント＞ダイアログボックスの＜フォント＞タブを表示

オブジェクトの操作に役立つキーボードショートカット

キー	内容
Tab	選択したオブジェクトの前面のオブジェクトを選択
Shift + Tab	選択したオブジェクトの背面のオブジェクトを選択
Esc	オブジェクト内のテキスト選択中に、オブジェクトを選択
Enter	オブジェクト選択中に、オブジェクト内のテキストを選択
Ctrl + D	選択したオブジェクトの複製
Ctrl + G	選択したオブジェクトをグループ化
Ctrl + Shift + G	選択したオブジェクトのグループ化を解除

その他のキーボードショートカット

キー	内容
F1	＜PowerPointヘルプ＞ウィンドウを表示する／ ＜スライドショーのヘルプ＞ダイアログボックスを表示する
Alt	キーヒントを表示する
Ctrl + Tab	ダイアログボックスで次のタブに移動
Esc	処理を取り消す

スライドショーに役立つキーボードショートカット

キー	内容
F5	スライドショーを開始する
Shift + F5	現在のスライドからスライドショーを開始する
Enter / N / ↓ / →	次のスライドに移動する
Back space / P / ↓ / →	前のスライドに移動する
1 を押してから Enter	最初のスライドに移動する
番号を押してから Enter	指定した数字（番号）のスライドに移動する
+	スライドを拡大表示する
−	スライドを縮小表示する
S	自動実行中のスライドショーを停止・再開する
Esc	スライドショーを終了する
B / .	黒い画面を表示する
W / ,	白い画面を表示する
E	スライドへの書き込みを削除する
Ctrl + P	マウスポインターをペンに変更する
Ctrl + A	マウスポインターを矢印ポインターに変更する
Ctrl + H	マウスを移動するときに矢印ポインターを非表示にする
Ctrl + U	マウスを移動するときに矢印ポインターを表示する
Shift + F10	ショートカットメニューを表示する

▶付録⑤ PowerPoint関連用語集

Microsoft 365

買い切りではなく、月額または年額の使用料を支払って使用するOfficeのことです。個人向けのMicrosoft 365 Personalは、Windowsパソコンやタブレットなど、複数のデバイスに台数無制限にインストール可能です（同時使用は5台まで）。

OneDrive

マイクロソフトが提供しているオンラインストレージサービス（データの保管場所）です。無償版の容量は最大5GBですが、Microsoft 365 Personalの利用者は1TBまで利用可能です。

PDFファイル

アドビシステムズによって提供されている電子文書の規格の1つです。Acrobat Readerなどのビューアが入っていればOSに依存せず、同じように文書を表示することができます。

SmartArt

思考のアイデアや物事の手順などを文章としてではなく、見ただけでわかるように図として表現するための機能です。この機能を使って必要な文字を入力したり画像を挿入すれば、グラフィカルな図表をかんたんに作成できます。

アウトライン

プレゼンテーション内の文章を階層構造によって表示する機能です。プレゼンテーション全体が階層構造で表示されるため、全体の構造や項目ごとの上下関係などがひと目見ただけで理解できます。

アニメーション

スライド上の図形や画像、グラフなどのオブジェクトや文字に動きを付けて、表現豊かに見せるための機能です。

クイックアクセスツールバー

よく使う機能をコマンドとして登録しておくことができる画面左上の領域のことです。タブを切り替えるより、常に表示されているコマンドをクリックするだけですばやく操作できます。

グラデーション

色の明るさや濃淡に変化を付けることによって、色彩をより豊かに表現することです。

クリップボード

文字や画像をコピーしたり切り取ったりした際に、データを一時的に保管しておく場所のことです。

コンテンツ

スライドに配置するテキスト、表、グラフ、SmartArt、3Dモデル、図、ビデオなどの総称です。コンテンツを含むスライドでは、これらのコンテンツを挿入することができるプレースホルダーが配置されています。

サムネイル

ファイルの内容を縮小表示した画像のことです。起動中のウィンドウの内容をタスクバー上から表示したり、スライドをフォルダーウィンドウに並べて表示することができます。

ズームスライダー

スライドの表示倍率を拡大、縮小するための機能です。ズームスライダーのつまみを左右にドラッグするか、もしくはスライダーの左右にある<拡大>、<縮小>をクリックすることで、表示倍率を変更できます。

スライドマスター

プレゼンテーション全体の書式やレイアウトを設定できる機能のことです。この機能を利用すると、全体的に統一されたデザインや書式でプレゼンテーションを作成することができます。

テーマ

スライドの配色やフォント、効果、背景色などの組み合わせがあらかじめ設定されたデザインのひな形のことです。テーマごとにカラーや画像などが異なるバリエーションも用意されており、用途に応じて使い分けることが可能です。

テンプレート

新しいプレゼンテーションを作成する際のひな形として使用するファイルです。このテンプレートを利用すれば、ストーリーのあるプレゼンテーションをかんたんに作成することができます。

ノート

スライドショーの実行中に、発表する人が確認するメモとして使用したり、印刷する配布資料の参考として添付する文章として使用する機能です。入力する場合はノートペインを使用します。

配布資料

プレゼンテーションを行う際に、印刷して出席者に資料として配布するスライドの内容をまとめたものです。PowerPointでは1枚の用紙に1〜9枚のスライドを配置することが可能です。

発表者ツール

スライドショーを実行しているときに、発表者がパソコンでスライドやノートなどを確認できる機能のことです。

フェードアウト

音楽や動画などの終わりの部分において、少しずつ小さくなっていく効果のことです。

フェードイン

音楽や動画などの始まりの部分において、少しずつ大きくなっていく効果のことです。

フッター

スライドの下部余白部分に設定される情報、あるいはそのスペースをいいます。

プレースホルダー

スライド上に文字を入力したり、表やグラフ、画像などのオブジェクトを挿入したりするために配置されている枠のことです。

プレビュー

アニメーション効果や画面切り替え効果など、スライドショーを実行する前に、前もってその内容を確認することです。

ヘッダー

スライドの上部余白部分に設定される情報、あるいはそのスペースのことです。

ユーザー定義

あらかじめ用意された設定ではなく、ユーザーが独自にセッティングを行った設定のことです。おもに、テーマや配色、フォントなどのデザインでこのユーザ定義を利用します。

両端揃え

プレースホルダーに入力した文章の行末がプレースホルダーの端に揃うように、文字間隔を調整する機能です。

ルーラー

スライドウィンドウの上側と左側に表示される目盛です。インデントの設定やタブ位置を調整するのに利用します。＜表示＞タブの＜ルーラー＞で表示／非表示を切り替えることができます。

ワードアート

デザインされた文字を作成するための機能、もしくはその機能を使って作成された文字のことです。

▶ 索引

数字

アルファベット

あ行

か行

さ行

た行

な行

は行

ま行

や行

ら行

わ行

お問い合わせについて

本書に関するご質問については、本書に記載されている内容に関するもののみとさせていただきます。本書の内容と関係のないご質問につきましては、一切お答えできませんので、あらかじめご了承ください。また、電話でのご質問は受け付けておりませんので、必ずFAXか書面にて下記までお送りください。
なお、ご質問の際には、必ず以下の項目を明記していただきますよう、お願いいたします。

① お名前
② 返信先の住所またはFAX番号
③ 書名（今すぐ使えるかんたんEx　PowerPoint プロ技 BEST セレクション ［2019/2016/2013/365 対応版］）
④ 本書の該当ページ
⑤ ご使用のOSとソフトウェアのバージョン
⑥ ご質問内容

なお、お送りいただいたご質問には、できる限り迅速にお答えできるよう努力いたしておりますが、場合によってはお答えするまでに時間がかかることがあります。また、回答の期日をご指定なさっても、ご希望にお応えできるとは限りません。あらかじめご了承くださいますよう、お願いいたします。

問い合わせ先

〒162-0846
東京都新宿区市谷左内町21-13
株式会社技術評論社　書籍編集部
「今すぐ使えるかんたんEx　PowerPoint プロ技 BEST
セレクション ［2019/2016/2013/365 対応版］」質問係
FAX番号　03-3513-6167　URL：https://book.gihyo.jp/116

お問い合わせの例

FAX

① お名前
技術　太郎
② 返信先の住所またはFAX番号
03-××××-××××
③ 書名
今すぐ使えるかんたんEx PowerPoint プロ技 BEST セレクション ［2019/2016/2013/365 対応版］
④ 本書の該当ページ
100ページ
⑤ ご使用のOSとソフトウェアのバージョン
Windows 10
PowerPoint 2019
⑥ ご質問内容
結果が正しく表示されない

※ ご質問の際に記載いただきました個人情報は、回答後速やかに破棄させていただきます。

今すぐ使えるかんたんEx PowerPoint プロ技 BESTセレクション ［2019/2016/2013/365 対応版］

2021年6月15日　初版　第1刷発行

著者　技術評論社編集部＋稲村　暢子
発行者　片岡　巌
発行所　株式会社 技術評論社
東京都新宿区市谷左内町21-13
電話　03-3513-6150　販売促進部
03-3513-6160　書籍編集部
装丁デザイン　菊池　祐（ライラック）
本文デザイン＆DTP　五野上　恵美（技術評論社）
編集　春原　正彦
製本／印刷　日経印刷株式会社

定価はカバーに表示してあります。

ISBN978-4-297-12088-7 C3055
Printed in Japan